よくわかるマスター

はじめに

Microsoft Office Specialist（以下MOSと記載）は、Officeの利用能力を証明する世界的な資格試験制度です。

本書は、MOS Access 365&2019 Expertに合格することを目的とした試験対策用教材です。出題範囲をすべて網羅しており、的確な解説と練習問題で試験に必要なAccessの機能と操作方法を学習できます。さらに、出題傾向を分析し、出題される可能性が高いと思われる問題からなる**「模擬試験」**を3回分用意しています。模擬試験で、様々な問題に挑戦し、実力を試しながら、合格に必要なAccessのスキルを習得できます。

また、添付の模擬試験プログラムを使うと、MOS 365&2019の試験形式**「マルチプロジェクト」**の試験を体験でき、試験システムに慣れることができます。試験結果は自動採点され、正答率や解答の正誤を表示できるばかりでなく、ナレーション付きのアニメーションで標準解答を確認することもできます。

本書をご活用いただき、MOS Access 365&2019 Expertに合格されますことを心よりお祈り申し上げます。

なお、基本操作の習得には、次のテキストをご利用ください。

●**「よくわかる Microsoft Access 2019 基礎」**（FPT1819）

●**「よくわかる Microsoft Access 2019 応用」**（FPT1820）

本書を購入される前に必ずご一読ください
本書に記載されている操作方法や模擬試験プログラムの動作確認は、2021年5月現在のAccess 2019（16.0.10373.20050）またはMicrosoft 365（16.0.13231.20110）に基づいて行っています。本書発行後のWindowsやOfficeのアップデートによって機能が更新された場合には、本書の記載のとおりにならない、模擬試験プログラムの採点が正しく行われないなどの不整合が生じる可能性があります。あらかじめご了承ください。

2021年7月27日
FOM出版

本書を使った学習の進め方

本書やご購入者特典には、試験の合格に必要なAccessのスキルを習得するための秘密が詰まっています。
ここでは、それらをフル活用して試験に合格できるレベルまでスキルアップするための学習方法をご紹介します。これを参考に、前提知識や好みに応じて適宜アレンジし、自分にあったスタイルで学習を進めましょう。

自分のAccessのスキルを確認！

MOS Access Expertの学習を始める前に、Accessのスキルの習得状況を確認し、足りないスキルを事前に習得しましょう。

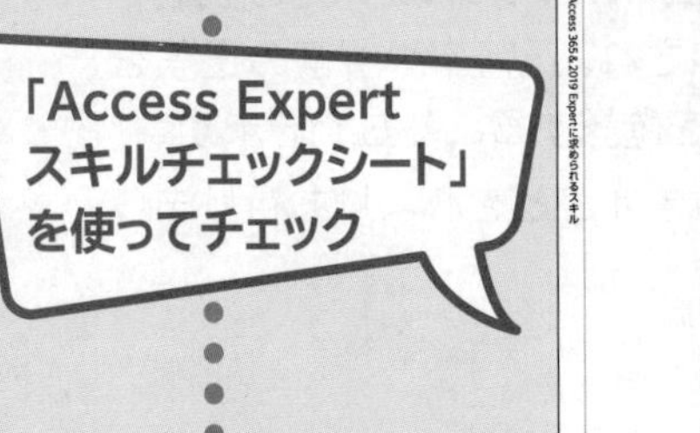

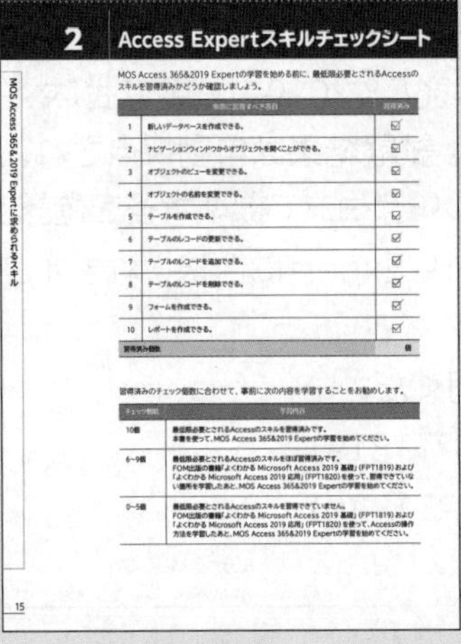

※Access Expertスキルチェックシートについては、P.15を参照してください。

学習計画を立てる！

目標とする受験日を設定し、その受験日に照準を合わせて、どのような日程で学習を進めるかを考えます。

ご購入者特典の「学習スケジュール表」を使って、無理のない学習計画を立てよう

※ご購入者特典については、P.11を参照してください。

STEP 03

出題範囲の機能を理解し、操作方法をマスター！

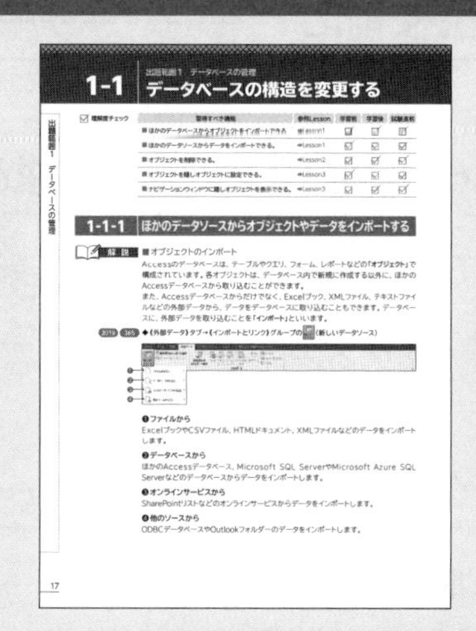

出題範囲の機能をひとつずつ理解し、その機能を実行するための操作方法を確実に習得しましょう。

※出題範囲については、P.13を参照してください。

STEP 04

模擬試験で力試し！

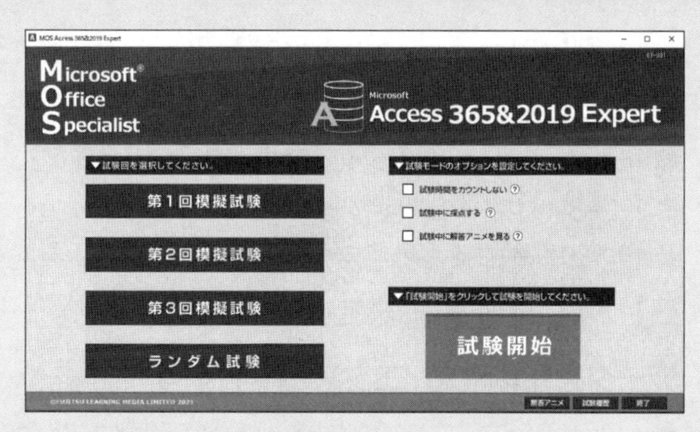

出題範囲をひととおり学習したら、模擬試験で実戦力を養います。
模擬試験は１回だけでなく、何度も繰り返して行って、自分が苦手な分野を克服しましょう。

※模擬試験については、P.228を参照してください。

STEP 05

出題範囲のコマンドを暗記する

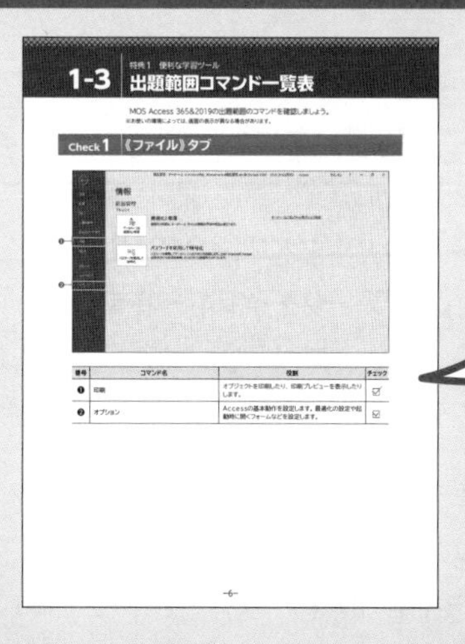

合格を確実にするために、出題範囲のコマンドをおさらいしましょう。

ご購入者特典の「出題範囲コマンド一覧表」を使って、出題範囲のコマンドとその使い方を確認

※ご購入者特典については、P.11を参照してください。

STEP 06

試験の合格を目指して！

ここまでやれば試験対策はバッチリ！自信をもって受験に臨みましょう。

Contents 目次

Contents

Introduction 本書をご利用いただく前に

1 製品名の記載について

本書では、次の名称を使用しています。

正式名称	本書で使用している名称
Windows 10	Windows 10 または Windows
Microsoft Office 2019	Office 2019 または Office
Microsoft Access 2019	Access 2019 または Access

※主な製品を挙げています。その他の製品も略称を使用している場合があります。

2 学習環境について

◆出題範囲の学習環境

出題範囲の各Lessonを学習するには、次のソフトウェアが必要です。

Access 2019 または Microsoft 365

◆本書の開発環境

本書を開発した環境は、次のとおりです。

カテゴリ	開発環境
OS	Windows 10(ビルド19042.928)
アプリ	Microsoft Office 2019 Professional Plus(16.0.10373.20050)
グラフィックス表示	画面解像度　1280×768ピクセル
その他	インターネット接続環境

※お使いの環境によっては、画面の表示が異なる場合や記載の機能が操作できない場合があります。
※画面解像度によって、ボタンの形状やサイズが異なる場合があります。

◆模擬試験プログラムの動作環境

模擬試験プログラムを使って学習するには、次の環境が必要です。

カテゴリ	動作環境
OS	Windows 10 日本語版(32ビット、64ビット) ※Windows 10 Sモードでは動作しません。
アプリ	Office 2019 日本語版(32ビット、64ビット) Microsoft 365 日本語版(32ビット、64ビット) ※異なるバージョンのOffice(Office 2016、Office 2013など)が同時にインストールされていると、正しく動作しない可能性があります。
CPU	1GHz以上のプロセッサ
メモリ	OSが32ビットの場合:4GB以上 OSが64ビットの場合:8GB以上
グラフィックス表示	画面解像度　1280×768ピクセル以上
CD-ROMドライブ	24倍速以上のCD-ROMドライブ
サウンド	Windows互換サウンドカード(スピーカー必須)
ハードディスク	空き容量1GB以上

◆Officeの種類に伴う注意事項

Microsoftが提供するOfficeには**「ボリュームライセンス」「プレインストール」「パッケージ」「Microsoft 365」**などがあり、種類によって画面が異なります。

※本書はOffice 2019 Professional Plusボリュームライセンスをもとに開発しています。

●Office 2019 Professional Plusボリュームライセンス(2021年5月現在)

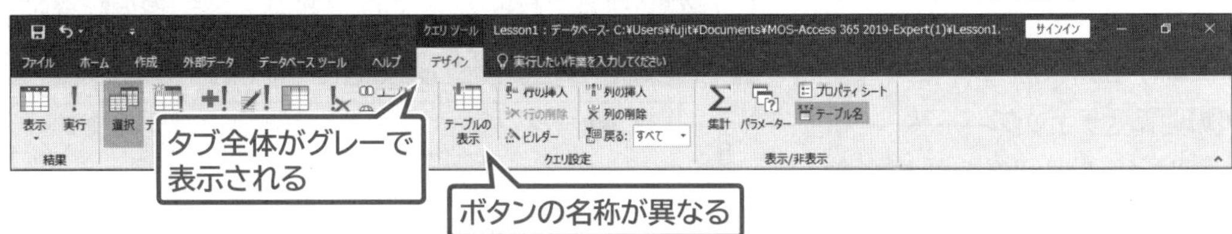

●Microsoft 365(2021年5月現在)

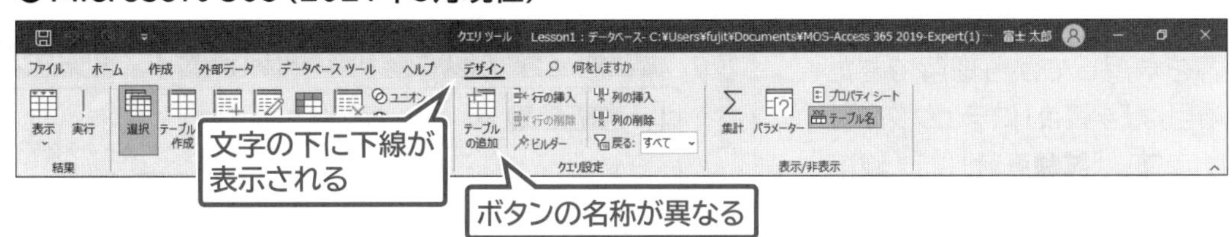

Point

ボタンの形状

ディスプレイの画面解像度やウィンドウのサイズなど、お使いの環境によって、ボタンの形状やサイズ、位置が異なる場合があります。ボタンの操作は、ポップヒントに表示されるボタン名を確認してください。

※本書に掲載しているボタンは、ディスプレイの画面解像度を「1280×768ピクセル」、ウィンドウを最大化した環境を基準にしています。

◆アップデートに伴う注意事項

Office 2019やMicrosoft 365は、自動アップデートによって定期的に不具合が修正され、機能が向上する仕様となっています。そのため、アップデート後に、コマンドの名称が変更されたり、リボンに新しいボタンが追加されたりする可能性があります。

今後のアップデートによってAccessの機能が更新された場合には、本書の記載のとおりにならない、模擬試験プログラムの採点が正しく行われないなどの不整合が生じる可能性があります。あらかじめご了承ください。

※本書の最新情報について、P.11に記載されているFOM出版のホームページにアクセスして確認してください。

Point

お使いのOfficeのビルド番号を確認する

Office 2019やMicrosoft 365をアップデートすることで、ビルド番号が変わります。

①Accessを起動します。

②《ファイル》タブ→《アカウント》→《Accessのバージョン情報》をクリックします。

③表示されるダイアログボックスで確認します。

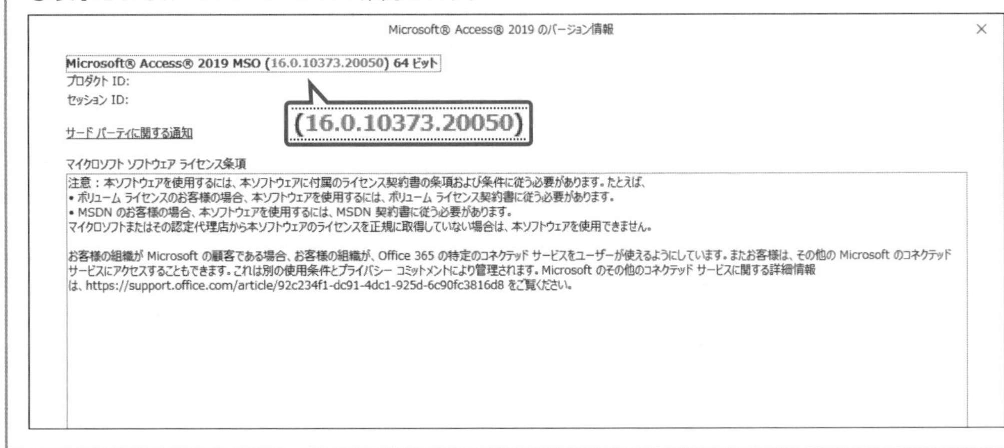

3 テキストの見方について

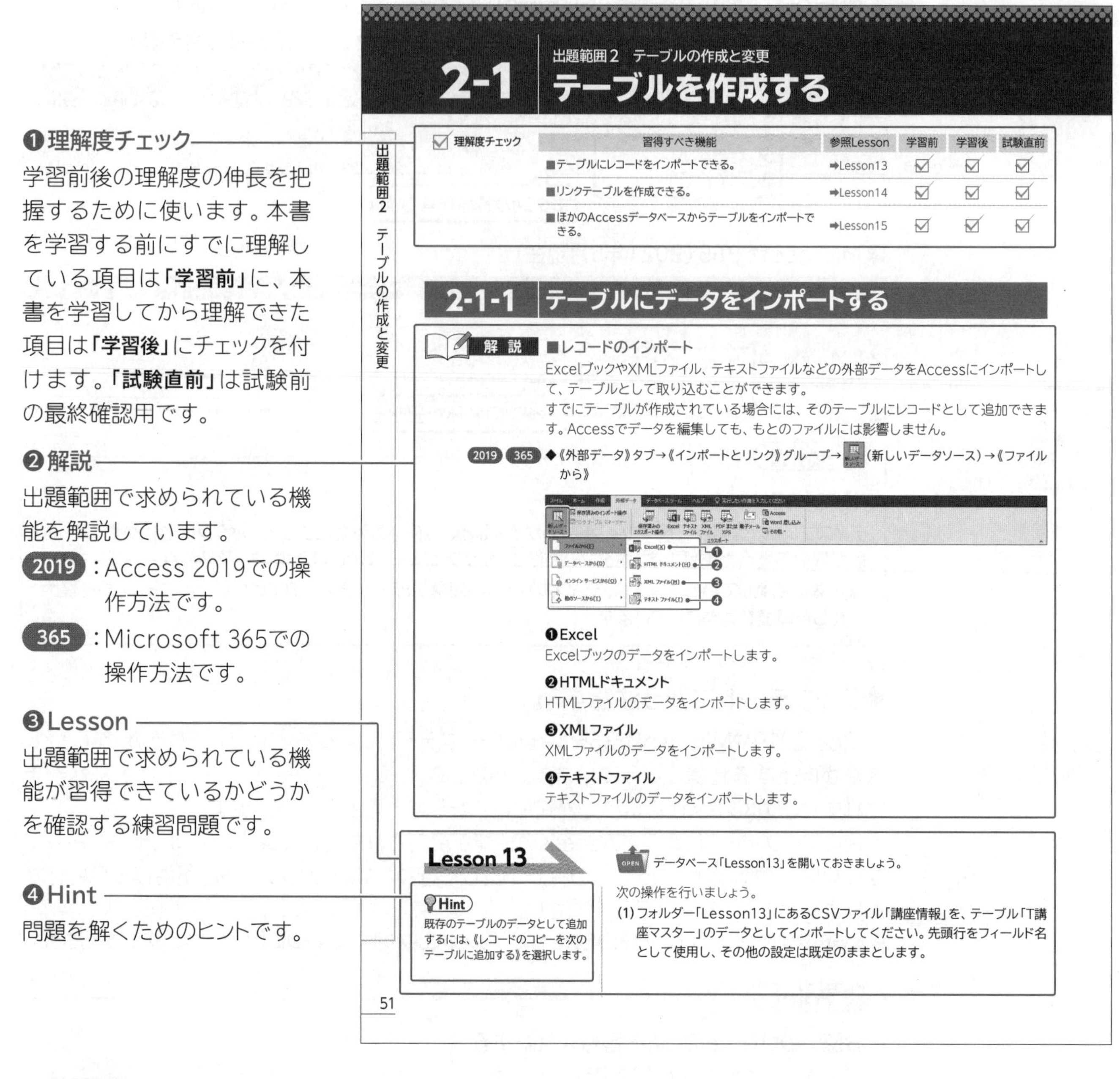

❶理解度チェック

学習前後の理解度の伸長を把握するために使います。本書を学習する前にすでに理解している項目は**「学習前」**に、本書を学習してから理解できた項目は**「学習後」**にチェックを付けます。**「試験直前」**は試験前の最終確認用です。

❷解説

出題範囲で求められている機能を解説しています。

2019 ：Access 2019での操作方法です。

365 ：Microsoft 365での操作方法です。

❸Lesson

出題範囲で求められている機能が習得できているかどうかを確認する練習問題です。

❹Hint

問題を解くためのヒントです。

Point

本書の記述について

操作の説明のために使用している記号には、次のような意味があります。

記述	意味	例
[ ]	キーボード上のキーを示します。	[Ctrl] [F12]
[ ]+[ ]	複数のキーを押す操作を示します。	[Ctrl]+[V] ([Ctrl]を押しながら[V]を押す)
《 》	ダイアログボックス名やタブ名、項目名など画面の表示を示します。	《OK》をクリックします。 《ファイル》タブを選択します。
「 」	重要な語句や機能名、画面の表示、入力する文字などを示します。	「インポート」といいます。 「20000」と入力します。

❺操作方法

一般的かつ効率的と考えられる操作方法です。

❻その他の方法

操作方法で紹介している以外の方法がある場合に記載しています。

❼Point

用語の解説や知っていると効率的に操作できる内容など、実力アップにつながるポイントです。

❽※印

補助的な内容や注意すべき内容を記載しています。

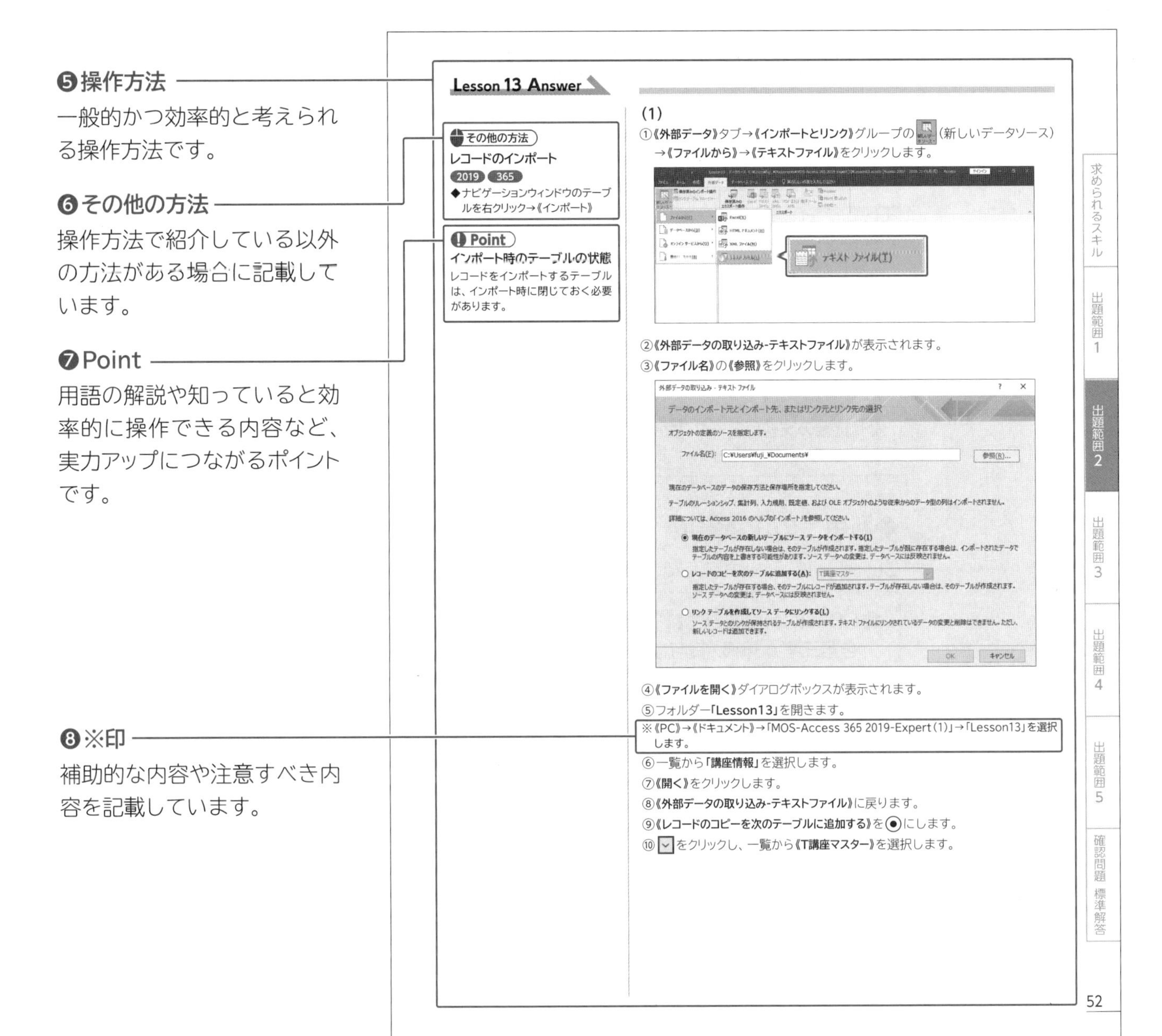

Lesson 13 Answer

その他の方法

レコードのインポート

2019 365

◆ナビゲーションウィンドウのテーブルを右クリック→《インポート》

Point

インポート時のテーブルの状態

レコードをインポートするテーブルは、インポート時に閉じておく必要があります。

(1)

①《外部データ》タブ→《インポートとリンク》グループの（新しいデータソース）→《ファイルから》→《テキストファイル》をクリックします。

②《外部データの取り込み-テキストファイル》が表示されます。

③《ファイル名》の《参照》をクリックします。

④《ファイルを開く》ダイアログボックスが表示されます。

⑤フォルダー「Lesson13」を開きます。

※《PC》→《ドキュメント》→「MOS-Access 365 2019-Expert(1)」→「Lesson13」を選択します。

⑥一覧から「講座情報」を選択します。

⑦《開く》をクリックします。

⑧《外部データの取り込み-テキストファイル》に戻ります。

⑨《レコードのコピーを次のテーブルに追加する》を⦿にします。

⑩ をクリックし、一覧から《T講座マスター》を選択します。

52

❾確認問題

各出題範囲で学習した内容を復習できる確認問題です。試験と同じような出題形式で実習できます。

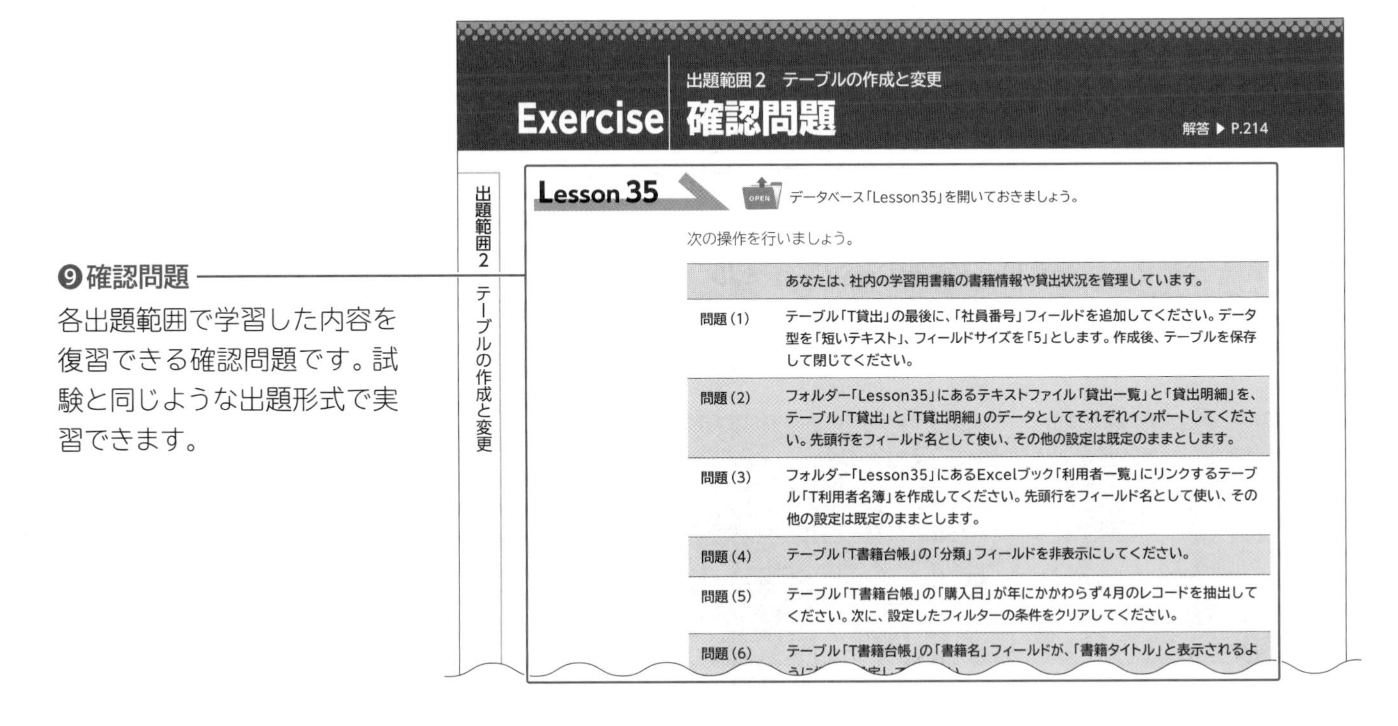

出題範囲2　テーブルの作成と変更

Exercise 確認問題

解答 ▶ P.214

Lesson 35

データベース「Lesson35」を開いておきましょう。

次の操作を行いましょう。

	あなたは、社内の学習用書籍の書籍情報や貸出状況を管理しています。
問題(1)	テーブル「T貸出」の最後に、「社員番号」フィールドを追加してください。データ型を「短いテキスト」、フィールドサイズを「5」とします。作成後、テーブルを保存して閉じてください。
問題(2)	フォルダー「Lesson35」にあるテキストファイル「貸出一覧」と「貸出明細」を、テーブル「T貸出」と「T貸出明細」のデータとしてそれぞれインポートしてください。先頭行をフィールド名として使い、その他の設定は既定のままとします。
問題(3)	フォルダー「Lesson35」にあるExcelブック「利用者一覧」にリンクするテーブル「T利用者名簿」を作成してください。先頭行をフィールド名として使い、その他の設定は既定のままとします。
問題(4)	テーブル「T書籍台帳」の「分類」フィールドを非表示にしてください。
問題(5)	テーブル「T書籍台帳」の「購入日」が年にかかわらず4月のレコードを抽出してください。次に、設定したフィルターの条件をクリアしてください。
問題(6)	テーブル「T書籍台帳」の「書籍名」フィールドが、「書籍タイトル」と表示されるよ…

4 添付CD-ROMについて

◆CD-ROMの収録内容

添付のCD-ROMには、本書で使用する次のファイルが収録されています。

収録ファイル	説明
出題範囲の実習用データファイル	「出題範囲1」から「出題範囲5」の各Lessonで使用するファイルです。 初期の設定では、《ドキュメント》内にインストールされます。
模擬試験のプログラムファイル	模擬試験を起動し、実行するために必要なプログラムです。 初期の設定では、Cドライブのフォルダー「FOM Shuppan Program」内にインストールされます。
模擬試験の実習用データファイル	模擬試験の各問題で使用するファイルです。 初期の設定では、《ドキュメント》内にインストールされます。

◆利用上の注意事項

CD-ROMのご利用にあたって、次のような点にご注意ください。

- CD-ROMに収録されているファイルは、著作権法によって保護されています。CD-ROMを第三者へ譲渡・貸与することを禁止します。
- お使いの環境によって、CD-ROMに収録されているファイルが正しく動作しない場合があります。あらかじめご了承ください。
- お使いの環境によって、CD-ROMの読み込み中にコンピューターが振動する場合があります。あらかじめご了承ください。
- CD-ROMを使用して発生した損害について、株式会社富士通ラーニングメディアでは程度に関わらず一切責任を負いません。あらかじめご了承ください。

◆取り扱いおよび保管方法

CD-ROMの取り扱いおよび保管方法について、次のような点をご確認ください。

- ディスクは両面とも、指紋、汚れ、キズなどを付けないように取り扱ってください。
- ディスクが汚れたときは、メガネ拭きのような柔らかい布で内周から外周に向けて放射状に軽くふき取ってください。専用クリーナーや溶剤などは使用しないでください。
- ディスクは両面とも、鉛筆、ボールペン、油性ペンなどで文字や絵を書いたり、シールなどを貼付したりしないでください。
- ひび割れや変形、接着剤などで補修したディスクは危険ですから絶対に使用しないでください。
- 直射日光のあたる場所や、高温・多湿の場所には保管しないでください。
- ディスクは使用後、大切に保管してください。

◆CD-ROMのインストール

学習の前に、お使いのパソコンにCD-ROMの内容をインストールしてください。

※インストールは、管理者ユーザーしか行うことはできません。

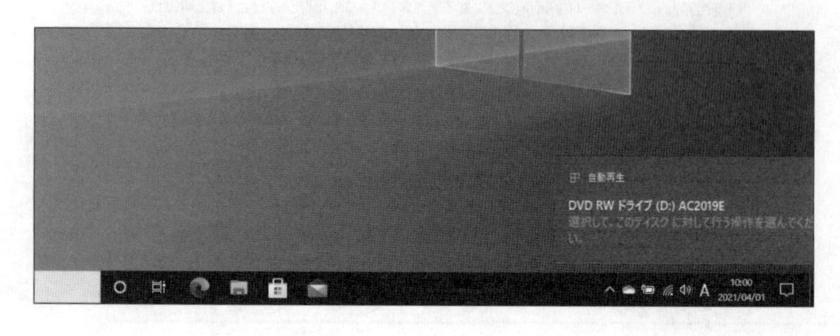

①CD-ROMをドライブにセットします。

②画面の右下に表示される**《DVD RWドライブ(D:) AC2019E》**をクリックします。

※お使いのパソコンによって、ドライブ名は異なります。

③《**mosstart.exeの実行**》をクリックします。

※《ユーザーアカウント制御》ダイアログボックスが表示される場合は、《はい》をクリックします。

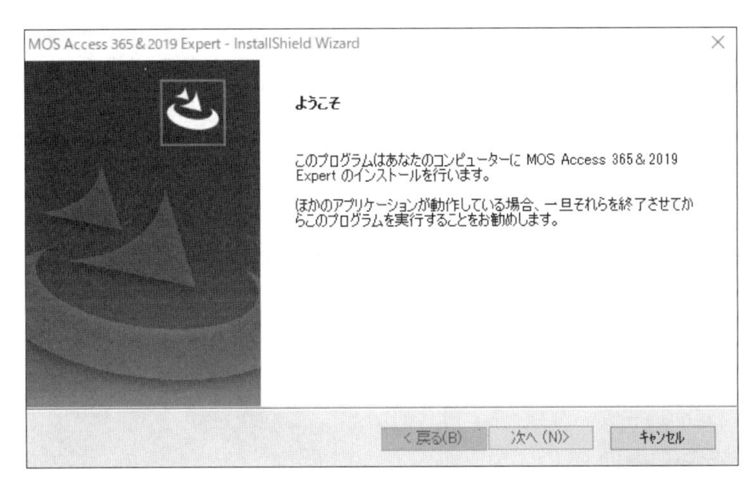

④インストールウィザードが起動し、《**ようこそ**》が表示されます。

⑤《**次へ**》をクリックします。

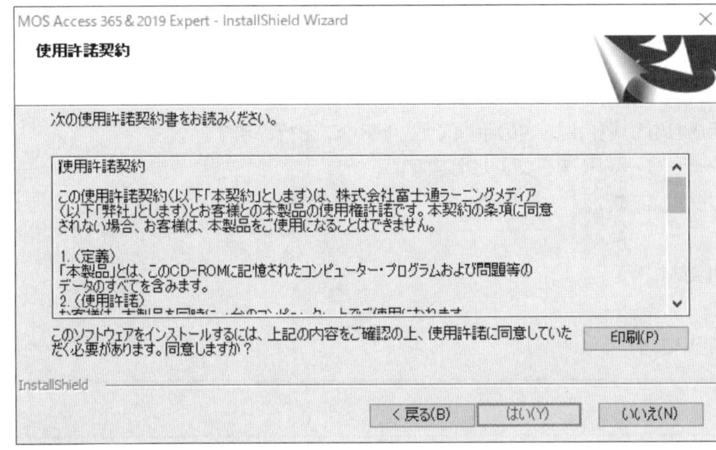

⑥《**使用許諾契約**》が表示されます。

⑦《**はい**》をクリックします。

※《いいえ》をクリックすると、セットアップが中止されます。

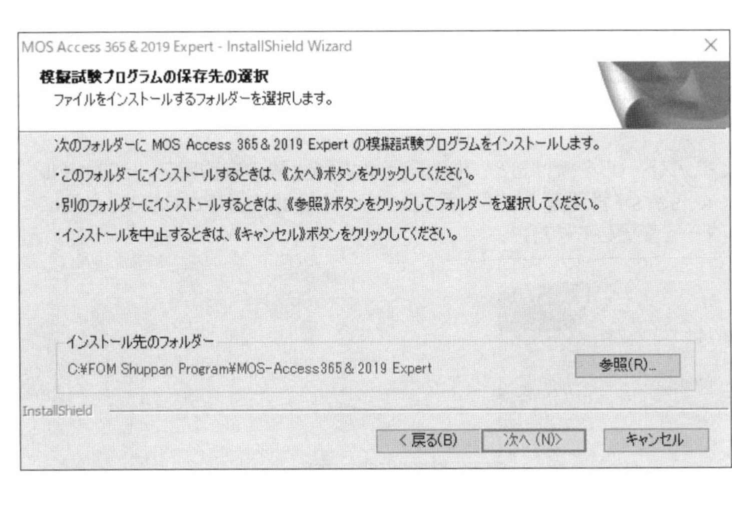

⑧《**模擬試験プログラムの保存先の選択**》が表示されます。

模擬試験のプログラムファイルのインストール先を指定します。

⑨《**インストール先のフォルダー**》を確認します。

※ほかの場所にインストールする場合は、《参照》をクリックします。

⑩《**次へ**》をクリックします。

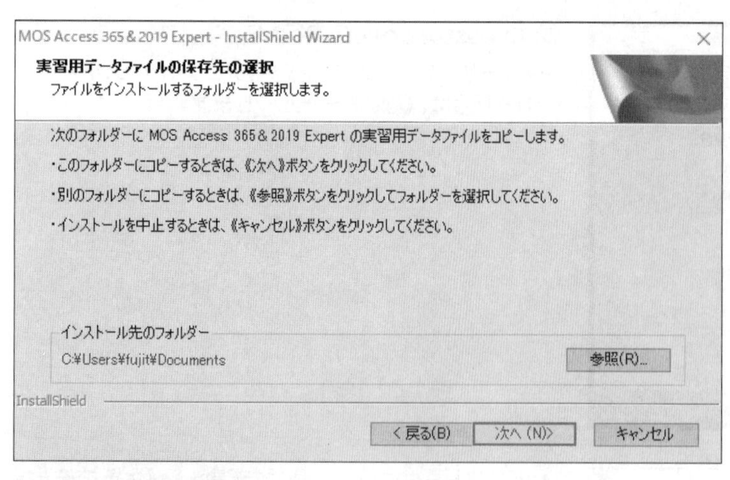

⑪《**実習用データファイルの保存先の選択**》が表示されます。

出題範囲と模擬試験の実習用データファイルのインストール先を指定します。

⑫《**インストール先のフォルダー**》を確認します。

※ほかの場所にインストールする場合は、《参照》をクリックします。

⑬《**次へ**》をクリックします。

⑭インストールが開始されます。

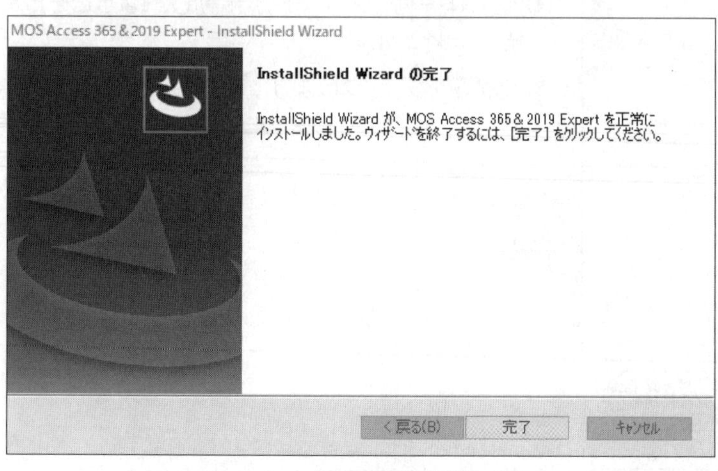

⑮インストールが完了したら、図のようなメッセージが表示されます。

※インストールが完了するまでに10分程度かかる場合があります。

⑯《**完了**》をクリックします。

※模擬試験プログラムの起動方法については、P.229を参照してください。

Point

セットアップ画面が表示されない場合

セットアップ画面が自動的に表示されない場合は、次の手順でセットアップを行います。

①タスクバーの （エクスプローラー）→《PC》をクリックします。

②《AC2019E》ドライブを右クリックします。

③《開く》をクリックします。

④ （mosstart）を右クリックします。

⑤《開く》をクリックします。

⑥指示に従って、セットアップを行います。

Point

管理者以外のユーザーがインストールする場合

管理者以外のユーザーがインストールしようとすると、管理者ユーザーのパスワードを要求するメッセージが表示されます。メッセージが表示される場合は、パソコンの管理者にインストールの可否を確認してください。

管理者のパスワードを入力してインストールを続けると、出題範囲や模擬試験の実習用データファイルは、管理者の《ドキュメント》(C:¥Users¥管理者ユーザー名¥Documents)に保存されます。必要に応じて、インストール先のフォルダーを変更してください。

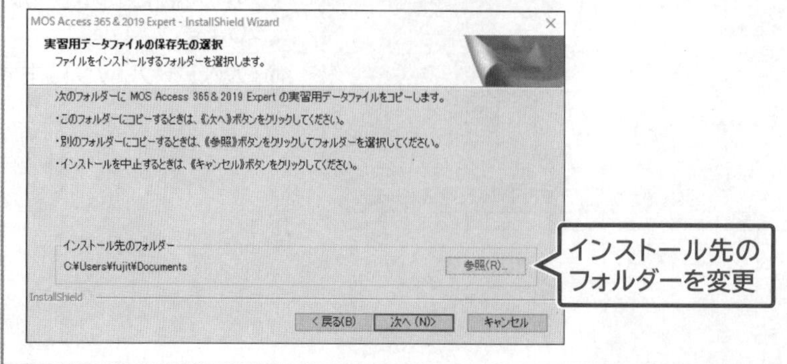

◆実習用データファイルの確認

インストールが完了すると、《**ドキュメント**》内にデータファイルがコピーされます。
《**ドキュメント**》の各フォルダーには、次のようなファイルが収録されています。

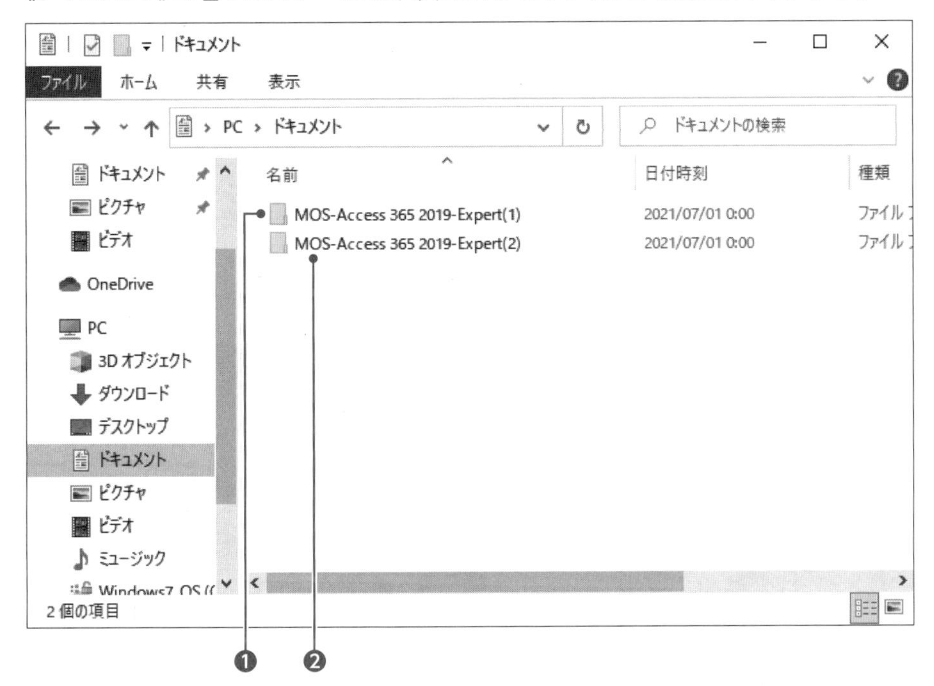

❶MOS-Access 365 2019-Expert（1）

「出題範囲1」から**「出題範囲5」**の各Lessonで使用するファイルがコピーされます。
これらのファイルは、**「出題範囲1」**から**「出題範囲5」**の学習に必須です。
Lesson1を学習するときは、ファイル**「Lesson1」**を開きます。

❷MOS-Access 365 2019-Expert（2）

模擬試験で使用するファイルがコピーされます。
これらのファイルは、模擬試験プログラムを使わずに学習される方のために用意したファイルで、各ファイルを直接開いて操作することが可能です。
第1回模擬試験のプロジェクト1を学習するときは、ファイル**「mogi1-project1」**を開きます。
模擬試験プログラムを使って学習する場合は、これらのファイルは不要です。

Point

データファイルの既定の場所

本書では、データファイルの場所を《ドキュメント》内としています。
《ドキュメント》以外の場所にセットアップした場合は、フォルダーを読み替えてください。

Point

データファイルのダウンロードついて

データファイルは、FOM出版のホームページで提供しています。ダウンロードしてご利用ください。

ホームページ・アドレス

https://www.fom.fujitsu.com/goods/

※アドレスを入力するとき、間違いがないか確認してください。

ホームページ検索用キーワード

FOM出版

◆ファイルの操作方法

「**出題範囲1**」から「**出題範囲5**」の各Lessonを学習する場合、《**ドキュメント**》内のフォルダー「**MOS-Access 365 2019-Expert(1)**」から学習するファイルを選択して開きます。
Accessのファイルは開くだけでも更新されます。Lessonの学習を始める前に、ファイルをコピーするなどバックアップをとってから操作してください。

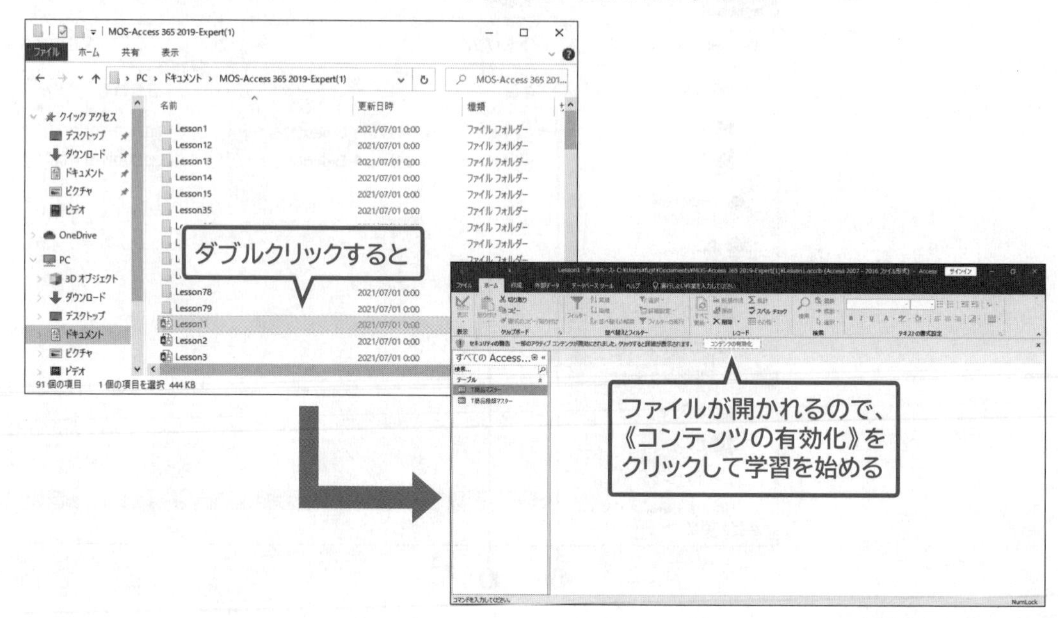

Point

セキュリティの警告メッセージ

実習用のAccessファイルを開くと、そのファイルの発行元が安全かどうかを確認する次のメッセージが表示される場合があります。実習用データファイルは安全なので、《コンテンツの有効化》をクリックして、コンテンツを有効にしてください。

セキュリティの警告　一部のアクティブ コンテンツが無効にされました。クリックすると詳細が表示されます。　コンテンツの有効化

また、実習用データファイルのフォルダーを信頼できる場所として追加しておくと、そのフォルダー内のAccessファイルを開いても、セキュリティの警告メッセージが表示されません。
フォルダー「MOS-Access 365 2019-Expert(1)」と「MOS-Access 365 2019-Expert(2)」を信頼できる場所に追加する方法は、次のとおりです。

◆《ファイル》タブ→《オプション》→左側の一覧から《セキュリティセンター》を選択→《セキュリティセンターの設定》→左側の一覧から《信頼できる場所》を選択→《新しい場所の追加》→《参照》→追加するフォルダーを選択

※お使いの環境によっては、《セキュリティセンター》は《トラストセンター》、《セキュリティセンターの設定》は《トラストセンターの設定》と表示される場合があります。

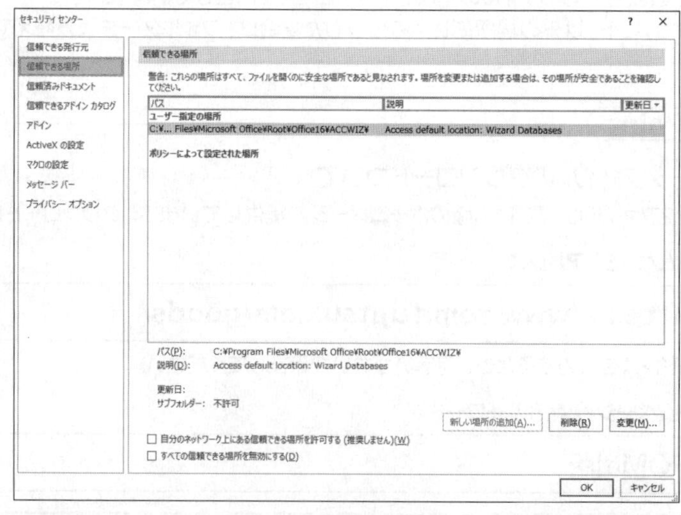

5　プリンターの設定について

本書の学習を開始する前に、プリンターが設定されていることを確認してください。
プリンターが設定されていないと、印刷に関する問題を解答することができません。また、模擬試験プログラムで試験結果レポートを印刷することができません。あらかじめプリンターを設定しておきましょう。
プリンターの設定方法は、プリンターの取扱説明書を確認してください。
パソコンに設定されているプリンターを確認しましょう。

①　(スタート)をクリックします。
②　(設定)をクリックします。

③《**デバイス**》をクリックします。

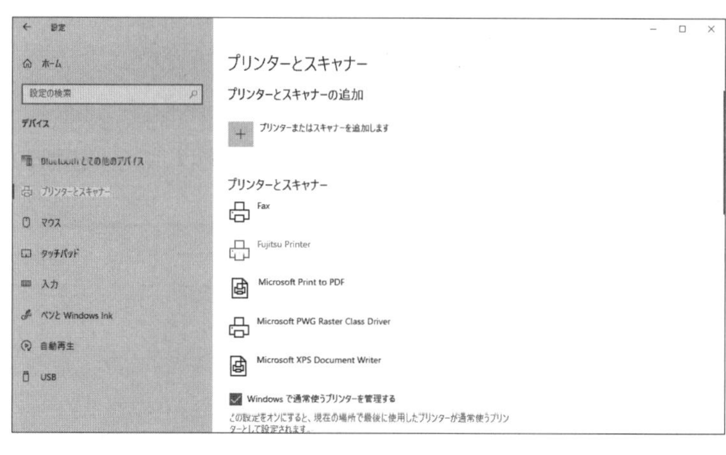

④左側の一覧から《**プリンターとスキャナー**》を選択します。
⑤《**プリンターとスキャナー**》に接続されているプリンターのアイコンが表示されていることを確認します。

Point

通常使うプリンターの設定

初期の設定では、最後に使用したプリンターが通常使うプリンターとして設定されます。
通常使うプリンターを固定する方法は、次のとおりです。

◆《□Windowsで通常使うプリンターを管理する》→プリンターを選択→《管理》→《既定として設定する》

6 ご購入者特典について

ご購入いただいた方への特典として、次のツールを提供しています。PDFファイルを表示してご利用ください。

- 特典1　便利な学習ツール（学習スケジュール表・習熟度チェック表・出題範囲コマンド一覧表）
- 特典2　MOSの概要

◆表示方法

パソコンで表示する

①ブラウザーを起動し、次のホームページにアクセスします。

https://www.fom.fujitsu.com/goods/eb/

※アドレスを入力するとき、間違いがないか確認してください。

②「MOS Access 365&2019 Expert 対策テキスト&問題集（FPT2101）」の《特典PDF・学習データ・解答動画を入手する》を選択します。
③本書に関する質問に回答します。
④《特典PDFを見る》を選択します。
⑤ドキュメントを選択します。
⑥PDFファイルが表示されます。
※必要に応じて、印刷または保存してご利用ください。

スマートフォン・タブレットで表示する

①スマートフォン・タブレットで下のQRコードを読み取ります。

②「MOS Access 365&2019 Expert 対策テキスト&問題集（FPT2101）」の《特典PDF・学習データ・解答動画を入手する》を選択します。
③本書に関する質問に回答します。
④《特典PDFを見る》を選択します。
⑤ドキュメントを選択します。
⑥PDFファイルが表示されます。

7 本書の最新情報について

本書に関する最新のQ&A情報や訂正情報、重要なお知らせなどについては、FOM出版のホームページでご確認ください。

ホームページ・アドレス

https://www.fom.fujitsu.com/goods/

※アドレスを入力するとき、間違いがないか確認してください。

ホームページ検索用キーワード

FOM出版

MOS Access 365&2019 Expert

MOS Access 365&2019 Expertに求められるスキル

1　MOS Access 365＆2019 Expertの出題範囲

MOS Access 365&2019 Expertの出題範囲は、次のとおりです。
※出題範囲には次の内容が含まれますが、この内容以外からも出題される可能性があります。

1 データベースの管理	
1-1 データベースの構造を変更する	・ほかのデータソースからオブジェクトやデータをインポートする ・データベース オブジェクトを削除する ・ナビゲーションウィンドウにオブジェクトを表示する、非表示にする
1-2 テーブルのリレーションシップとキーを管理する	・リレーションシップを理解する ・リレーションシップを表示する ・主キーを設定する ・参照整合性を設定する ・外部キーを設定する
1-3 データを印刷する、エクスポートする	・レコード、フォーム、レポートの印刷オプションを設定する ・オブジェクトを別のファイル形式でエクスポートする
2 テーブルの作成と変更	
2-1 テーブルを作成する	・テーブルにデータをインポートする ・外部データソースからリンクテーブルを作成する ・ほかのデータベースからテーブルをインポートする
2-2 テーブルを管理する	・テーブルのフィールドを非表示にする ・集計行を追加する ・テーブルの説明を追加する
2-3 テーブルのレコードを管理する	・データを検索する、置換する ・レコードを並べ替える ・レコードをフィルターする
2-4 フィールドを作成する、変更する	・テーブルにフィールドを追加する、削除する ・フィールドに入力規則を追加する ・フィールドの標題を変更する ・フィールドサイズを変更する ・フィールドのデータ型を変更する ・フィールドをオートナンバー型に設定する ・既定値を設定する ・定型入力を使用する

3 クエリの作成と変更	
3-1 クエリを作成して実行する	• 簡単なクエリを作成する • 基本的なクロス集計クエリを作成する • 基本的なパラメータークエリを作成する • 基本的なアクションクエリを作成する • 複数のテーブルをもとに基本的なクエリを作成する • クエリを保存する • クエリを実行する
3-2 クエリを変更する	• フィールドを追加する、非表示にする、削除する • クエリのデータを並べ替える • クエリのデータをフィルターする • クエリのフィールドを書式設定する
4 レイアウトビューを使ったフォームの変更	
4-1 フォームにコントロールを設定する	• フォームのコントロールを追加する、移動する、削除する • フォームのコントロールプロパティを設定する • フォームのラベルを追加する、変更する
4-2 フォームを書式設定する	• フォーム上のタブオーダーを変更する • フォームフィールドを使用してレコードを並べ替える • フォームの配置を変更する • フォームのヘッダーやフッターに情報を追加する • フォームに画像を挿入する
5 レイアウトビューを使ったレポートの変更	
5-1 レポートのコントロールを設定する	• レポートのフィールドをグループ化する、並べ替える • レポートにコントロールを追加する • レポートのラベルを追加する、変更する
5-2 レポートを書式設定する	• レポートを複数の列に書式設定する • レポートの配置を変更する • レポートの要素を書式設定する • レポートの向きを変更する • レポートのヘッダーやフッターに情報を追加する • レポートに画像を挿入する

2 Access Expertスキルチェックシート

MOS Access 365&2019 Expertの学習を始める前に、最低限必要とされるAccessのスキルを習得済みかどうか確認しましょう。

	事前に習得すべき項目	習得済み
1	新しいデータベースを作成できる。	☑
2	ナビゲーションウィンドウからオブジェクトを開くことができる。	☑
3	オブジェクトのビューを変更できる。	☑
4	オブジェクトの名前を変更できる。	☑
5	テーブルを作成できる。	☑
6	テーブルのレコードを更新できる。	☑
7	テーブルにレコードを追加できる。	☑
8	テーブルのレコードを削除できる。	☑
9	フォームを作成できる。	☑
10	レポートを作成できる。	☑
習得済み個数		個

習得済みのチェック個数に合わせて、事前に次の内容を学習することをお勧めします。

チェック個数	学習内容
10個	最低限必要とされるAccessのスキルを習得済みです。 本書を使って、MOS Access 365&2019 Expertの学習を始めてください。
6～9個	最低限必要とされるAccessのスキルをほぼ習得済みです。 FOM出版の書籍「よくわかる Microsoft Access 2019 基礎」(FPT1819)および「よくわかる Microsoft Access 2019 応用」(FPT1820)を使って、習得できていない箇所を学習したあと、MOS Access 365&2019 Expertの学習を始めてください。
0～5個	最低限必要とされるAccessのスキルを習得できていません。 FOM出版の書籍「よくわかる Microsoft Access 2019 基礎」(FPT1819)および「よくわかる Microsoft Access 2019 応用」(FPT1820)を使って、Accessの操作方法を学習したあと、MOS Access 365&2019 Expertの学習を始めてください。

MOS Access 365&2019 Expert

出題範囲 1

データベースの管理

1-1 出題範囲1　データベースの管理
データベースの構造を変更する

理解度チェック

習得すべき機能	参照Lesson	学習前	学習後	試験直前
■ほかのデータベースからオブジェクトをインポートできる。	➡Lesson1	☑	☑	☑
■ほかのデータソースからデータをインポートできる。	➡Lesson1	☑	☑	☑
■オブジェクトを削除できる。	➡Lesson2	☑	☑	☑
■オブジェクトを隠しオブジェクトに設定できる。	➡Lesson3	☑	☑	☑
■ナビゲーションウィンドウに隠しオブジェクトを表示できる。	➡Lesson3	☑	☑	☑

1-1-1 ほかのデータソースからオブジェクトやデータをインポートする

解 説

■オブジェクトやデータのインポート

Accessのデータベースは、テーブルやクエリ、フォーム、レポートなどの**「オブジェクト」**で構成されています。各オブジェクトは、データベース内で新規に作成する以外に、ほかのAccessデータベースから取り込むことができます。
また、Accessデータベースからだけでなく、Excelブック、XMLファイル、テキストファイルなどの外部データをデータベースに取り込むこともできます。データベースに、外部データを取り込むことを**「インポート」**といいます。

2019 365 ◆《外部データ》タブ→《インポートとリンク》グループの（新しいデータソース）

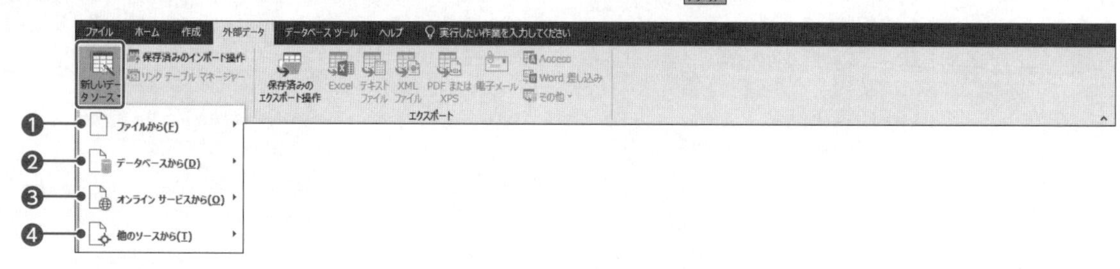

❶ファイルから

ExcelブックやCSVファイル、HTMLドキュメント、XMLファイル、テキストファイルなどのデータをインポートします。

❷データベースから

ほかのAccessデータベース、Microsoft SQL ServerやMicrosoft Azure SQL Serverなどのデータベースからデータをインポートします。

❸オンラインサービスから

SharePointリストなどのオンラインサービスからデータをインポートします。

❹他のソースから

ODBCデータベースやOutlookフォルダーのデータをインポートします。

Lesson 1

データベース「Lesson1」を開いておきましょう。

次の操作を行いましょう。

(1) フォルダー「Lesson1」にあるAccessデータベース「顧客管理」から、テーブル「T顧客マスター」とフォーム「F顧客入力」をインポートしてください。

(2) フォルダー「Lesson1」にあるExcelブック「受注データ」をテーブル「T受注データ」としてインポートしてください。先頭行をフィールド名として使い、主キーのフィールドを自動的に設定します。また、あとから使用できるようにインポート操作を「受注データのインポート」と名前を付けて保存し、その他の設定は既定のままとします。

Hint

インポート操作の設定を保存するには、《インポート操作の保存》をにします。

Lesson 1 Answer

その他の方法

オブジェクトのインポート

2019 365

◆ナビゲーションウィンドウのテーブルを右クリック→《インポート》

(1)

①《**外部データ**》タブ→《**インポートとリンク**》グループの（新しいデータソース）→《**データベースから**》→《**Access**》をクリックします。

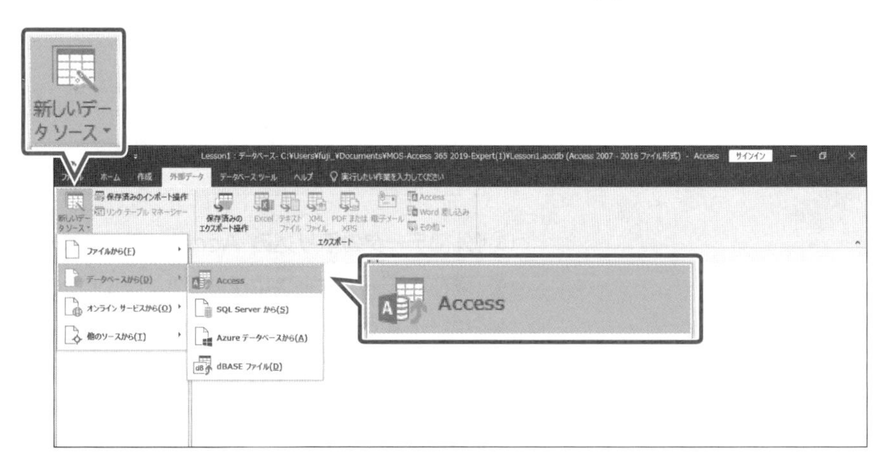

②《**外部データの取り込み-Accessデータベース**》が表示されます。

③《**ファイル名**》の《**参照**》をクリックします。

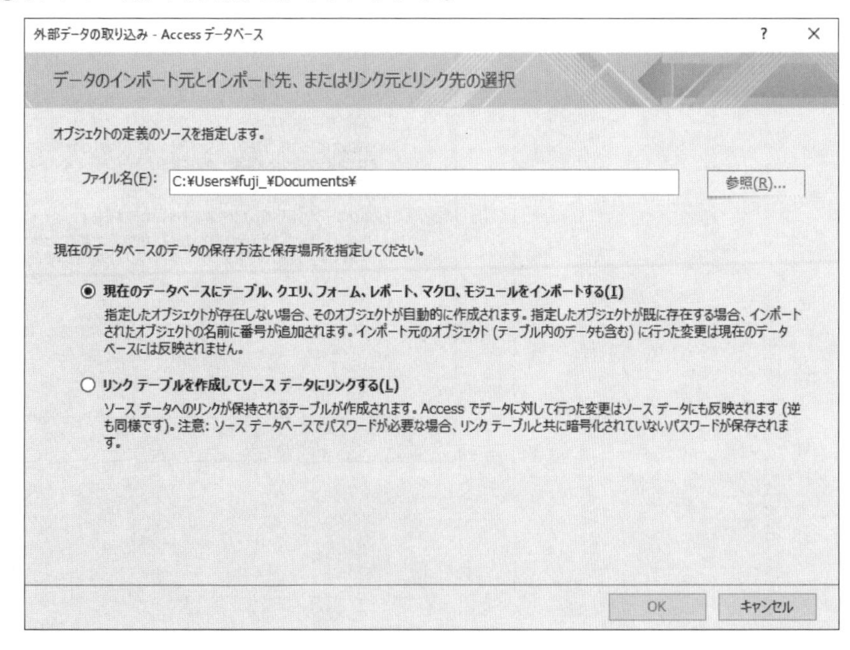

④**《ファイルを開く》**ダイアログボックスが表示されます。

⑤フォルダー**「Lesson1」**を開きます。

※《PC》→《ドキュメント》→「MOS-Access 365 2019-Expert(1)」→「Lesson1」を選択します。

⑥一覧から**「顧客管理」**を選択します。

⑦**《開く》**をクリックします。

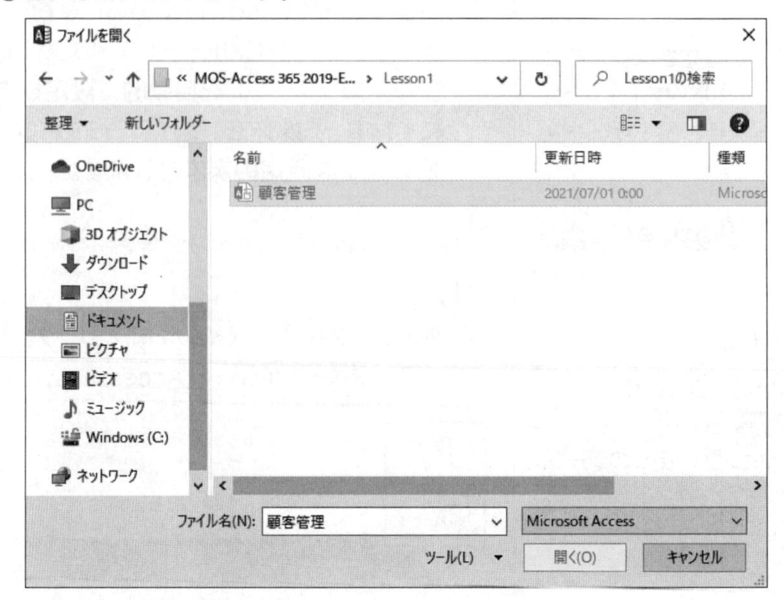

⑧**《外部データの取り込み-Accessデータベース》**に戻ります。

⑨**《現在のデータベースにテーブル、クエリ、フォーム、レポート、マクロ、モジュールをインポートする》**を◉にします。

⑩**《OK》**をクリックします。

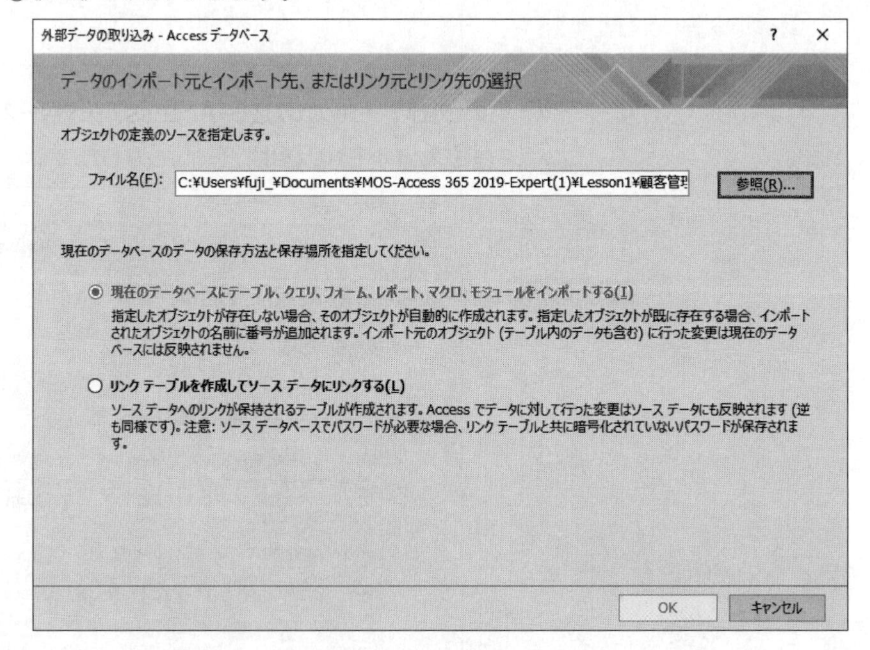

⑪**《オブジェクトのインポート》**ダイアログボックスが表示されます。
⑫**《テーブル》**タブを選択します。
⑬一覧から**「T顧客マスター」**をクリックします。

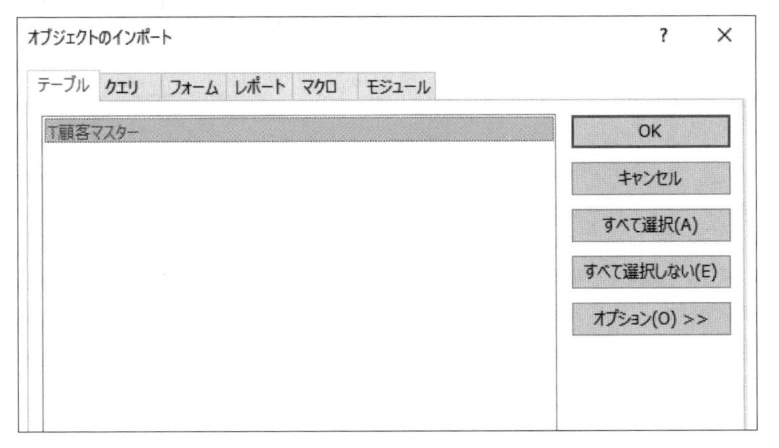

Point
選択の解除
一覧のオブジェクトを再度クリックすると、選択が解除されます。

⑭**《フォーム》**タブを選択します。
⑮一覧から**「F顧客入力」**を選択します。
⑯**《OK》**をクリックします。

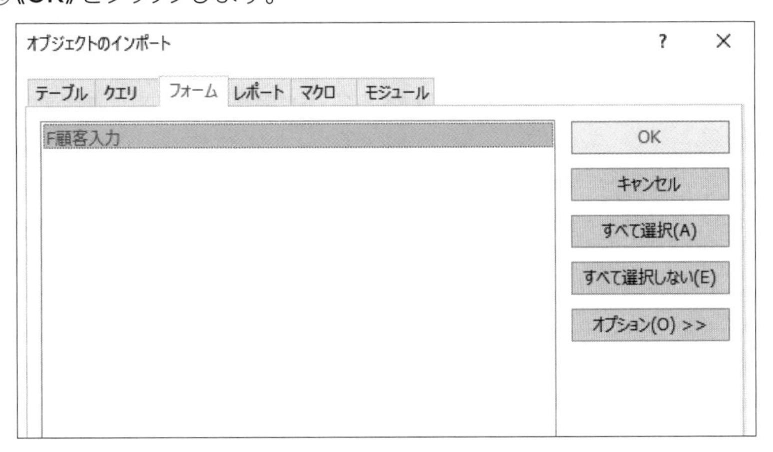

⑰**《外部データの取り込み-Accessデータベース》**に戻ります。
⑱**《閉じる》**をクリックします。

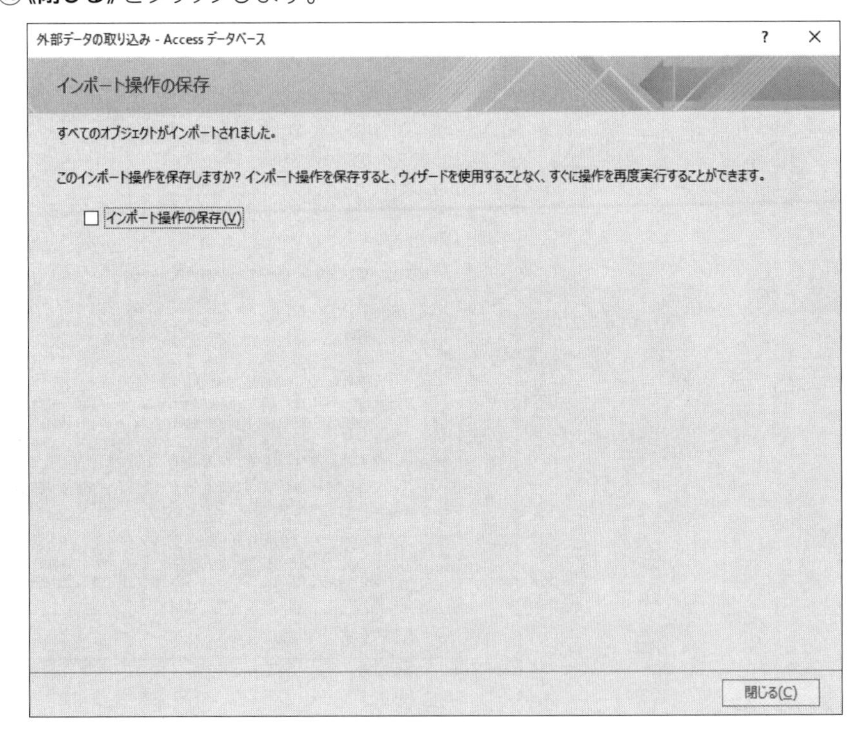

Point

ナビゲーションウィンドウ

テーブルやクエリ、フォーム、レポートなどのオブジェクトの一覧が表示されるウィンドウのことです。初期の設定では、データベース内のすべてのオブジェクトが種類ごとに表示されます。

⑲テーブル「**T顧客マスター**」とフォーム「**F顧客入力**」がインポートされ、ナビゲーションウィンドウに表示されます。

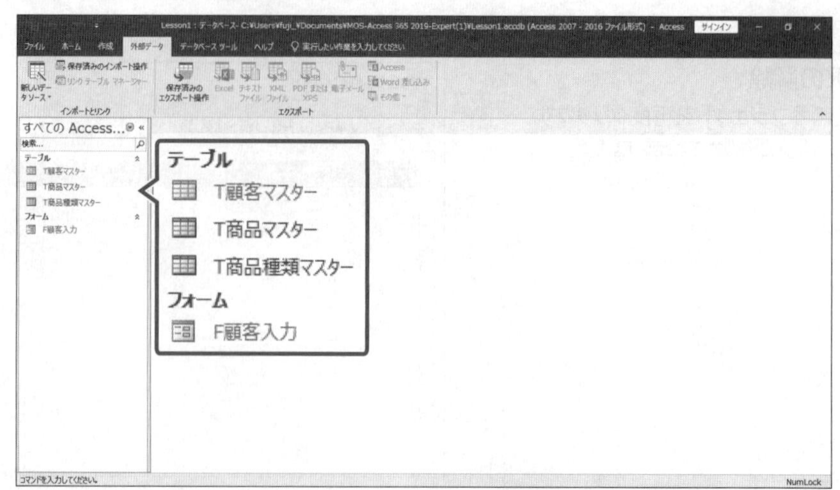

(2)

①**《外部データ》**タブ→**《インポートとリンク》**グループの（新しいデータソース）→**《ファイルから》**→**《Excel》**をクリックします。

②**《外部データの取り込み-Excelスプレッドシート》**が表示されます。

③**《ファイル名》**の**《参照》**をクリックします。

④**《ファイルを開く》**ダイアログボックスが表示されます。

⑤フォルダー「**Lesson1**」を開きます。

※《PC》→《ドキュメント》→「MOS-Access 365 2019-Expert(1)」→「Lesson1」を選択します。

⑥一覧から「**受注データ**」を選択します。

⑦**《開く》**をクリックします。

⑧**《外部データの取り込み-Excelスプレッドシート》**に戻ります。

⑨**《現在のデータベースの新しいテーブルにソースデータをインポートする》**を◉にします。

⑩**《OK》**をクリックします。

※セキュリティに関するメッセージが表示された場合は、《開く》をクリックしておきましょう。

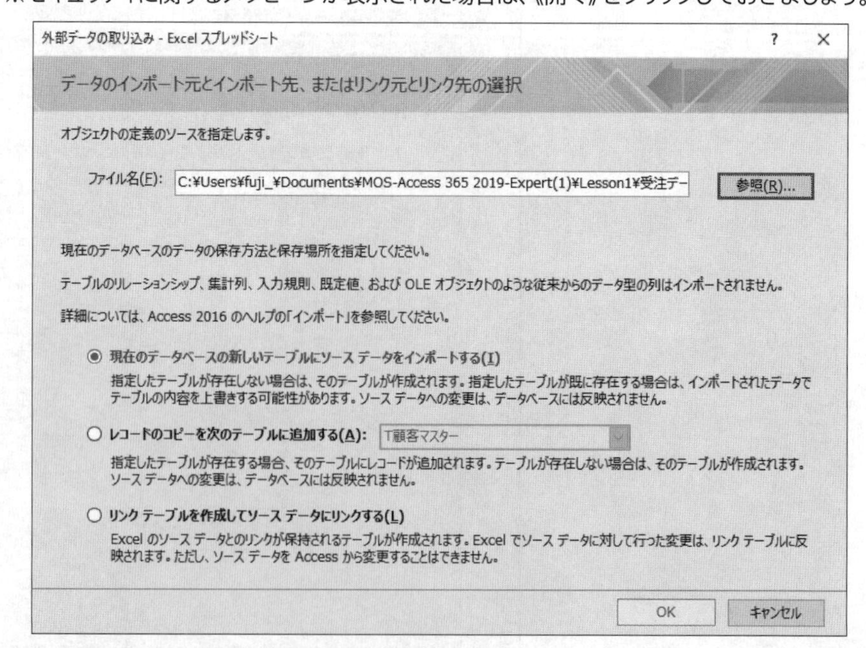

Point

ワークシートの選択

複数のワークシートまたは範囲があるExcelブックをインポートする場合は、《スプレッドシートインポートウィザード》でワークシートまたは範囲を選択する画面が表示されます。

⑪《**スプレッドシートインポートウィザード**》が表示されます。

⑫《**先頭行をフィールド名として使う**》を☑にします。

⑬《**次へ**》をクリックします。

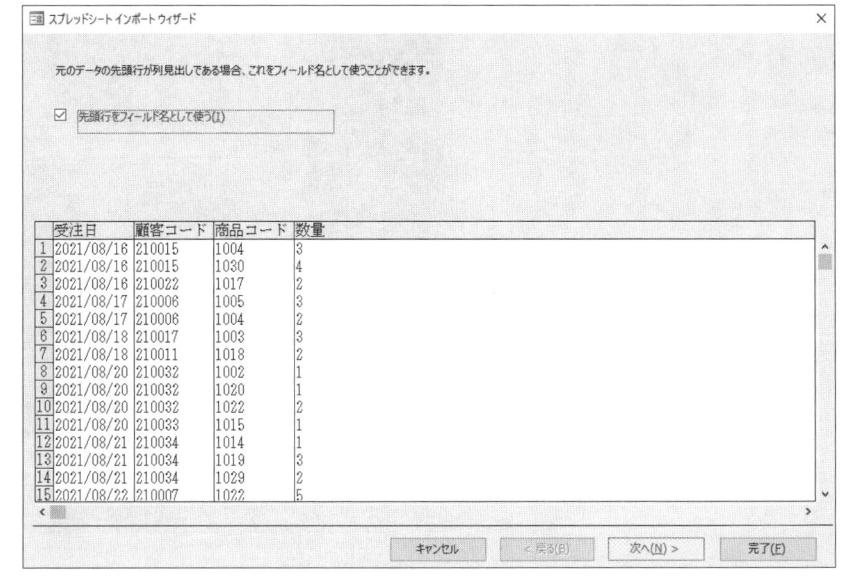

Point

フィールドのオプション

❶フィールド名
インポートするフィールドの名前を変更できます。

❷データ型
インポートするフィールドのデータ型を変更できます。

❸インデックス
インポートするフィールドにインデックスを設定できます。

❹このフィールドをインポートしない
選択したフィールドをインポートする必要がない場合は☑にします。

⑭《**次へ**》をクリックします。

Point

主キーの設定

❶主キーを自動的に設定する
オートナンバー型の《ID》フィールドが自動的に追加されて、主キーが設定されます。

❷次のフィールドに主キーを設定する
インポートするフィールドを選択して、主キーを設定します。

❸主キーを設定しない
主キーを設定しないでインポートします。

⑮《**主キーを自動的に設定する**》を◉にします。

⑯《**次へ**》をクリックします。

⑰《インポート先のテーブル》に「T受注データ」と入力します。

⑱《完了》をクリックします。

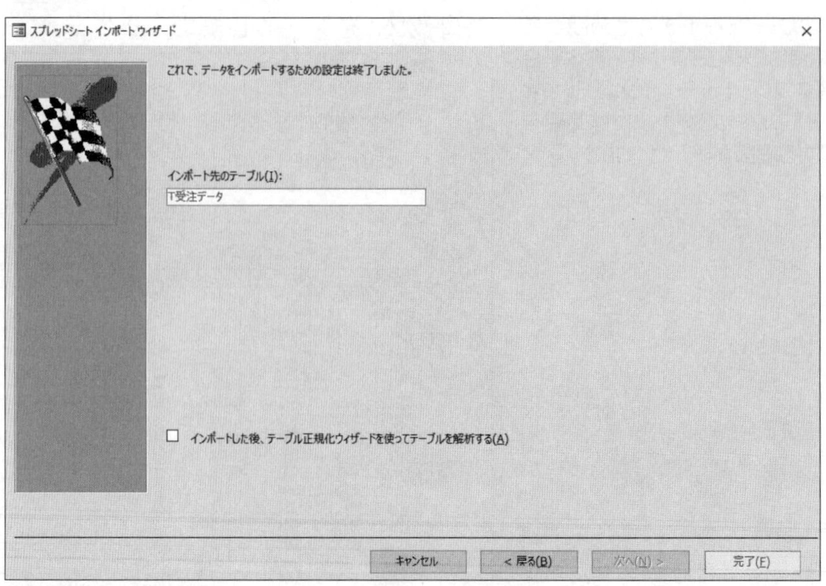

⑲《外部データの取り込み-Excelスプレッドシート》に戻ります。

⑳《インポート操作の保存》を✔にします。

㉑《名前を付けて保存》に「受注データのインポート」と入力します。

㉒《インポートの保存》をクリックします。

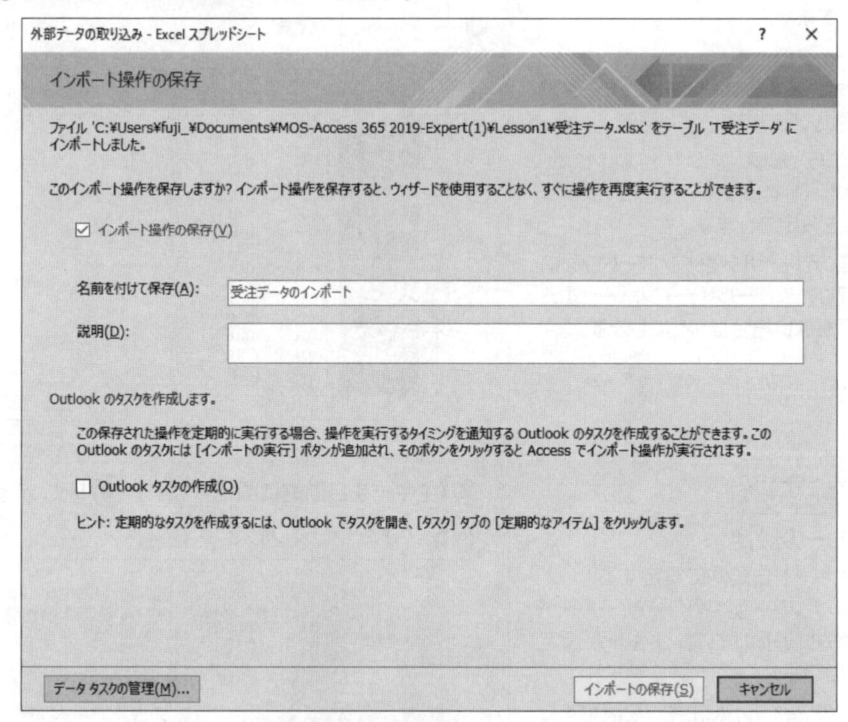

※ナビゲーションウィンドウにテーブル「T受注データ」がインポートされていることを確認しておきましょう。

Point

保存したインポート操作の実行

2019 365

◆《外部データ》タブ→《インポートとリンク》グループの 保存済みのインポート操作 (保存済みのインポート操作)

Point

保存済みのインポート操作の削除

2019 365

◆《外部データ》タブ→《インポートとリンク》グループの 保存済みのインポート操作 (保存済みのインポート操作)→《保存済みのインポート操作》タブ→一覧から選択→《削除》

1-1-2 データベースオブジェクトを削除する

解説

■オブジェクトの削除

不要になったオブジェクトは、削除できます。オブジェクトをデータベースにそのまま残しておくと、ファイルの容量が大きくなり処理速度が遅くなるなどの影響を及ぼします。

2019 365 ◆ナビゲーションウィンドウのオブジェクトを右クリック→《削除》

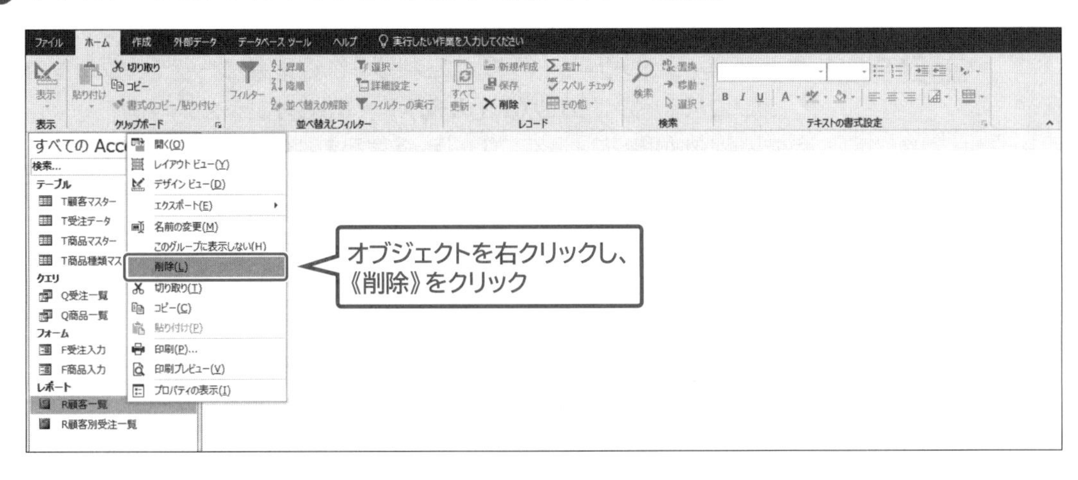

Lesson 2

データベース「Lesson2」を開いておきましょう。

次の操作を行いましょう。

(1) レポート「R顧客一覧」を削除してください。

Lesson 2 Answer

(1)

①ナビゲーションウィンドウのレポート**「R顧客一覧」**を右クリックします。

②**《削除》**をクリックします。

③メッセージを確認し、**《はい》**をクリックします。

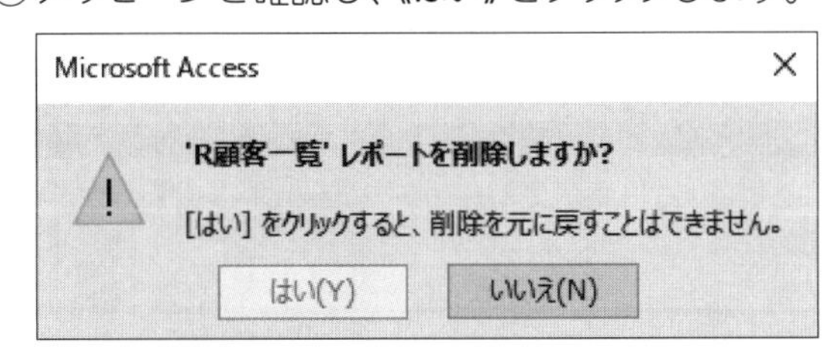

④レポート**「R顧客一覧」**が削除されます。

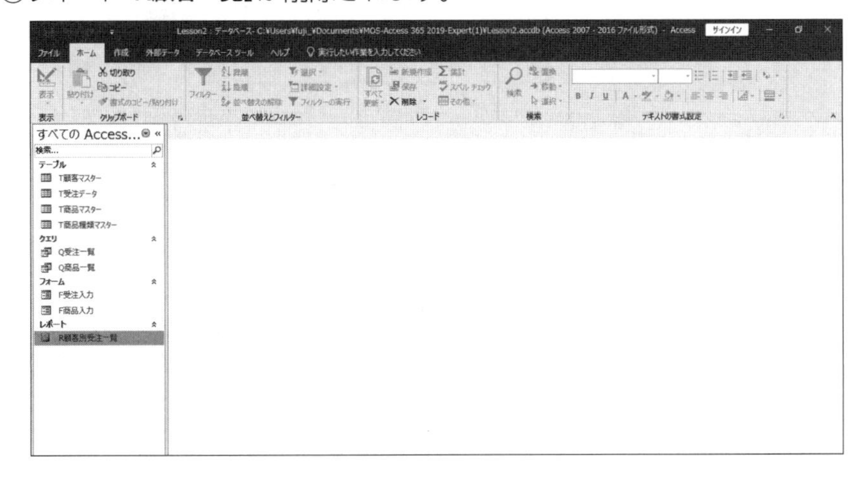

その他の方法

オブジェクトの削除

2019 365

◆ナビゲーションウィンドウのオブジェクトを選択→《ホーム》タブ→《レコード》グループの ✕削除 (削除)

◆ナビゲーションウィンドウのオブジェクトを選択→ Delete

Point

リレーションシップの削除

リレーションシップが設定されているテーブルを削除すると、オブジェクトの削除に関するメッセージのあとに、リレーションシップの削除に関するメッセージが表示されます。

Point

削除したオブジェクトの復元

テーブルとクエリは、削除した直後であればクイックアクセスツールバーの (元に戻す)を使って復元できます。フォームとレポートは復元できないので、削除する際には注意が必要です。

1-1-3 ナビゲーションウィンドウにオブジェクトを表示する、非表示にする

解 説

■オブジェクトの表示／非表示

ナビゲーションウィンドウのオブジェクトを非表示にする場合は、**「隠しオブジェクト」**に設定します。隠しオブジェクトの設定を解除すると、再度ナビゲーションウィンドウに表示できます。他の人にオブジェクトを見せたくない場合や、誤って削除しないようにする場合は、オブジェクトを非表示にしておくとよいでしょう。

2019 365 ◆ナビゲーションウィンドウのオブジェクトを右クリック→《テーブルプロパティ》／《オブジェクトのプロパティ》／《プロパティの表示》→《隠しオブジェクト》

※オブジェクトの種類によって、プロパティを表示するメニューが異なります。

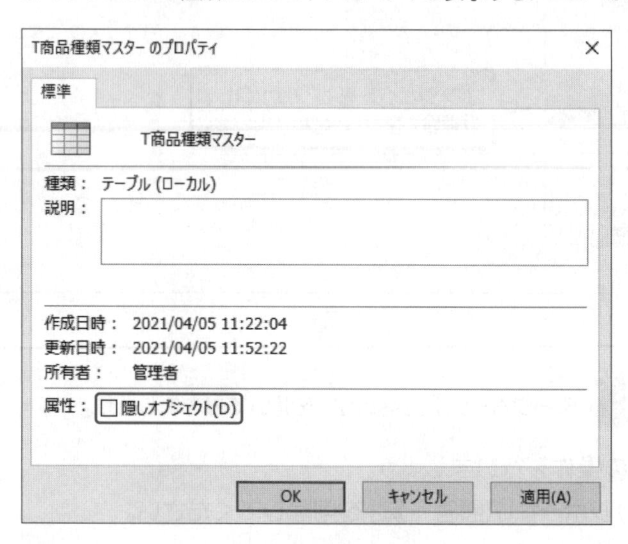

■隠しオブジェクトの表示

隠しオブジェクトをナビゲーションウィンドウに表示するには、ナビゲーションウィンドウの設定を変更します。隠しオブジェクトは、ナビゲーションウィンドウでは薄いグレーで表示されます。

2019 365 ◆ナビゲーションウィンドウを右クリック→《ナビゲーションオプション》→《隠しオブジェクトの表示》

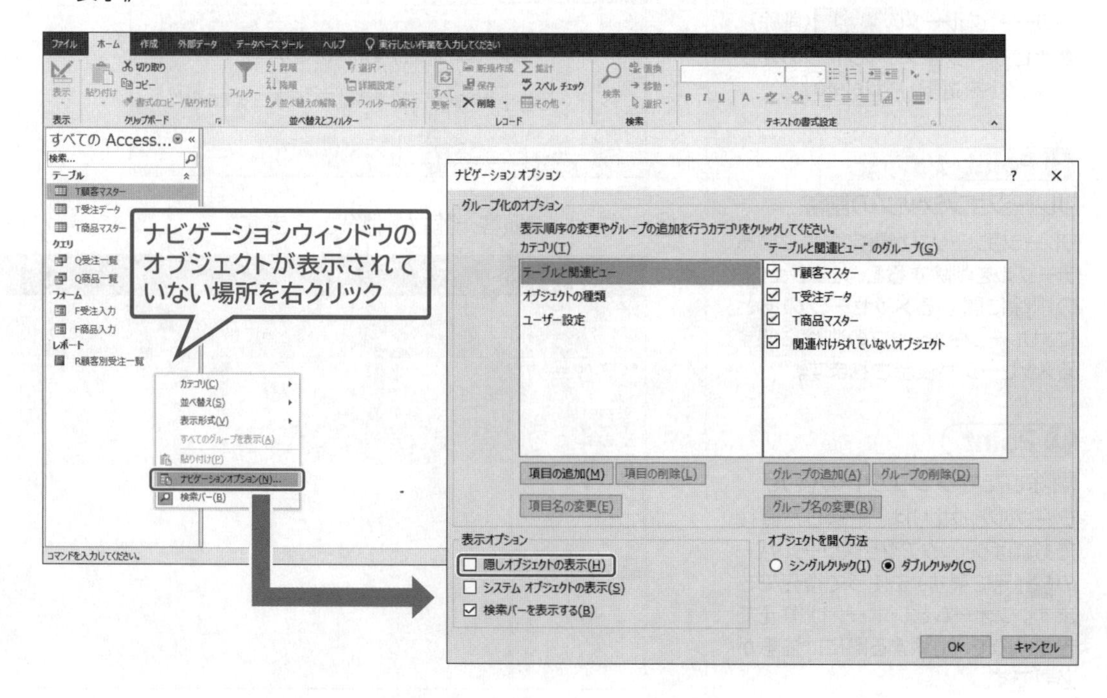

Lesson 3

OPEN データベース「Lesson3」を開いておきましょう。

次の操作を行いましょう。

(1) テーブル「T商品種類マスター」を隠しオブジェクトに設定してください。

(2) ナビゲーションウィンドウに隠しオブジェクトが表示されるように設定し、レポート「R顧客一覧」の隠しオブジェクトの設定を解除してください。

(3) ナビゲーションウィンドウの設定を元に戻して、隠しオブジェクトが表示されないようにしてください。

Lesson 3 Answer

(1)

①ナビゲーションウィンドウのテーブル**「T商品種類マスター」**を右クリックします。

②**《テーブルプロパティ》**をクリックします。

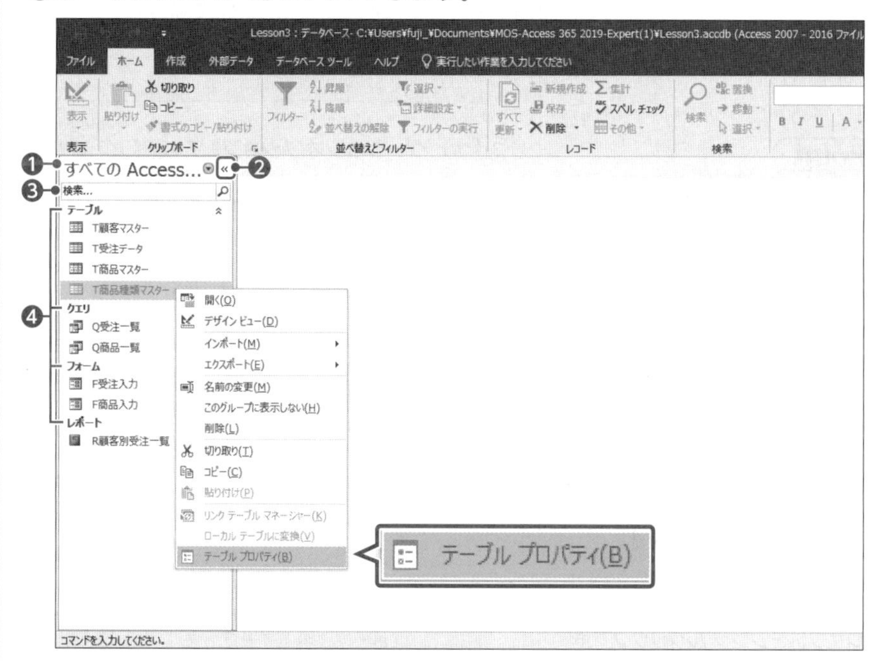

③**《T商品種類マスターのプロパティ》**が表示されます。

④**《隠しオブジェクト》**を☑にします。

⑤**《OK》**をクリックします。

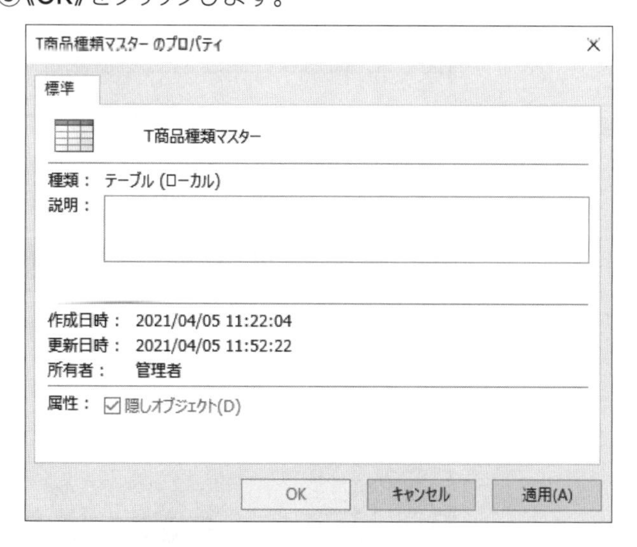

⑥テーブル**「T商品種類マスター」**が非表示になります。

Point

ナビゲーションウィンドウの構成

❶メニュー

ナビゲーションウィンドウのカテゴリやグループを変更できます。また、右クリックすると、オブジェクトの並び順や表示方法を変更できます。

❷シャッターバーを開く/閉じるボタン

ナビゲーションウィンドウの表示／非表示を切り替えます。

※ナビゲーションウィンドウを非表示にすると、«から»に切り替わります。

❸検索バー

入力した文字列をもとに、名前の一部が一致するオブジェクトを検索できます。

❹グループ

オブジェクトの種類ごとにグループ化されます。オブジェクト名の⌃をクリックすると、⌄に切り替わり、グループが非表示になります。⌄をクリックすると、再度グループが表示されます。

その他の方法

《ナビゲーションオプション》ダイアログボックスの表示

2019 365

◆《ファイル》タブ→《オプション》→左側の一覧から《現在のデータベース》を選択→《ナビゲーション》の《ナビゲーションオプション》

※お使いの環境によっては、《オプション》が表示されていない場合があります。その場合は、《その他》→《オプション》をクリックします。

Point

《ナビゲーションオプション》

❶カテゴリ
ナビゲーションウィンドウのカテゴリを追加したり、削除したりできます。

❷"カテゴリ名"のグループ
カテゴリごとにグループを追加したり、削除したりできます。□にすると、グループを非表示にできます。

❸表示オプション
隠しオブジェクトや検索バーを表示するかなど、表示に関するオプションを設定できます。

❹オブジェクトを開く方法
オブジェクトをシングルクリックで開くかダブルクリックで開くかを選択できます。

(2)

①ナビゲーションウィンドウを右クリックします。
※オブジェクトが表示されていない場所を右クリックします。
②**《ナビゲーションオプション》**をクリックします。

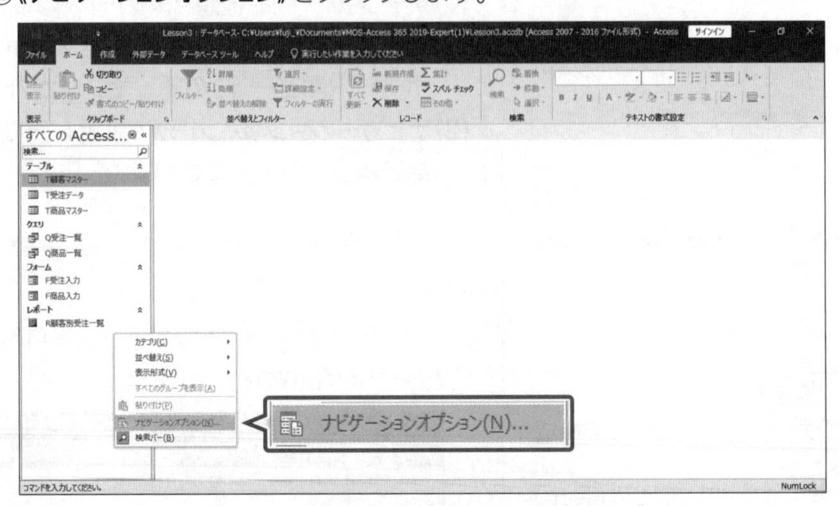

③**《ナビゲーションオプション》**ダイアログボックスが表示されます。
④**《表示オプション》**の**《隠しオブジェクトの表示》**を☑にします。
⑤**《OK》**をクリックします。

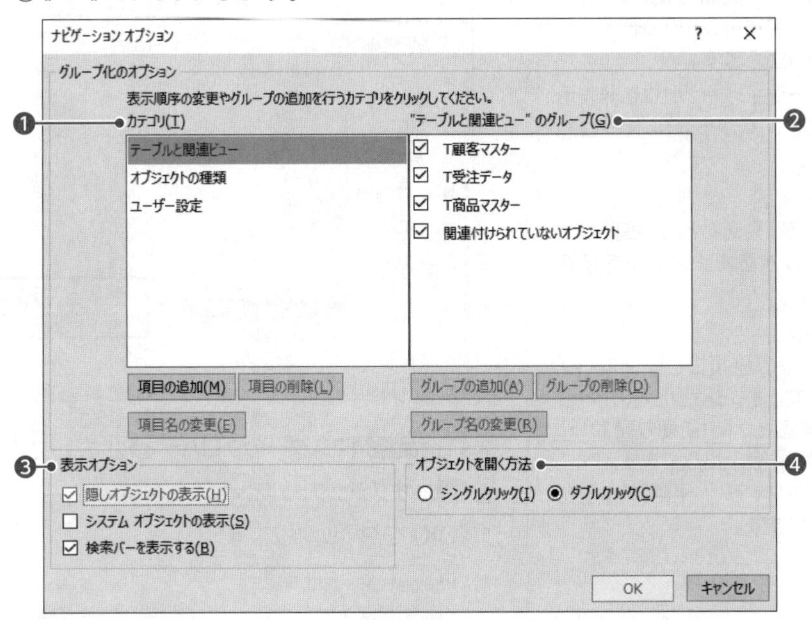

⑥ナビゲーションウィンドウに隠しオブジェクトが表示されます。
⑦ナビゲーションウィンドウのレポート**「R顧客一覧」**を右クリックします。
⑧**《プロパティの表示》**をクリックします。

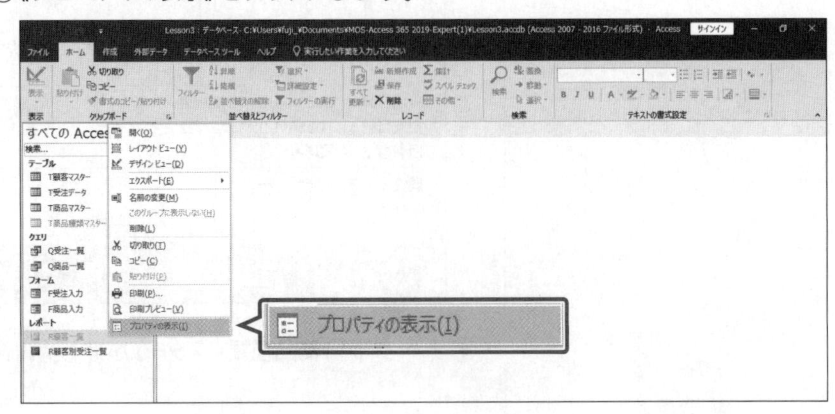

⑨**《R顧客一覧のプロパティ》**が表示されます。
⑩**《隠しオブジェクト》**を☐にします。
⑪**《OK》**をクリックします。

⑫ナビゲーションウィンドウのレポート**「R顧客一覧」**が濃い色で表示されます。

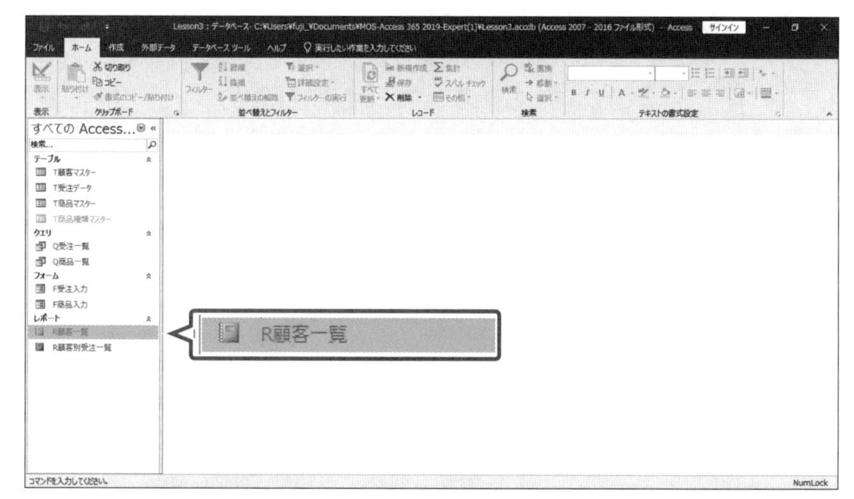

(3)

①ナビゲーションウィンドウを右クリックします。
※オブジェクトが表示されていない場所を右クリックします。
②**《ナビゲーションオプション》**をクリックします。
③**《ナビゲーションオプション》**ダイアログボックスが表示されます。
④**《表示オプション》**の**《隠しオブジェクトの表示》**を☐にします。
⑤**《OK》**をクリックします。
⑥ナビゲーションウィンドウの隠しオブジェクトが非表示になります。

1-2 テーブルのリレーションシップとキーを管理する

理解度チェック

習得すべき機能	参照Lesson	学習前	学習後	試験直前
■リレーションシップを作成できる。	➡Lesson4	☑	☑	☑
■リレーションシップを表示できる。	➡Lesson5	☑	☑	☑
■主キーを設定できる。	➡Lesson6	☑	☑	☑
■参照整合性を設定できる。	➡Lesson7	☑	☑	☑
■結合の種類を設定できる。	➡Lesson8	☑	☑	☑

1-2-1 リレーションシップを理解する

解説

■リレーションシップ

テーブル間の共通のフィールドを関連付けることを**「リレーションシップ」**といいます。共通のフィールドのうち、**「主キー」**側のフィールドに対して、もう一方のフィールドを**「外部キー」**といいます。また、主キーを含むテーブルを**「主テーブル」**、外部キーを含むテーブルを**「リレーションテーブル」**または**「関連テーブル」**といいます。
リレーションシップが作成されたテーブル間には**「結合線」**が表示されます。

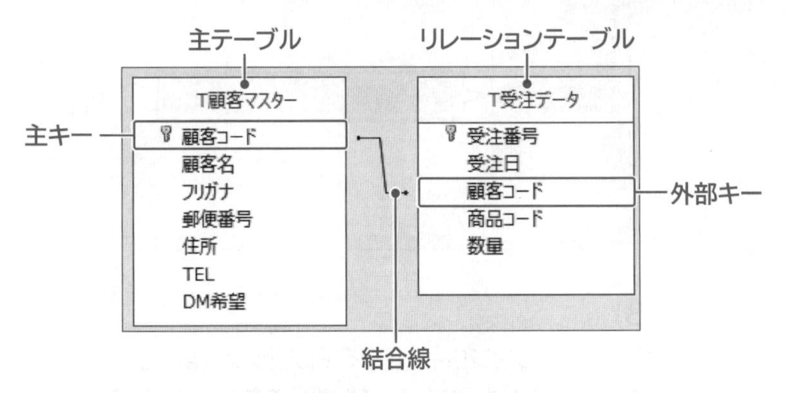

解説

■リレーションシップの種類

リレーションシップには、関連付ける2つのフィールドによって、**「一対多」「一対一」**などの種類があります。

●一対多

一方のテーブルの1件のレコードが、もう一方のテーブルの複数レコードに対応しているリレーションシップです。
どちらかのテーブルの主キーを結合します。主キー側のテーブルの値を参照するときに使うと便利です。

主テーブル「T商品マスター」

商品コード	商品名
1001	ダイヤモンド
1002	ルビー
1003	エメラルド

リレーションテーブル「T受注明細」

受注明細コード	受注番号	商品コード	数量
1	1	1001	2
2	1	1003	1
3	2	1001	3
4	2	1002	2
5	3	1001	1

●一対一

一方のテーブルの1件のレコードが、もう一方のテーブルの1件のレコードに対応しているリレーションシップです。
2つのテーブルの主キーを結合します。1つのテーブルで管理することもできますが、個人情報など別テーブルで管理して、セキュリティを強化したいときに使うと便利です。

主テーブル「T顧客マスター」

顧客コード	顧客名
K1001	田中　次郎
K1002	佐藤　洋子
K1003	中野　保

リレーションテーブル「T顧客詳細」

顧客コード	住所	電話番号	生年月日
K1001	東京都…	03-XXXX-XXXX	1960.1.3
K1002	東京都…	03-XXXX-XXXX	1953.4.11
K1003	東京都…	03-XXXX-XXXX	1972.10.6

■リレーションシップの作成

リレーションシップを作成する手順は、次のとおりです。

❶ リレーションシップウィンドウを表示する

リレーションシップウィンドウを表示するには、**《データベースツール》**タブ→**《リレーションシップ》**グループの（リレーションシップ）を使います。

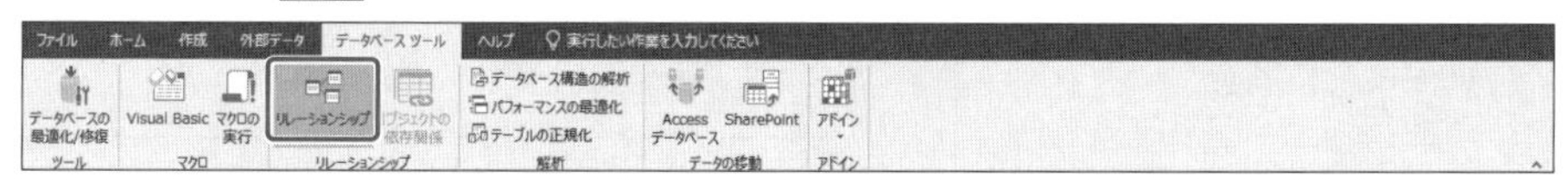

❷ テーブルを追加する

《テーブルの表示》で追加するテーブルを選択します。
※お使いの環境によっては、《テーブルの表示》が《テーブルの追加》と表示される場合があります。

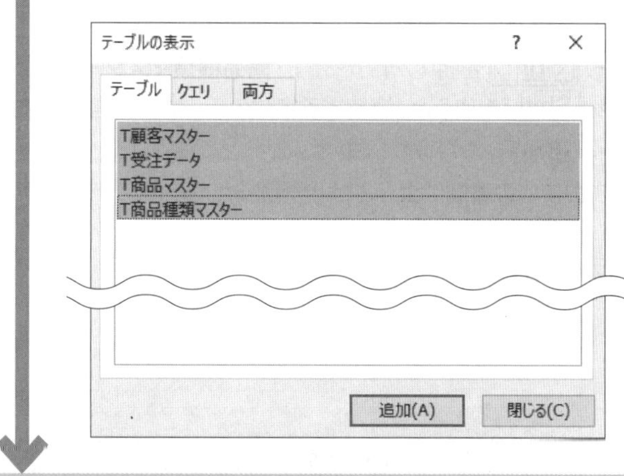

❸ テーブル間の共通フィールドを関連付ける

テーブル間の共通フィールドをドラッグし、リレーションシップを作成します。
※共通フィールドのフィールド名は異なっていてもかまいません。

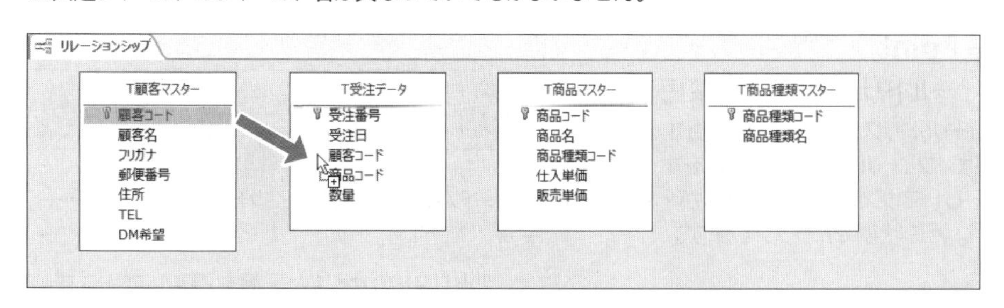

Lesson 4

 データベース「Lesson4」を開いておきましょう。

次の操作を行いましょう。

(1) テーブル「T顧客マスター」と「T受注データ」、テーブル「T商品マスター」と「T受注データ」、テーブル「T商品種類マスター」と「T商品マスター」の間に共通フィールドで結合する一対多のリレーションシップを作成してください。操作後、レイアウトを保存し、リレーションシップウィンドウを閉じてください。

Lesson 4 Answer

(1)

①**《データベースツール》**タブ→**《リレーションシップ》**グループの  (リレーションシップ) をクリックします。

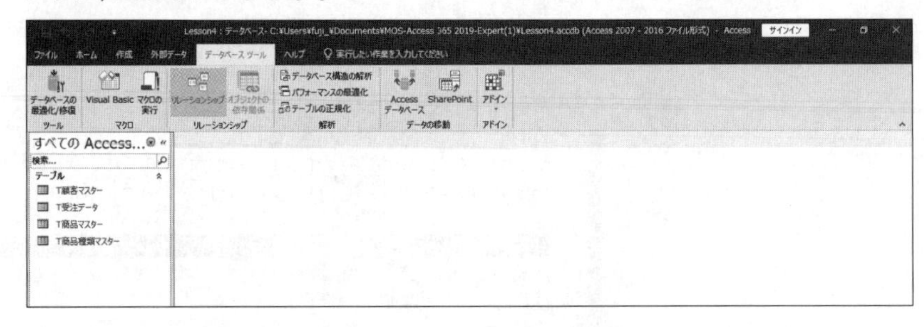

②リレーションシップウィンドウと**《テーブルの表示》**が表示されます。

※お使いの環境によっては、《テーブルの表示》が《テーブルの追加》と表示される場合があります。

③**《テーブル》**タブを選択します。

④一覧から**「T顧客マスター」**を選択します。

⑤ Shift を押しながら、**「T商品種類マスター」**を選択します。

※ Shift を使うと、連続する複数のテーブルを選択できます。

⑥**《追加》**をクリックします。

※お使いの環境によっては、《追加》が《選択したテーブルを追加》と表示される場合があります。

⑦**《閉じる》**をクリックします。

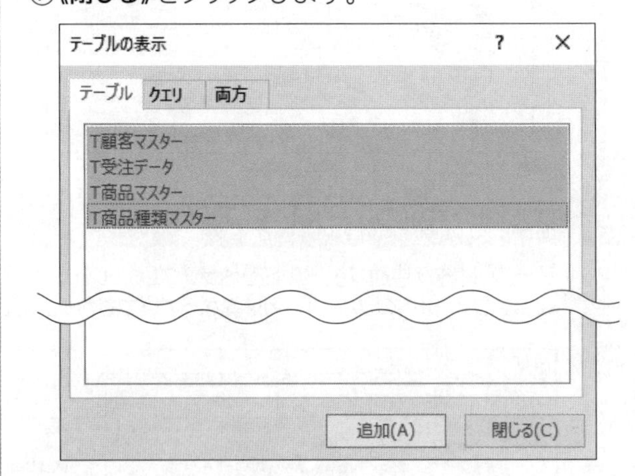

⑧リレーションシップウィンドウに4つのテーブルのフィールドリストが表示されます。

※フィールドリストのサイズと配置を調整しておきましょう。

Point

複数のテーブルの選択

《テーブルの表示》で複数のテーブルを選択する方法は、次のとおりです。

連続するテーブル

2019 365

◆先頭のテーブルを選択→ Shift を押しながら、最終のテーブルを選択

連続しないテーブル

2019 365

◆1つ目のテーブルを選択→ Ctrl を押しながら、2つ目以降のテーブルを選択

Point

フィールドリストのサイズ変更

フィールドリストのサイズを変更するには、フィールドリストの境界をポイントし、マウスポインターの形が⇔⇕⤡⤢の状態でドラッグします。

Point

フィールドリストの移動

フィールドリストを移動するには、フィールドリストのタイトルバーをドラッグします。

Point

フィールドリストの非表示

2019 365

◆フィールドリストを選択→《デザイン》タブ→《リレーションシップ》グループの テーブルを表示しない（テーブルを表示しない）

◆フィールドリストを選択→Delete

※フィールドリストを非表示にしてもリレーションシップは削除されません。

Point

フィールドリストの追加

2019 365

◆《デザイン》タブ→《リレーションシップ》グループの（テーブルの表示）→追加するテーブルを選択→《追加》

※お使いの環境によっては、《テーブルの表示》が《テーブルの追加》と表示される場合があります。

Point

リレーションシップの削除

2019 365

◆結合線を右クリック→《削除》

◆結合線を選択→Delete

⑨テーブル**「T顧客マスター」**の**「顧客コード」**フィールドを、テーブル**「T受注データ」**の**「顧客コード」**フィールドへドラッグします。

※ドラッグ中、マウスポインターの形が に変わります。

※ドラッグ元のフィールドとドラッグ先のフィールドは逆でもかまいません。

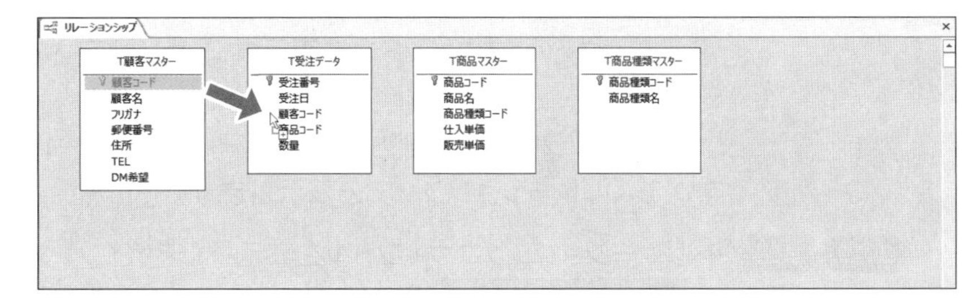

⑩**《リレーションシップ》**ダイアログボックスが表示されます。

⑪**《リレーションシップの種類》**が**「一対多」**になっていることを確認します。

⑫**《作成》**をクリックします。

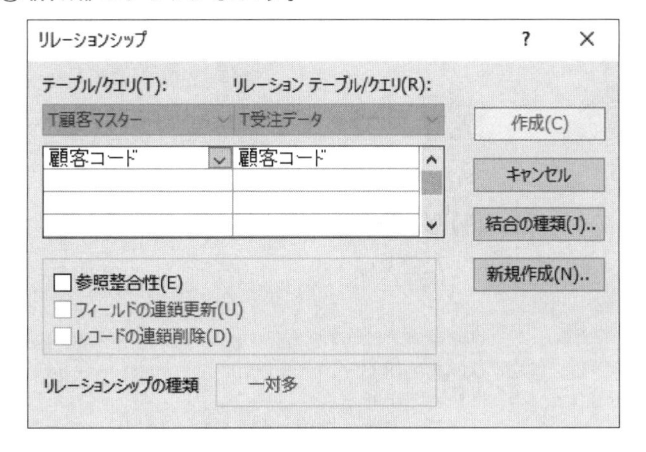

⑬テーブル間に結合線が表示されます。

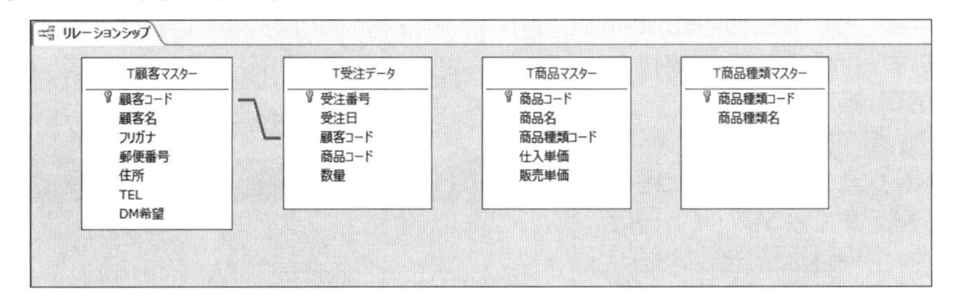

⑭同様に、そのほかのリレーションシップを作成します。

⑮クイックアクセスツールバーの（上書き保存）をクリックします。

⑯**《デザイン》**タブ→**《リレーションシップ》**グループの（閉じる）をクリックします。

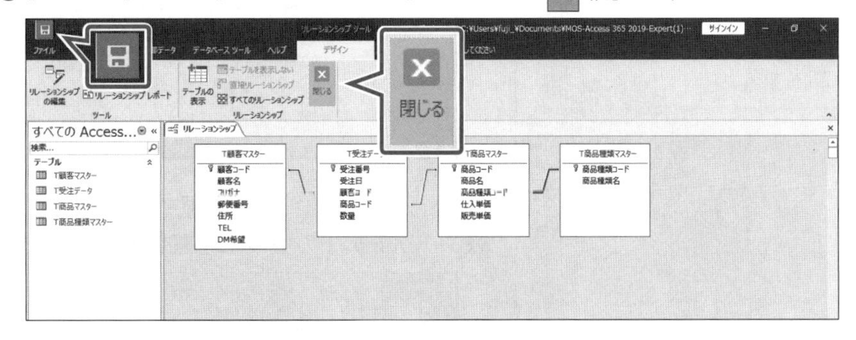

⑰リレーションシップウィンドウが閉じられます。

1-2-2 リレーションシップを表示する

 解説

■リレーションシップの表示

リレーションシップウィンドウを表示すると、設定されているリレーションシップを確認できます。
リレーションシップウィンドウに設定済みのリレーションシップが表示されていない場合は、すべてのリレーションシップを表示します。

2019 365 ◆リレーションシップウィンドウを表示→《デザイン》タブ→《リレーションシップ》グループの すべてのリレーションシップ（すべてのリレーションシップの表示）

Lesson 5

OPEN データベース「Lesson5」を開いておきましょう。

次の操作を行いましょう。

(1) リレーションシップウィンドウに、すべてのリレーションシップを表示してください。

Lesson 5 Answer

(1)

①《データベースツール》タブ→《リレーションシップ》グループの リレーションシップ（リレーションシップ）をクリックします。

②リレーションシップウィンドウが表示されます。

③《デザイン》タブ→《リレーションシップ》グループの すべてのリレーションシップ（すべてのリレーションシップの表示）をクリックします。

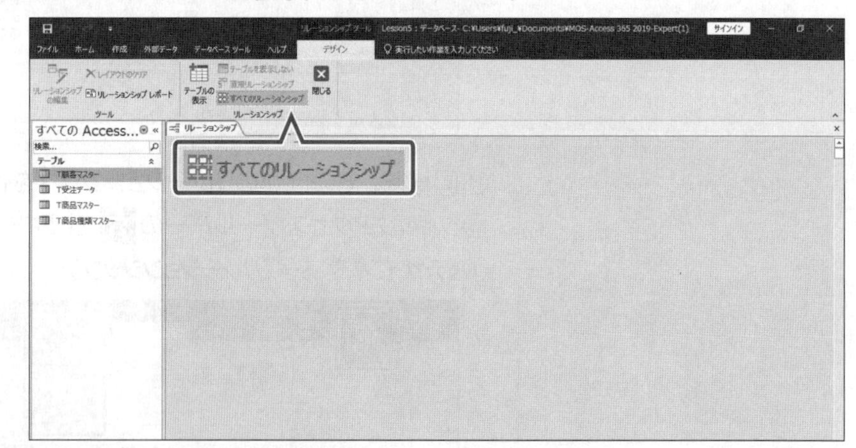

④フィールドリストと結合線が表示されます。

※フィールドリストのサイズと位置を調整しておきましょう。

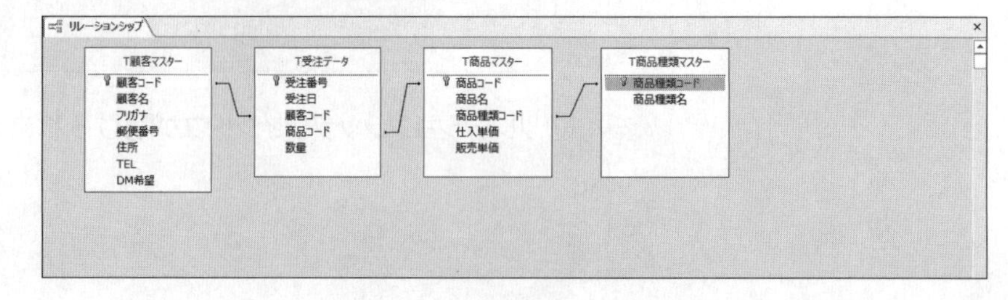

Point

リレーションシップの印刷

リレーションシップウィンドウの表示をそのままレポートにして印刷することができます。

2019 365

◆リレーションシップウィンドウを表示→《デザイン》タブ→《ツール》グループの リレーションシップ レポート（リレーションシップレポート）→《印刷プレビュー》タブ→《印刷》グループの （印刷）

出題範囲1 データベースの管理

1-2-3 主キーを設定する

解説

■主キーの設定

「主キー」とは、テーブル内の各レコードを固有のものとして認識するためのフィールドのことです。主キーを設定すると、レコードの抽出や検索を高速に行うことができます。
主キーに設定したフィールドには、重複するデータや空の値（Null値）を入力することはできません。また、あとから変更されない値であることが理想的です。
リレーションシップを作成する前に、主テーブルの共通フィールドに主キーを設定しておきます。

例：同姓同名の社員がいる場合

名前	部署
田中 一郎	人事部
田中 一郎	営業部
⋮	⋮

名前だけではどちらかわからない
探すのに時間がかかる

→

従業員番号	名前	部署
1001	田中 一郎	人事部
2010	田中 一郎	営業部
⋮	⋮	⋮

従業員番号で識別し、
高速に検索

2019 365 ◆テーブルをデザインビューで表示→《デザイン》タブ→《ツール》グループの 主キー（主キー）

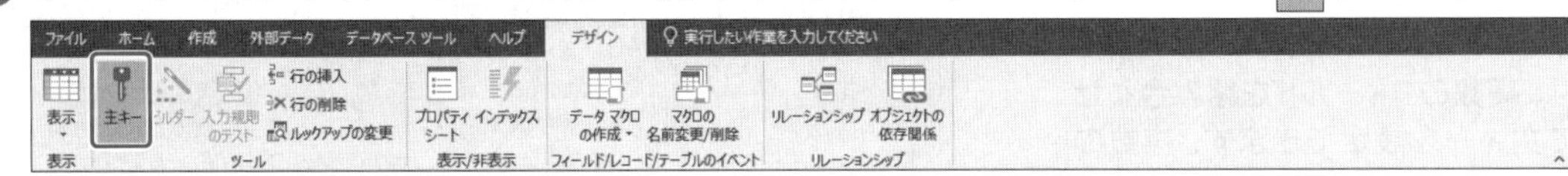

Lesson 6

データベース「Lesson6」を開いておきましょう。

次の操作を行いましょう。

(1) テーブル「T商品種類マスター」の「商品種類コード」フィールドに主キーを設定してください。

(2) テーブル「T顧客マスター」の主キーを「顧客コード」フィールドに変更してください。

Hint
主キーの変更は、設定と同じボタンを使います。

Lesson 6 Answer

(1)

①ナビゲーションウィンドウのテーブル**「T商品種類マスター」**を右クリックします。
②**《デザインビュー》**をクリックします。
③テーブルがデザインビューで表示されます。
④**「商品種類コード」**フィールドの行セレクターをクリックします。
※行セレクターをポイントし、マウスポインターの形が➡に変わったら、クリックします。
⑤**「商品種類コード」**フィールド全体が選択されます。
⑥**《デザイン》**タブ→**《ツール》**グループの （主キー）をクリックします。

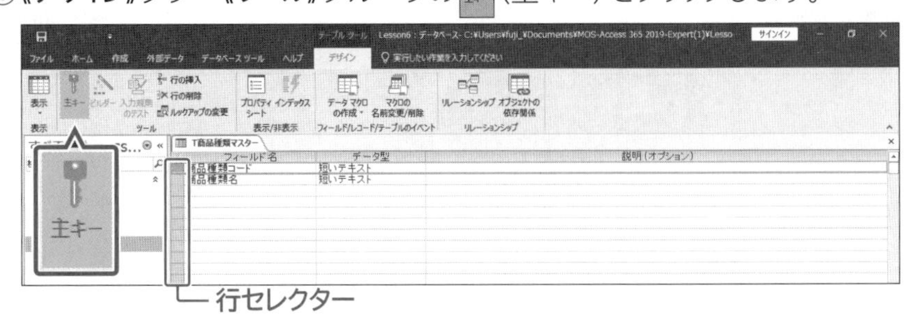

Point
デザインビュー
テーブルの構造を定義するテーブルの表示モードです。データを入力したり表示したりすることはできません。

その他の方法
主キーの設定
2019 365
◆テーブルをデザインビューで表示→フィールドを右クリック→《主キー》

⑦**「商品種類コード」**の行セレクターに（キーインジケータ）が表示されます。

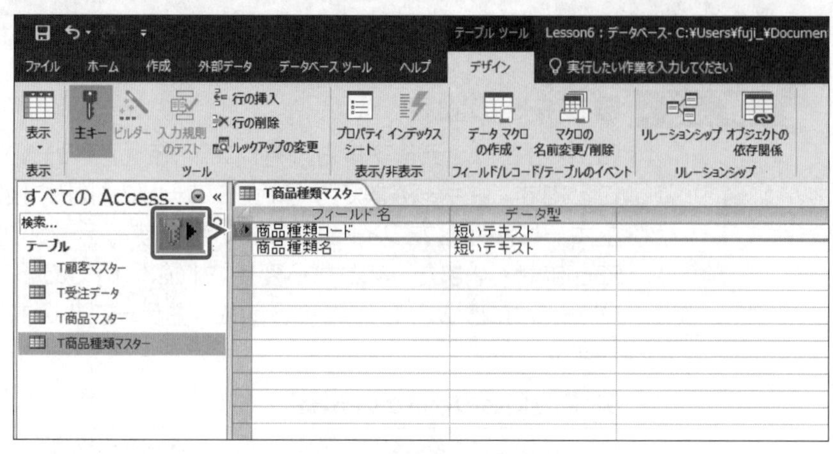

(2)

①ナビゲーションウィンドウのテーブル**「T顧客マスター」**を右クリックします。

②**《デザインビュー》**をクリックします。

③テーブルがデザインビューで表示されます。

④**「顧客コード」**フィールドの行セレクターをクリックします。

⑤**《デザイン》**タブ→**《ツール》**グループの（主キー）をクリックします。

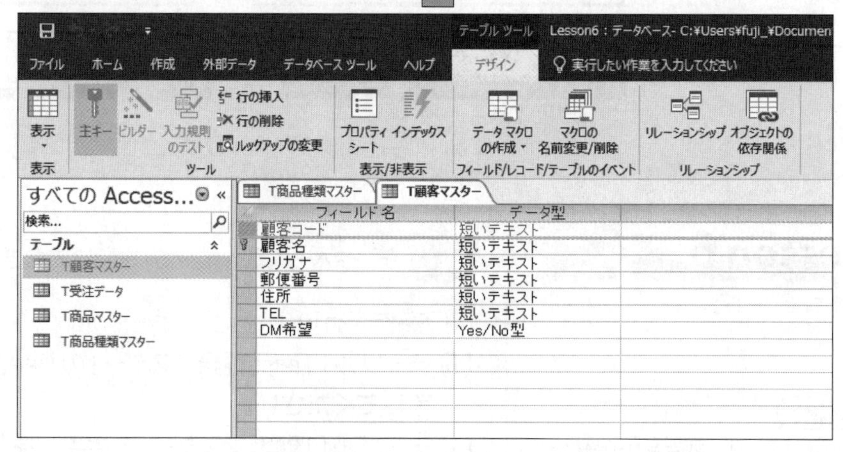

⑥**「顧客名」**の行セレクターのが削除され、**「顧客コード」**の行セレクターにが表示されます。

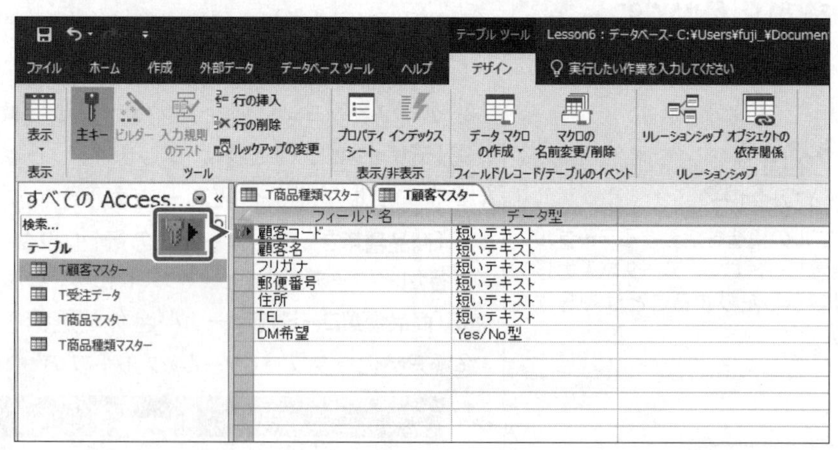

Point

複数フィールドの主キーの設定

テーブル内にレコードを一意に識別するフィールドがないような場合には、複数のフィールドを組み合わせて主キーを設定できます。複数のフィールドに主キーを設定するには、Ctrl を押しながら、複数のフィールドを選択した状態で、（主キー）をクリックします。

Point

主キーの削除

主キーを削除するには、主キーが設定されたフィールドを選択して、（主キー）をクリックします。

Point

オブジェクトを閉じる

2019

◆オブジェクトウィンドウの右上の ×（'オブジェクト名'を閉じる）

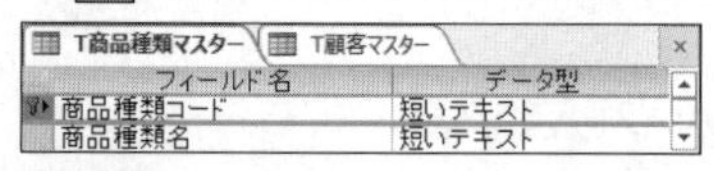

365

◆オブジェクトウィンドウのタブの ×

1-2-4 参照整合性を設定する

解説

■参照整合性の設定

「参照整合性」とは、矛盾のないデータ管理をするための規則のことです。リレーションシップが作成されたテーブル間に参照整合性を設定できます。
参照整合性によって適用される制限は、次のとおりです。

- **主テーブルの主キーに存在しない値をリレーションテーブルに入力できない**
- **リレーションテーブルに主テーブルの主キーの値が入力されている場合、主テーブルでその主キーの値を変更できない**
- **リレーションテーブルに主テーブルの主キーの値が入力されている場合、主テーブルでその主キーのレコードを削除できない**

参照整合性の制限を緩和する方法として、**「フィールドの連鎖更新」**と**「レコードの連鎖削除」**があります。これらを一緒に設定すると、データの整合性を保ちながら更新や削除ができるようになります。

2019 365 ◆リレーションシップウィンドウを表示→結合線をダブルクリック

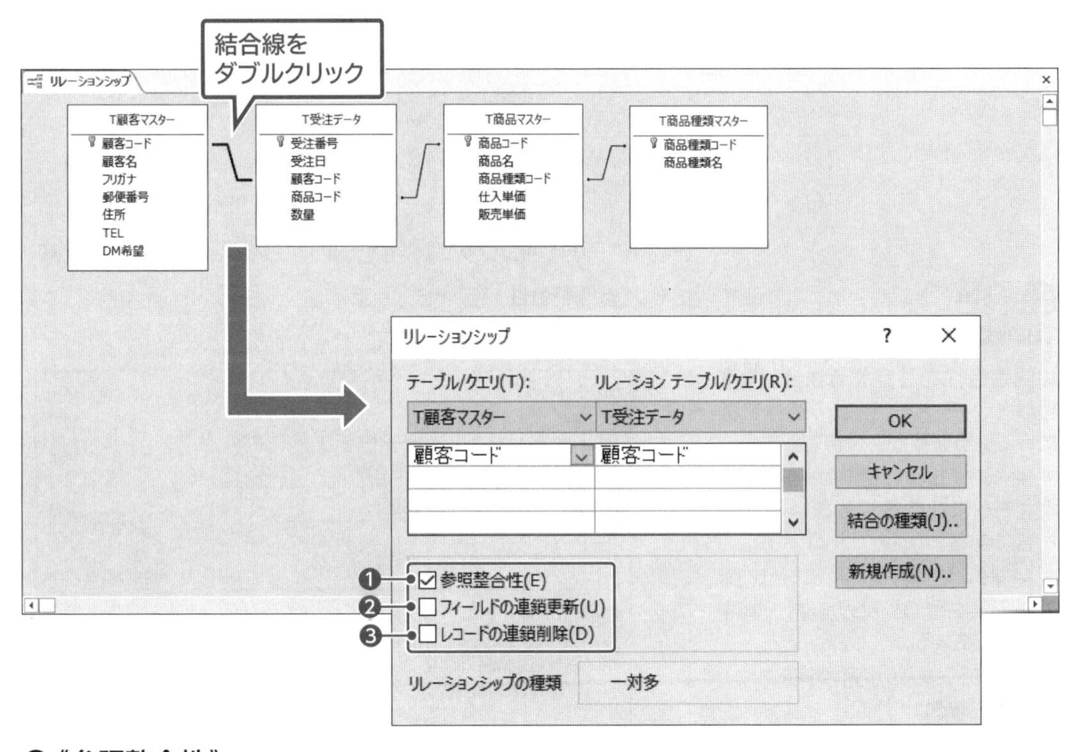

❶《参照整合性》
☑にすると、参照整合性が設定されます。参照整合性を☑にすると、**《フィールドの連鎖更新》**と**《レコードの連鎖削除》**が設定できます。

❷《フィールドの連鎖更新》
☑にすると、主テーブルのデータが更新できるようになります。主テーブルのデータを更新すると、リレーションテーブルのデータも更新されます。

❸《レコードの連鎖削除》
☑にすると、主テーブルのレコードを削除できるようになります。主テーブルのレコードを削除すると、リレーションテーブルのレコードも削除されます。

Lesson 7

 データベース「Lesson7」を開いておきましょう。

次の操作を行いましょう。

(1) テーブル「T顧客マスター」と「T受注データ」の間のリレーションシップに参照整合性を設定してください。

(2) テーブル「T商品種類マスター」と「T商品マスター」の間のリレーションシップに参照整合性を設定してください。テーブル「T商品種類マスター」が更新されたら、テーブル「T商品マスター」も自動的に更新されるようにします。操作後、リレーションシップウィンドウを閉じてください。

Lesson 7 Answer

(1)

①《**データベースツール**》タブ→《**リレーションシップ**》グループの 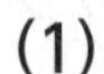 (リレーションシップ) をクリックします。

②リレーションシップウィンドウが表示されます。

③テーブル「**T顧客マスター**」と「**T受注データ**」の間の結合線をダブルクリックします。

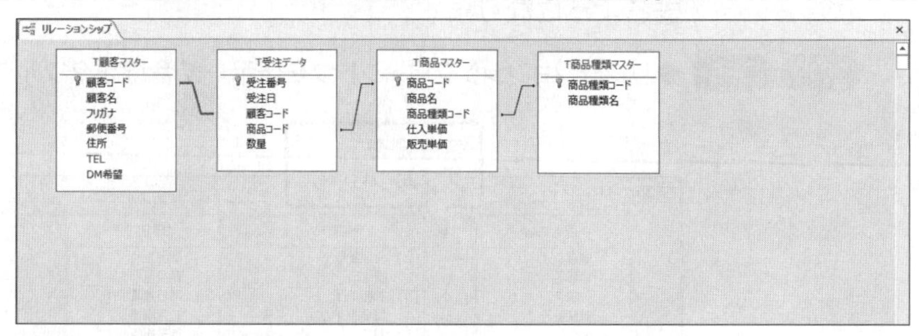

④《**リレーションシップ**》ダイアログボックスが表示されます。

⑤《**参照整合性**》を☑にします。

⑥《**OK**》をクリックします。

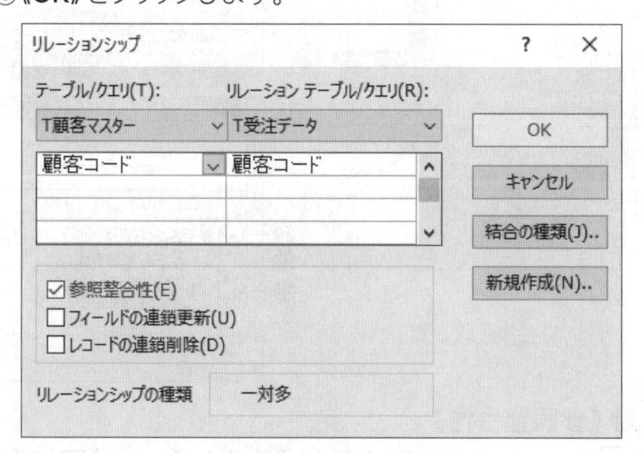

⑦結合線のテーブル「**T顧客マスター**」側に **1** (主キー)、テーブル「**T受注データ**」側に ∞ (外部キー) が表示されます。

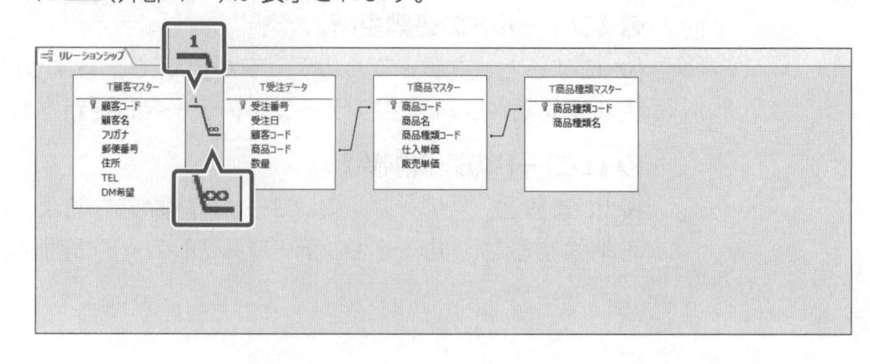

Point

参照整合性の設定条件

参照整合性を設定する場合、関連付けるフィールドは、次の条件を満たしている必要があります。

- 主テーブルの共通フィールドは主キー、または重複しない一意の値である。
- 関連付ける共通フィールドは、同じデータ型（オートナンバー型は除く）である。
- 両方のテーブルが同じデータベース内にある。

(2)

①リレーションシップウィンドウが表示されていることを確認します。

②テーブル**「T商品種類マスター」**と**「T商品マスター」**の間の結合線をダブルクリックします。

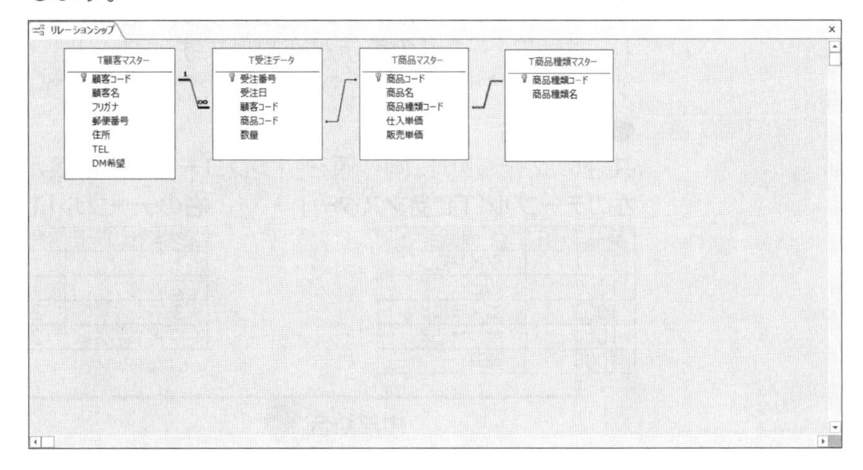

③**《リレーションシップ》**ダイアログボックスが表示されます。

④**《参照整合性》**を☑にします。

⑤**《フィールドの連鎖更新》**を☑にします。

⑥**《OK》**をクリックします。

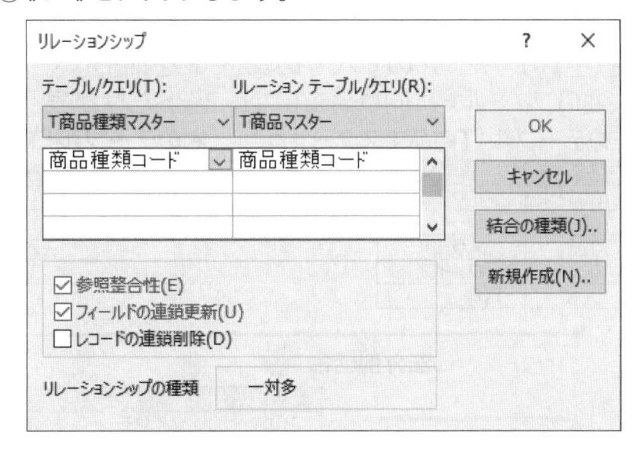

⑦参照整合性とフィールドの連鎖更新が設定されます。

⑧**《デザイン》**タブ→**《リレーションシップ》**グループの (閉じる) をクリックします。

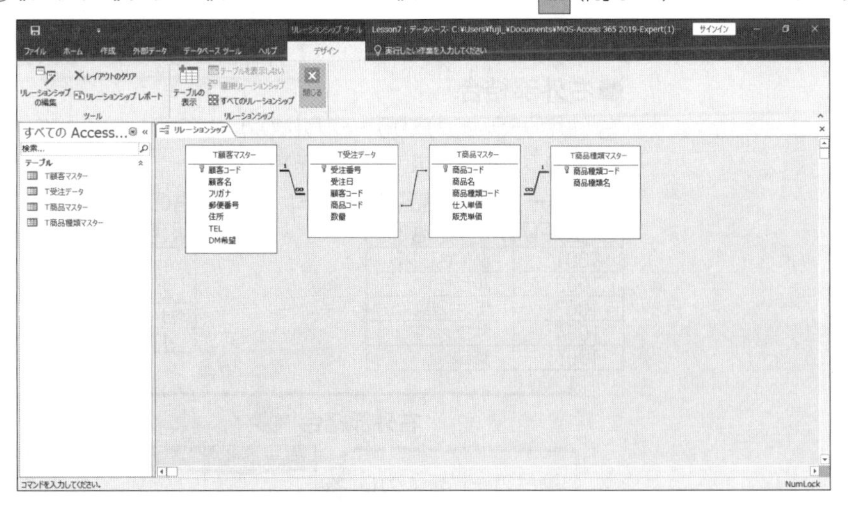

1-2-5 外部キーを設定する

■結合の種類

リレーションシップの結合の種類を変更すると、主キーと外部キーの結合方法が設定され、共通フィールドの表示が変わります。
リレーションシップの結合の種類には、次の3種類があります。

●内部結合

共通のフィールドに同じ値を持つレコードだけが表示されます。

左のテーブル「T商品マスター」

商品コード	商品名
1001	ダイヤモンド
1002	ルビー
1003	エメラルド
1004	サファイア
1005	真珠

右のテーブル「T受注明細」

受注明細コード	受注番号	商品コード	数量
1	1	1004	2
2	1	1001	1
3	2	1005	5
4	3	1002	2

内部結合

商品コード	商品名	受注番号	数量
1001	ダイヤモンド	1	1
1002	ルビー	3	2
1004	サファイア	1	2
1005	真珠	2	5

商品コード「1003」は「T受注明細」にないので表示されない

2つのテーブルの共通フィールドを表示する

●左外部結合

左（主）のテーブルのすべてのレコードを抽出して、右（リレーション）のテーブルからは共通のフィールドに同じ値を持つレコードだけが表示されます。

左のテーブル「T商品マスター」

商品コード	商品名
1001	ダイヤモンド
1002	ルビー
1003	エメラルド
1004	サファイア
1005	真珠

右のテーブル「T受注明細」

受注明細コード	受注番号	商品コード	数量
1	1	1004	2
2	1	1001	1
3	2	1005	5
4	3	1002	2

左外部結合

商品コード	商品名	受注番号	数量
1001	ダイヤモンド	1	1
1002	ルビー	3	2
1003	エメラルド		
1004	サファイア	1	2
1005	真珠	2	5

T商品マスターのすべての商品コードを表示する

●右外部結合

右（リレーション）のテーブルのすべてのレコードを抽出して、左（主）のテーブルからは共通のフィールドに同じ値を持つレコードだけが表示されます。

左のテーブル「T商品マスター」

商品コード	商品名
1001	ダイヤモンド
1002	ルビー
1003	エメラルド
1004	サファイア
1005	真珠

右のテーブル「T受注明細」

受注明細コード	受注番号	商品コード	数量
1	1		2
2	1	1001	1
3	2	1005	5
4	3	1002	2

右外部結合

商品コード	商品名	受注番号	数量
		1	2
1001	ダイヤモンド	1	1
1002	ルビー	3	2
1005	真珠	2	5

商品コードを入力し忘れていることを確認できる

T受注明細のすべての商品コードを表示する

2019 365 ◆リレーションシップウィンドウを表示→結合線をダブルクリック→《リレーションシップ》ダイアログボックスの《結合の種類》

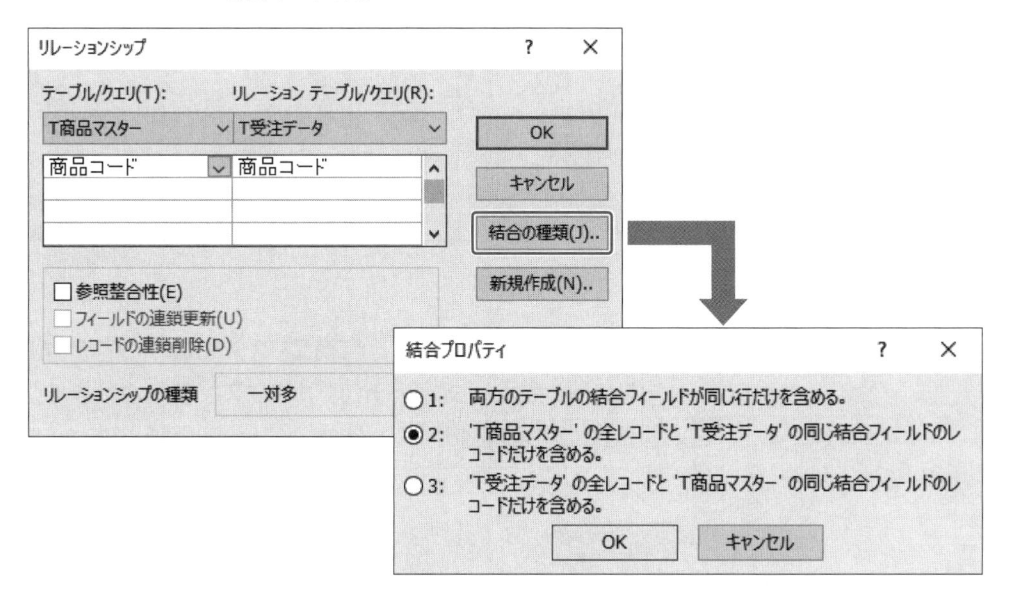

Lesson 8

データベース「Lesson8」を開いておきましょう。

次の操作を行いましょう。

(1) テーブル「T商品種類マスター」と「T商品マスター」の間のリレーションシップの外部キーを「商品種類コード」に変更してください。

(2) テーブル「T受注データ」に一致するレコードがない場合でも、テーブル「T商品マスター」のすべてのレコードが表示されるように結合の種類を変更してください。

Hint

《リレーションテーブル/クエリ》の をクリックすると、一覧から外部キーを変更できます。

Lesson 8 Answer

(1)

①《データベースツール》タブ→《リレーションシップ》グループの (リレーションシップ) をクリックします。

②リレーションシップウィンドウが表示されます。

③テーブル**「T商品種類マスター」**と**「T商品マスター」**の間の結合線をダブルクリックします。

④《リレーションシップ》ダイアログボックスが表示されます。

⑤**《リレーションテーブル/クエリ》**の**「商品コード」**のセルをクリックします。

⑥ をクリックし、一覧から**「商品種類コード」**を選択します。

⑦**《OK》**をクリックします。

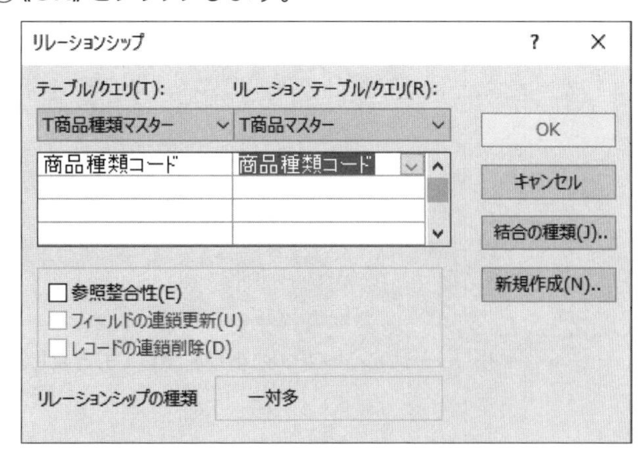

その他の方法

リレーションシップの変更

2019 365

◆リレーションシップウィンドウを表示→結合線を選択→《デザイン》タブ→《ツール》グループの (リレーションシップの編集)

◆リレーションシップウィンドウを表示→結合線を右クリック→《リレーションシップの編集》

⑧テーブル間を結合しているフィールドが変更されます。

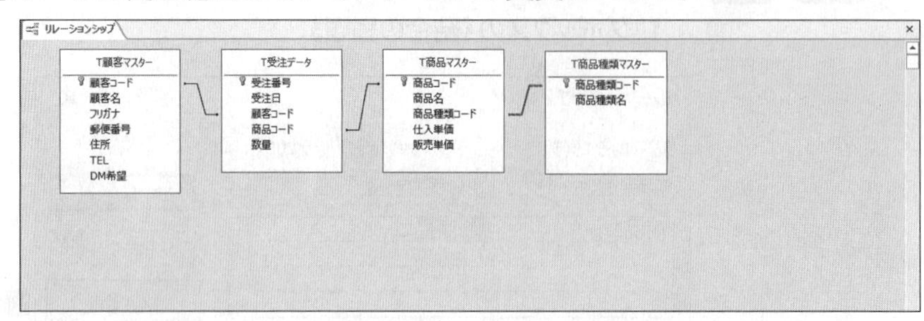

(2)

①テーブル**「T受注データ」**と**「T商品マスター」**の間の結合線をダブルクリックします。

②**《リレーションシップ》**ダイアログボックスが表示されます。

③**《結合の種類》**をクリックします。

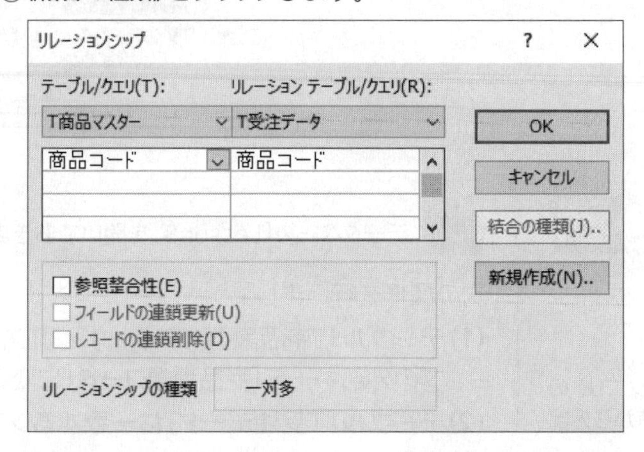

④**《2：'T商品マスター'の全レコードと'T受注データ'の同じ結合フィールドのレコードだけを含める。》**を◉にします。

⑤**《OK》**をクリックします。

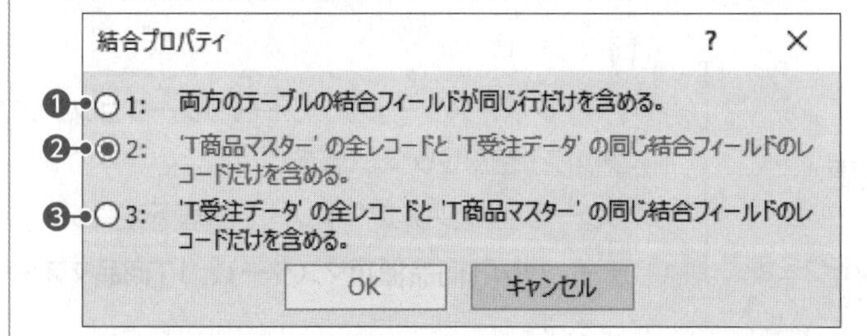

⑥**《OK》**をクリックします。

⑦テーブル**「T受注データ」**側の結合線が矢印に変わります。

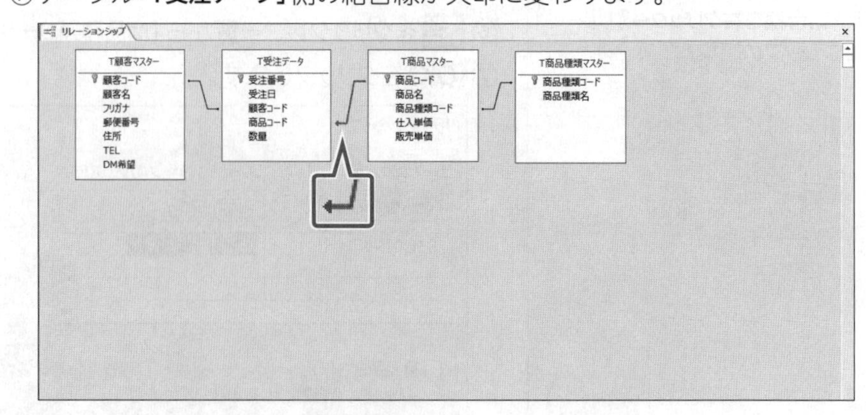

※リレーションシップウィンドウを閉じておきましょう。

Point

結合の種類

❶内部結合
❷左外部結合
❸右外部結合

Point

外部結合の結合線

左外部結合または右外部結合に変更すると、結合線が矢印に変わります。結合線に矢印がないテーブルはすべてのレコードが表示され、矢印があるテーブルは一致するレコードだけが表示されます。

1-3 データを印刷する、エクスポートする

理解度チェック

習得すべき機能	参照Lesson	学習前	学習後	試験直前
■テーブルのレコードを印刷できる。	➡Lesson9	☑	☑	☑
■フォームやレポートを印刷できる。	➡Lesson10	☑	☑	☑
■オブジェクトをエクスポートできる。	➡Lesson11	☑	☑	☑

1-3-1 レコード、フォーム、レポートの印刷オプションを設定する

解説

■レコードの印刷

テーブルやクエリは、データシートビューを印刷するようなイメージでレコードを印刷できます。

2019 365 ◆テーブルやクエリをデータシートビューで表示→《ファイル》タブ→《印刷》→《印刷》

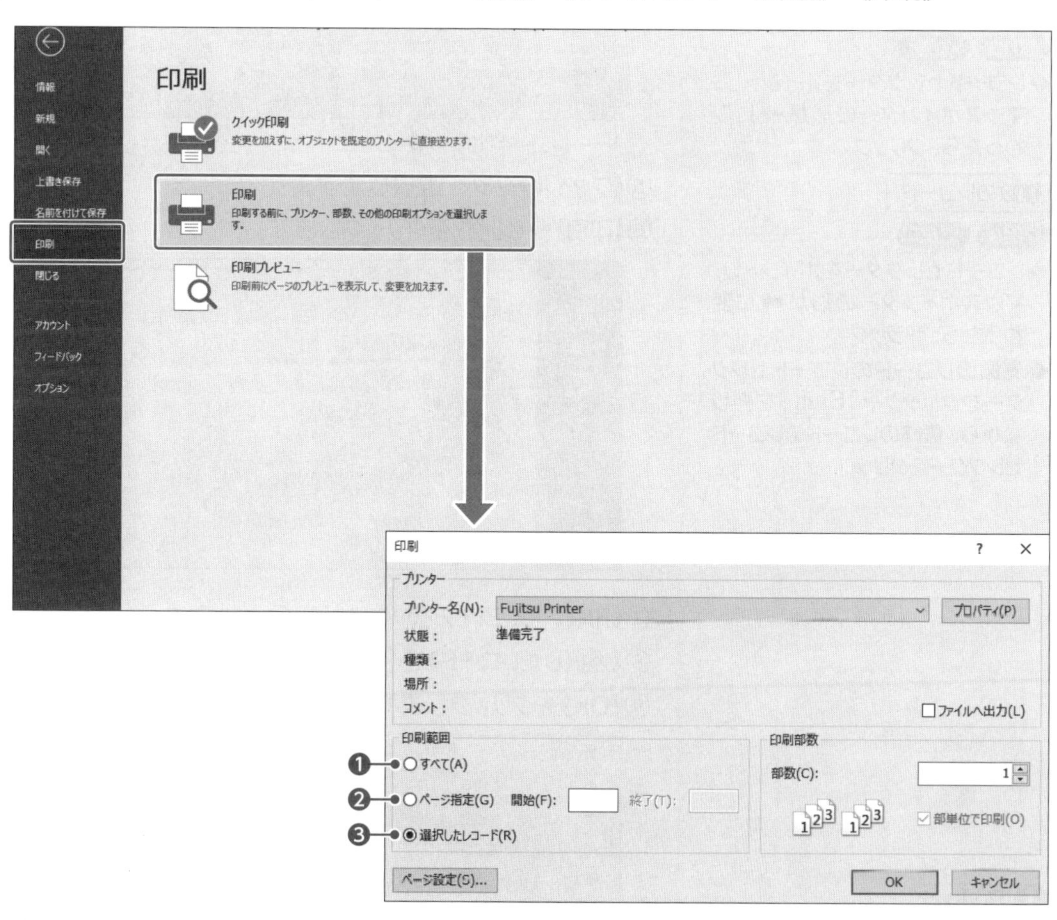

❶すべて

すべてのレコードを印刷します。

❷ページ指定

指定したページのレコードを印刷します。

❸選択したレコード

データシートビューで選択しているレコードを印刷します。

Lesson 9

データベース「Lesson9」を開いておきましょう。

次の操作を行いましょう。

(1) テーブル「T商品マスター」の1～10件目のレコードを印刷してください。

Lesson 9 Answer

Point
データシートビュー

データをExcelのように表形式で表示するテーブルとクエリの表示モードです。データを入力、表示したり抽出したりできます。
ナビゲーションウィンドウのテーブルやクエリをダブルクリックすると、データシートビューで表示されます。

Point
レコードの選択

1件のレコード

2019 365

◆レコードセレクターをポイントし、マウスポインターの形が➡に変わったら、クリック

複数のレコード

2019 365

◆レコードセレクターをポイントし、マウスポインターの形が➡に変わったら、ドラッグ

◆先頭のレコードのレコードセレクターをクリック→ Shift を押しながら、最終のレコードのレコードセレクターをクリック

Point
フィルターで抽出したレコードの印刷

フィルターを使ってテーブルやクエリのレコードを抽出している状態でデータシートビューを印刷すると、抽出しているレコードだけが印刷されます。

※フィルターについては、P.71を参照してください。

(1)

①ナビゲーションウィンドウのテーブル**「T商品マスター」**をダブルクリックします。

②テーブルがデータシートビューで表示されます。

③1～10件目のレコードセレクターをドラッグします。

④1～10件目のレコードが選択されます。

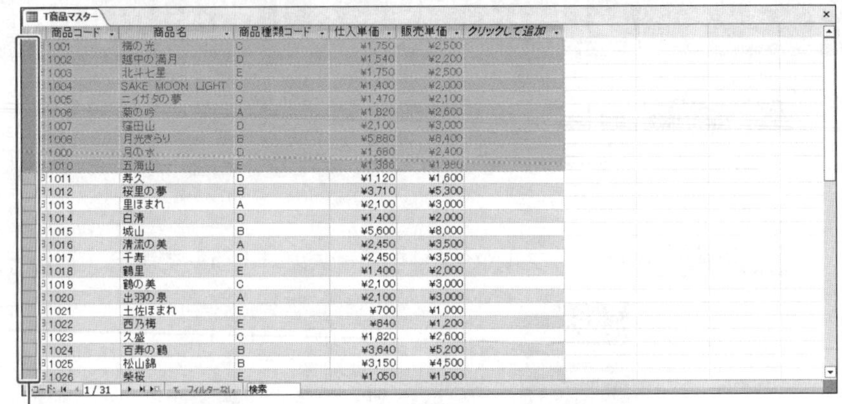

T商品マスター

商品コード	商品名	商品種類コード	仕入単価	販売単価	クリックして追加
1001	楓の光	C	¥1,750	¥2,500	
1002	越中の満月	D	¥1,540	¥2,200	
1003	北斗七星	E	¥1,750	¥2,500	
1004	SAKE MOON LIGHT	C	¥1,400	¥2,000	
1005	ニイガタの夢	C	¥1,470	¥2,100	
1006	菊の吟	A	¥1,820	¥2,600	
1007	窪田山	D	¥2,100	¥3,000	
1008	月光きらり	B	¥5,880	¥8,400	
1009	月の水	D	¥1,680	¥2,400	
1010	五海山	E	¥1,386	¥1,980	
1011	寿久	D	¥1,120	¥1,600	
1012	桜里の夢	B	¥3,710	¥5,300	
1013	里ほまれ	A	¥2,100	¥3,000	
1014	白清	D	¥1,400	¥2,000	
1015	城山	B	¥5,600	¥8,000	
1016	清流の美	A	¥2,450	¥3,500	
1017	千寿	D	¥2,450	¥3,500	
1018	鶴里	E	¥1,400	¥2,000	
1019	鶴の美	C	¥2,100	¥3,000	
1020	出羽の泉	A	¥2,100	¥3,000	
1021	土佐ほまれ	E	¥700	¥1,000	
1022	西乃梅	E	¥840	¥1,200	
1023	久盛	C	¥1,820	¥2,600	
1024	百寿の鶴	B	¥3,640	¥5,200	
1025	松山錦	B	¥3,150	¥4,500	
1026	紫桜	E	¥1,050	¥1,500	

⑤**《ファイル》**タブを選択します。

⑥**《印刷》**→**《印刷》**をクリックします。

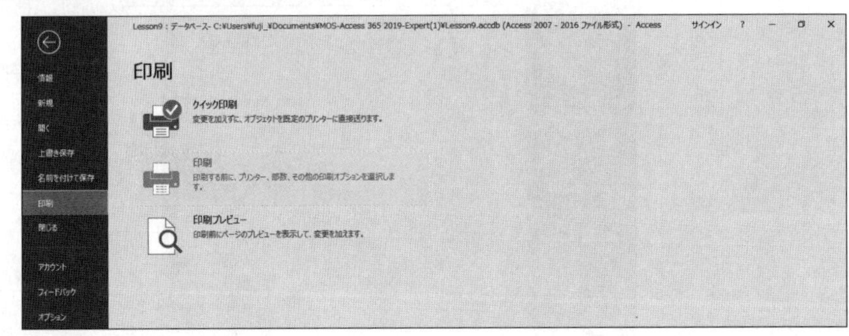

⑦**《印刷》**ダイアログボックスが表示されます。

⑧**《選択したレコード》**を◉にします。

⑨**《OK》**をクリックします。

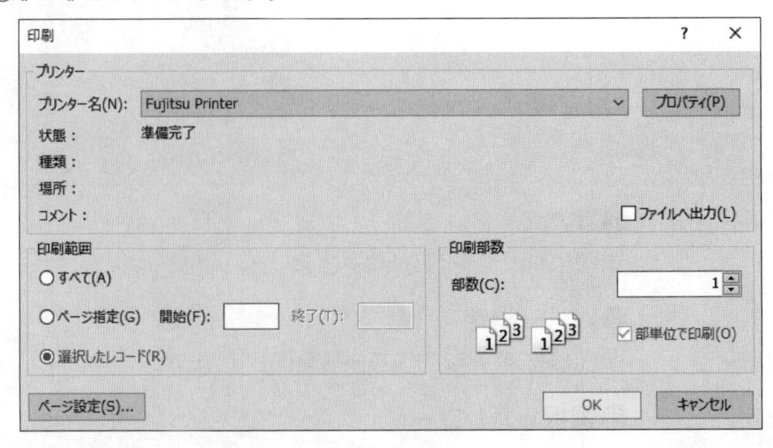

⑩1～10件目のレコードが印刷されます。

解説　■フォームやレポートの印刷

フォームやレポートを印刷プレビューで表示すると、画面で印刷イメージを確認できます。全体のバランスを確認し、必要に応じて、用紙サイズや余白サイズを変更できます。

2019　365　◆フォームやレポートを印刷プレビューで表示→《印刷プレビュー》タブ→《印刷》グループ／《ページサイズ》グループ／《ページレイアウト》グループのボタン

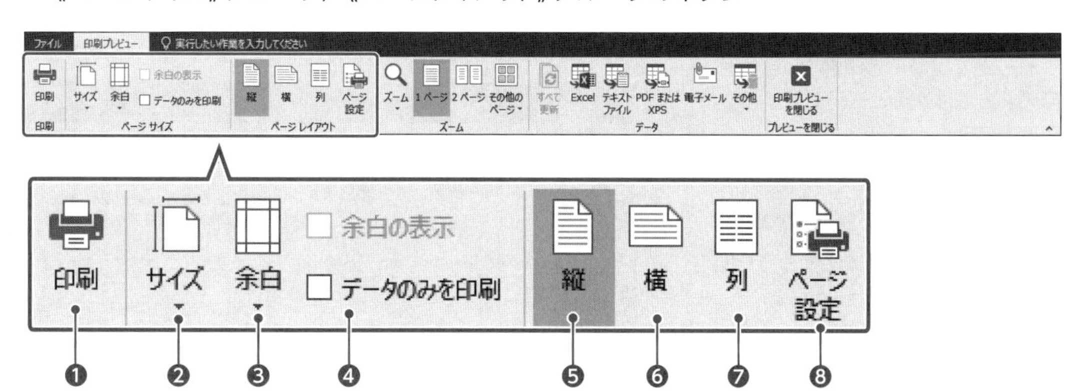

❶ (印刷)
印刷を実行します。

❷ (ページサイズの選択)
用紙サイズを選択します。

❸ (余白の調整)
用紙の余白のサイズを選択します。

❹データのみを印刷
☑にすると、タイトルやラベルは印刷せずに、データだけを印刷します。

❺ (縦)
印刷の向きを縦にします。

❻ (横)
印刷の向きを横にします。

❼ (列)
列数を指定して、段組みのように複数列で印刷します。

❽ (ページ設定)
《ページ設定》ダイアログボックスを表示して、印刷に関する設定をまとめて行います。

Lesson 10

データベース「Lesson10」を開いておきましょう。

次の操作を行いましょう。

(1) レポート「R顧客別受注一覧」を印刷プレビューで表示し、1部印刷してください。印刷後、印刷プレビューを閉じてください。

(2) フォーム「F商品入力」を印刷プレビューで表示し、データを2列、行間隔を1.4cmに設定してください。設定後、印刷プレビューを閉じてください。

Lesson 10 Answer

Point

印刷プレビュー

フォームやレポートの印刷結果のイメージを表示する表示モードです。
フォームやレポートを印刷プレビューで開く方法は次のとおりです。

フォーム

2019 365

◆ナビゲーションウィンドウのフォームを選択→《ファイル》タブ→《印刷》→《印刷プレビュー》

レポート

2019 365

◆ナビゲーションウィンドウのレポートを右クリック→《印刷プレビュー》
◆ナビゲーションウィンドウのレポートを選択→《ファイル》タブ→《印刷》→《印刷プレビュー》

Point

印刷時の注意点

ほかのオブジェクトが表示されている状態で、《ファイル》タブからフォームやレポートの印刷プレビューを表示したり印刷したりすると、最初に開いているオブジェクトがアクティブになって思った通りに表示されないことがあります。
印刷プレビューや印刷をするときは、ほかのオブジェクトをすべて閉じてから操作するようにしましょう。

(1)

①ナビゲーションウィンドウのレポート**「R顧客別受注一覧」**を右クリックします。
②**《印刷プレビュー》**をクリックします。
③レポートが印刷プレビューで表示されます。
④**《印刷プレビュー》**タブ→**《印刷》**グループの（印刷）をクリックします。

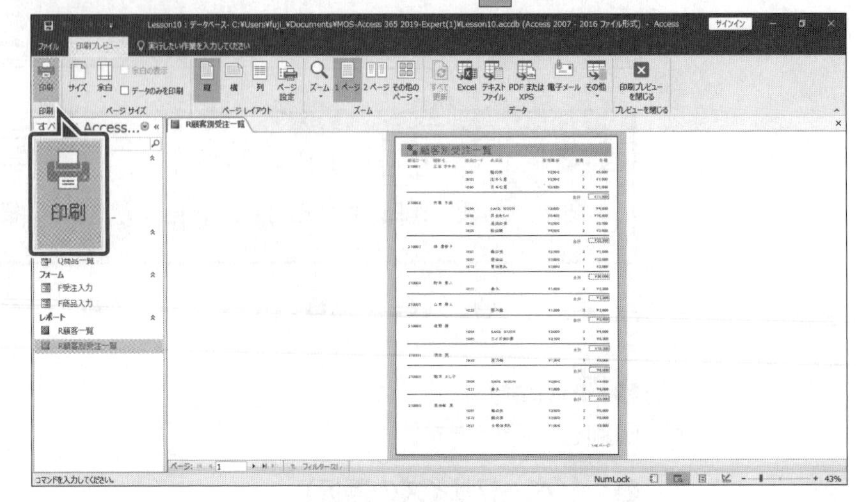

⑤**《印刷》**ダイアログボックスが表示されます。
⑥**《部数》**が**「1」**になっていることを確認します。
⑦**《OK》**をクリックします。

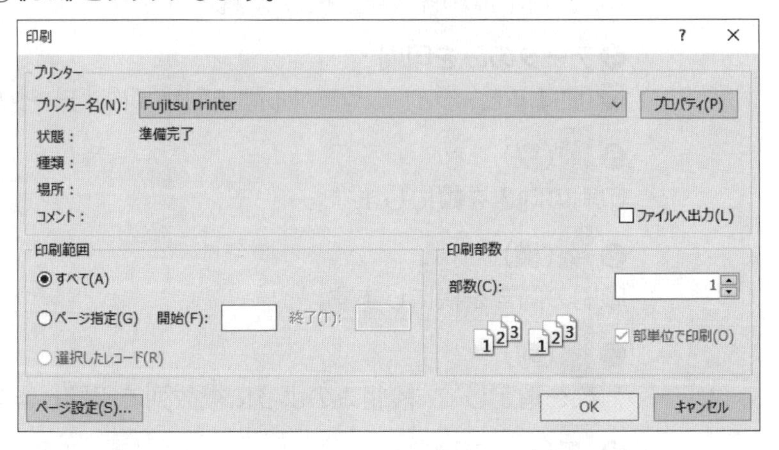

⑧印刷が実行されます。
⑨**《印刷プレビュー》**タブ→**《プレビューを閉じる》**グループの（印刷プレビューを閉じる）をクリックします。

(2)

①ナビゲーションウィンドウのフォーム**「F商品入力」**を選択します。
②**《ファイル》**タブを選択します。
③**《印刷》**→**《印刷プレビュー》**をクリックします。

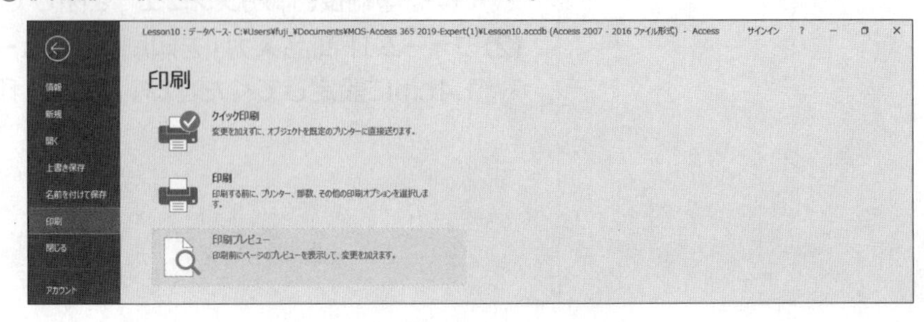

④フォームが印刷プレビューで表示されます。

⑤**《印刷プレビュー》**タブ→**《ページレイアウト》**グループの（ページ設定）をクリックします。

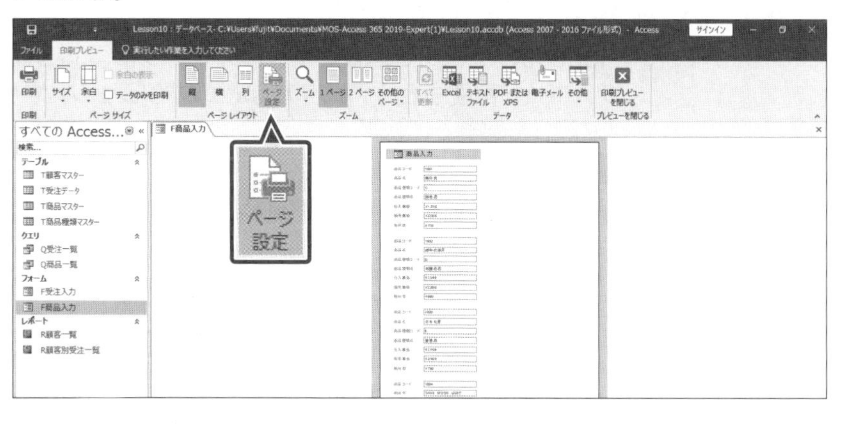

⑥**《ページ設定》**ダイアログボックスが表示されます。

⑦**《レイアウト》**タブを選択します。

⑧**《行列設定》**の**《列数》**に**「2」**と入力します。

⑨**《行間隔》**に**「1.4」**と入力します。

※入力を確定すると、「1.4cm」と表示されます。

⑩**《OK》**をクリックします。

Point

《ページ設定》の《レイアウト》タブ

❶列数

複数列で印刷する場合、列数を指定します。

❷行間隔

行の間隔を設定します。

❸列間隔

複数列で印刷する場合の列の間隔を設定します。1列で印刷する場合は設定できません。

❹印刷方向

複数列で印刷する場合、列を印刷する方向を選択します。1列で印刷する場合は設定できません。

⑪印刷設定が変更されます。

⑫**《印刷プレビュー》**タブ→**《プレビューを閉じる》**グループの（印刷プレビューを閉じる）をクリックします。

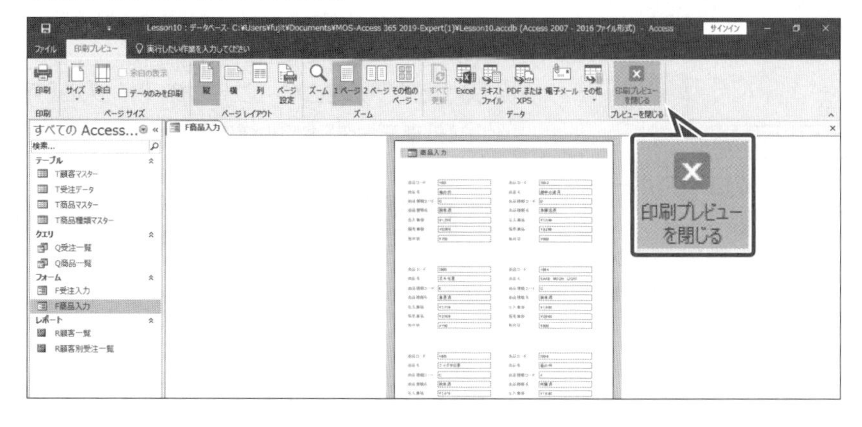

1-3-2 オブジェクトを別のファイル形式でエクスポートする

解説

■オブジェクトのエクスポート

Accessのデータをほかのアプリのデータに変換することを**「エクスポート」**といいます。エクスポートを使うと、テーブルなどのオブジェクトやデータをExcelブックやテキストファイルなどに変換できます。

2019 365 ◆オブジェクトを選択→《外部データ》タブ→《エクスポート》グループのボタン

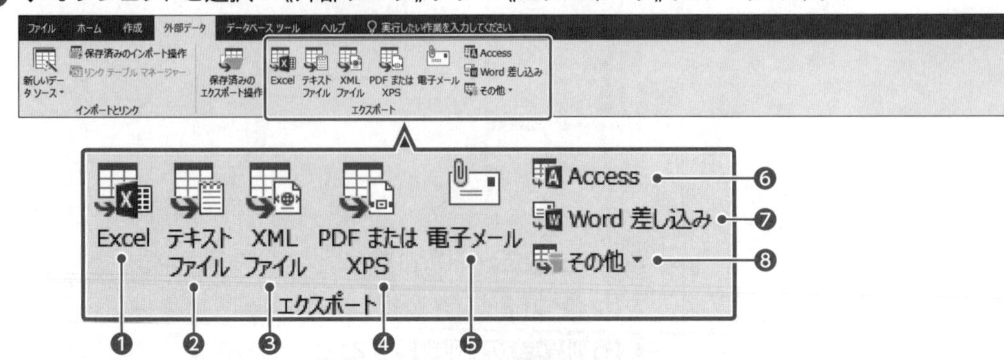

❶ (Excelスプレッドシートにエクスポート)
選択したオブジェクトをExcelシートのデータとして保存します。

❷ (テキストファイルにエクスポート)
選択したオブジェクトをタブやカンマ、スペースなどで区切られたテキストファイルのデータとして保存します。

❸ (選択したオブジェクトをXMLファイルにエクスポート)
選択したオブジェクトをXMLファイルのデータとして保存します。
※お使いの環境によっては、表示されません。

❹ (PDFまたはXPS)
選択したオブジェクトをPDFファイルまたはXPSファイルとして保存します。

❺ (電子メール)
選択したオブジェクトを電子メールの添付ファイルとして送信します。

❻ Access (選択したオブジェクトをAccessデータベースにエクスポート)
選択したオブジェクトをほかのAccessデータベースのオブジェクトとして保存します。

❼ Word 差し込み (Office Links)
選択したテーブルまたはクエリをWord文書に差し込みます。

❽ その他 (その他)
選択したオブジェクトをWord文書やSharePointリスト、HTMLドキュメントなどのデータとして保存します。

Lesson 11

データベース「Lesson11」を開いておきましょう。

次の操作を行いましょう。

(1) テーブル「T顧客マスター」に「顧客一覧」と名前を付けて、フォルダー「MOS-Access 365 2019-Expert(1)」にExcelブックとして保存してください。書式とレイアウトは保持し、その他の設定は既定のままとします。

Lesson 11 Answer

(1)

①ナビゲーションウィンドウのテーブル**「T顧客マスター」**を選択します。

②**《外部データ》**タブ→**《エクスポート》**グループの (Excelスプレッドシートにエクスポート)をクリックします。

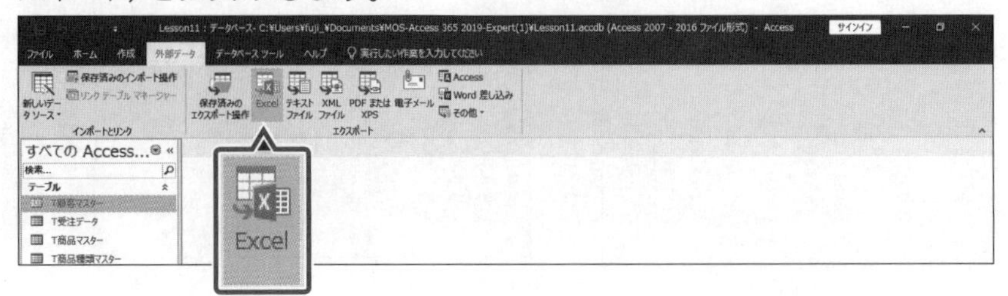

その他の方法

オブジェクトのエクスポート

2019 365

◆ナビゲーションウィンドウのオブジェクトを右クリック→《エクスポート》

③**《エクスポート-Excelスプレッドシート》**が表示されます。

④**《ファイル名》**の**《参照》**をクリックします。

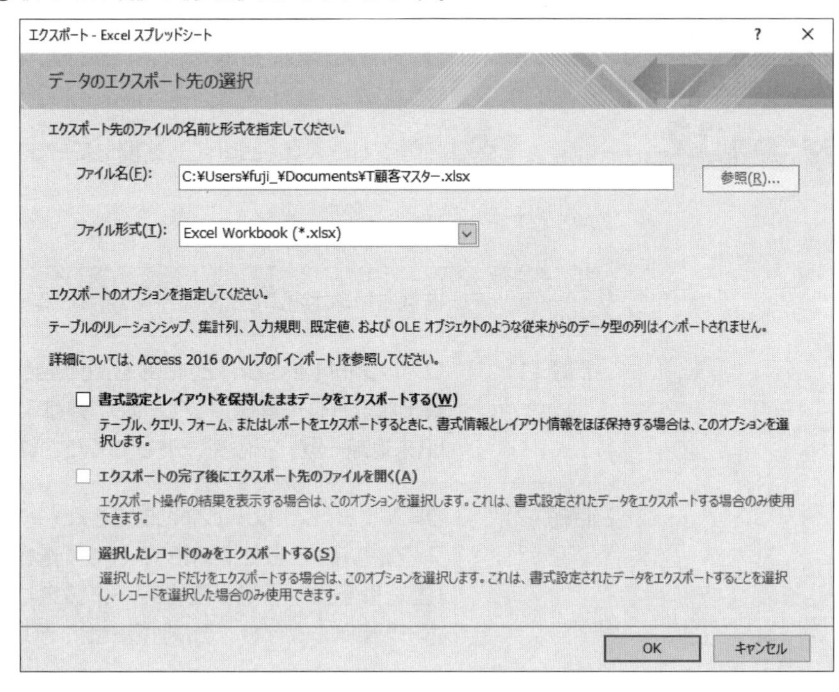

⑤**《名前を付けて保存》**ダイアログボックスが表示されます。

⑥フォルダー**「MOS-Access 365 2019-Expert(1)」**を開きます。

※《PC》→《ドキュメント》→「MOS-Access 365 2019-Expert(1)」を選択します。

⑦**《ファイル名》**に**「顧客一覧」**と入力します。

⑧**《ファイルの種類》**が**《Excel Workbook》**になっていることを確認します。

⑨**《保存》**をクリックします。

⑩**《エクスポート-Excelスプレッドシート》**に戻ります。

⑪**《書式設定とレイアウトを保持したままデータをエクスポートする》**を☑にします。

⑫**《OK》**をクリックします。

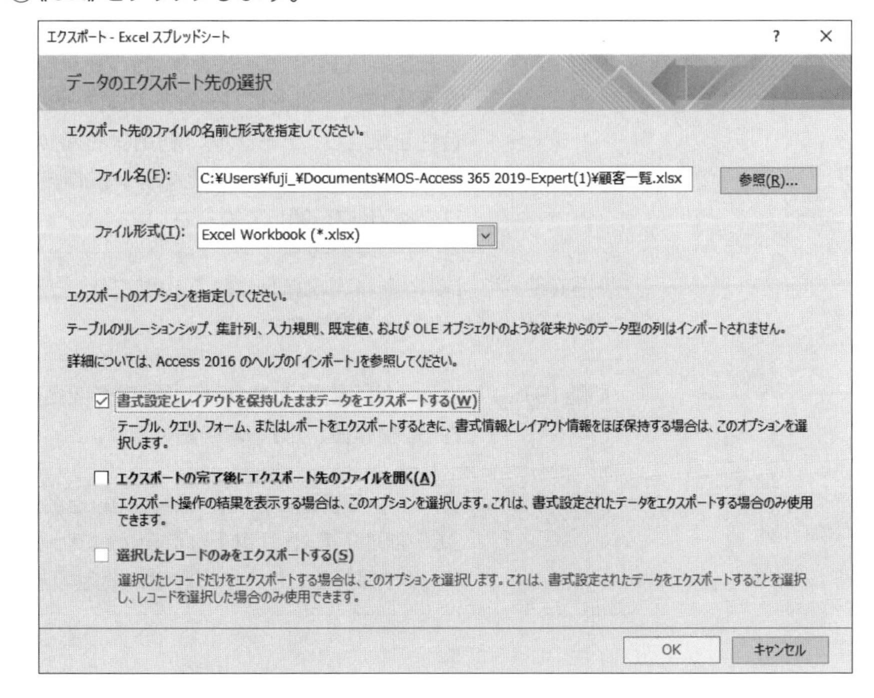

⑬**《閉じる》**をクリックします。

※Excelブックが作成されていることを確認しておきましょう。

Point

エクスポート操作の保存

《エクスポート操作の保存》を☑にすると、エクスポートするときに設定した内容をエクスポート操作として保存できます。エクスポート操作を保存しておくと、同じ設定内容でエクスポートが行え、繰り返し設定する手間が省略できます。

Point

保存したエクスポート操作の実行

2019 365

◆《外部データ》タブ→《エクスポート》グループの［保存済みのエクスポート操作］（保存済みのエクスポート操作）

Point

保存済みのエクスポート操作の削除

2019 365

◆《外部データ》タブ→《エクスポート》グループの［保存済みのエクスポート操作］（保存済みのエクスポート操作）→《保存済みのエクスポート操作》タブ→一覧から選択→《削除》

Exercise 確認問題

解答 ▶ P.211

Lesson 12

データベース「Lesson12」を開いておきましょう。

次の操作を行いましょう。

	あなたは、社内の学習用書籍の書籍情報や貸出状況を管理しています。
問題(1)	フォルダー「Lesson12」にあるAccessデータベース「貸出情報」からクエリ「Q貸出状況」「Q未返却」、フォーム「F書籍入力」「F貸出情報」「F貸出入力」、レポート「R未返却一覧」をインポートしてください。その他の設定は既定のままとします。
問題(2)	フォルダー「Lesson12」にあるExcelブック「購入リクエスト」をテーブル「T購入予定書籍」としてインポートしてください。先頭行をフィールド名として使い、「書籍番号」フィールドを主キーに設定します。あとから使用できるようにインポート操作を保存し、その他の設定は既定のままとします。
問題(3)	ナビゲーションウィンドウに隠しオブジェクトが表示されるように設定してください。
問題(4)	テーブル「T書籍台帳」の隠しオブジェクトの設定を解除してください。次に、ナビゲーションウィンドウに隠しオブジェクトが表示されないように設定してください。
問題(5)	フォーム「F貸出入力」を削除してください。
問題(6)	テーブル「T書籍台帳」の「書籍番号」フィールドに主キーを設定してください。操作後、テーブルを保存して閉じます。
問題(7)	テーブル「T貸出」の「社員番号」フィールドと、テーブル「T利用者名簿」の「利用者番号」フィールドに、一対多のリレーションシップを作成してください。参照整合性を設定し、テーブル「T利用者名簿」が更新されたら、テーブル「T貸出」も自動的に更新されるようにします。操作後、レイアウトを保存し、リレーションシップウィンドウを閉じてください。
問題(8)	レポート「R未返却一覧」を印刷プレビューで表示し印刷してください。操作後、レポートを閉じます。
問題(9)	フォーム「F書籍入力」の印刷設定を変更し、上下左右の余白を6mmにしてください。操作後、フォームを閉じます。
問題(10)	テーブル「T書籍台帳」に「書籍台帳」と名前を付けて、フォルダー「MOS-Access 365 2019-Expert(1)」にExcelブックとして保存してください。書式とレイアウトは保持し、その他の設定は既定のままとします。

MOS Access 365&2019 Expert

出題範囲 2

テーブルの作成と変更

2-1 出題範囲2 テーブルの作成と変更
テーブルを作成する

理解度チェック

習得すべき機能	参照Lesson	学習前	学習後	試験直前
■テーブルにレコードをインポートできる。	➡Lesson13	☑	☑	☑
■リンクテーブルを作成できる。	➡Lesson14	☑	☑	☑
■ほかのAccessデータベースからテーブルをインポートできる。	➡Lesson15	☑	☑	☑

2-1-1 テーブルにデータをインポートする

解説

■レコードのインポート

ExcelブックやXMLファイル、テキストファイルなどの外部データをAccessにインポートして、テーブルとして取り込むことができます。
すでにテーブルが作成されている場合には、そのテーブルにレコードとして追加できます。Accessでデータを編集しても、もとのファイルには影響しません。

2019 365 ◆《外部データ》タブ→《インポートとリンク》グループ→（新しいデータソース）→《ファイルから》

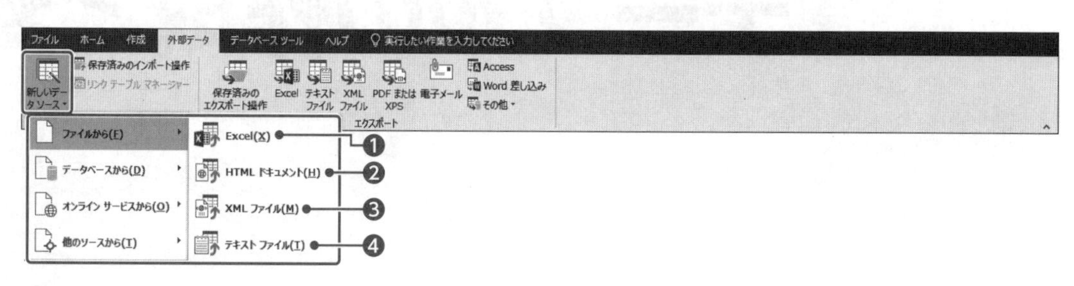

❶Excel
Excelブックのデータをインポートします。

❷HTMLドキュメント
HTMLファイルのデータをインポートします。

❸XMLファイル
XMLファイルのデータをインポートします。

❹テキストファイル
テキストファイルのデータをインポートします。

Lesson 13

データベース「Lesson13」を開いておきましょう。

Hint
既存のテーブルのデータとして追加するには、《レコードのコピーを次のテーブルに追加する》を選択します。

次の操作を行いましょう。

(1) フォルダー「Lesson13」にあるCSVファイル「講座情報」を、テーブル「T講座マスター」のデータとしてインポートしてください。先頭行をフィールド名として使用し、その他の設定は既定のままとします。

Lesson 13 Answer

その他の方法

レコードのインポート

2019 365

◆ナビゲーションウィンドウのテーブルを右クリック→《インポート》

Point

インポート時のテーブルの状態

レコードをインポートするテーブルは、インポート時に閉じておく必要があります。

(1)

①**《外部データ》**タブ→**《インポートとリンク》**グループの（新しいデータソース）→**《ファイルから》**→**《テキストファイル》**をクリックします。

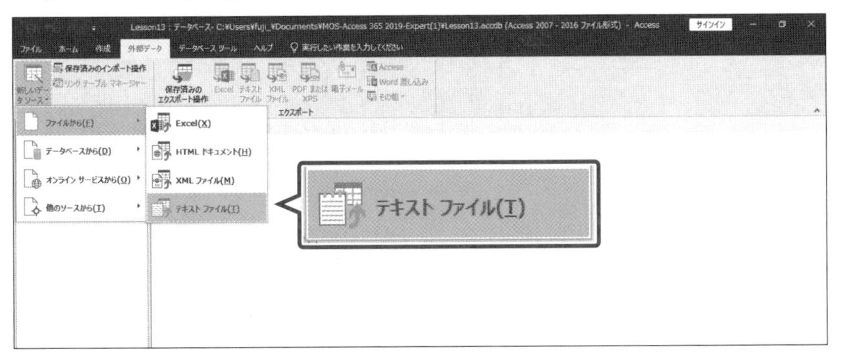

②**《外部データの取り込み-テキストファイル》**が表示されます。

③**《ファイル名》**の**《参照》**をクリックします。

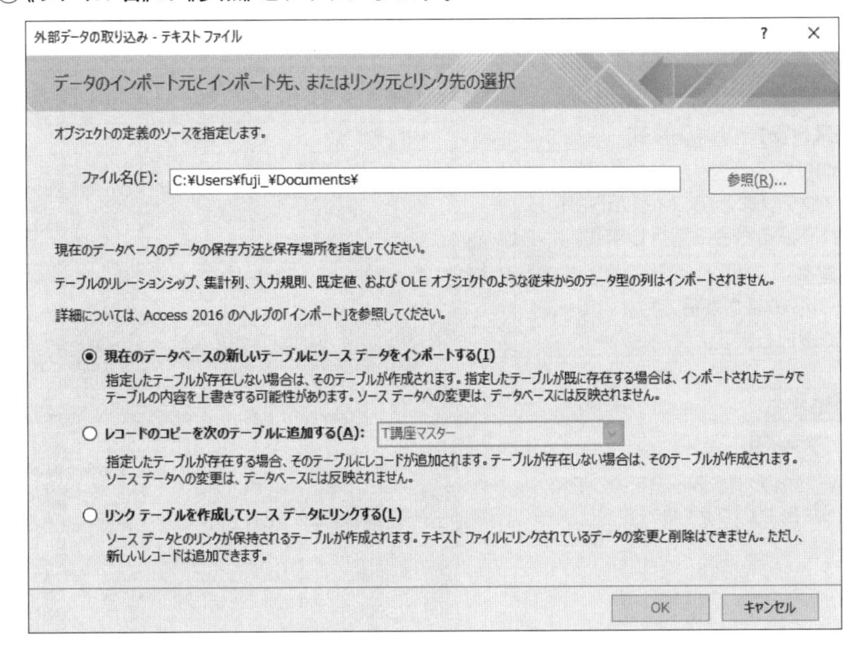

④**《ファイルを開く》**ダイアログボックスが表示されます。

⑤フォルダー**「Lesson13」**を開きます。

※《PC》→《ドキュメント》→「MOS-Access 365 2019-Expert(1)」→「Lesson13」を選択します。

⑥一覧から**「講座情報」**を選択します。

⑦**《開く》**をクリックします。

⑧**《外部データの取り込み-テキストファイル》**に戻ります。

⑨**《レコードのコピーを次のテーブルに追加する》**を◉にします。

⑩をクリックし、一覧から**《T講座マスター》**を選択します。

⑪《OK》をクリックします。

※セキュリティに関するメッセージが表示された場合は、《開く》をクリックしておきましょう。

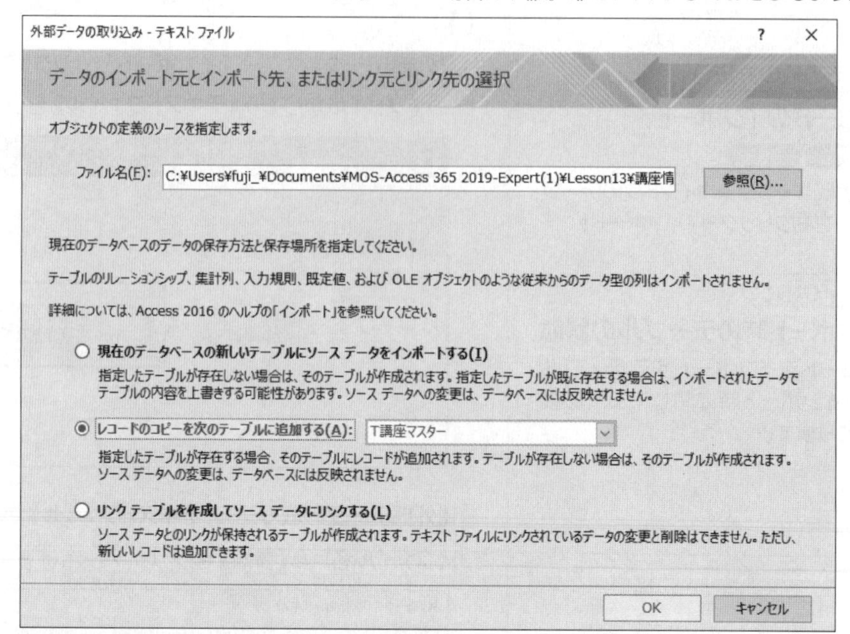

⑫《次へ》をクリックします。

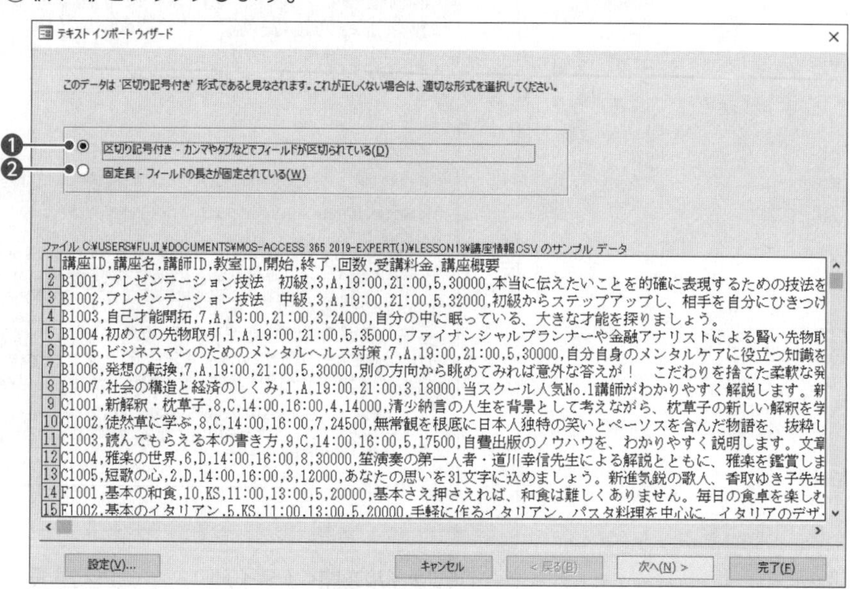

⑬《先頭行をフィールド名として使う》を☑にします。

⑭《次へ》をクリックします。

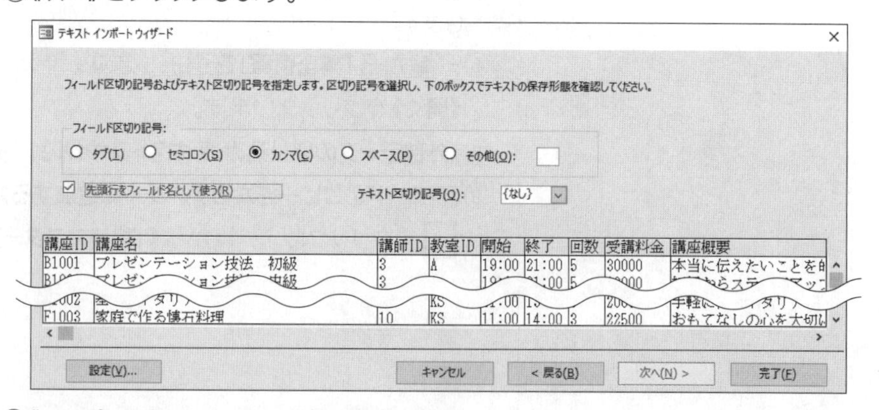

⑮《インポート先のテーブル》が「T講座マスター」になっていることを確認します。

⑯《完了》をクリックします。

⑰《閉じる》をクリックします。

※テーブル「T講座マスター」を開き、レコードが追加されていることを確認しておきましょう。

Point

テキストファイルの形式

❶区切り記号付き

カンマやタブなどでフィールドが区切られている場合に選択します。

❷固定長

フィールドの長さが固定されている場合に選択します。

Point

CSVファイル

「CSVファイル」はデータをカンマで区切った形式のファイルです。

Point

レコードとフィールド

テーブル内のデータは、「レコード」と「フィールド」ごとに管理されます。レコードとは、テーブルに格納する1件分のデータのことです。フィールドとは、レコードの中の項目で、「講座ID」や「講座名」などのデータのことです。フィールドは「列」ともいいます。

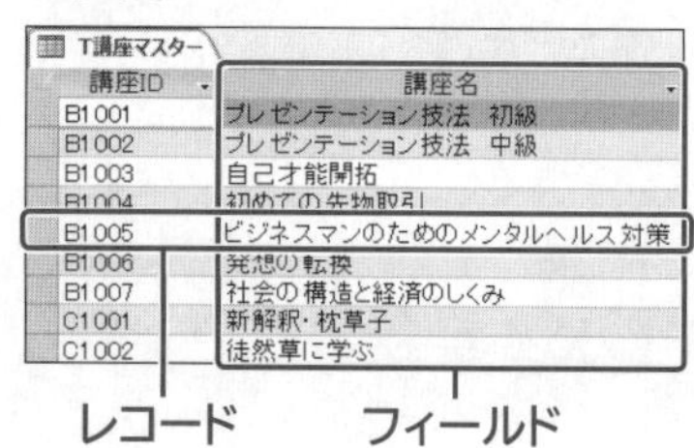

2-1-2 外部データソースからリンクテーブルを作成する

解 説

■リンクテーブルの作成

「リンクテーブル」とは、ExcelブックやAccessデータベースなどの外部データと連結したテーブルのことで、リンクテーブルをもとにクエリやレポートなどを作成できます。リンクテーブルはリンク元のデータと連動しているため、リンク元のデータを変更すると、リンクテーブルにも反映されます。

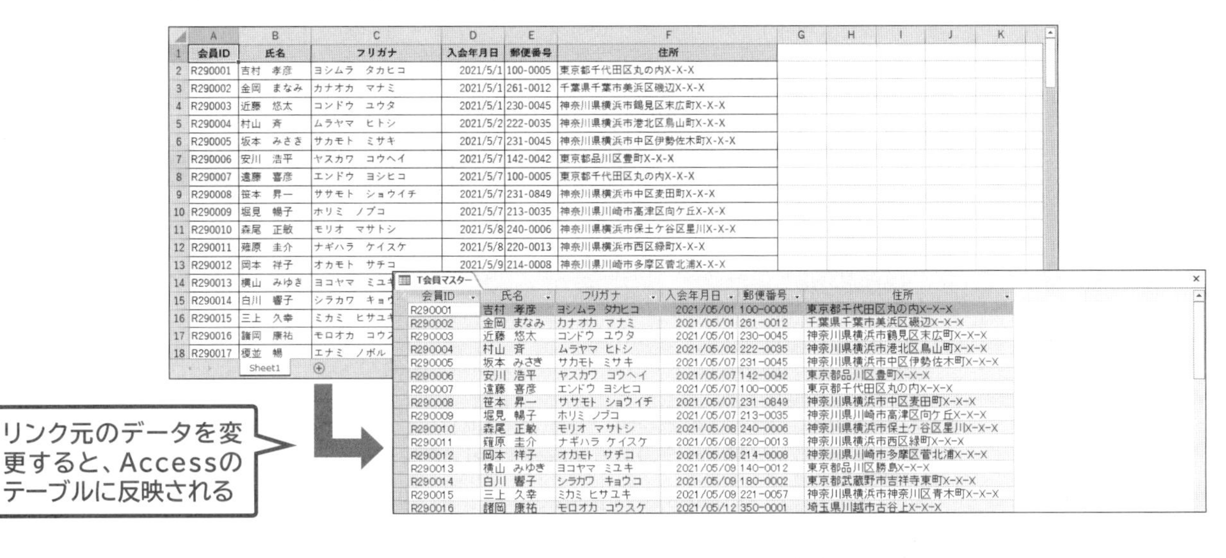

2019 365 ◆《外部データ》タブ→《インポートとリンク》グループ→ (新しいデータソース)

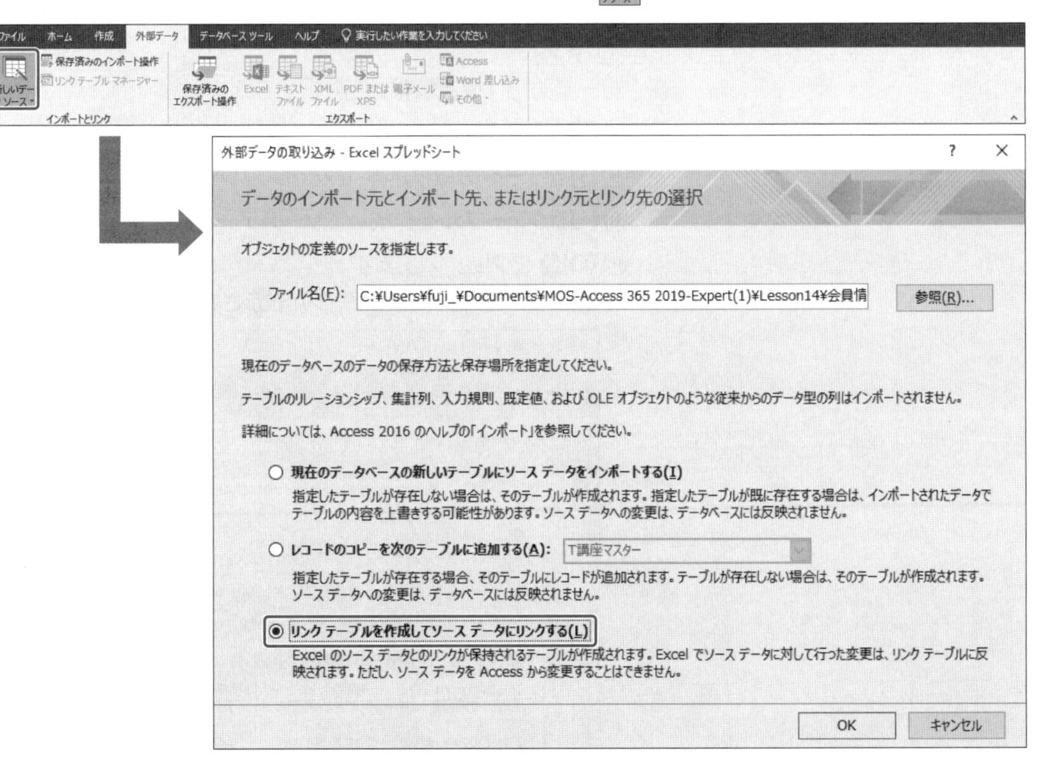

Lesson 14

データベース「Lesson14」を開いておきましょう。

次の操作を行いましょう。

(1) フォルダー「Lesson14」にあるExcelブック「会員情報」にリンクするテーブル「T会員マスター」を作成してください。先頭行をフィールド名として使用し、その他の設定は既定のままとします。

Lesson 14 Answer

(1)

①**《外部データ》**タブ→**《インポートとリンク》**グループの（新しいデータソース）→**《ファイルから》**→**《Excel》**をクリックします。

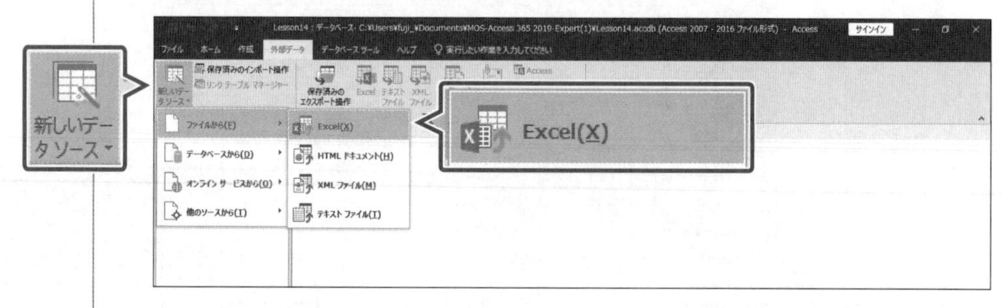

②**《外部データの取り込み-Excelスプレッドシート》**が表示されます。

③**《ファイル名》**の**《参照》**をクリックします。

④**《ファイルを開く》**ダイアログボックスが表示されます。

⑤フォルダー**「Lesson14」**を開きます。

※《PC》→《ドキュメント》→「MOS-Access 365 2019-Expert(1)」→「Lesson14」を選択します。

⑥一覧から**「会員情報」**を選択します。

⑦**《開く》**をクリックします。

⑧**《外部データの取り込み-Excelスプレッドシート》**に戻ります。

⑨**《リンクテーブルを作成してソースデータにリンクする》**を◉にします。

⑩**《OK》**をクリックします。

※セキュリティに関するメッセージが表示された場合は、《開く》をクリックしておきましょう。

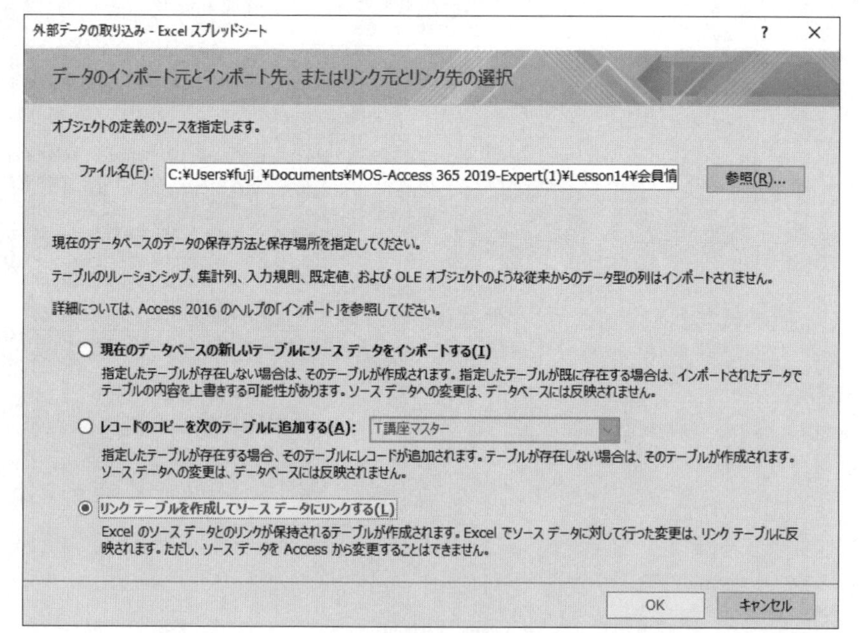

⑪**《スプレッドシートリンクウィザード》**が表示されます。

⑫**《先頭行をフィールド名として使う》**を☑にします。

⑬**《次へ》**をクリックします。

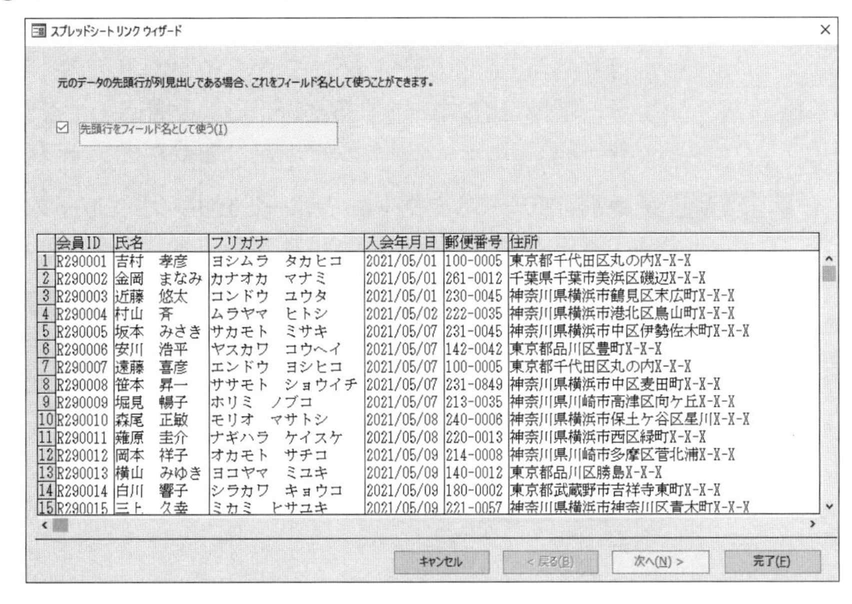

⑭**《リンクしているテーブル名》**に**「T会員マスター」**と入力します。

⑮**《完了》**をクリックします。

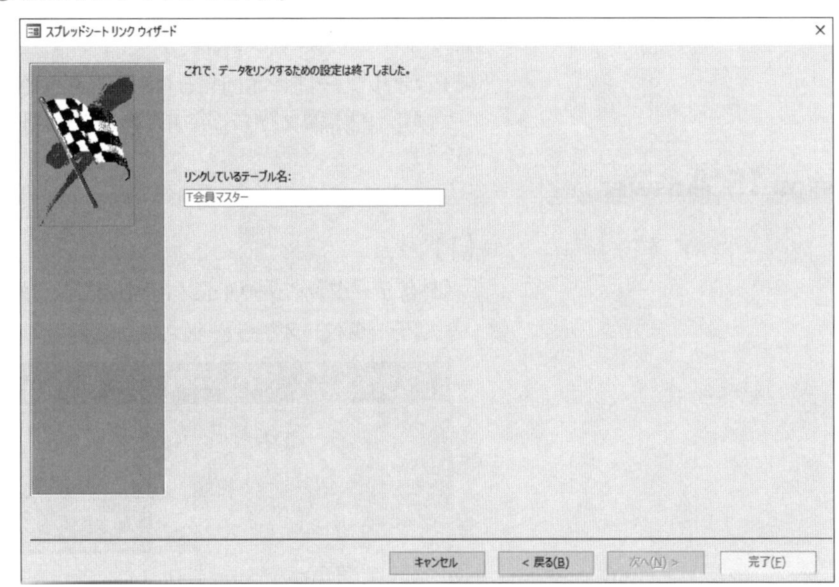

⑯メッセージを確認し、**《OK》**をクリックします。

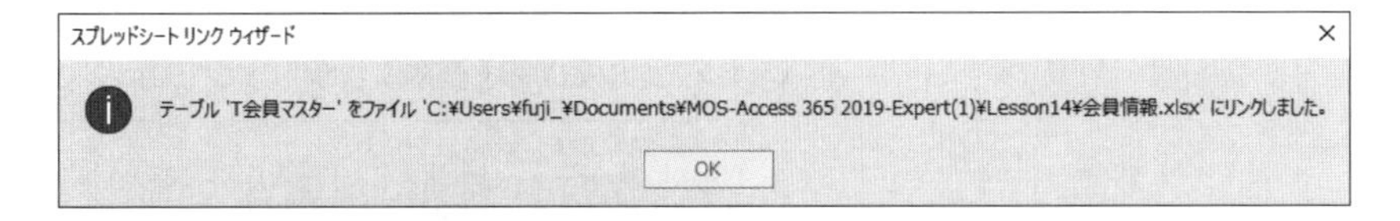

⑰リンクテーブル**「T会員マスター」**が作成されます。

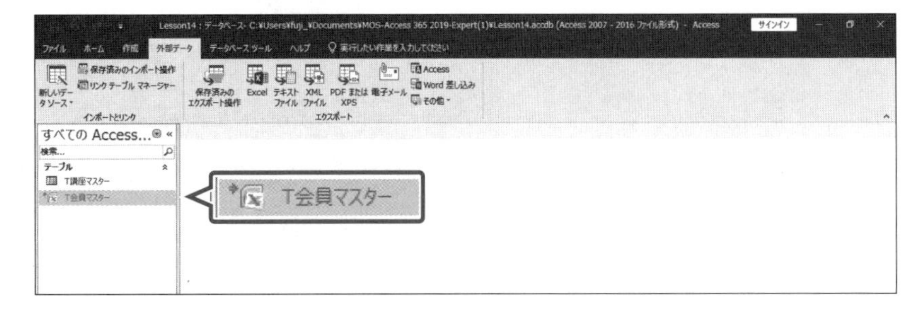

Point

Excelのリンクテーブルのアイコン

ナビゲーションウィンドウに表示されるリンクテーブルのアイコンは、Excelのアイコンになります。

2-1-3 ほかのデータベースからテーブルをインポートする

解 説

■ほかのデータベースのテーブルのインポート

ほかのAccessのデータベースからインポートして、テーブルを作成できます。
テーブルをインポートすると、テーブル構造だけをコピーしたり、テーブル構造とデータを一緒にコピーしたり、データだけを既存のテーブルに追加したりすることができます。

2019 365 ◆《外部データ》タブ→《インポートとリンク》グループの（新しいデータソース）→《データベースから》→《Access》

Lesson 15

データベース「Lesson15」を開いておきましょう。

次の操作を行いましょう。

(1) フォルダー「Lesson15」にあるAccessデータベース「講座管理」から、テーブル「T開講スケジュール」と「T受付状況」をインポートしてください。

Lesson 15 Answer

(1)

①**《外部データ》**タブ→**《インポートとリンク》**グループの（新しいデータソース）→**《データベースから》**→**《Access》**をクリックします。

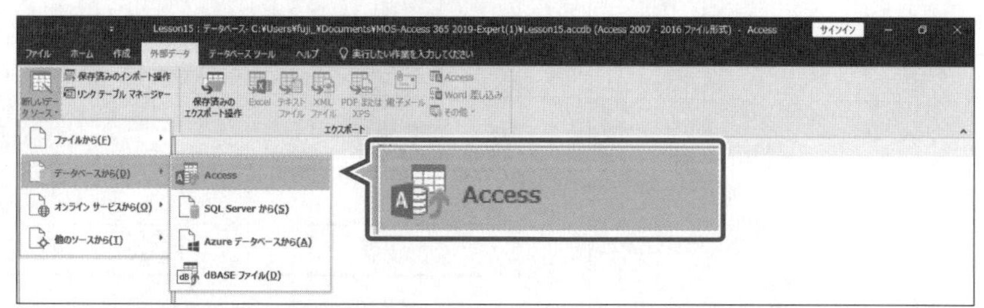

②**《外部データの取り込み-Accessデータベース》**が表示されます。

③**《ファイル名》**の**《参照》**をクリックします。

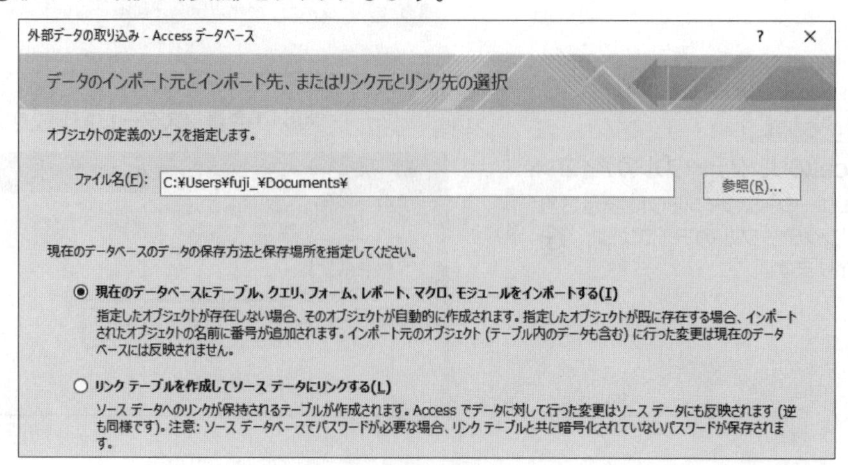

④**《ファイルを開く》**ダイアログボックスが表示されます。

⑤フォルダー**「Lesson15」**を開きます。

※《PC》→《ドキュメント》→「MOS-Access 365 2019-Expert(1)」→「Lesson15」を選択します。

⑥一覧から**「講座管理」**を選択します。

⑦**《開く》**をクリックします。

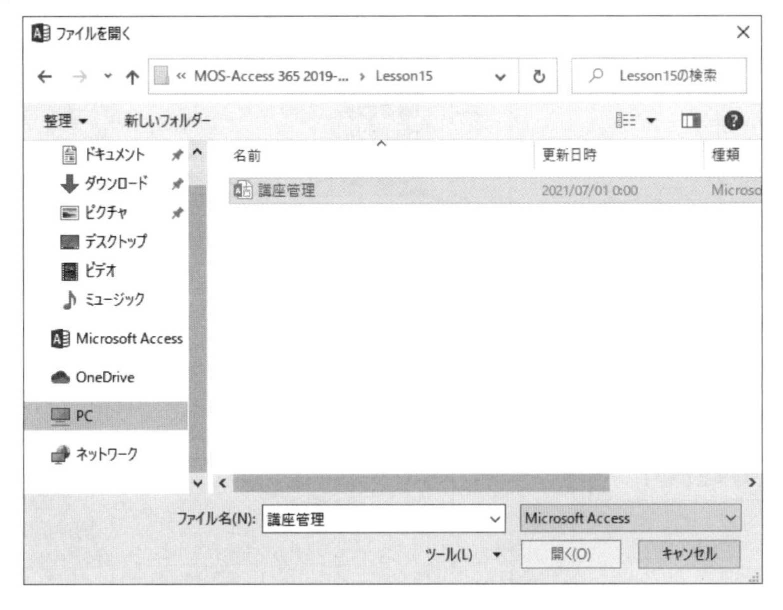

⑧**《外部データの取り込み-Accessデータベース》**に戻ります。

⑨**《現在のデータベースにテーブル、クエリ、フォーム、レポート、マクロ、モジュールをインポートする》**を◉にします。

⑩**《OK》**をクリックします。

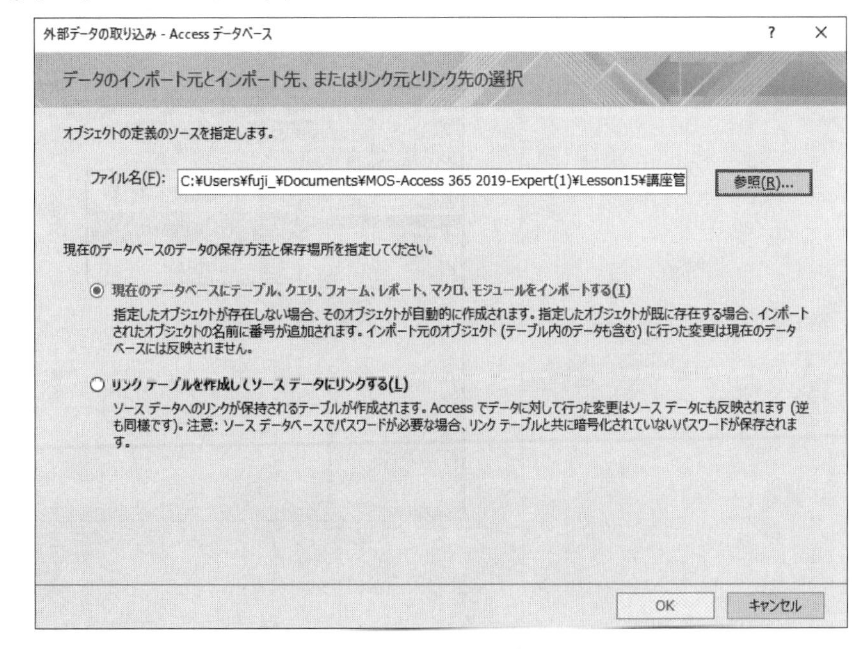

⑪**《オブジェクトのインポート》**ダイアログボックスが表示されます。
⑫**《テーブル》**タブを選択します。
⑬一覧から**「T開講スケジュール」**と**「T受付状況」**を選択します。
⑭**《OK》**をクリックします。

⑮**《外部データの取り込み-Accessデータベース》**に戻ります。
⑯**《閉じる》**をクリックします。
⑰ナビゲーションウィンドウにテーブルが追加されます。

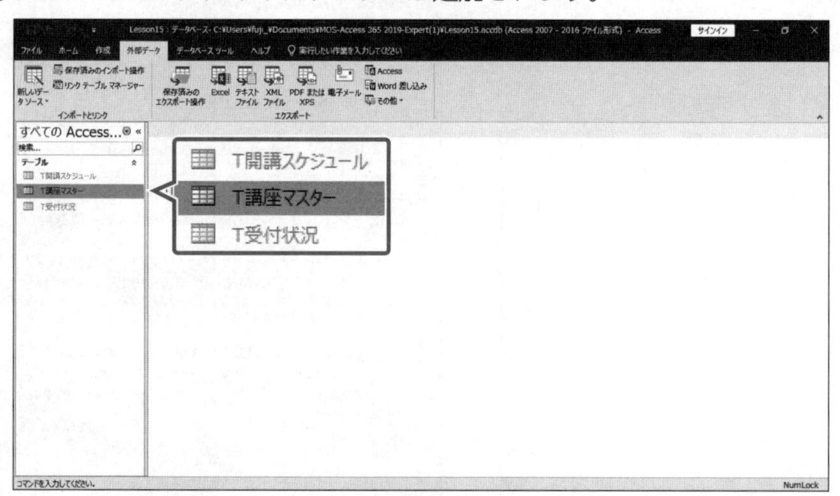

Point

インポートのオプション

《オプション》をクリックすると、テーブルをインポートする際にテーブルの構造だけをインポートするか、データも一緒にインポートするかどうかを設定できます。

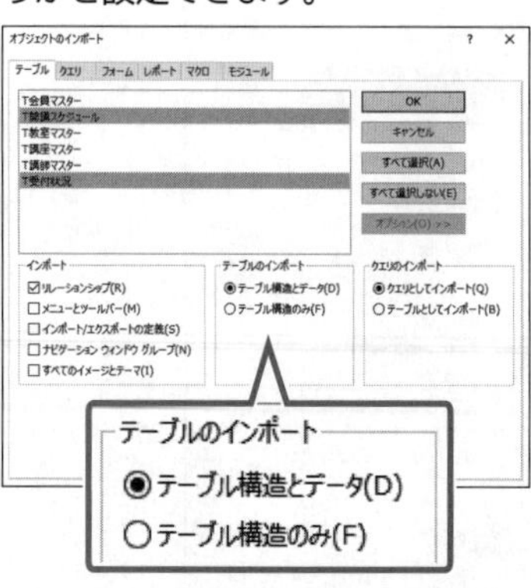

2-2 テーブルを管理する

理解度チェック

習得すべき機能	参照Lesson	学習前	学習後	試験直前
■テーブルのフィールドを非表示にできる。	➡Lesson16	☑	☑	☑
■集計行を追加して、フィールドを集計できる。	➡Lesson17	☑	☑	☑
■テーブルの説明を追加できる。	➡Lesson18	☑	☑	☑

2-2-1 テーブルのフィールドを非表示にする

解説

■フィールドの非表示

テーブルをデータシートビューで表示している場合、特定のフィールドを一時的に非表示にできます。非表示にしたフィールドは、一時的に隠されているだけなので、データは残っています。

2019 365 ◆《ホーム》タブ→《レコード》グループの その他 (その他)→《フィールドの非表示》

Lesson 16

OPEN データベース「Lesson16」を開いておきましょう。

Hint

フィールドを再表示するには、《ホーム》タブ→《レコード》グループの その他 (その他)→《フィールドの再表示》を使います。

次の操作を行いましょう。

(1) テーブル「T会員マスター」の「入会年月日」「郵便番号」「住所」フィールドを非表示にしてください。

(2) テーブル「T講師マスター」の「連絡先名」フィールドを再表示してください。

Lesson 16 Answer

(1)

①ナビゲーションウィンドウのテーブル**「T会員マスター」**をダブルクリックします。

②テーブルがデータシートビューで表示されます。

③**「入会年月日」**フィールドの列見出しをクリックします。

※列見出しをポイントし、マウスポインターの形が⬇に変わったら、クリックします。

④ Shift を押しながら、**「住所」**フィールドの列見出しをクリックします。

⑤**「入会年月日」「郵便番号」「住所」**フィールドが選択されます。

⑥**《ホーム》**タブ→**《レコード》**グループの その他 (その他)→**《フィールドの非表示》**をクリックします。

その他の方法

フィールドの非表示

2019 365

◆非表示にする列見出しを右クリック→《フィールドの非表示》

Point

テーブルのビュー

テーブルを表示するビューには、次のようなものがあります。

●**データシートビュー**
データを入力したり表示したりします。

●**デザインビュー**
テーブルの構造を定義します。

Point

ビューの切り替え

2019 365

◆《ホーム》タブ→《表示》グループの（表示）または（表示）の →《データシートビュー》または《デザインビュー》

◆ステータスバーの（データシートビュー）または（デザインビュー）

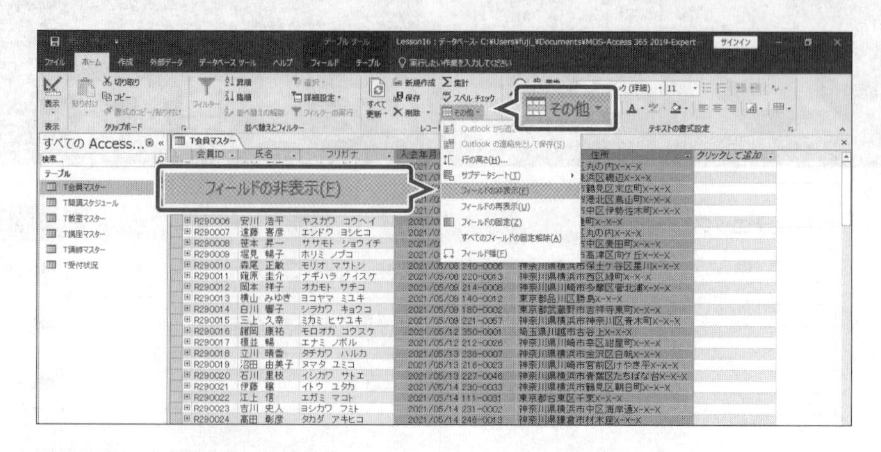

⑦**「入会年月日」「郵便番号」「住所」**フィールドが非表示になります。

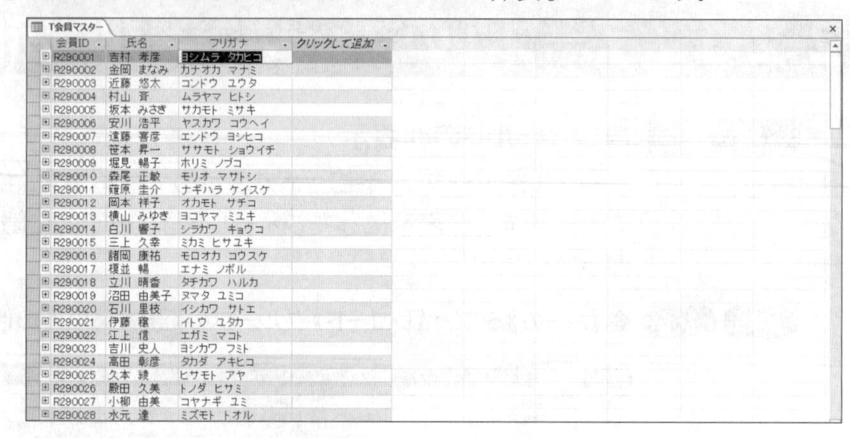

会員ID	氏名	フリガナ	クリックして追加
R290001	吉村 孝彦	ヨシムラ タカヒコ	
R290002	金岡 まなみ	カナオカ マナミ	
R290003	近藤 悠太	コンドウ ユウタ	
R290004	村山 斉	ムラヤマ ヒトシ	
R290005	坂本 みさき	サカモト ミサキ	
R290006	安川 浩平	ヤスカワ コウヘイ	
R290007	遠藤 喜彦	エンドウ ヨシヒコ	
R290008	笹本 昇一	ササモト ショウイチ	
R290009	堀見 暢子	ホリミ ノブコ	
R290010	森尾 正敏	モリオ マサトシ	
R290011	薙原 圭介	ナギハラ ケイスケ	
R290012	岡本 祥子	オカモト サチコ	
R290013	横山 みゆき	ヨコヤマ ミユキ	
R290014	白川 響子	シラカワ キョウコ	
R290015	三上 久幸	ミカミ ヒサユキ	
R290016	諸岡 康祐	モロオカ コウスケ	
R290017	榎並 暢	エナミ ノボル	
R290018	立川 晴香	タチカワ ハルカ	
R290019	沼田 由美子	ヌマタ ユミコ	
R290020	石川 里枝	イシカワ サトエ	
R290021	伊藤 穣	イトウ ユタカ	
R290022	江上 信	エガミ マコト	
R290023	吉川 史人	ヨシカワ フミト	
R290024	高田 彰彦	タカダ アキヒコ	
R290025	久本 綾	ヒサモト アヤ	
R290026	殿田 久美	トノダ ヒサミ	
R290027	小柳 由美	コヤナギ ユミ	
R290028	水元 達	ミズモト トオル	

その他の方法

フィールドの再表示

2019 365

◆列見出しを右クリック→《フィールドの再表示》→表示するフィールド名を☑にする

(2)

①ナビゲーションウィンドウのテーブル**「T講師マスター」**をダブルクリックします。

②テーブルがデータシートビューで表示されます。

※「連絡先名」フィールドが表示されていないことを確認しておきましょう。

③**《ホーム》**タブ→**《レコード》**グループの その他 （その他）→**《フィールドの再表示》**をクリックします。

④**《列の再表示》**ダイアログボックスが表示されます。

⑤**「連絡先名」**を☑にします。

⑥**《閉じる》**をクリックします。

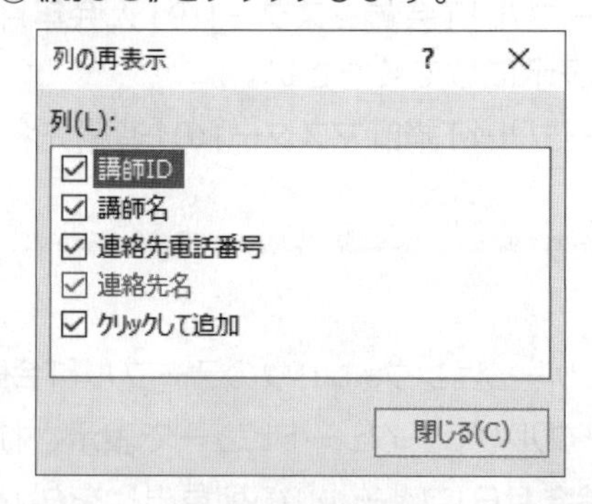

⑦**「連絡先名」**フィールドが表示されます。

講師ID	講師名	連絡先電話番号	連絡先名	クリックして追加
001	若槻 雄三郎	03-3577-XXXX	若槻総合研究所	
002	香取 ゆき子	045-778-XXXX	歌集「琴」編集部	
003	伊藤 健一	03-5920-XXXX	自宅	
004	皆藤 俊彦	0554-37-XXXX	蕎麦どころ 信濃	
005	水野 今日子	03-3231-XXXX	オフィスミズノ	
006	道川 幸信	03-5716-XXXX	自宅	
007	田中 重行	03-5302-XXXX	ABCビジネススクール	
008	高岡 吉成	03-3369-XXXX	山南女子短期大学	
009	綿貫 佐知江	03-5562-XXXX	SAW出版	
010	若山 信子	03-5728-XXXX	若山クッキングスクール	
011	飯島 紀恵	044-213-XXXX	ル・ブール	
012	山川 清	045-673-XXXX	ガデニア	
013	小松 美希子	03-3641-XXXX	自宅	
014	大森 八重子	03-5885-XXXX	自宅	

2-2-2 集計行を追加する

解 説

■集計行の追加

テーブルをデータシートビューで表示している場合、レコードの最終行に**「集計行」**を追加できます。集計行の集計方法には、合計や平均、最大、最小、カウントなどがあります。

2019 365 ◆ テーブルをデータシートビューで表示→《ホーム》タブ→《レコード》グループの Σ集計 (集計)

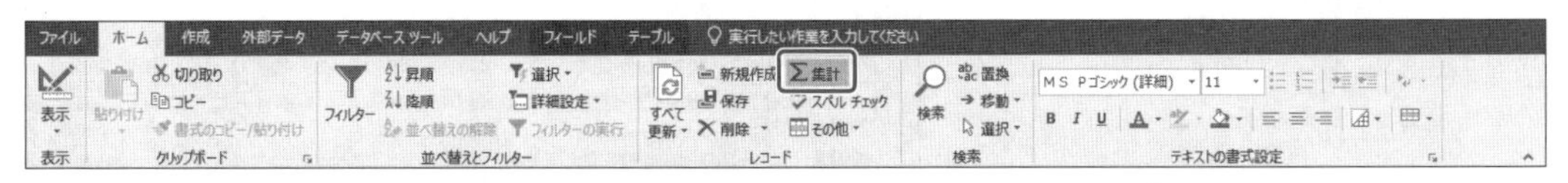

Lesson 17

データベース「Lesson17」を開いておきましょう。

次の操作を行いましょう。

(1) テーブル「T講座マスター」に集計行を表示し、「回数」フィールドの合計と「受講料金」フィールドの平均を表示してください。

Lesson 17 Answer

(1)

①ナビゲーションウィンドウのテーブル**「T講座マスター」**をダブルクリックします。

②テーブルがデータシートビューで表示されます。

③**《ホーム》**タブ→**《レコード》**グループの Σ集計 (集計)をクリックします。

④集計行が表示されます。

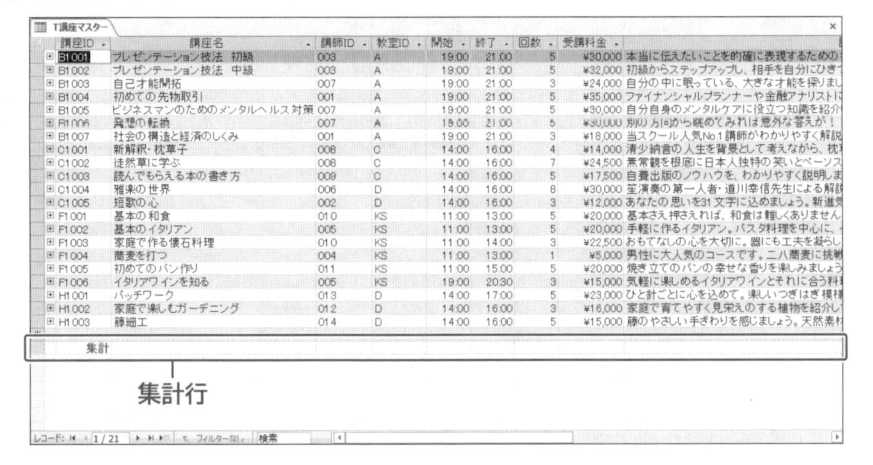

⑤**「回数」**フィールドの**《集計》**セルをクリックします。

⑥ をクリックし、一覧から**《合計》**を選択します。

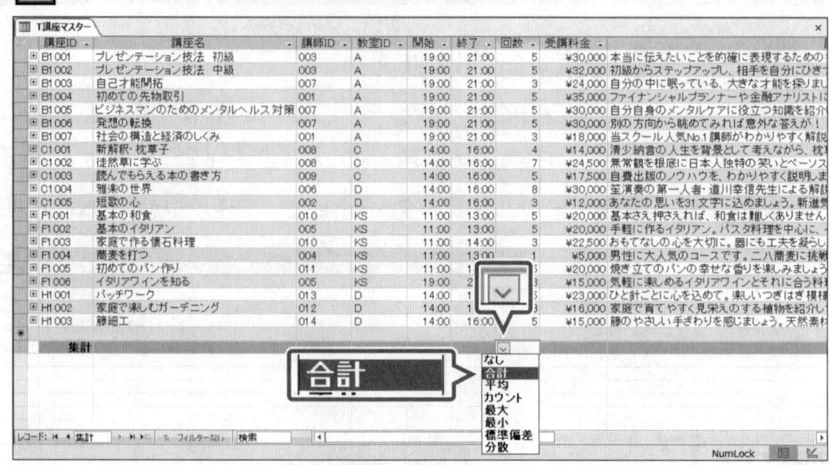

⑦**「回数」**フィールドの合計が表示されます。

⑧**「受講料金」**フィールドの**《集計》**セルをクリックします。

⑨ をクリックし、一覧から**《平均》**を選択します。

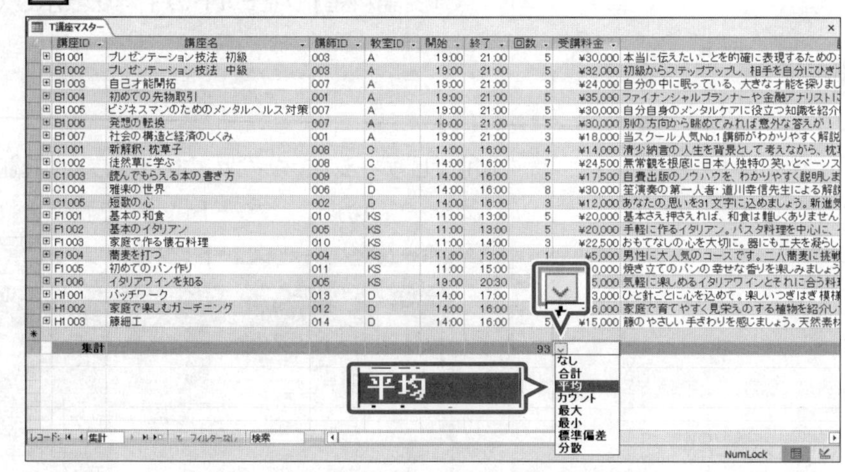

⑩**「受講料金」**フィールドの平均が表示されます。

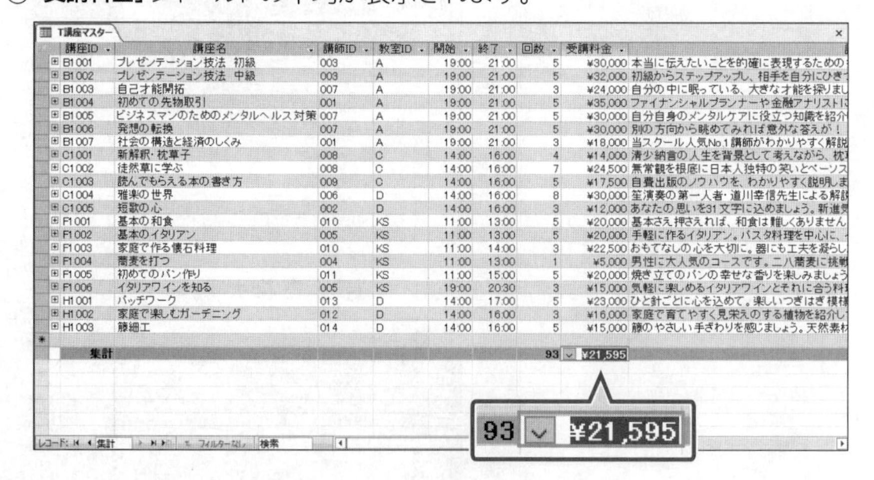

Point

集計行の非表示

《ホーム》タブ→《レコード》グループの Σ集計（集計）を再度クリックすると、集計行が非表示になります。

2-2-3 テーブルの説明を追加する

■テーブルの説明の追加

《テーブルプロパティ》の《説明》にテーブルの役割や概要などの情報を入力しておくと、テーブルを管理しやすくなります。

2019 365 ◆ナビゲーションウィンドウのテーブルを右クリック→《テーブルプロパティ》

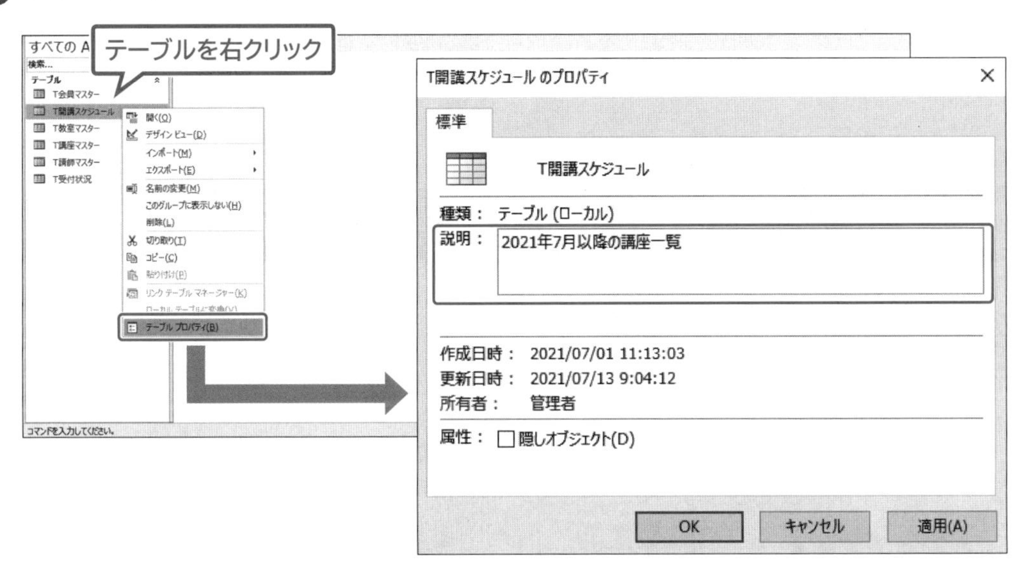

Lesson 18

データベース「Lesson18」を開いておきましょう。

次の操作を行いましょう。

(1) テーブル「T開講スケジュール」に、「2021年7月以降の講座一覧」という説明を追加してください。

その他の方法

テーブルの説明の追加

2019 365

◆テーブルをデザインビューで表示→《デザイン》タブ→《表示/非表示》グループの(プロパティシート)→《標準》タブ→《説明》プロパティ

Point

ナビゲーションウィンドウにテーブルの説明を表示

ナビゲーションウィンドウのメニューを右クリック→《表示形式》→《詳細》にすると、ナビゲーションウィンドウにテーブルの説明を表示できます。

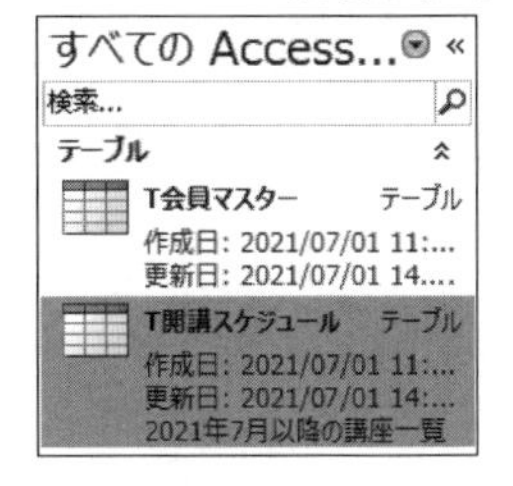

(1)

①ナビゲーションウィンドウのテーブル**「T開講スケジュール」**を右クリックします。

②**《テーブルプロパティ》**をクリックします。

③**《T開講スケジュールのプロパティ》**が表示されます。

④**《説明》**に**「2021年7月以降の講座一覧」**と入力します。

⑤**《OK》**をクリックします。

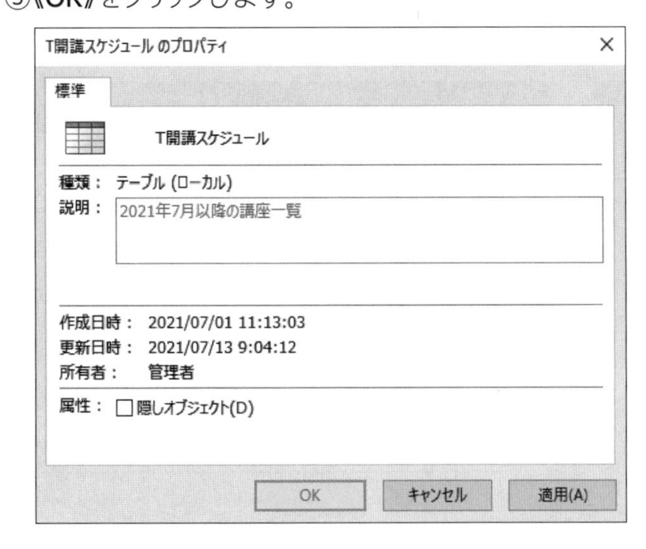

2-3 出題範囲2　テーブルの作成と変更
テーブルのレコードを管理する

理解度チェック

習得すべき機能	参照Lesson	学習前	学習後	試験直前
■データを検索したり、置換したりできる。	➡Lesson19	☑	☑	☑
■レコードを並べ替えることができる。	➡Lesson20	☑	☑	☑
■フィルターを使ってレコードを抽出できる。	➡Lesson21 ➡Lesson22	☑	☑	☑

2-3-1 データを検索する、置換する

解説

■データの検索

「検索」を使うと、大量のレコードから条件に一致する文字列をすばやく探すことができます。

英字の大文字・小文字を区別したり、フィールドの一部分の文字列を探したりすることもできます。

2019 365 ◆テーブルをデータシートビューで表示→《ホーム》タブ→《検索》グループの (検索)

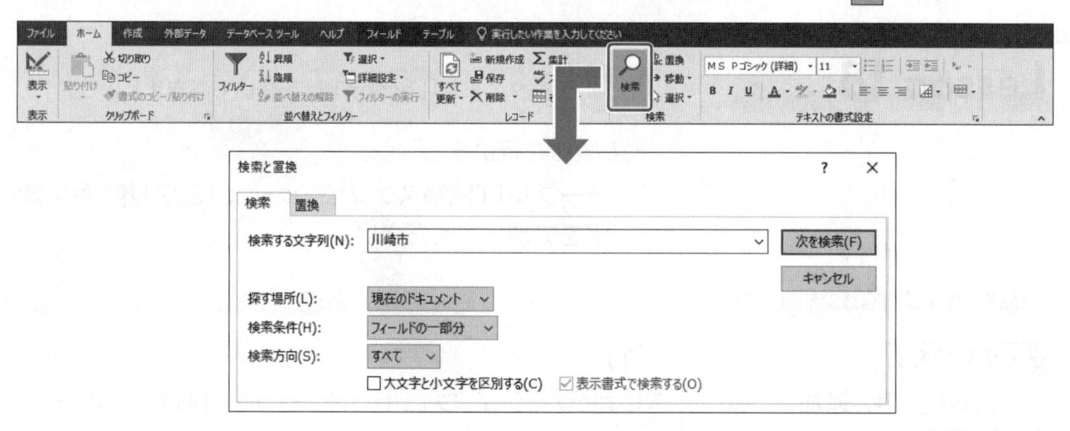

■データの置換

「置換」を使うと、大量のレコードから特定の文字列を検索して、さらに別の文字列に置き換えることができます。文字列の一部分だけを置換することもできます。

2019 365 ◆テーブルをデータシートビューで表示→《ホーム》タブ→《検索》グループの ab ac 置換 (置換)

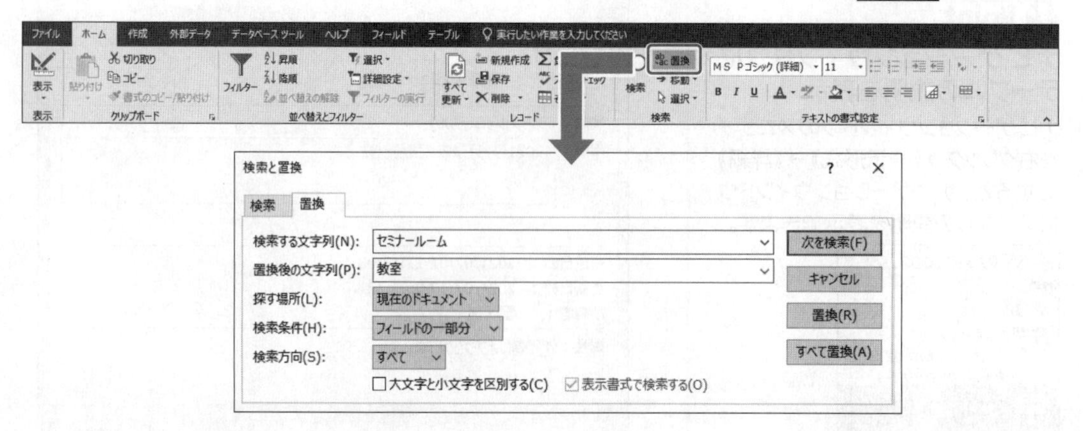

Lesson 19

データベース「Lesson19」を開いておきましょう。

次の操作を行いましょう。

(1) テーブル「T会員マスター」から「川崎市」を含むレコードを検索してください。

(2) テーブル「T教室マスター」の「セミナールーム」をすべて「教室」に置換してください。

Lesson 19 Answer

(1)

①ナビゲーションウィンドウのテーブル**「T会員マスター」**をダブルクリックします。

②テーブルがデータシートビューで表示されます。

③**《ホーム》**タブ→**《検索》**グループの（検索）をクリックします。

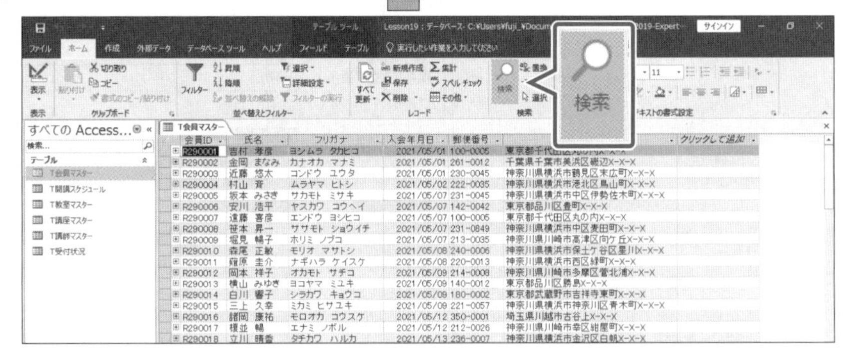

④**《検索と置換》**ダイアログボックスが表示されます。

⑤**《検索》**タブが選択されていることを確認します。

⑥**《検索する文字列》**に**「川崎市」**と入力します。

⑦**《探す場所》**の をクリックし、一覧から**《現在のドキュメント》**を選択します。

⑧**《検索条件》**の をクリックし、一覧から**《フィールドの一部分》**を選択します。

⑨**《次を検索》**をクリックします。

⑩1つ目の**「川崎市」**が検索されます。

⑪**《次を検索》**をクリックします。

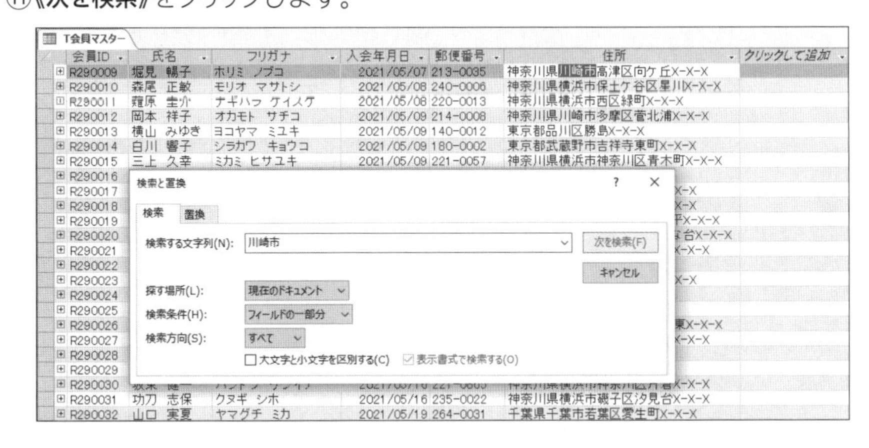

その他の方法

データの検索

2019 365

◆テーブルをデータシートビューで表示→列見出しを右クリック→《検索》

◆テーブルをデータシートビューで表示→Ctrl＋F

◆データシートビューの下の 検索

Point

《検索と置換》

❶探す場所

検索する対象が現在選択しているフィールドか、オブジェクト全体かを指定します。

❷検索条件

検索する文字列の条件を指定します。

選択肢	説明
フィールドの一部分	《検索する文字列》が含まれているデータを検索
フィールド全体	《検索する文字列》と完全に一致するデータを検索
フィールドの先頭	《検索する文字列》で始まるデータを検索

❸検索方向

検索する方向を《上へ》《下へ》《すべて》から指定します。

⑫次の**「川崎市」**が検索されます。

⑬**《次を検索》**を何回かクリックし、すべての検索結果を確認します。

※「川崎市」を含むレコードは11件あります。

⑭メッセージを確認し、**《OK》**をクリックします。

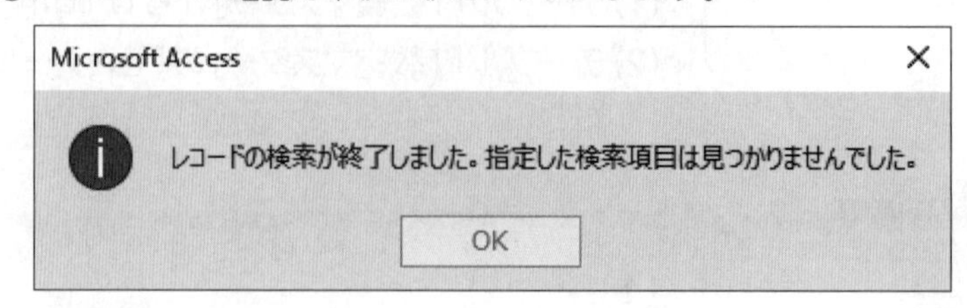

⑮**《検索と置換》**ダイアログボックスに戻ります。

⑯ × (閉じる)をクリックします。

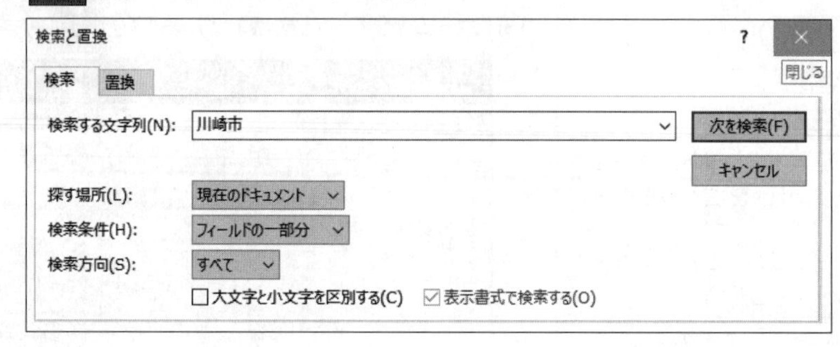

(2)

①ナビゲーションウィンドウのテーブル**「T教室マスター」**をダブルクリックします。

②テーブルがデータシートビューで表示されます。

③**「教室名」**フィールドの一部分に**「セミナールーム」**の文字列があることを確認します。

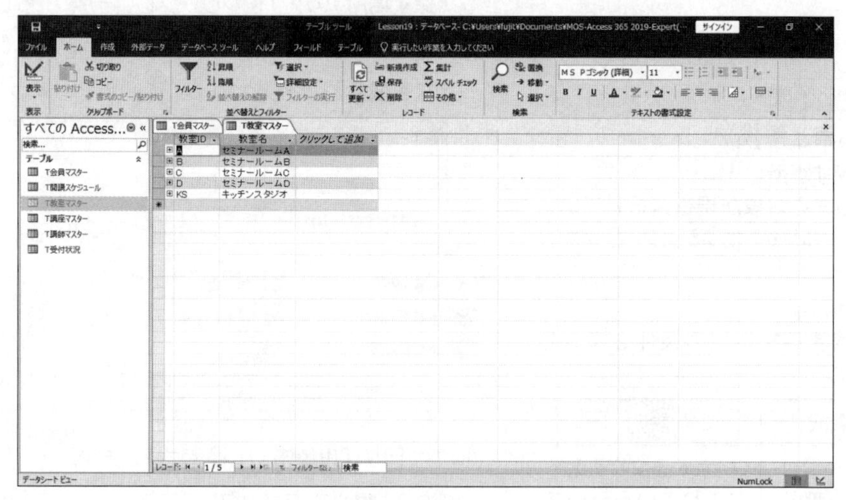

その他の方法

データの置換

2019 365

◆テーブルをデータシートビューで表示→Ctrl+H

④《ホーム》タブ→《検索》グループの置換(置換)をクリックします。

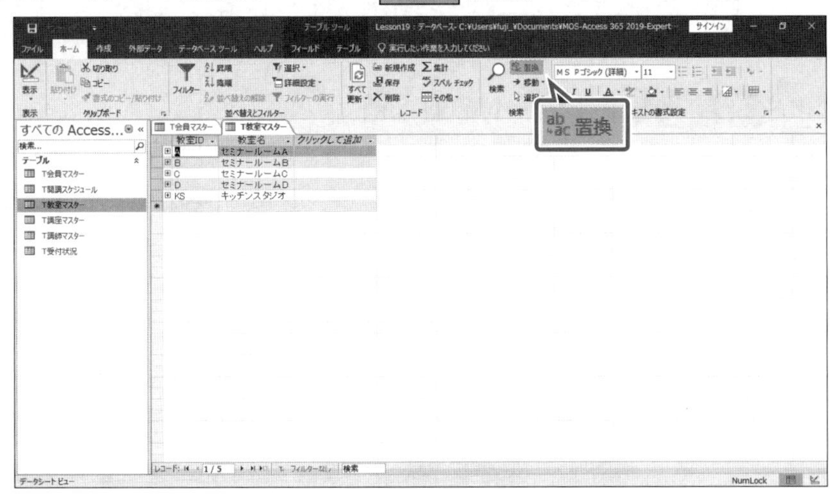

⑤《検索と置換》ダイアログボックスが表示されます。

⑥《置換》タブが選択されていることを確認します。

⑦《検索する文字列》に「セミナールーム」と入力します。

⑧《置換後の文字列》に「教室」と入力します。

⑨《探す場所》の∨をクリックし、一覧から《現在のドキュメント》を選択します。

⑩《検索条件》の∨をクリックし、一覧から《フィールドの一部分》を選択します。

⑪《すべて置換》をクリックします。

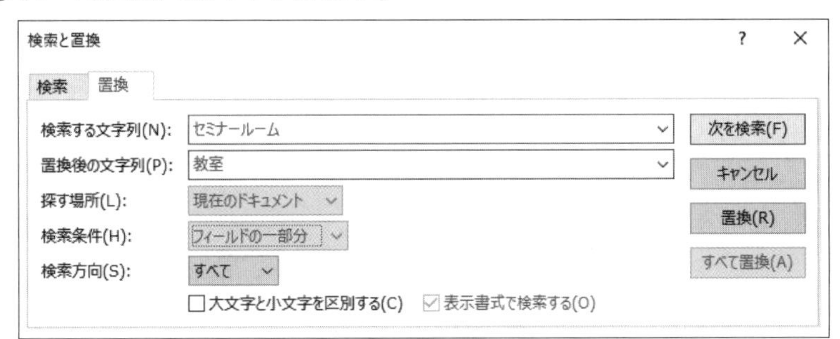

⑫メッセージを確認し、《はい》をクリックします。

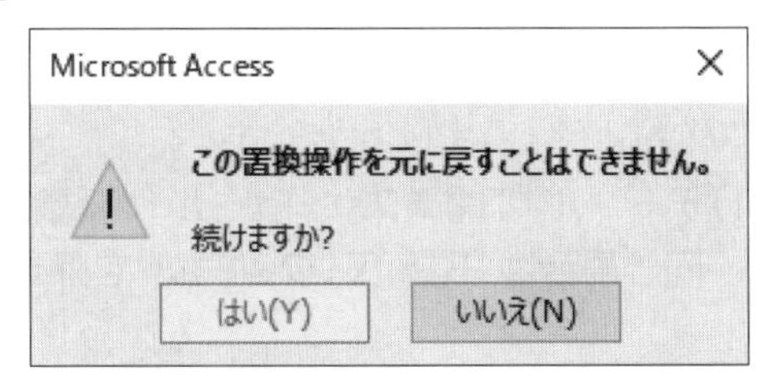

⑬文字列が置換され、《検索と置換》ダイアログボックスに戻ります。

⑭×(閉じる)をクリックします。

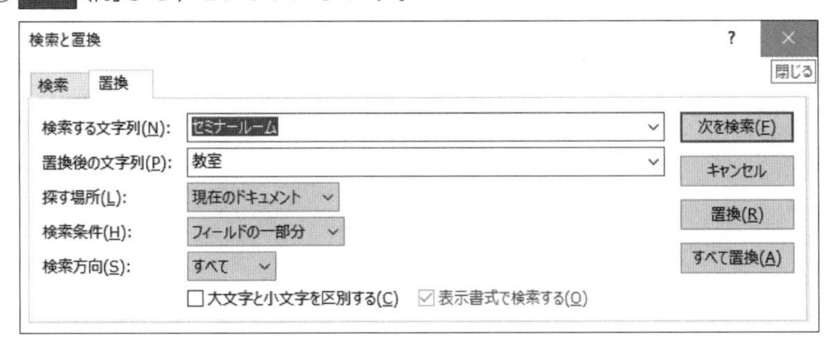

Point

置換を使った削除

《置換後の文字列》に何も入力せずに置換を行うと、《検索する文字列》に指定した文字列を削除できます。

Point

ワイルドカードを使った検索

検索する文字列に「ワイルドカード」を使うと、文字列の一部分が一致するデータを検索できます。

※ワイルドカードについては、P.125を参照してください。

2-3-2 レコードを並べ替える

解説

■レコードの並べ替え

テーブルのデータシートは、初期の状態では主キーが設定されたフィールドを基準に昇順に表示されますが、ひとつまたは複数のフィールドを基準にして昇順または降順に並べ替えることができます。

並べ替えを行った状態でテーブルを保存すると、並べ替えの情報も保存されるため、再度テーブルを開くと並べ替えが自動的に実行されます。

2019 365 ◆テーブルをデータシートビューで表示→基準となるフィールドを選択→《ホーム》タブ→《並べ替えとフィルター》グループの 昇順 (昇順)／ 降順 (降順)

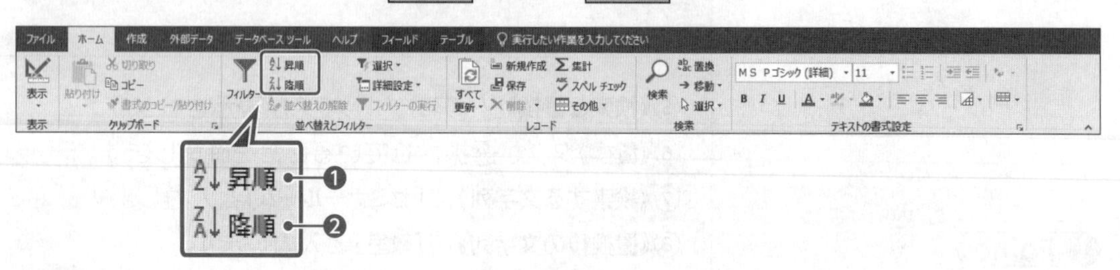

❶昇順

データ	順序
数値	0→9
英字	A→Z
日付	古→新
かな	あ→ん

❷降順

データ	順序
数値	9→0
英字	Z→A
日付	新→古
かな	ん→あ

※漢字はシフトJISコード順で並べ替えられます。
※空白データは「昇順」の場合は一番上に、「降順」の場合は一番下に表示されます。

Lesson 20

OPEN データベース「Lesson20」を開いておきましょう。

Hint
複数のフィールドを基準にして並べ替える場合は、優先度の低いフィールドから並べ替えを実行します。

次の操作を行いましょう。

(1) テーブル「T開講スケジュール」の「講座ID」フィールドを昇順、「講座ID」が同じ場合は「開講日」フィールドを降順に並べ替えてください。

Lesson 20 Answer

(1)

①ナビゲーションウィンドウのテーブル**「T開講スケジュール」**をダブルクリックします。
②テーブルがデータシートビューで表示されます。
③**「開講日」**フィールドの列見出しをクリックします。

その他の方法

降順で並べ替え

2019 365

◆テーブルをデータシートビューで表示→列見出しの[▾]→《降順で並べ替え》

◆テーブルをデータシートビューで表示→フィールドを右クリック→《降順で並べ替え》

その他の方法

昇順で並べ替え

2019 365

◆テーブルをデータシートビューで表示→列見出しの[▾]→《昇順で並べ替え》

◆テーブルをデータシートビューで表示→フィールドを右クリック→《昇順で並べ替え》

Point

並べ替えの解除

2019 365

◆《ホーム》タブ→《並べ替えとフィルター》グループの[並べ替えの解除]（すべての並べ替えをクリア）

④**《ホーム》**タブ→**《並べ替えとフィルター》**グループの[降順]（降順）をクリックします。

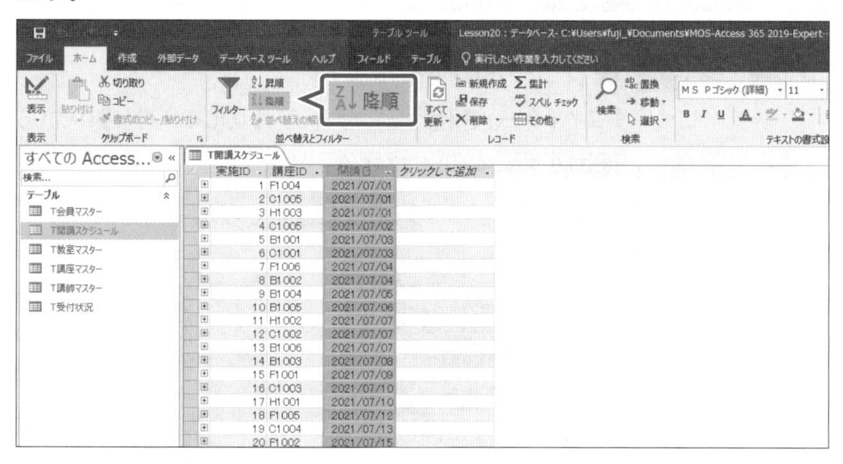

⑤**「開講日」**が降順に並び替わります。

※列見出しが[▾↓]に変わります。

⑥**「講座ID」**フィールドの列見出しをクリックします。

⑦**《ホーム》**タブ→**《並べ替えとフィルター》**グループの[昇順]（昇順）をクリックします。

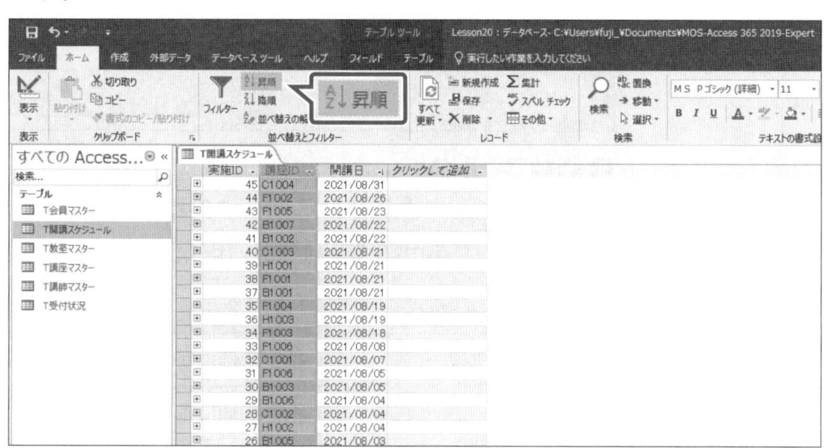

⑧**「講座ID」**が同じ場合は**「開講日」**の降順に並び替わります。

※列見出しが[▾↑]に変わります。

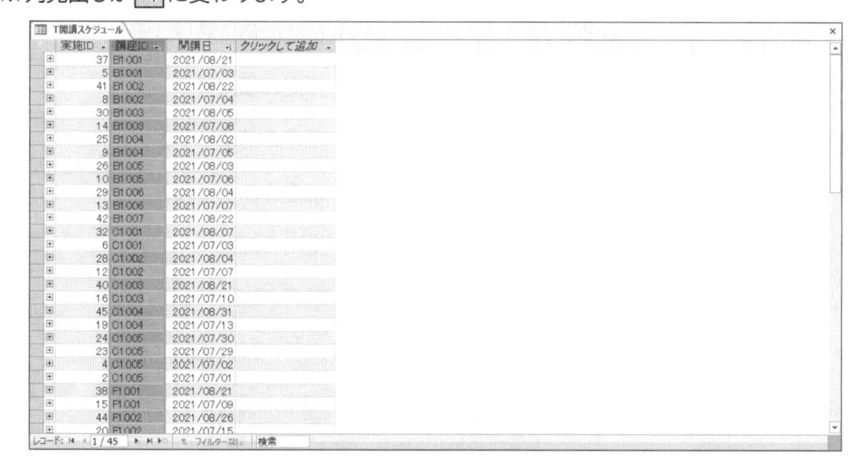

T開講スケジュール

実施ID	講座ID	開講日	クリックして追加
37	B1001	2021/08/21	
5	B1001	2021/07/03	
41	B1002	2021/08/22	
8	B1002	2021/07/04	
30	B1003	2021/08/05	
14	B1003	2021/07/08	
25	B1004	2021/08/02	
9	B1004	2021/07/05	
26	B1005	2021/08/03	
10	B1005	2021/07/06	
29	B1006	2021/08/04	
13	B1006	2021/07/07	
42	B1007	2021/08/22	
32	C1001	2021/08/07	
6	C1001	2021/07/03	
28	C1002	2021/08/04	
12	C1002	2021/07/07	
40	C1003	2021/08/21	
16	C1003	2021/07/10	
45	C1004	2021/08/31	
19	C1004	2021/07/13	
24	C1005	2021/07/30	
23	C1005	2021/07/29	
4	C1005	2021/07/02	
2	C1005	2021/07/01	
38	F1001	2021/08/21	
15	F1001	2021/07/09	
44	F1002	2021/08/26	
20	F1002	2021/07/15	

レコード: 1 / 45　フィルターなし　検索

2-3-3 レコードをフィルターする

解説

■レコードのフィルター

「フィルター」を使うと、テーブルのレコードの中から設定した条件に一致するレコードを抽出することができます。

2019 365 ◆テーブルをデータシートビューで表示→列見出しの[▾]

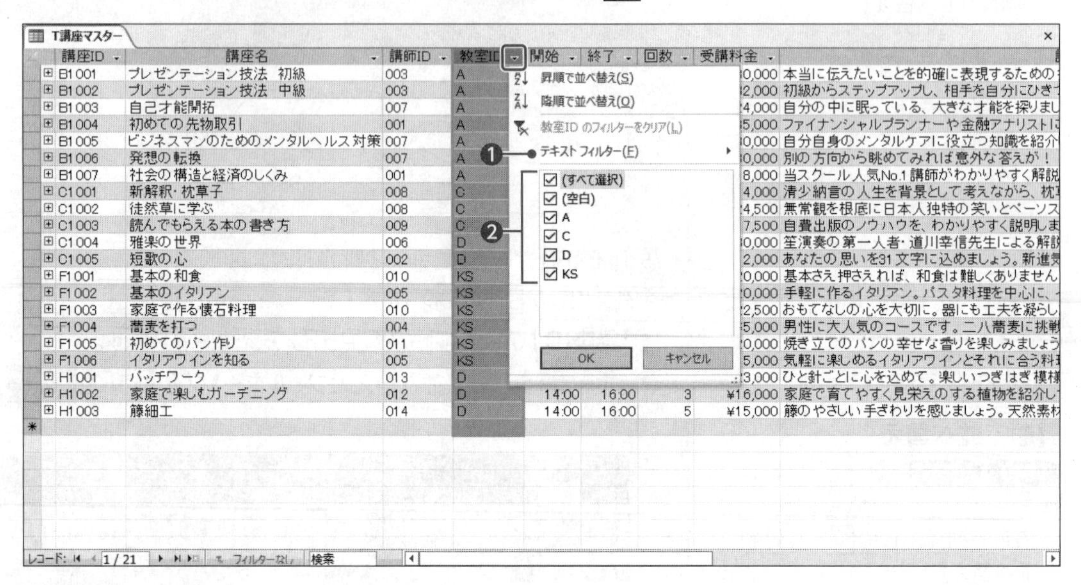

❶詳細フィルター

フィールドに入力されているデータの種類によって、**「テキストフィルター」「数値フィルター」「日付フィルター」**に表示が切り替わります。設定できる条件には、次のようなものがあります。

フィルター	条件の例
テキストフィルター	指定の値に等しい
	指定の値に等しくない
	指定の値を含む
	指定の値を含まない　　など
数値フィルター	指定の値に等しい
	指定の値に等しくない
	指定の値より小さい
	指定の値より大きい
	指定の範囲内
日付フィルター	明日、今日、昨日
	来月、今月、先月
	今年の初めから今日まで
	過去、未来
	期間内のすべての日付　　など

❷データ一覧

フィールドに入力されているデータが一覧で表示されます。☑にすると、該当するレコードが抽出されます。

Lesson 21

データベース「Lesson21」を開いておきましょう。

次の操作を行いましょう。

(1) テーブル「T講座マスター」の「教室ID」フィールドが「C」と「D」のレコードを抽出してください。

(2) テーブル「T講座マスター」の「教室ID」フィールドのフィルターの条件をクリアしてください。

(3) テーブル「T受付状況」の「受付日」フィールドが「2021/05/01」～「2021/05/31」のレコードを抽出してください。

Lesson 21 Answer

(1)

①ナビゲーションウィンドウのテーブル**「T講座マスター」**をダブルクリックします。

②テーブルがデータシートビューで表示されます。

③**「教室ID」**フィールドの［▾］をクリックします。

④**《(すべて選択)》**を□にします。

⑤**「C」**と**「D」**を☑にします。

⑥**《OK》**をクリックします。

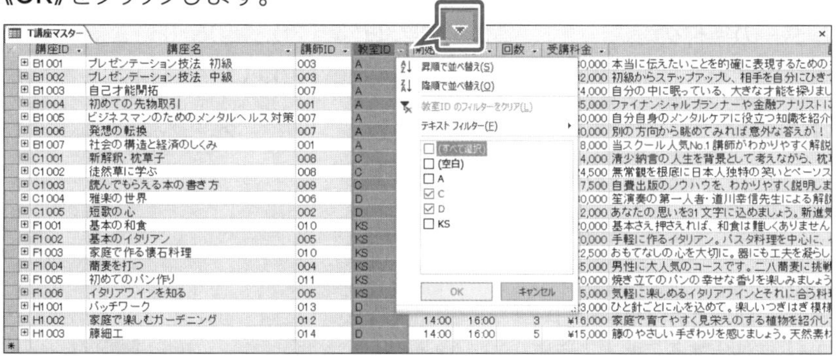

⑦**「教室ID」**が**「C」**と**「D」**のレコードが抽出されます。

※8件のレコードが抽出されます。

※条件が設定されると列見出しの［▾］が［フィルター］に変わります。

T講座マスター

講座ID	講座名	講師ID	教室ID	開始	終了	回数	受講料金	
C1001	新解釈・枕草子	008	C	14:00	16:00	4	¥14,000	清少納言の人生を背景として考えながら、枕
C1002	徒然草に学ぶ	008	C	14:00	16:00	7	¥24,500	無常観を根底に日本人独特の笑いとペーソス
C1003	読んでもらえる本の書き方	009	C	14:00	16:00	5	¥17,500	自費出版のノウハウを、わかりやすく説明しま
C1004	雅楽の世界	006	D	14:00	16:00	8	¥30,000	笙演奏の第一人者・道川幸信先生による解説
C1005	短歌の心	002	D	14:00	16:00	3	¥12,000	あなたの思いを31文字に込めましょう。新進気
H1001	パッチワーク	013	D	14:00	17:00	5	¥23,000	ひと針ごとに心を込めて。楽しいつぎはぎ模様
H1002	家庭で楽しむガーデニング	012	D	14:00	16:00	3	¥16,000	家庭で育てやすく見栄えのする植物を紹介し
H1003	籐細工	014	D	14:00	16:00	5	¥15,000	籐のやさしい手ざわりを感じましょう。天然素材

(2)

①テーブル**「T講座マスター」**がデータシートビューで表示されていることを確認します。

②**「教室ID」**フィールドの［フィルター］をクリックします。

③**《教室IDのフィルターをクリア》**をクリックします。

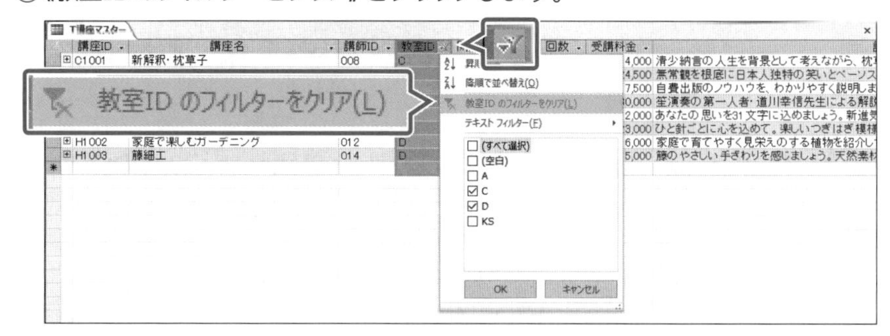

④**「教室ID」**フィールドの条件がクリアされます。

Point

フィルターの条件の解除

一部の条件を解除

2019 365

◆列見出しの［フィルター］→《(列見出し名)のフィルターをクリア》

すべての条件を解除

2019 365

◆《ホーム》タブ→《並べ替えとフィルター》グループの［詳細設定］(高度なフィルターオプション)→《すべてのフィルターのクリア》

(3)

①ナビゲーションウィンドウのテーブル**「T受付状況」**をダブルクリックします。

②テーブルがデータシートビューで表示されます。

③**「受付日」**フィールドの ▾ をクリックします。

④**《日付フィルター》**→**《指定の範囲内》**をクリックします。

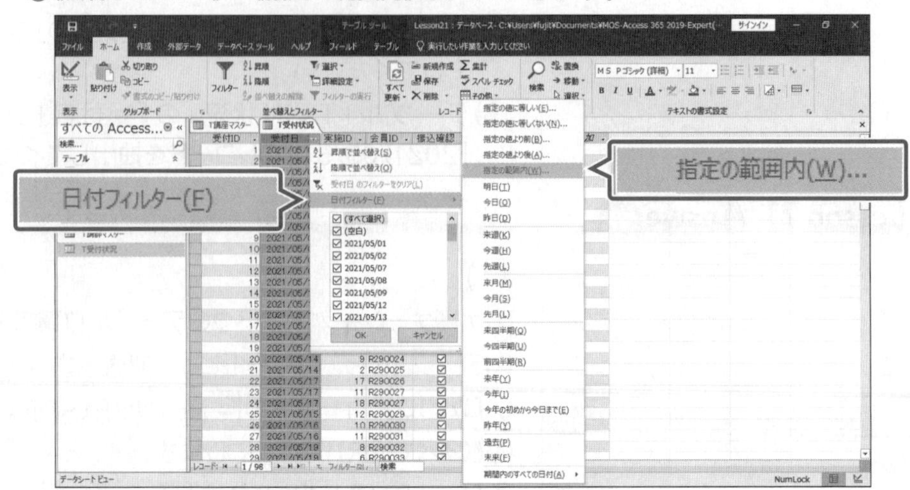

⑤**《日付の範囲》**ダイアログボックスが表示されます。

⑥**《開始日》**に**「2021/05/01」**と入力します。

⑦**《終了日》**に**「2021/05/31」**と入力します。

⑧**《OK》**をクリックします。

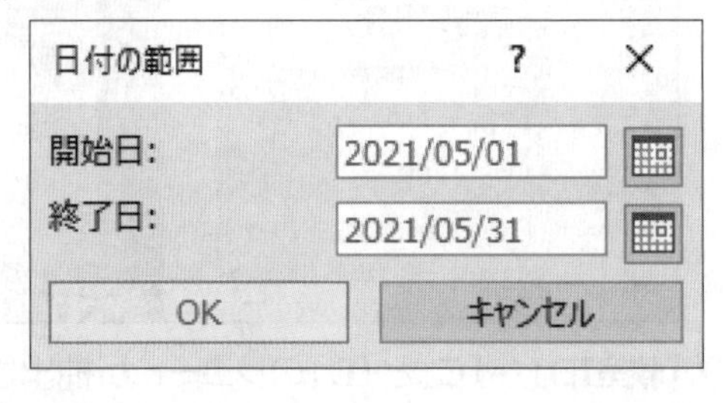

⑨**「受付日」**が2021年5月のレコードが抽出されます。

※58件のレコードが抽出されます。

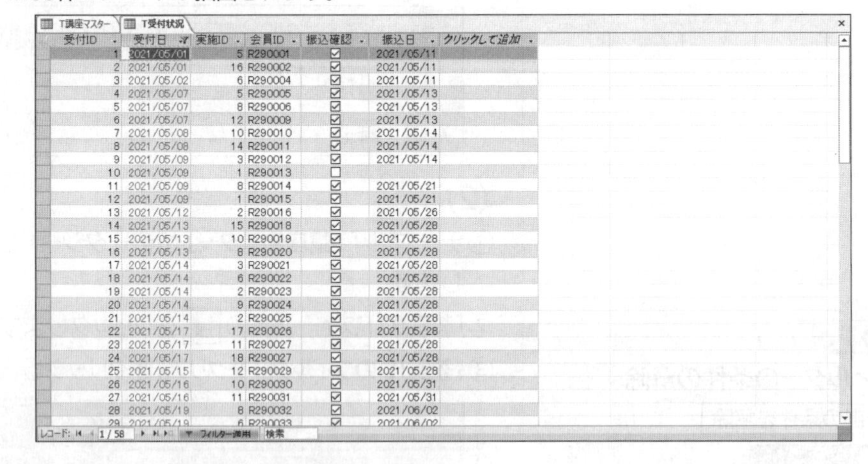

受付ID	受付日	実施ID	会員ID	振込確認	振込日	クリックして追加
1	2021/05/01	5	R290001	☑	2021/05/11	
2	2021/05/01	16	R290002	☑	2021/05/11	
3	2021/05/02	6	R290004	☑	2021/05/11	
4	2021/05/07	5	R290005	☑	2021/05/13	
5	2021/05/07	8	R290006	☑	2021/05/13	
6	2021/05/07	12	R290009	☑	2021/05/13	
7	2021/05/08	10	R290010	☑	2021/05/14	
8	2021/05/08	14	R290011	☑	2021/05/14	
9	2021/05/09	3	R290012	☑	2021/05/14	
10	2021/05/09	1	R290013	☐		
11	2021/05/09	8	R290014	☑	2021/05/21	
12	2021/05/09	1	R290015	☑	2021/05/21	
13	2021/05/12	2	R290016	☑	2021/05/26	
14	2021/05/13	15	R290018	☑	2021/05/28	
15	2021/05/13	10	R290019	☑	2021/05/28	
16	2021/05/13	8	R290020	☑	2021/05/28	
17	2021/05/14	3	R290021	☑	2021/05/28	
18	2021/05/14	6	R290022	☑	2021/05/28	
19	2021/05/14	2	R290023	☑	2021/05/28	
20	2021/05/14	9	R290024	☑	2021/05/28	
21	2021/05/14	2	R290025	☑	2021/05/28	
22	2021/05/17	17	R290026	☑	2021/05/28	
23	2021/05/17	11	R290027	☑	2021/05/28	
24	2021/05/17	18	R290027	☑	2021/05/28	
25	2021/05/15	12	R290029	☑	2021/05/28	
26	2021/05/16	10	R290030	☑	2021/05/31	
27	2021/05/16	11	R290031	☑	2021/05/31	
28	2021/05/19	8	R290032	☑	2021/06/02	
29	2021/05/19	6	R290033	☑	2021/06/02	

レコード: 1 / 58　フィルター適用　検索

Point

フィルターの条件の表示

列見出しの ▾ をポイントすると、設定されているフィルターの条件が表示されます。

Point

日付フィルターの抽出

Lesson21の場合、《日付フィルター》→《期間内のすべての日付》→《5月》でレコードを抽出することもできます。その場合は、年にかかわらず5月のレコードが抽出されます。

Point

フィルターの保存

テーブルを保存すると、フィルターの条件も保存されます。テーブルを再度開くと、フィルターは実行されていないので、フィルターを適用するには再度実行します。

Lesson 22

データベース「Lesson22」を開いておきましょう。

Hint

設定した抽出条件を、新規のレコードにも自動的に適用するには、テーブルの《プロパティシート》で設定します。

次の操作を行いましょう。

(1) テーブル「T受付状況」の「振込確認」フィールドがオフのレコードを抽出してください。また、フィルターが既存のレコードだけでなく、今後入力する新規のレコードにも適用されるように設定します。

(1)

①ナビゲーションウィンドウのテーブル**「T受付状況」**をダブルクリックします。

②テーブルがデータシートビューで表示されます。

③**「振込確認」**フィールドの▼をクリックします。

④**《Yes》**を□にします。

※「No」だけが☑になります。

⑤**《OK》**をクリックします。

⑥振込確認がオフのレコードが抽出されます。

※32件のレコードが抽出されます。

⑦**《ホーム》**タブ→**《表示》**グループの（表示）をクリックします。

⑧テーブルがデザインビューで表示されます。

⑨**《デザイン》**タブ→**《表示/非表示》**グループの（プロパティシート）をクリックします。

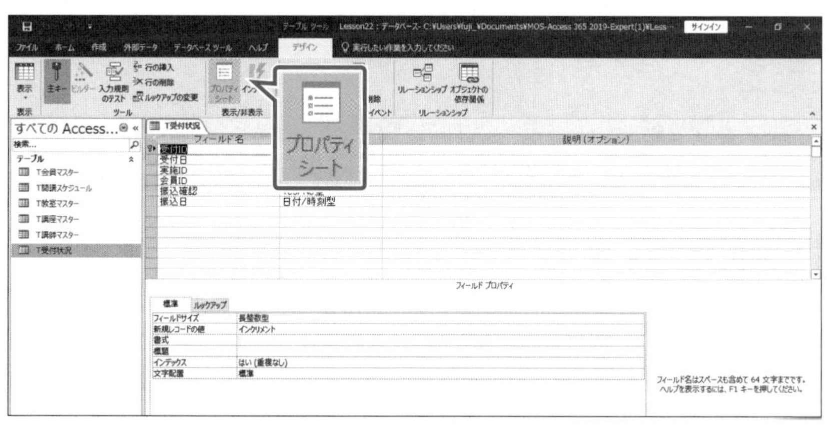

⑩**《プロパティシート》**が表示されます。

⑪**《読み込み時にフィルターを適用》**プロパティをクリックします。

⑫▼をクリックし、一覧から**《はい》**を選択します。

※《プロパティシート》を閉じておきましょう。

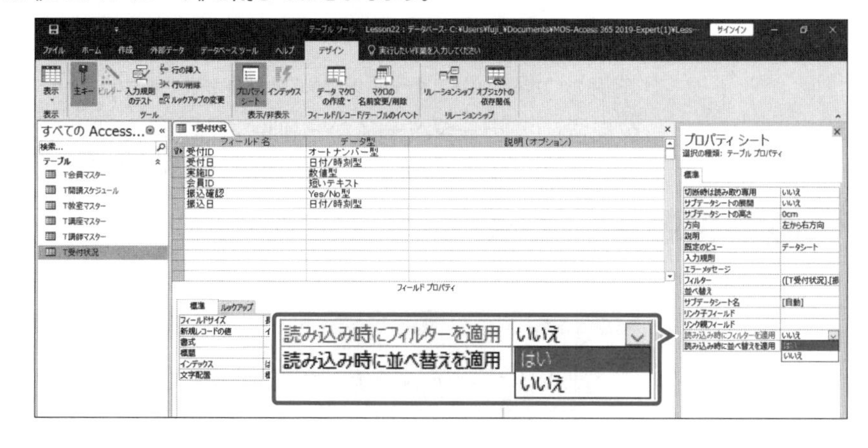

Point

《読み込み時にフィルターを適用》プロパティ

テーブルを開くときに、設定した抽出条件を新規のレコードにも自動的に適用するかどうかを設定できます。

2-4 フィールドを作成する、変更する

理解度チェック

習得すべき機能	参照Lesson	学習前	学習後	試験直前
■フィールドを追加できる。	➡Lesson23	☑	☑	☑
■フィールドを削除できる。	➡Lesson24	☑	☑	☑
■《入力規則》プロパティを設定できる。	➡Lesson25 ➡Lesson26	☑	☑	☑
■《標題》プロパティを設定できる。	➡Lesson27	☑	☑	☑
■フィールドサイズを変更できる。	➡Lesson28	☑	☑	☑
■フィールドのデータ型を変更できる。	➡Lesson29	☑	☑	☑
■《書式》プロパティを設定できる。	➡Lesson30	☑	☑	☑
■《値要求》プロパティを設定できる。	➡Lesson30	☑	☑	☑
■《空文字列の許可》プロパティを設定できる。	➡Lesson30	☑	☑	☑
■《インデックス》プロパティを設定できる。	➡Lesson30	☑	☑	☑
■フィールドをオートナンバー型に設定できる。	➡Lesson31	☑	☑	☑
■《既定値》プロパティを設定できる。	➡Lesson32	☑	☑	☑
■《定型入力》プロパティを設定できる。	➡Lesson33 ➡Lesson34	☑	☑	☑

2-4-1 テーブルにフィールドを追加する、削除する

解説

■フィールドの追加

フィールドは、テーブルに行を挿入して既存のフィールドの間に追加したり、テーブルの最終行に追加したりできます。

2019 365 ◆テーブルをデザインビューで表示→《デザイン》タブ→《ツール》グループの 行の挿入 (行の挿入)

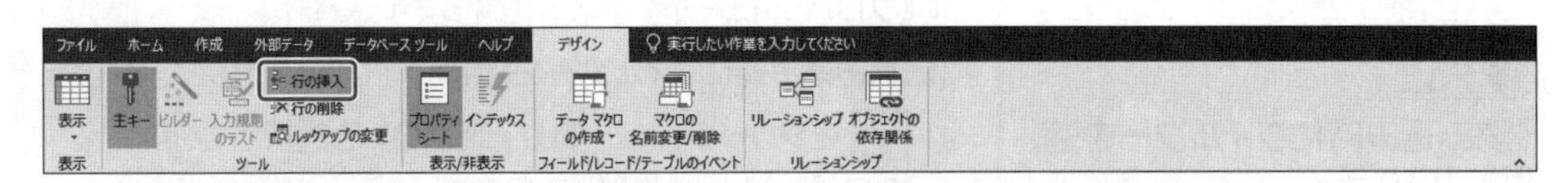

■フィールドの削除

不要なフィールドは、あとから削除できます。テーブルのフィールドを削除すると、データを含めてデータベースから削除され、ほかのオブジェクトから参照できなくなります。そのため、リレーションシップの参照整合性を設定しているフィールドは削除できません。

2019 365 ◆テーブルをデザインビューで表示→《デザイン》タブ→《ツール》グループの 行の削除 (行の削除)

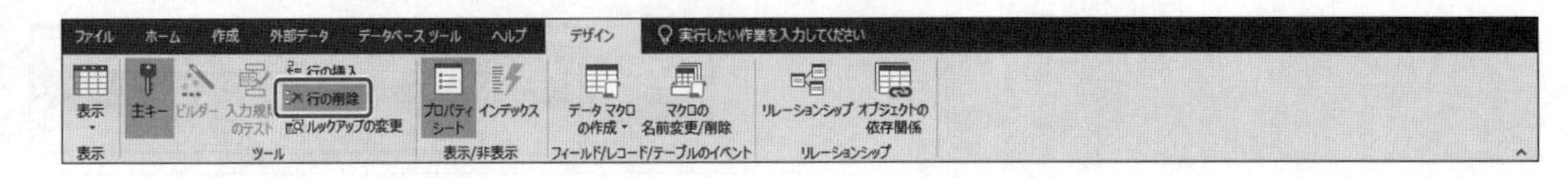

Lesson 23

データベース「Lesson23」を開いておきましょう。

次の操作を行いましょう。

(1) テーブル「T会員マスター」の「入会年月日」と「住所」フィールドの間に「郵便番号」フィールドを追加してください。その他の設定は既定のままとします。

(2) テーブル「T会員マスター」の最後に「電話番号」フィールドを追加してください。その他の設定は既定のままとします。

Lesson 23 Answer

(1)

①ナビゲーションウィンドウのテーブル**「T会員マスター」**を右クリックします。

②**《デザインビュー》**をクリックします。

③テーブルがデザインビューで表示されます。

④**「住所」**フィールドの行セレクターをクリックします。

⑤**《デザイン》**タブ→**《ツール》**グループの 行の挿入 (行の挿入)をクリックします。

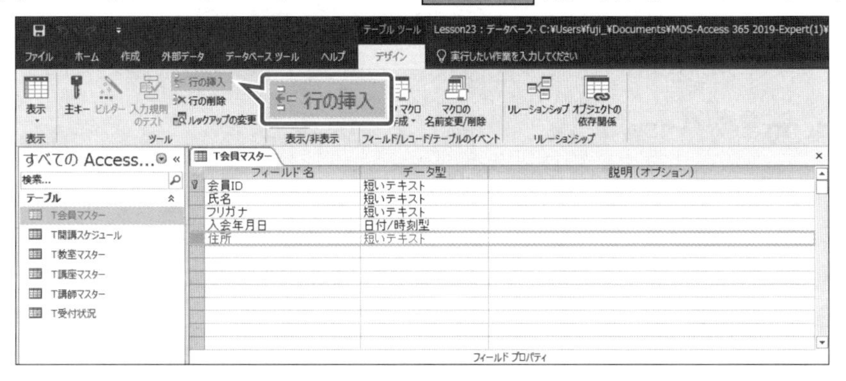

⑥選択したフィールドの上に行が挿入されます。

⑦挿入した行の**《フィールド名》**のセルに**「郵便番号」**と入力します。

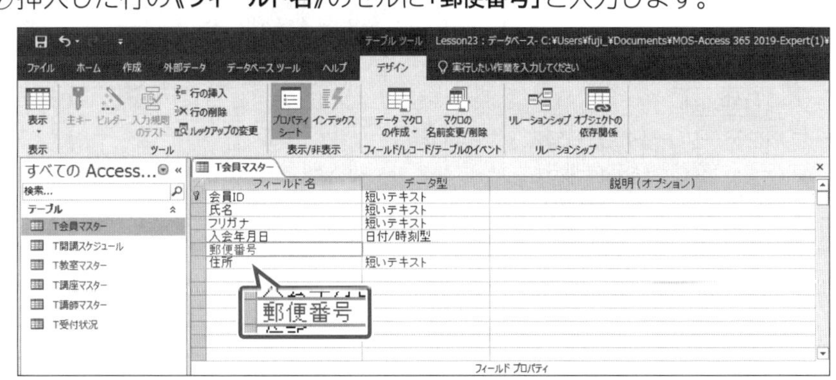

その他の方法

フィールドの追加

2019 365

◆テーブルをデザインビューで表示→フィールドを右クリック→《行の挿入》

◆テーブルをデータシートビューで表示→フィールド名を右クリック→《フィールドの挿入》

Point

フィールド名の付け方

フィールド名は、全角または半角64文字以内で指定します。
また、次の記号(半角)と、フィールド名の先頭にはスペースを含めることはできません。

. (ピリオド)
! (感嘆符)
[ ] (角カッコ)
` (アクセント記号)

Point

フィールド名の変更

2019 365

◆テーブルをデザインビューで表示→《フィールド名》のセルを修正

(2)

①テーブル「**T会員マスター**」がデザインビューで開かれていることを確認します。

②7行目の《**フィールド名**》のセルに「**電話番号**」と入力します。

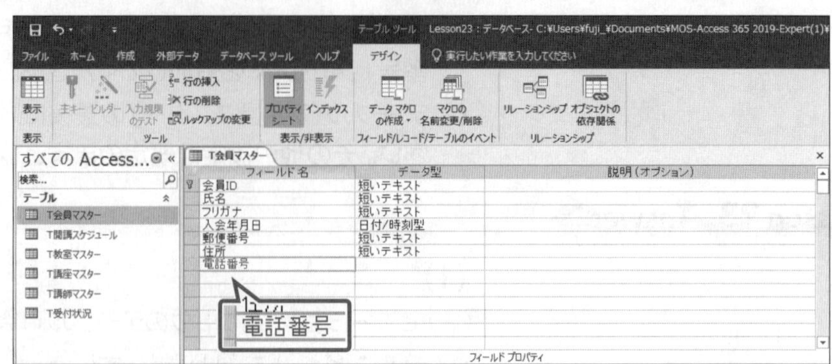

その他の方法

テーブルの最後にフィールドを追加

2019 365

◆テーブルをデータシートビューで表示→《クリックして追加》→データ型を選択→フィールド名を入力

Lesson 24

データベース「Lesson24」を開いておきましょう。

次の操作を行いましょう。

(1) テーブル「T会員マスター」の「電話番号」フィールドを削除してください。

Lesson 24 Answer

(1)

①ナビゲーションウィンドウのテーブル「**T会員マスター**」を右クリックします。

②《**デザインビュー**》をクリックします。

③テーブルがデザインビューで表示されます。

④「**電話番号**」フィールドの行セレクターをクリックします。

⑤《**デザイン**》タブ→《**ツール**》グループの **行の削除** (行の削除)をクリックします。

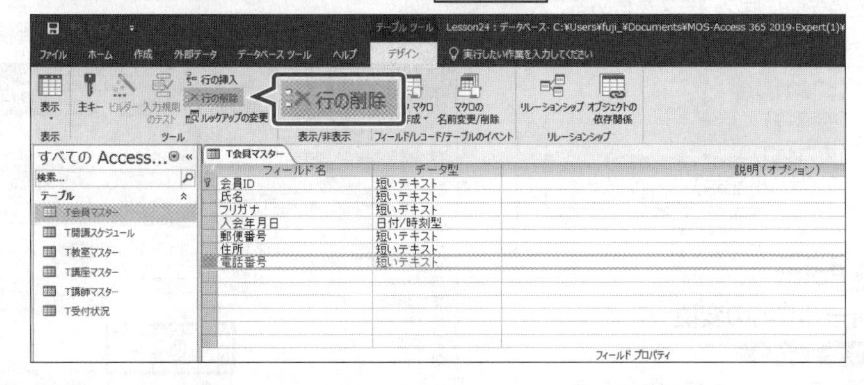

⑥メッセージを確認し、《**はい**》をクリックします。

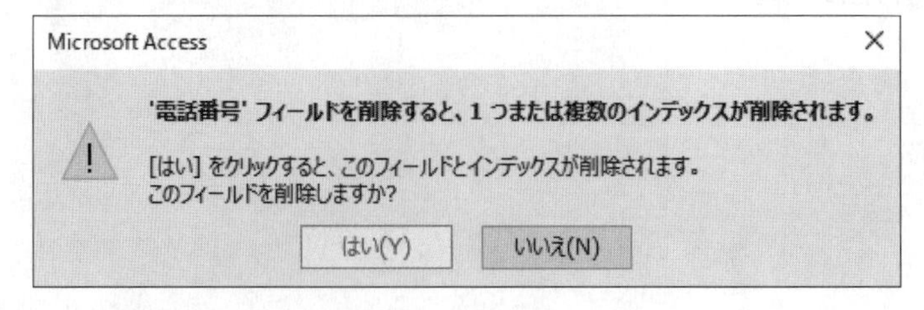
Microsoft Access

'電話番号' フィールドを削除すると、1 つまたは複数のインデックスが削除されます。

[はい] をクリックすると、このフィールドとインデックスが削除されます。
このフィールドを削除しますか?

はい(Y)　いいえ(N)

⑦フィールドが削除されます。

その他の方法

フィールドの削除

2019 365

◆テーブルをデザインビューで表示→フィールドを右クリック→《行の削除》

◆テーブルをデザインビューで表示→フィールドの行セレクターをクリック→Delete

◆テーブルをデータシートビューで表示→フィールドを選択→《フィールド》タブ→《追加と削除》グループの (削除)

◆テーブルをデータシートビューで表示→フィールド名を右クリック→《フィールドの削除》

Point

インデックスの削除

インデックスが設定されているフィールドを削除すると、インデックスも削除されるため、確認のメッセージが表示されます。インデックスが設定されていないフィールドを削除する場合は、メッセージは表示されません。

※インデックスについては、P.87を参照してください。

2-4-2 フィールドに入力規則を追加する

解説

■入力規則の設定

「入力規則」とは、フィールドに入力するデータを制限する規則のことです。
入力規則を設定すると、数量に10以上の値しか入力できないようにしたり、サイズにS、M、Lしか入力できないように制限したりできます。入力規則には、数値や文字だけでなく、計算式や関数を指定したり、演算子を使って指定したりすることもできます。
よく使う演算子や関数には、次のようなものがあります。

演算子／関数	意味	設定例
=	等しい	=2 ="東京都"
<>	等しくない	<>2 <>"学生"
>	～より大きい	>10 >Date()
<	～より小さい	<5 <#2021/12/31#
>=	～以上	>=10 >=Date()+10 [終了日]>=[開始日]
<=	～以下	<=5
And	～かつ～	>5 And <=10
Or	～または～	"Male" Or "Female"
Between And	～から～の間	Between #2021/11/01# And #2021/11/30#
Not	等しくない	Not 2 Not <10 Not "学生"
In	～または～	In("Male","Female")
Is Null	空白	Is Null
Len	文字列内の文字数	Len([住所])<50

※文字を指定する場合は、「"」で囲みます。
※日付を指定する場合は、「#」で囲みます。
※フィールド名を指定する場合は、「[ ]」で囲みます。

2019 365 ◆テーブルをデザインビューで表示→《フィールドプロパティ》の《標準》タブ→《入力規則》プロパティ

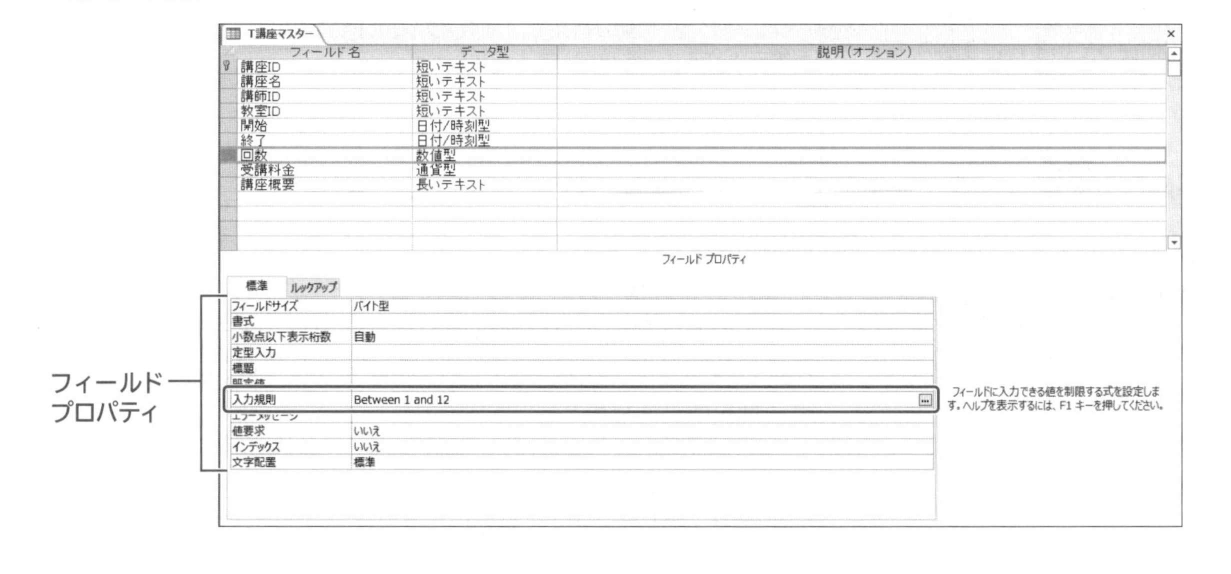

Lesson 25

 データベース「Lesson25」を開いておきましょう。

次の操作を行いましょう。

(1) テーブル「T講座マスター」の「回数」フィールドに、1から12までのデータしか入力できないように設定してください。

Lesson 25 Answer

(1)

①ナビゲーションウィンドウのテーブル**「T講座マスター」**を右クリックします。

②**《デザインビュー》**をクリックします。

③テーブルがデザインビューで表示されます。

④**「回数」**フィールドの行セレクターをクリックします。

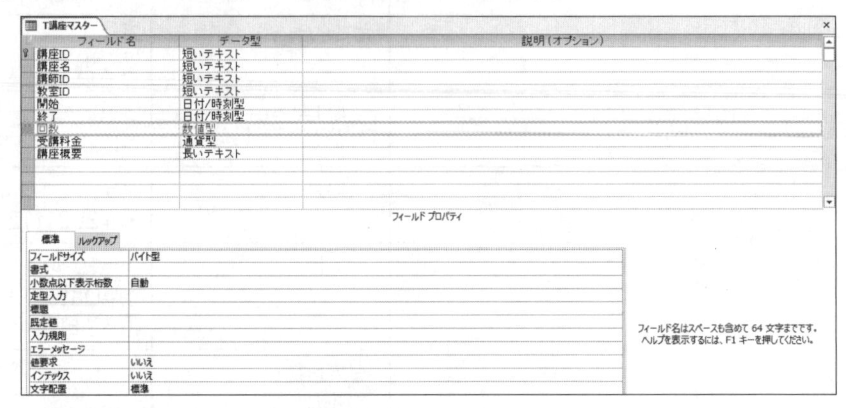

⑤**《フィールドプロパティ》**の**《標準》**タブを選択します。

⑥**《入力規則》**プロパティに**「Between␣1␣And␣12」**と入力します。

※半角で入力します。␣は半角空白を表します。

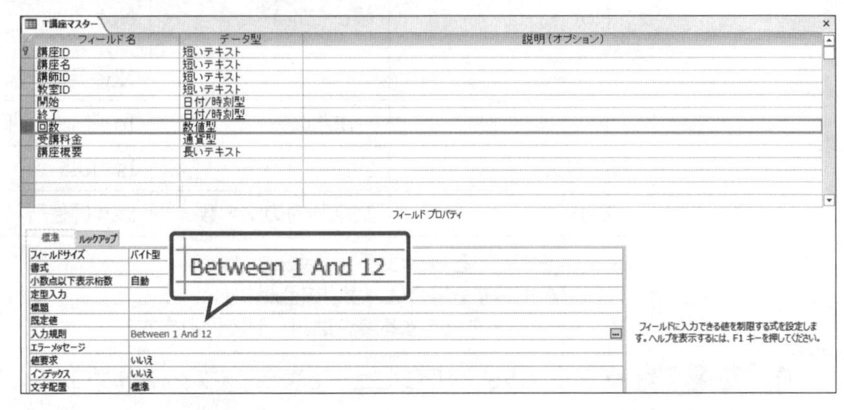

※データシートビューに切り替えて、「回数」フィールドに12より大きい数値を入力し、メッセージが表示されることを確認しておきましょう。

その他の方法

入力規則の設定

2019 365

◆テーブルをデータシートビューで表示→フィールドを選択→《フィールド》タブ→《フィールドの入力規則》グループの（検証）→《フィールドの入力規則》

Point

フィールドプロパティ

「フィールドプロパティ」とは、フィールドサイズや書式などのフィールドの属性のことです。

データ型によって、設定できるフィールドプロパティは異なります。フィールドプロパティを設定すると、入力ミスを軽減したり、データの書式を変更したりできます。

Point

フィールドプロパティの説明

フィールドプロパティをクリックすると、右側にそれぞれの説明が表示されます。

Point

入力規則設定時の注意点

入力規則は、基本的にデータを入力する前に設定しておきます。データ入力後に設定しても、入力済みのセルの値を制限することはできません。

また、すでにデータが入力されているテーブルに入力規則を設定した場合は、データシートビューに切り替えたり保存したりすると既存のデータが入力規則に従っているかどうかのメッセージが表示されます。

Lesson 26

 データベース「Lesson26」を開いておきましょう。

次の操作を行いましょう。

(1) テーブル「T講座マスター」の「講座名」フィールドに、30文字以内のデータしか入力できないように設定してください。30文字より多い文字列が入力された場合は「30文字以内で入力してください」というメッセージが表示されるようにします。

(2) テーブル「T講師マスター」の「講師ID」フィールドに、3文字のデータしか入力できないように設定してください。3文字以外の文字列が入力された場合は「3文字で入力してください」というメッセージが表示されるようにします。

Hint

入力規則に合わない値が入力されたときに表示するメッセージを設定するには、《エラーメッセージ》プロパティを使います。

(1)

①ナビゲーションウィンドウのテーブル**「T講座マスター」**を右クリックします。

②**《デザインビュー》**をクリックします。

③テーブルがデザインビューで表示されます。

④**「講座名」**フィールドの行セレクターをクリックします。

⑤**《フィールドプロパティ》**の**《標準》**タブを選択します。

⑥**《入力規則》**プロパティに**「Len([講座名])<=30」**と入力します。

※英字と記号は、半角で入力します。

⑦**《エラーメッセージ》**プロパティに**「30文字以内で入力してください」**と入力します。

⑧入力規則とエラーメッセージが設定されます。

※データシートビューに切り替えて、「講座名」フィールドに30文字より多い文字列を入力し、エラーメッセージが表示されることを確認しておきましょう。

Point

Len関数

文字列の長さ(文字数)を求めます。半角と全角の区別はなく、1文字を1として数えます。

Point

入力のキャンセル

データシートビューで入力中のデータをキャンセルするには、Escを押します。

(2)

①ナビゲーションウィンドウのテーブル**「T講師マスター」**を右クリックします。

②**《デザインビュー》**をクリックします。

③テーブルがデザインビューで表示されます。

④**「講師ID」**フィールドの行セレクターをクリックします。

⑤**《フィールドプロパティ》**の**《標準》**タブを選択します。

⑥**《入力規則》**プロパティに**「Len([講師ID])=3」**と入力します。

※英字と記号は、半角で入力します。

⑦**《エラーメッセージ》**プロパティに**「3文字で入力してください」**と入力します。

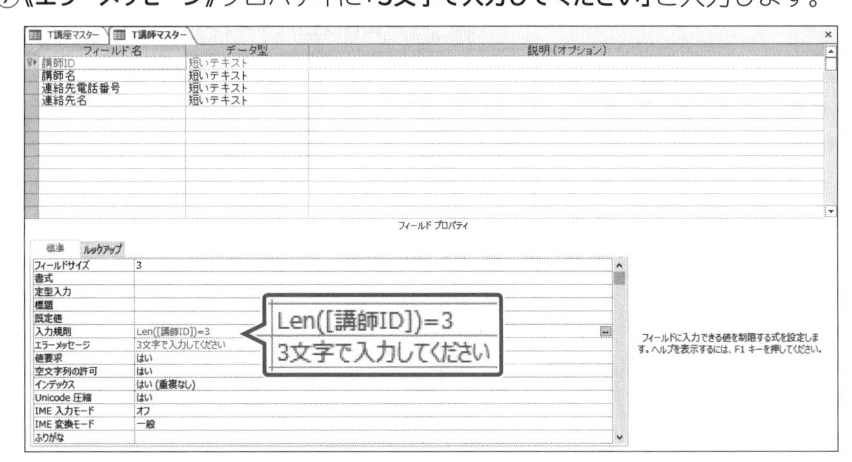

⑧入力規則とエラーメッセージが設定されます。

※データシートビューに切り替えて、「講師ID」フィールドに3文字以外の文字列を入力し、エラーメッセージが表示されることを確認しておきましょう。

Point

エラーメッセージ

入力規則と組み合わせて、《エラーメッセージ》プロパティを設定すると、入力規則に反するデータが入力されたときにメッセージを表示できます。

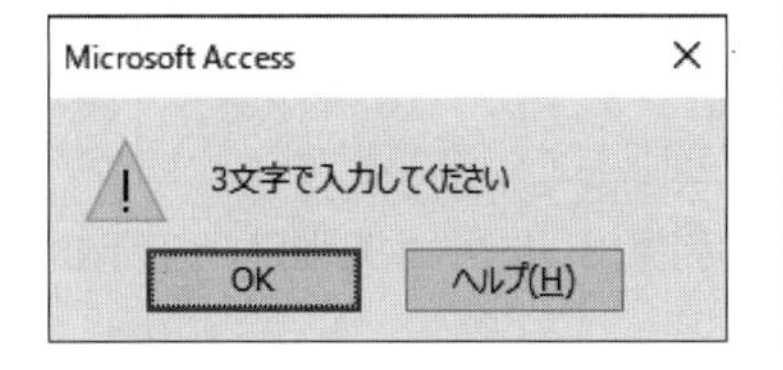

2-4-3 フィールドの標題を変更する

 解説 ■フィールドの標題の変更

データシートビューの列見出しには、テーブルを作成したときに設定したフィールド名が表示されます。フィールド名がわかりにくいような場合には、フィールドに**「標題」**を設定すると、データシートビューの列見出しや、フォームやレポートのラベルに、フィールド名と異なる文字を表示できます。

2019 365 ◆テーブルをデザインビューで表示→《フィールドプロパティ》の《標準》タブ→《標題》プロパティ

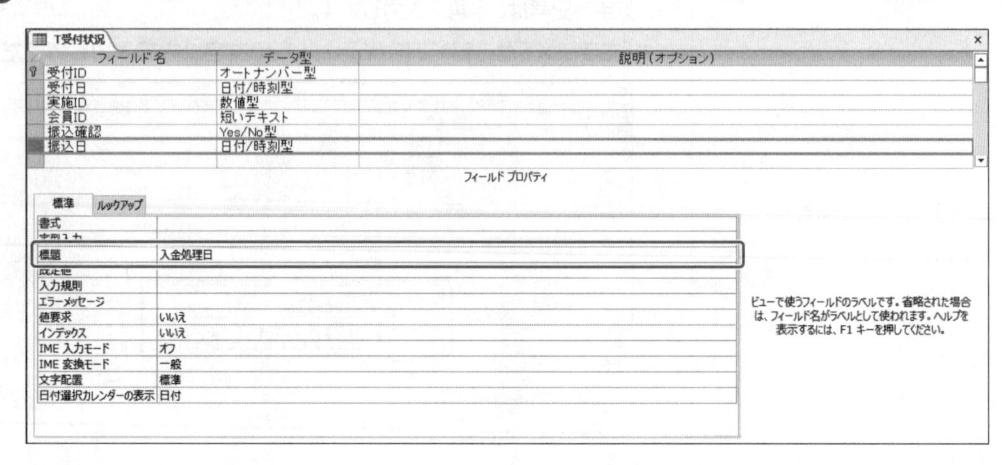

Lesson 27

 データベース「Lesson27」を開いておきましょう。

次の操作を行いましょう。

(1) テーブル「T受付状況」の「振込日」フィールドの標題を「入金処理日」に設定してください。

Lesson 27 Answer

(1)

①ナビゲーションウィンドウのテーブル**「T受付状況」**を右クリックします。

②**《デザインビュー》**をクリックします。

③テーブルがデザインビューで表示されます。

④**「振込日」**フィールドの行セレクターをクリックします。

⑤**《フィールドプロパティ》**の**《標準》**タブを選択します。

⑥**《標題》**プロパティに**「入金処理日」**と入力します。

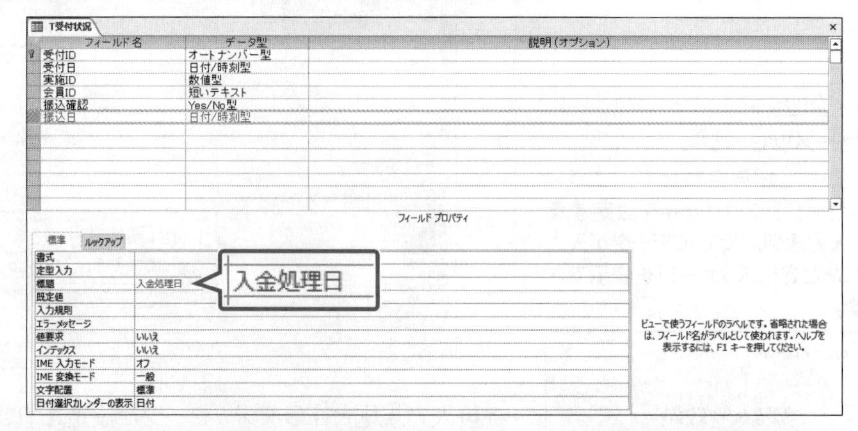

※データシートビューに切り替えて、「振込日」フィールドの列見出しに「入金処理日」と表示されていることを確認しておきましょう。

標題の変更

2019 365

◆テーブルをデータシートビューで表示→フィールドを選択→《フィールド》タブ→《プロパティ》グループの 名前と標題（名前と標題）→《標題》

2-4-4 フィールドサイズを変更する

■フィールドサイズ

フィールドサイズを設定すると、フィールドに入力できる値の範囲を制限できます。入力するデータに合わせて適切なフィールドサイズを設定することにより、ディスク容量が節約でき、無駄のないテーブルが作成できます。
短いテキストのフィールドサイズは最大文字数を考えて設定します。数値型のフィールドサイズは、数値の範囲だけでなく、数値の精度にも影響します。
短いテキストと数値型のフィールドに設定できるフィールドサイズは、次のとおりです。

データ型		フィールドサイズ
短いテキスト		最大255文字
数値型	バイト型	0から255の範囲 小数点以下の数値は扱えない
	整数型	-32,768から32,767の範囲 小数点以下の数値は扱えない
	長整数型	-2,147,483,648から2,147,483,647の範囲 小数点以下の数値は扱えない
	単精度浮動小数点型	-3.4×10^{38}から3.4×10^{38}の範囲
	倍精度浮動小数点型	-1.797×10^{308}から1.797×10^{308}の範囲
	レプリケーションID型	日付と時刻などから一意に生成される整数 （グローバル一意識別子（GUID））
	十進型	$-9.999\cdots\times10^{27}$から$9.999\cdots\times10^{27}$の範囲 小数点以下の数値が扱える

■フィールドサイズの変更

フィールドサイズの初期の設定は、短いテキストは**「255」**、数値型は**「長整数型」**です。
フィールドサイズはあとから変更することができますが、入力済みのデータよりも小さいフィールドサイズに変更すると、変更後のフィールドサイズを超えるデータは削除されてしまいます。すでに入力済みのデータがある場合は、フィールドサイズを変更する前に最長データを確認するとよいでしょう。

2019 365 ◆テーブルをデザインビューで表示→《フィールドプロパティ》の《標準》タブ→《フィールドサイズ》プロパティ

T講座マスター

フィールド名	データ型	説明（オプション）
講座ID	短いテキスト	
講座名	短いテキスト	
講師ID	短いテキスト	
教室ID	短いテキスト	
開始	日付/時刻型	
終了	日付/時刻型	
回数	数値型	
受講料金	通貨型	
講座概要	長いテキスト	

フィールド プロパティ

標準　ルックアップ

フィールドサイズ	20
書式	
定型入力	
標題	
既定値	
入力規則	
エラーメッセージ	
値要求	いいえ
空文字列の許可	はい
インデックス	いいえ
Unicode 圧縮	はい
IME 入力モード	オン
IME 変換モード	一般
ふりがな	

フィールドに入力できる最大文字数です。最大 255 文字まで設定できます。ヘルプを表示するには、F1 キーを押してください。

Lesson 28

データベース「Lesson28」を開いておきましょう。

次の操作を行いましょう。

(1) テーブル「T講座マスター」の「講座名」フィールドのフィールドサイズを「20」に変更してください。

(2) テーブル「T講座マスター」の「回数」フィールドのフィールドサイズを「バイト型」に変更してください。

Lesson 28 Answer

その他の方法

フィールドサイズの変更

2019　365

◆テーブルをデータシートビューで表示→フィールドを選択→《フィールド》タブ→《プロパティ》グループの《フィールドサイズ》

※データシートビューで設定できるのは、短いテキストのフィールドサイズだけです。

Point

保存時のメッセージ

テーブルにデータが入力されている場合、入力済みのデータよりもフィールドサイズを小さくして保存すると、「一部のデータが失われる可能性があります。」というメッセージが表示されます。

設定したフィールドサイズより大きいデータは、データの一部が削除されます。

(1)

①ナビゲーションウィンドウのテーブル**「T講座マスター」**を右クリックします。

②**《デザインビュー》**をクリックします。

③テーブルがデザインビューで表示されます。

④**「講座名」**フィールドの行セレクターをクリックします。

⑤**《フィールドプロパティ》**の**《標準》**タブを選択します。

⑥**《フィールドサイズ》**プロパティに**「20」**と入力します。

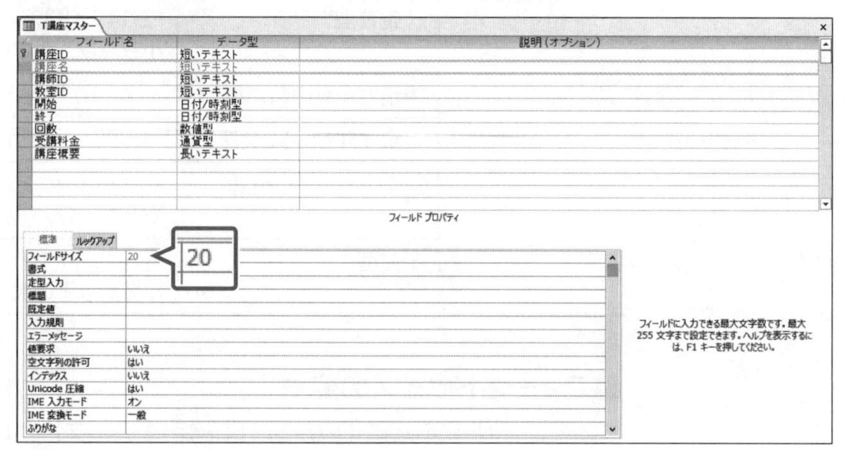

⑦フィールドサイズが変更されます。

(2)

①テーブル**「T講座マスター」**がデザインビューで表示されていることを確認します。

②**「回数」**フィールドの行セレクターをクリックします。

③**《フィールドプロパティ》**の**《標準》**タブを選択します。

④**《フィールドサイズ》**プロパティをクリックします。

⑤ ⌄ をクリックし、一覧から**《バイト型》**を選択します。

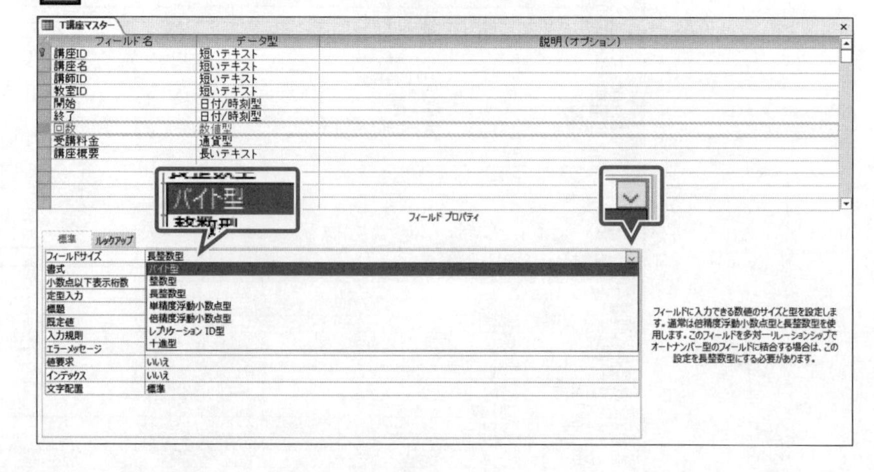

⑥フィールドサイズが変更されます。

2-4-5 フィールドのデータ型を変更する

解説

■フィールドのデータ型

新しいフィールドを設定するには、フィールド名と一緒に**「データ型」**を設定します。データ型には、フィールドに格納するデータの種類を設定します。データに合わせて適切なデータ型を設定すると、データを正確に入力できるだけでなく、検索や並べ替えの速度が向上します。
データ型には、主に次のような種類があります。

データ型	説明
短いテキスト	文字（計算対象にならない郵便番号などの数字を含む）に使用する
長いテキスト	長文、または書式を設定している文字に使用する
数値型	数値（整数、小数を含む）に使用する
日付/時刻型	日付と時刻に使用する
通貨型	金額に使用する
オートナンバー型	自動的に連番を付ける場合に使用する
Yes/No型	二者択一の場合に使用する
OLEオブジェクト型	ExcelブックやWord文書、音声、画像などのWindowsオブジェクトに使用する
ハイパーリンク型	ホームページのアドレス、メールアドレス、ファイルへのリンクに使用する
添付ファイル	画像やOffice製品で作成したファイルを添付する場合に使用する
集計	同じテーブル内のほかのフィールドをもとに集計する場合に使用する
ルックアップウィザード	別のテーブルに格納されている値を参照する場合に使用する

※お使いの環境によっては、《大きい数値》《拡張した日付/時刻》なども表示される場合があります。

■データ型の変更

初期の設定では、フィールドのデータ型は**「短いテキスト」**に設定されていますが、あとから変更することもできます。しかし、すでにデータが入力されているフィールドのデータ型を変更すると、変更後のデータ型に適していないデータは削除されてしまうため、データ型を変更するときには、バックアップしてから操作するなど、注意しましょう。

2019 365 ◆テーブルをデザインビューで表示→フィールドの《データ型》の

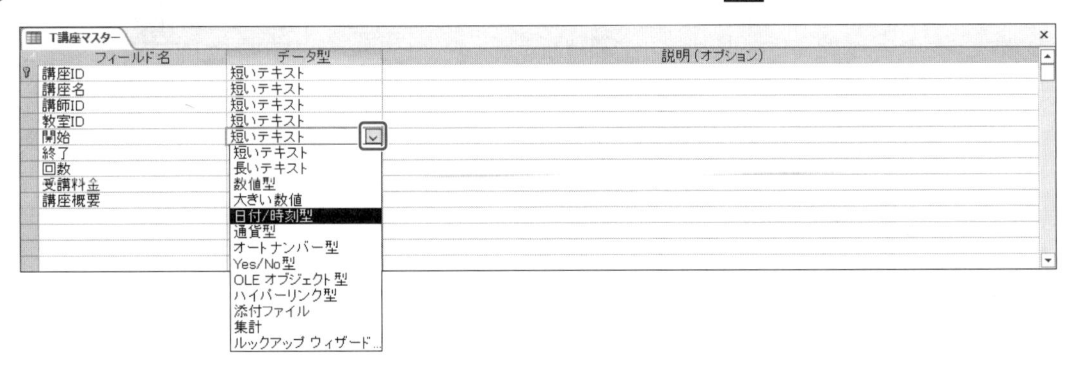

Lesson 29

データベース「Lesson29」を開いておきましょう。

次の操作を行いましょう。

(1) テーブル「T講座マスター」の「開始」フィールドと「終了」フィールドのデータ型を「日付/時刻型」に変更してください。

(2) テーブル「T講座マスター」の「回数」フィールドのデータ型を「数値型」に変更してください。

(3) テーブル「T講座マスター」の「受講料金」フィールドのデータ型を「通貨型」に変更してください。

(4) テーブル「T講座マスター」の「講座概要」フィールドのデータ型を「長いテキスト」に変更してください。

Lesson 29 Answer

(1)

①ナビゲーションウィンドウのテーブル**「T講座マスター」**を右クリックします。

②**《デザインビュー》**をクリックします。

③テーブルがデザインビューで表示されます。

④**「開始」**フィールドの**《データ型》**のセルをクリックします。

⑤ [▼] をクリックし、一覧から**《日付/時刻型》**を選択します。

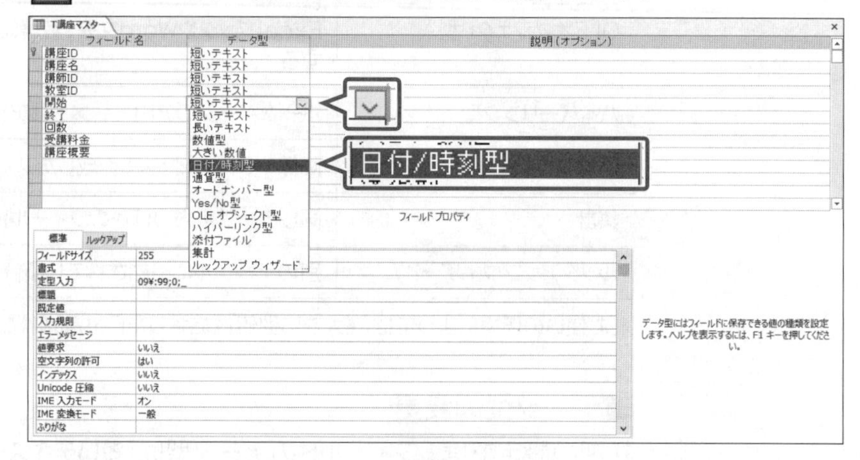

⑥データ型が変更されます。

⑦同様に、**「終了」**フィールドのデータ型を**「日付/時刻型」**に変更します。

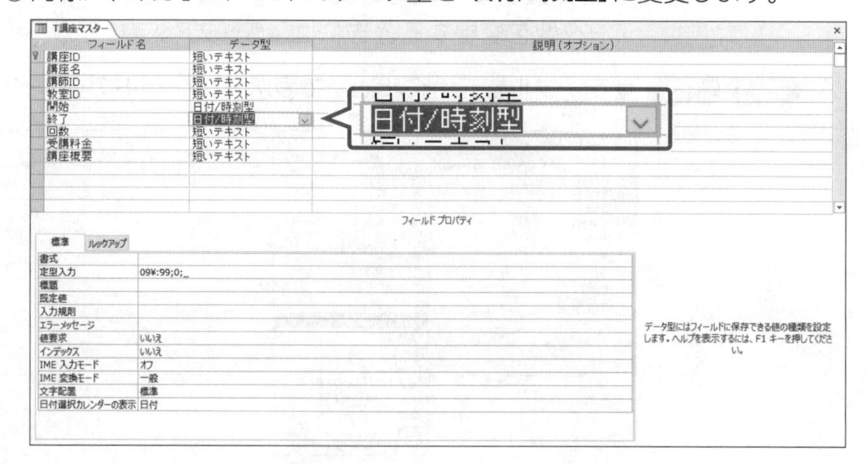

その他の方法

データ型の変更

2019 365

◆テーブルをデータシートビューで表示→フィールドを選択→《フィールド》タブ→《表示形式》グループの 短いテキスト [▼] (データ型)の [▼]

Point

データ型の初期値の変更

2019 365

◆《ファイル》タブ→《オプション》→左の一覧から《オブジェクトデザイナー》を選択→《テーブルデザインビュー》の《既定のデータ型》

※お使いの環境によっては、《オプション》が表示されていない場合があります。その場合は、《その他》→《オプション》をクリックします。

Point

フィールドの説明

デザインビューの《説明(オプション)》に、フィールドに関する説明文を入力できます。入力した説明文は、データシートビューやフォームでフィールドを選択したときにステータスバーに表示されます。

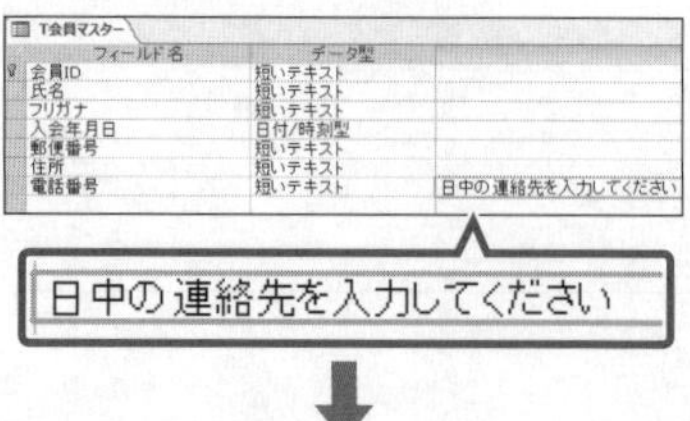

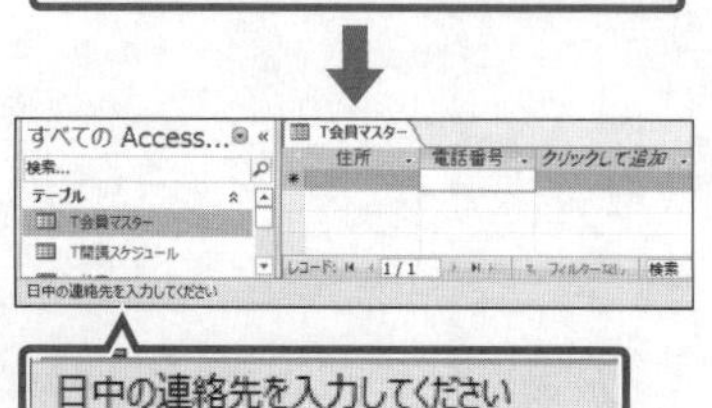

(2)

①テーブル「**T講座マスター**」がデザインビューで表示されていることを確認します。

②「**回数**」フィールドの《**データ型**》のセルをクリックします。

③ [⌄] をクリックし、一覧から《**数値型**》を選択します。

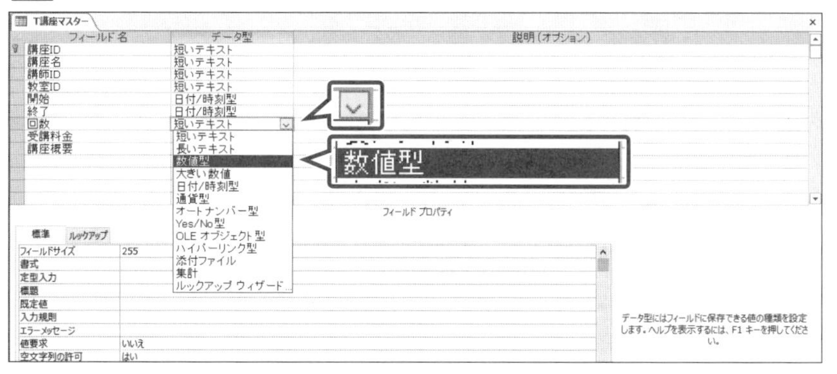

④データ型が変更されます。

> **Point**
> **数値型と通貨型**
> 小数や整数を含め計算に使われる数値には、数値型を設定します。数値でも金額計算のように誤差なく計算を行う必要がある場合には、通貨型を設定します。

(3)

①テーブル「**T講座マスター**」がデザインビューで表示されていることを確認します。

②「**受講料金**」フィールドの《**データ型**》のセルをクリックします。

③ [⌄] をクリックし、一覧から《**通貨型**》を選択します。

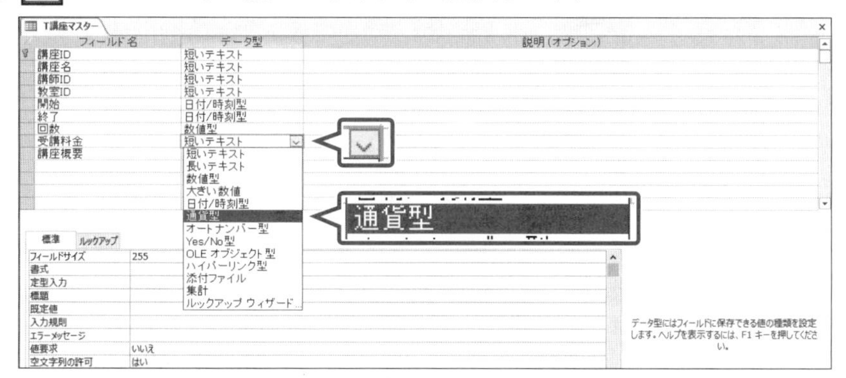

④データ型が変更されます。

(4)

①テーブル「**T講座マスター**」がデザインビューで表示されていることを確認します。

②「**講座概要**」フィールドの《**データ型**》のセルをクリックします。

③ [⌄] をクリックし、一覧から《**長いテキスト**》を選択します。

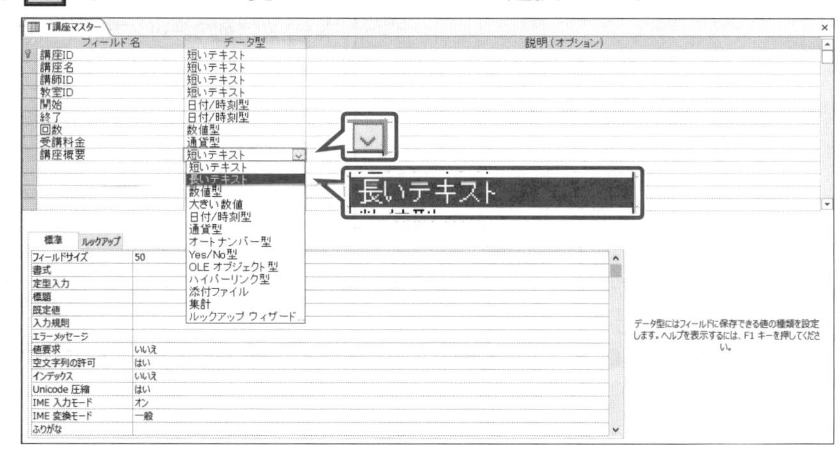

④データ型が変更されます。

> **Point**
> **短いテキストと長いテキスト**
> 255文字以内の文字や数字を入力する場合は、データ型を「短いテキスト」にします。それ以上の文字を扱う場合は、データ型を「長いテキスト」にします。長いテキストは最大1GBの文字を格納でき、書式を設定している文字を扱うことができます。

解 説

■そのほかのフィールドプロパティ

データ型を設定した際に、よく使われるフィールドプロパティには、次のようなものがあります。データ型によって、設定できるフィールドプロパティは異なります。

データ型が「短いテキスト」

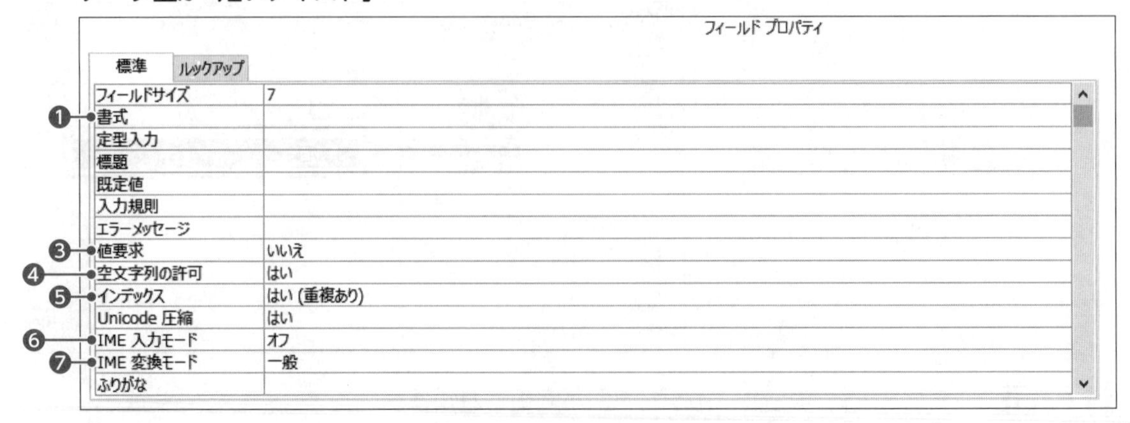

データ型が「数値型」

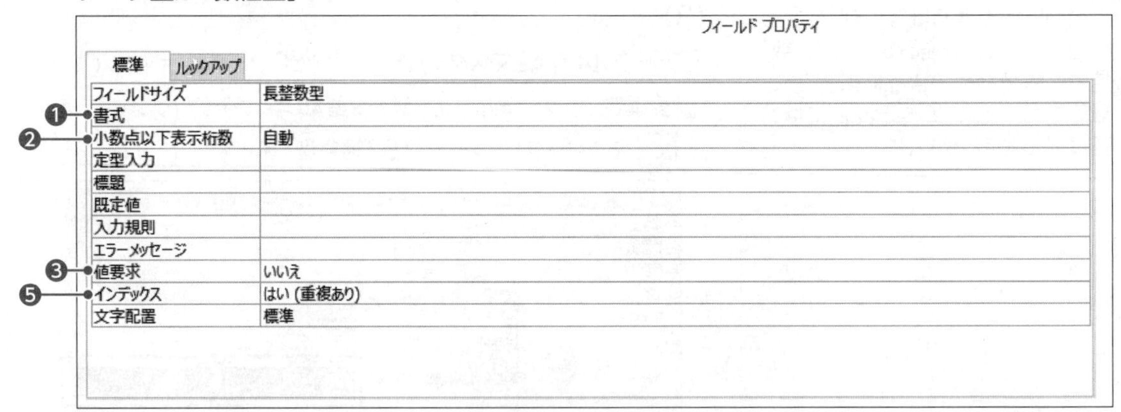

フィールドプロパティ	説明
❶書式	データを表示する書式を設定できる。データ型に応じて、いくつかのパターンが用意されており、自動で設定される書式以外のものにも変更できる。 また、独自の書式(カスタム書式)を設定することもできる。
❷小数点以下表示桁数	小数点以下の表示桁数を設定できる。
❸値要求	データ入力が必須かどうかを設定できる。《はい》に設定しておくと、データ入力が省略された際にエラーメッセージが表示されるため、データの入力漏れを防止できる。
❹空文字列の許可	空文字列の入力を許可するかどうかを設定できる。 ※《空文字列の許可》プロパティは、データ型が「短いテキスト」「長いテキスト」「ハイパーリンク型」のフィールドに設定できる。
❺インデックス	フィールドをインデックスとして使うかどうかを設定できる。インデックスを使うと、並べ替えや検索が高速に処理できる。
❻IME入力モード	データ入力時のIMEの入力モードを設定できる。
❼IME変換モード	データ入力時のIMEの変換モードを設定できる。

2019 365 ◆テーブルをデザインビューで表示→《フィールドプロパティ》の《標準》タブ

Lesson 30

データベース「Lesson30」を開いておきましょう。

次の操作を行いましょう。

(1) テーブル「T受付状況」の「受付日」フィールドと「振込日」フィールドが「〇〇〇〇年〇月〇日」の形式で表示されるように書式を設定してください。

(2) テーブル「T受付状況」の「会員ID」フィールドに必ずデータが入力されるようにし、空文字列が入力できないように設定してください。

(3) テーブル「T講座マスター」の「回数」フィールドが「〇回」と表示されるように書式を設定し、重複ありのインデックスを設定してください。

Lesson 30 Answer

(1)

①ナビゲーションウィンドウのテーブル**「T受付状況」**を右クリックします。

②**《デザインビュー》**をクリックします。

③テーブルがデザインビューで表示されます。

④**「受付日」**フィールドの行セレクターをクリックします。

⑤**《フィールドプロパティ》**の**《標準》**タブを選択します。

⑥**《書式》**プロパティをクリックします。

⑦ [v] をクリックし、一覧から**《日付(L)》**を選択します。

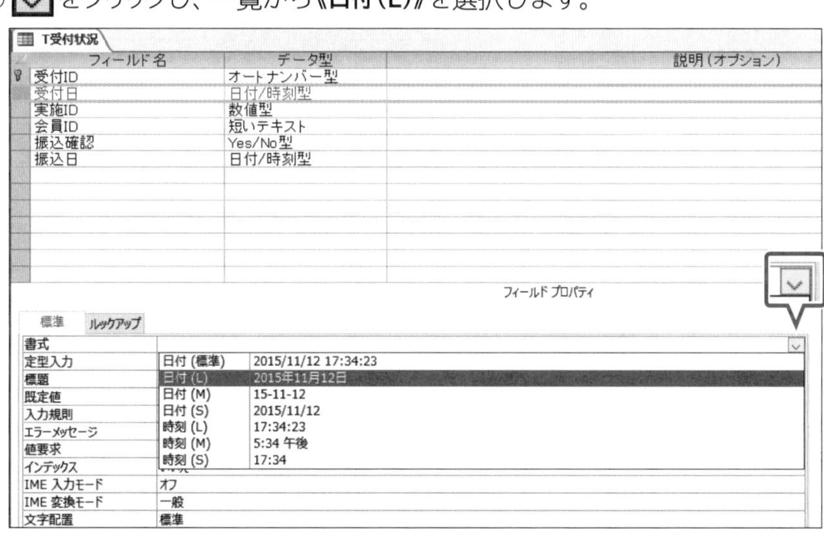

⑧書式が設定されます。

⑨同様に、**「振込日」**フィールドの書式を設定します。

Point

《書式》プロパティ

フィールドプロパティの《書式》プロパティはデータ型によって異なります。主な《書式》プロパティには、次のようなものがあります。

データ型	《書式》プロパティ	表示例
日付/時刻型	日付(標準)	2021/7/1 13:00:00
	日付(L)	2021年7月1日
	日付(M)	21-07-01
	日付(S)	2021/07/01
	時刻(L)	13:00:00
	時刻(M)	1:00 午後
	時刻(S)	13:00
数値型/通貨型	数値	3456.789
	通貨	¥3,457
	ユーロ	€3,456.79
	固定	3456.79
	標準	3,456.79
	パーセント	123.00%
	指数	3.46E+03
Yes/No型	True/False	True
	Yes/No	Yes
	On/Off	On

Point

空文字列とNull値

「空文字列」とは長さ0の文字列のことで、「""」のように「"」を2つ続けて入力します。データが空白の場合、何も入力されていないか、空文字列が入力されているかのどちらかが考えられます。
何も入力されていないことを「Null値」といいます。

Point

《値要求》プロパティと《空文字列の許可》プロパティ

《値要求》プロパティと《空文字列の許可》プロパティを組み合わせると、Null値や空文字列の入力を制御できます。例えば、《値要求》プロパティを《はい》、《空文字列の許可》プロパティを《いいえ》にすると、データ入力も省略できず、空文字列も入力できないので何らかの文字列を必ず入力しなければなりません。
《値要求》プロパティと《空文字列の許可》プロパティの組み合わせは、次のとおりです。

値要求	空文字列の許可	操作	入力される値
いいえ	いいえ	Enter を入力	Null値
		「""」を入力	入力不可
はい	いいえ	Enter を入力	入力不可
		「""」を入力	入力不可
いいえ	はい	Enter を入力	Null値
		「""」を入力	長さ0の文字列
はい	はい	Enter を入力	入力不可
		「""」を入力	長さ0の文字列

(2)

①テーブル**「T受付状況」**がデザインビューで表示されていることを確認します。
②**「会員ID」**フィールドの行セレクターをクリックします。
③**《フィールドプロパティ》**の**《標準》**タブを選択します。
④**《値要求》**プロパティをクリックします。
⑤ をクリックし、一覧から**《はい》**を選択します。

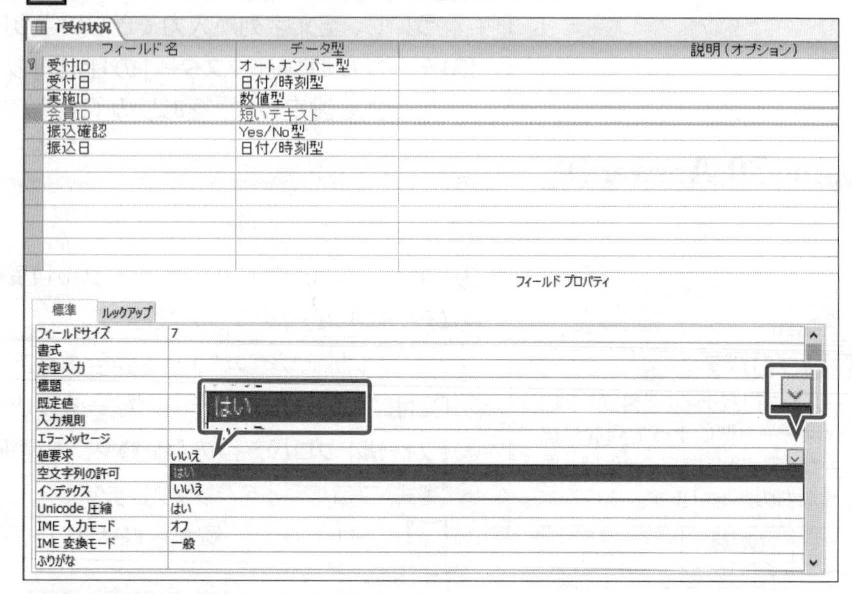

⑥**《空文字列の許可》**プロパティをクリックします。
⑦ をクリックし、一覧から**《いいえ》**を選択します。

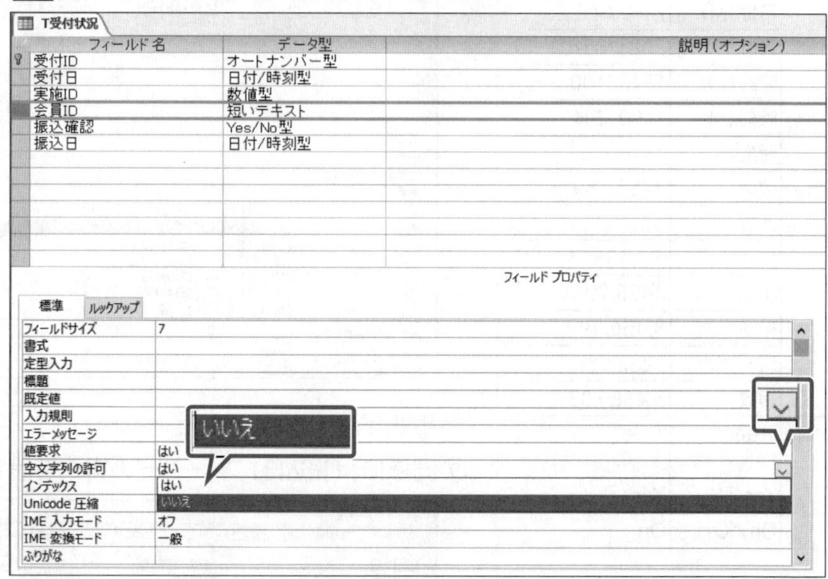

⑧値要求と空文字列の許可が設定されます。

Point

カスタム書式の例

《書式》プロパティ	入力データ	表示結果
0¥歳	28	28歳
	0	0歳
#¥歳	28	28歳
	0	歳 ※0は表示されません。
#,##0	3456	3,456
	-3456	-3,456
@¥様	富士太郎	富士太郎様
@" 様"	富士太郎	富士太郎 様

(3)

①ナビゲーションウィンドウのテーブル**「T講座マスター」**を右クリックします。
②**《デザインビュー》**をクリックします。
③テーブルがデザインビューで表示されます。
④**「回数」**フィールドの行セレクターをクリックします。
⑤**《フィールドプロパティ》**の**《標準》**タブを選択します。
⑥**《書式》**プロパティに**「0回」**と入力します。
※数字は半角で入力します。入力を確定すると、「0¥回」と表示されます。

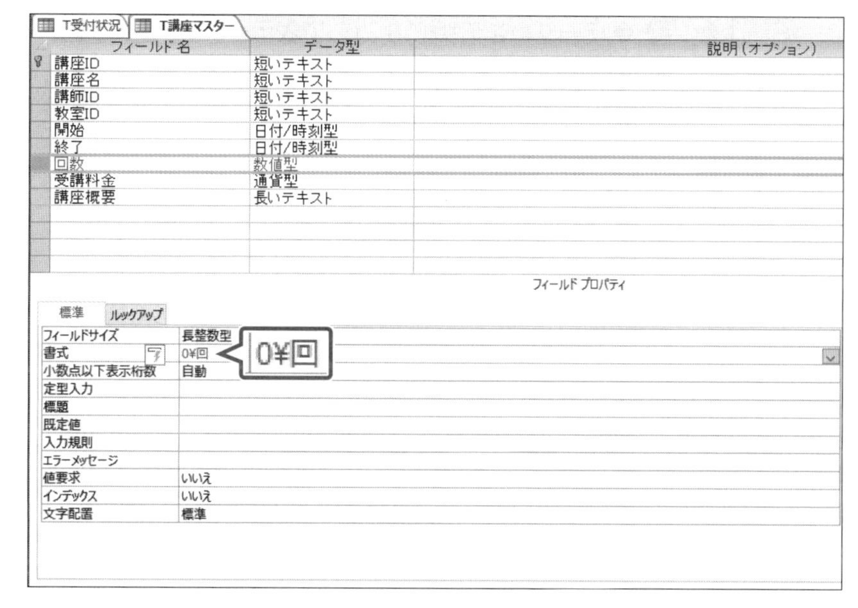

⑦書式が設定されます。
⑧**《インデックス》**プロパティをクリックします。
⑨ をクリックし、一覧から**《はい(重複あり)》**を選択します。

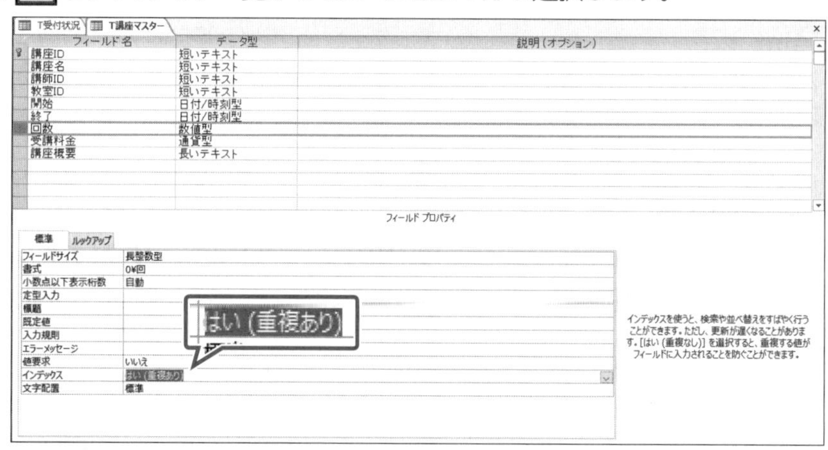

⑩インデックスが設定されます。

求められるスキル
出題範囲1
出題範囲2
出題範囲3
出題範囲4
出題範囲5
確認問題 標準解答

2-4-6 フィールドをオートナンバー型に設定する

 解説

■オートナンバー型の設定

フィールドのデータ型をオートナンバー型に設定すると、レコードの並び順に従って**「1」「2」「3」「4」**…と連番が自動的に割り当てられ、各レコードに固有の値が作成されます。
1つのテーブルに設定できるオートナンバー型のフィールドは1つです。また、すでにデータが入力されている場合はオートナンバー型に変更できません。

2019 365 ◆テーブルをデザインビューで表示→フィールドの《データ型》の［∨］→《オートナンバー型》

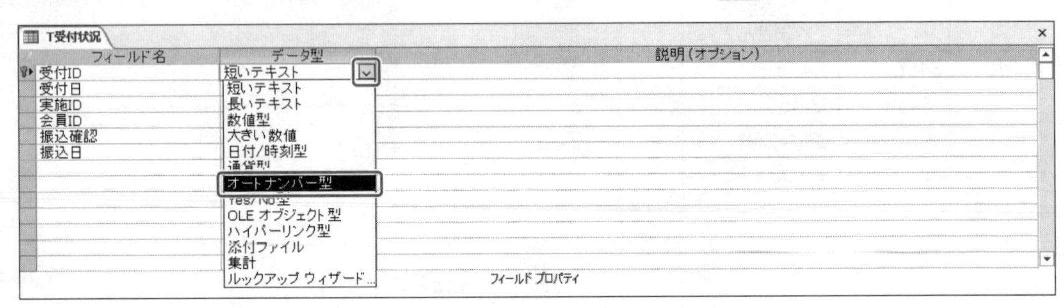

Lesson 31

 データベース「Lesson31」を開いておきましょう。

次の操作を行いましょう。

(1) テーブル「T受付状況」にデータが入力されていないことを確認し、「受付ID」フィールドのデータ型を「オートナンバー型」に変更してください。

Lesson 31 Answer

オートナンバー型のフィールドサイズ

オートナンバー型で設定できるフィールドサイズには、「長整数型」と「レプリケーションID型」があります。

(1)

①ナビゲーションウィンドウのテーブル**「T受付状況」**をダブルクリックします。
②テーブルがデータシートビューで表示されます。
③データが入力されていないことを確認します。
④**《ホーム》**タブ→**《表示》**グループの［表示アイコン］(表示)をクリックします。
⑤テーブルがデザインビューで表示されます。
⑥**「受付ID」**フィールドの**《データ型》**のセルをクリックします。
⑦［∨］をクリックし、一覧から**《オートナンバー型》**を選択します。

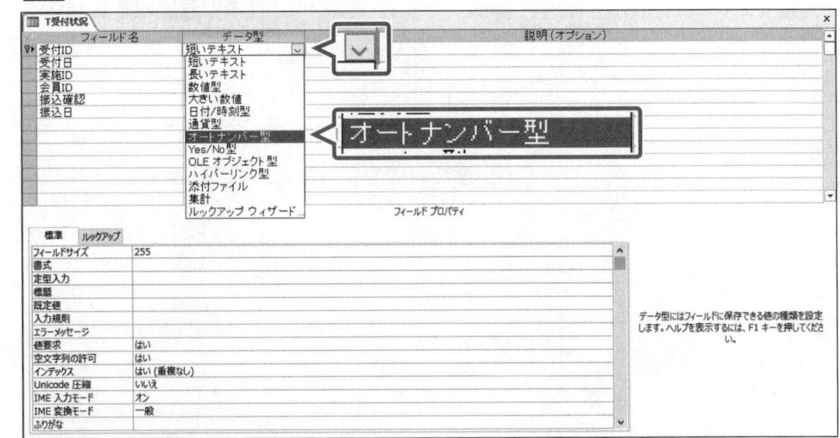

⑧データ型が変更されます。

2-4-7 既定値を設定する

解説

■既定値の設定

「既定値」とは、新しいレコードを入力するときに自動的に表示される値のことです。既定値を設定すると、受付日に現在の日付を表示したり、注文数に**「1」**と表示したりして、よく使う値を効率的に入力できるようになります。
既定値には、数値や文字だけでなく、計算式や関数を指定することもできます。

2019 365 ◆テーブルをデザインビューで表示→《フィールドプロパティ》の《標準》タブ→《既定値》プロパティ

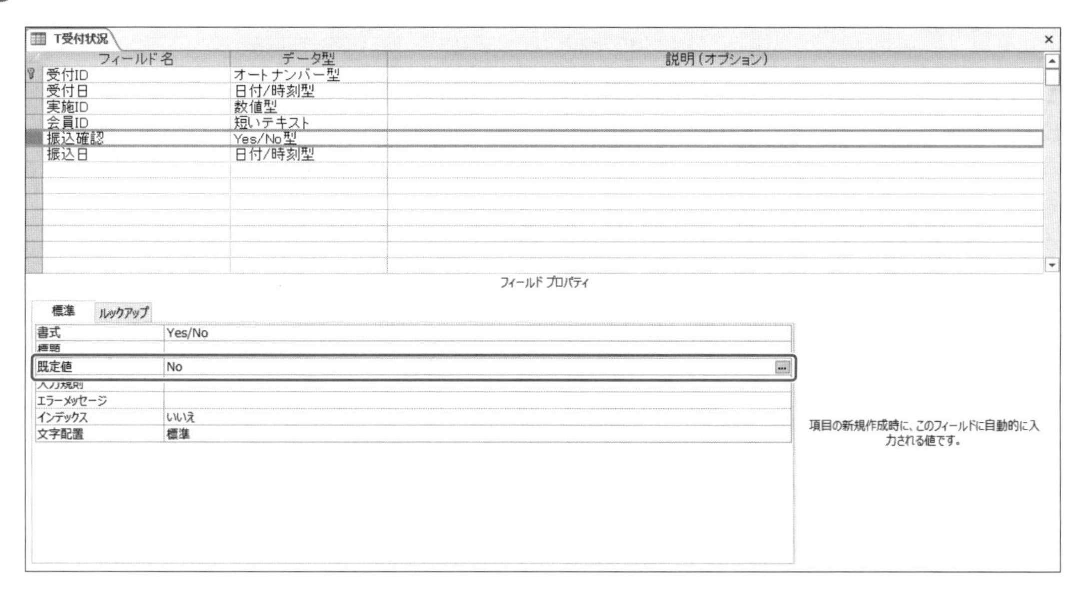

Lesson 32

データベース「Lesson32」を開いておきましょう。

次の操作を行いましょう。

(1) テーブル「T受付状況」の「受付日」フィールドの既定値が本日の日付になるように設定してください。

(2) テーブル「T受付状況」の「振込確認」フィールドの既定値がオフになるように設定してください。

(3) テーブル「T講座マスター」の「回数」フィールドの既定値が「5回」になるように設定してください。

(4) テーブル「T講座マスター」の「開始」フィールドの既定値が「19:00」、「終了」フィールドの既定値が「21:00」になるように設定してください。

Lesson 32 Answer

その他の方法

既定値の設定

2019 365

◆テーブルをデータシートビューで表示→フィールドを選択→《フィールド》タブ→《プロパティ》グループの［既定値］(既定値)

Point

Date関数

本日の日付を既定値として入力するには、《既定値》プロパティに「Date()」と入力します。

(1)

①ナビゲーションウィンドウのテーブル**「T受付状況」**を右クリックします。

②**《デザインビュー》**をクリックします。

③テーブルがデザインビューで表示されます。

④**「受付日」**フィールドの行セレクターをクリックします。

⑤**《フィールドプロパティ》**の**《標準》**タブを選択します。

⑥**《既定値》**プロパティに**「Date()」**と入力します。

※半角で入力します。「=Date()」と入力してもかまいません。

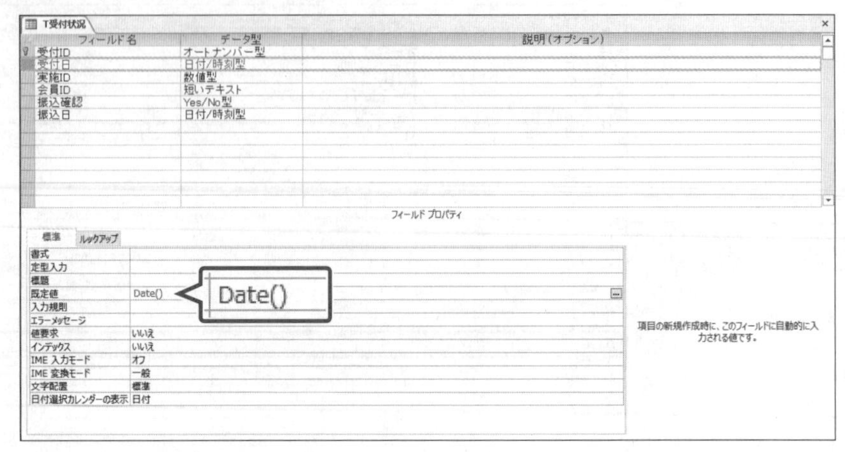

⑦既定値が設定されます。

※データシートビューに切り替えて、「受付日」フィールドに本日の日付が表示されていることを確認しておきましょう。確認後、デザインビューに切り替えておきましょう。

(2)

①テーブル**「T受付状況」**がデザインビューで表示されていることを確認します。

②**「振込確認」**フィールドの行セレクターをクリックします。

③**《フィールドプロパティ》**の**《標準》**タブを選択します。

④**《既定値》**プロパティに**「No」**と入力します。

※「False」「Off」「0」と入力してもかまいません。

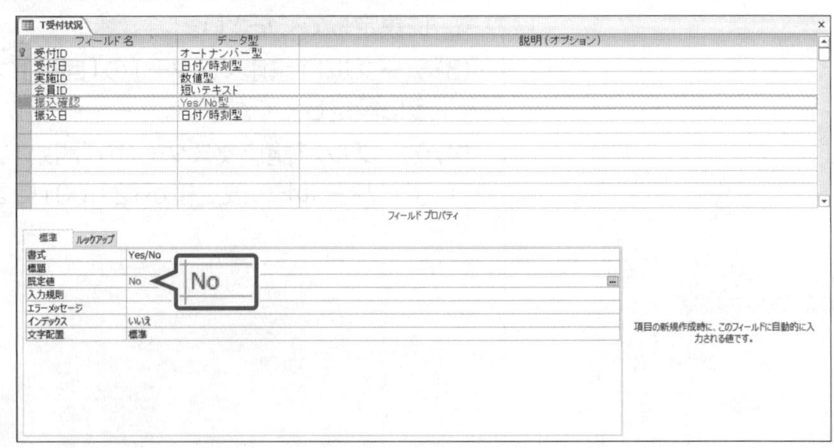

⑤既定値が設定されます。

※データシートビューに切り替えて、「振込確認」フィールドが☐になっていることを確認しておきましょう。

(3)

①ナビゲーションウィンドウのテーブル**「T講座マスター」**を右クリックします。

②**《デザインビュー》**をクリックします。

③テーブルがデザインビューで表示されます。

④**「回数」**フィールドの行セレクターをクリックします。

⑤**《フィールドプロパティ》**の**《標準》**タブを選択します。

⑥**《書式》**プロパティに**「0¥回」**と表示されていることを確認します。

⑦**《既定値》**プロパティに**「5」**と入力します。

※半角で入力します。
※「=5」と入力してもかまいません。

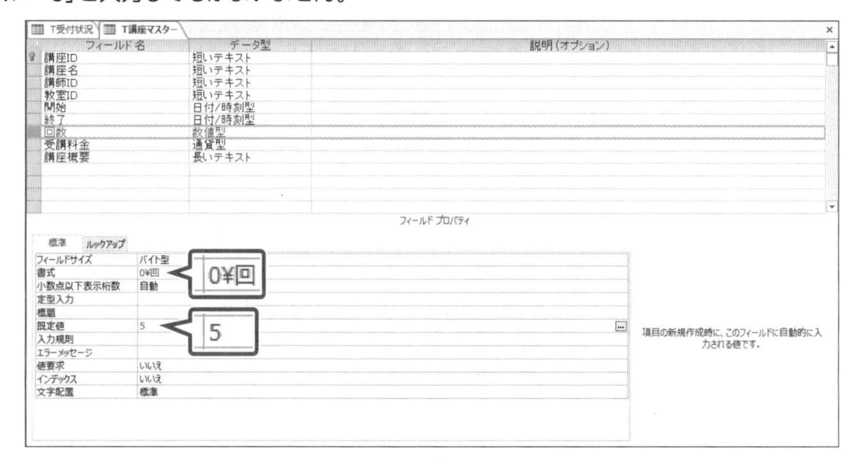

⑧既定値が設定されます。

※データシートビューに切り替えて、「回数」フィールドに「5回」と表示されていることを確認しておきましょう。確認後、デザインビューに切り替えておきましょう。

(4)

①テーブル**「T講座マスター」**がデザインビューで表示されていることを確認します。

②**「開始」**フィールドの行セレクターをクリックします。

③**《フィールドプロパティ》**の**《標準》**タブを選択します。

④**《既定値》**プロパティに**「19:00」**と入力します。

※半角で入力します。
※入力を確定すると、「#19:00:00#」と表示されます。

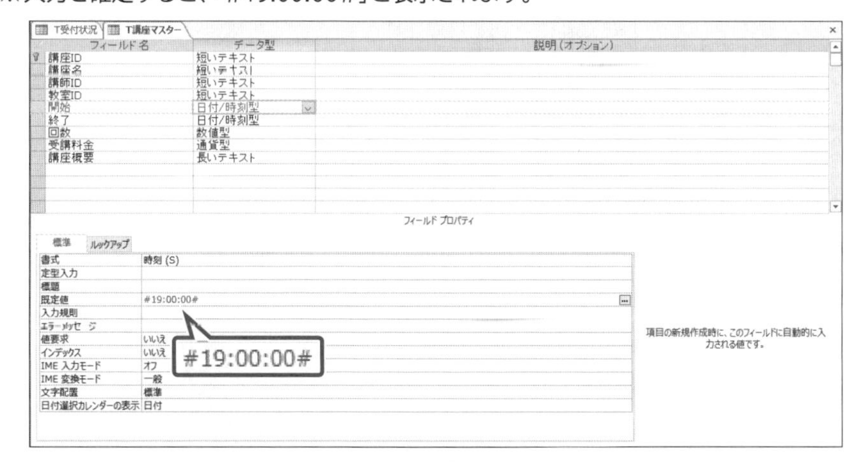

⑤既定値が設定されます。

⑥同様に、**「終了」**フィールドの**《既定値》**プロパティを**「21:00」**に設定します。

※データシートビューに切り替えて、「開始」フィールドと「終了」フィールドに時刻が表示されていることを確認しておきましょう。

2-4-8 定型入力を使用する

解説

■定型入力の設定

「定型入力」とは、データを入力する際の形式のことです。入力できる文字の種類や桁数といった形式を設定しておくと、正確にデータを入力できます。定型入力は、データ型が**「短いテキスト」「数値型」「日付/時刻型」「通貨型」**のフィールドに設定できます。
定型入力を設定する文字には、次のようなものがあります。文字は組み合わせて使用できます。

文字	説明	設定例	入力結果
0	半角数字（0～9）を1桁入力する	0000	1001 0555
L	半角英字を1桁入力する	LLL	ABC XYZ
A	半角英字または半角数字（0～9）を1桁入力する	AAA	S01 15G
¥	直後の文字を固定文字で表示する	000¥-0000	105-0022

2019 365 ◆テーブルをデザインビューで表示→《フィールドプロパティ》の《標準》タブ→《定型入力》プロパティ

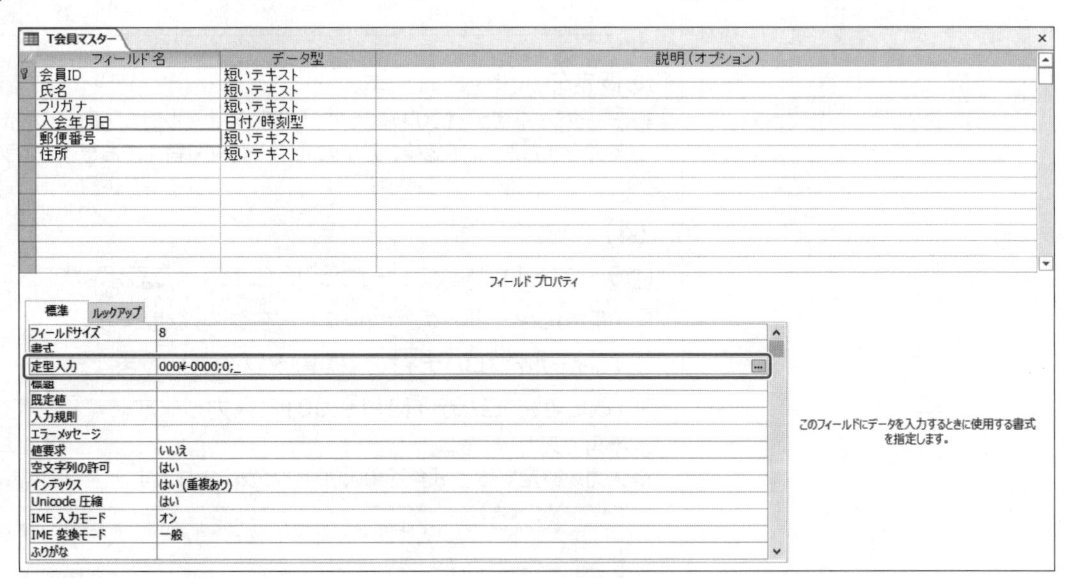

■定型入力ウィザードを使った設定

定型入力は、**「定型入力ウィザード」**を使って設定することもできます。定型入力ウィザードを使うと、対話形式の設問に答えながら、簡単に郵便番号や電話番号、パスワードなどの定型入力を設定できます。

2019 365 ◆テーブルをデザインビューで表示→《フィールドプロパティ》の《標準》タブ→《定型入力》プロパティの **...** (ビルドボタン)

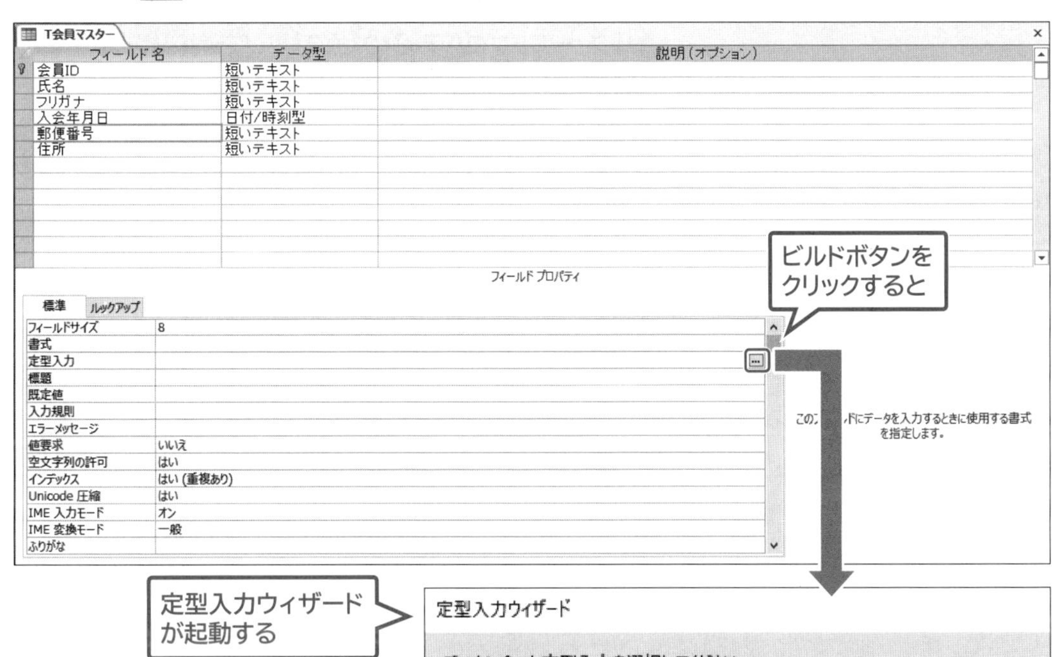

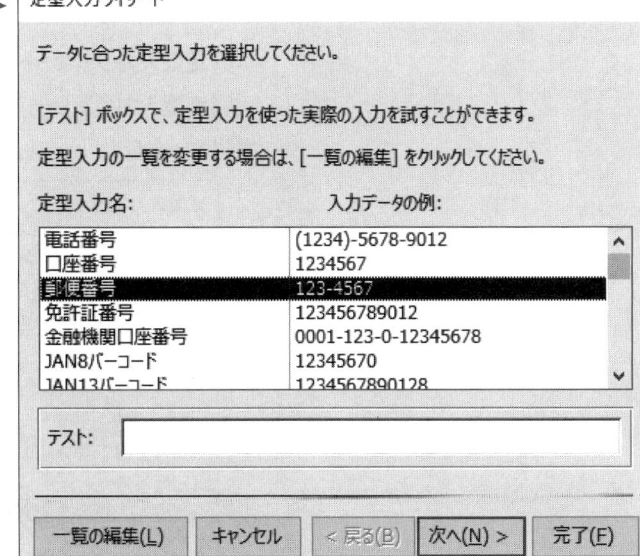

Lesson 33

 データベース「Lesson33」を開いておきましょう。

次の操作を行いましょう。

(1) 定型入力ウィザードを使って、テーブル「T会員マスター」の「郵便番号」フィールドのフィールドプロパティを設定してください。数字3桁と数字4桁の間に「-」、代替文字「_」が表示されるようにし、定型入力中の文字を含めてテーブルに保存されるようにします。

(2) テーブル「T講座マスター」の「講座ID」フィールドのフィールドプロパティを設定してください。先頭1桁を半角英字、残りの4桁を半角数字で入力できるようにします。

Lesson 33 Answer

(1)

①ナビゲーションウィンドウのテーブル**「T会員マスター」**を右クリックします。

②**《デザインビュー》**をクリックします。

③テーブルがデザインビューで表示されます。

④**「郵便番号」**フィールドの行セレクターをクリックします。

⑤**《フィールドプロパティ》**の**《標準》**タブを選択します。

⑥**《定型入力》**プロパティをクリックします。

⑦をクリックします。

※セキュリティに関するメッセージが表示された場合は、《開く》をクリックしておきましょう。

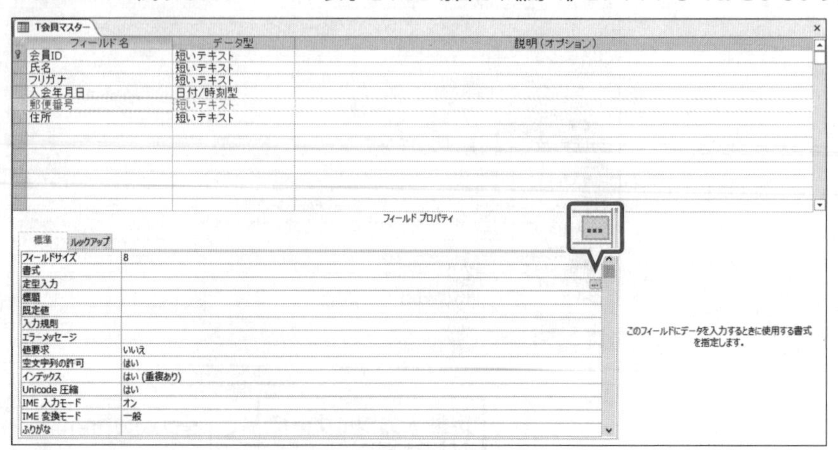

⑧**《定型入力ウィザード》**が表示されます。

⑨**《定型入力名》**の一覧から**《郵便番号》**を選択します。

⑩**《次へ》**をクリックします。

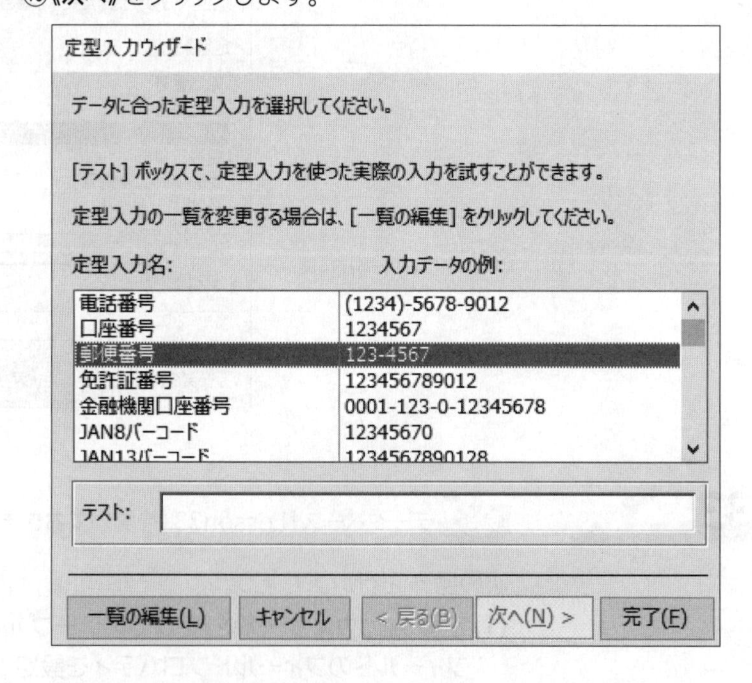

! Point

定型入力の形式

❶定型入力

定型入力の形式を設定します。必要に応じて変更できます。

❷代替文字

代替文字を設定します。

❸テスト

データシートビューなどで表示される形式を確認できます。

⑪《**定型入力**》が「**000¥-0000**」になっていることを確認します。

⑫《**代替文字**》が「**_**」になっていることを確認します。

⑬《**次へ**》をクリックします。

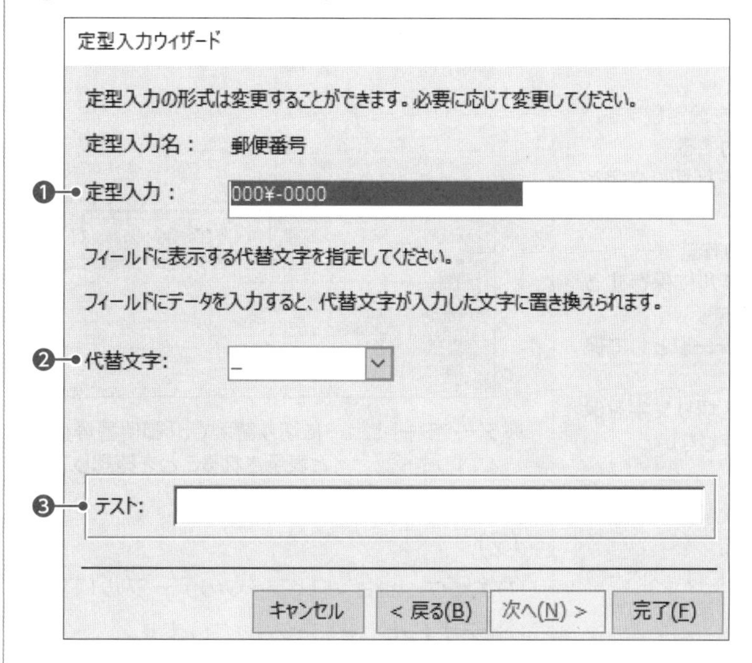

⑭《**定型入力中の文字を含めて保存する**》を◉にします。

⑮《**次へ**》をクリックします。

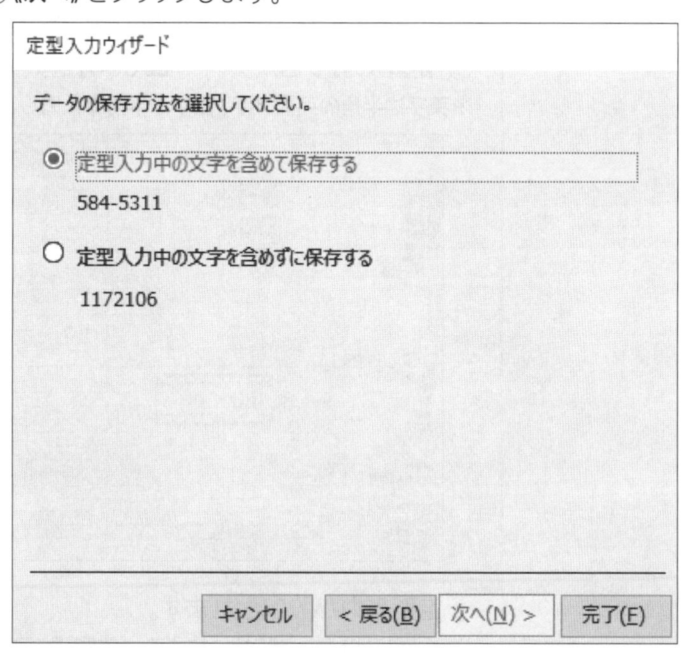

⑯《**完了**》をクリックします。

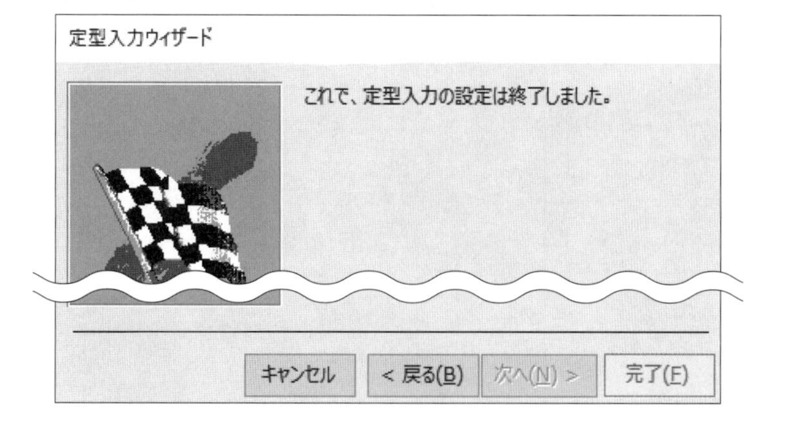

Point

《定型入力》プロパティの設定値

```
000¥-0000;0;_
```

❶ ❷❸

❶定型入力の形式

データ入力時の形式を設定します。

0：半角数字を入力する

¥：次に続く文字を区切り文字として表示する

❷区切り文字保存の有無

区切り文字をテーブルに保存するかどうかを設定します。

0：区切り文字をデータとして保存する

1（または省略）：区切り文字を保存しない

❸代替文字

データ入力時に、入力領域に表示する文字を設定します。

スペースを表示するには、スペースを「"」で囲んで設定します。

⑰定型入力が設定され、**《定型入力》**プロパティに**「000¥-0000;0;_」**と表示されます。

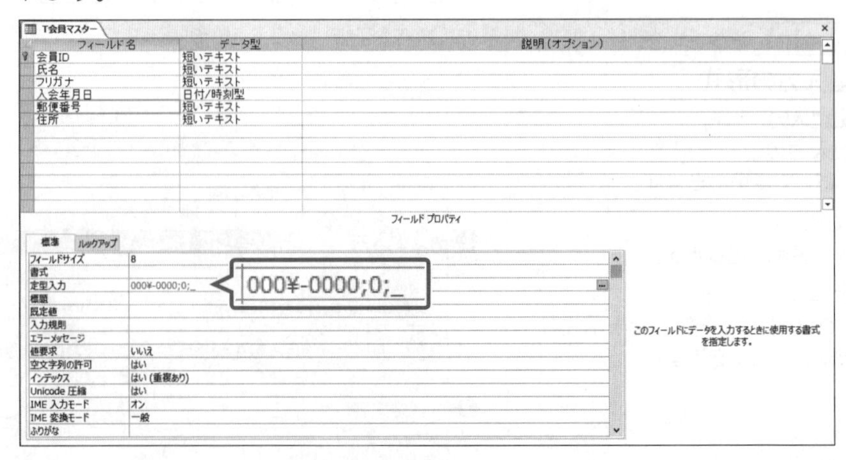

※データシートビューに切り替えて、「郵便番号」フィールドをクリックしてカーソルを移動すると、「___-____」と表示されることを確認しておきましょう。

(2)

①ナビゲーションウィンドウのテーブル**「T講座マスター」**を右クリックします。

②**《デザインビュー》**をクリックします。

③テーブルがデザインビューで表示されます。

④**「講座ID」**フィールドの行セレクターをクリックします。

⑤**《フィールドプロパティ》**の**《標準》**タブを選択します。

⑥**《定型入力》**プロパティに**「L0000」**と入力します。

※英字は半角の英大文字、数字は半角で入力します。

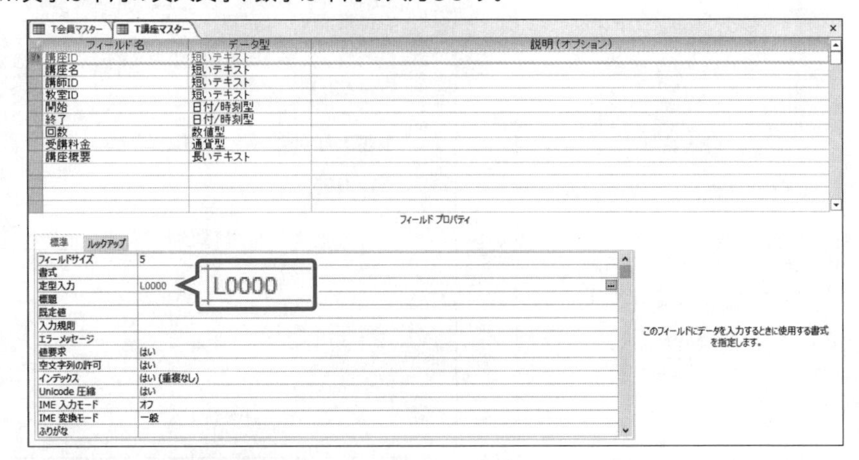

⑦定型入力が設定されます。

※データシートビューに切り替えて、「講座ID」フィールドをクリックしてカーソルを移動すると、「_____」と表示されることを確認しておきましょう。また、先頭1桁には英字、残りの4桁には数字しか入力できないことを確認しておきましょう。

Lesson 34

データベース「Lesson34」を開いておきましょう。

次の操作を行いましょう。

(1) 定型入力ウィザードを使って、テーブル「T講師マスター」の「アクセスコード」フィールドにパスワードの定型入力を設定してください。

Lesson 34 Answer

(1)

①ナビゲーションウィンドウのテーブル**「T講師マスター」**を右クリックします。

②**《デザインビュー》**をクリックします。

③テーブルがデザインビューで表示されます。

④**「アクセスコード」**フィールドの行セレクターをクリックします。

⑤**《フィールドプロパティ》**の**《標準》**タブを選択します。

⑥**《定型入力》**プロパティをクリックします。

⑦ [...] をクリックします。

※セキュリティに関するメッセージが表示された場合は、《開く》をクリックしておきましょう。

⑧**《定型入力ウィザード》**が表示されます。

⑨**《定型入力名》**の一覧から**《パスワード》**を選択します。

⑩**《次へ》**をクリックします。

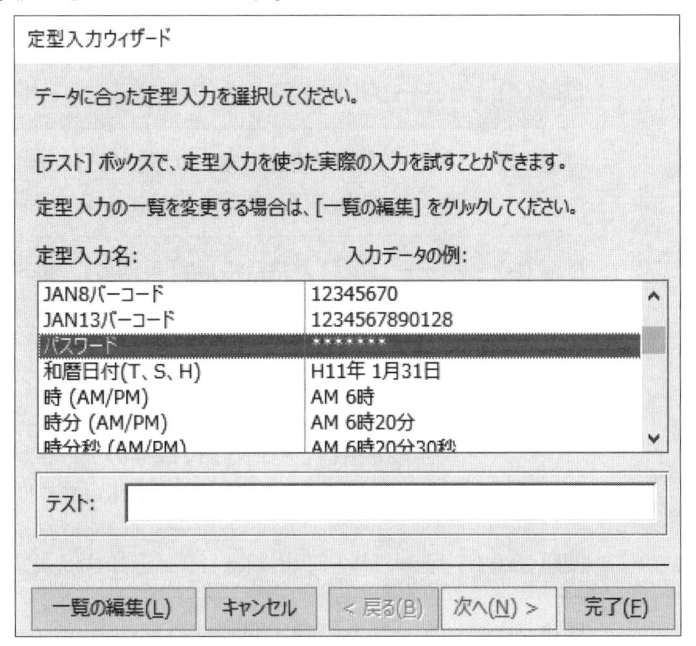

⑪**《完了》**をクリックします。

⑫定型入力が設定されます。

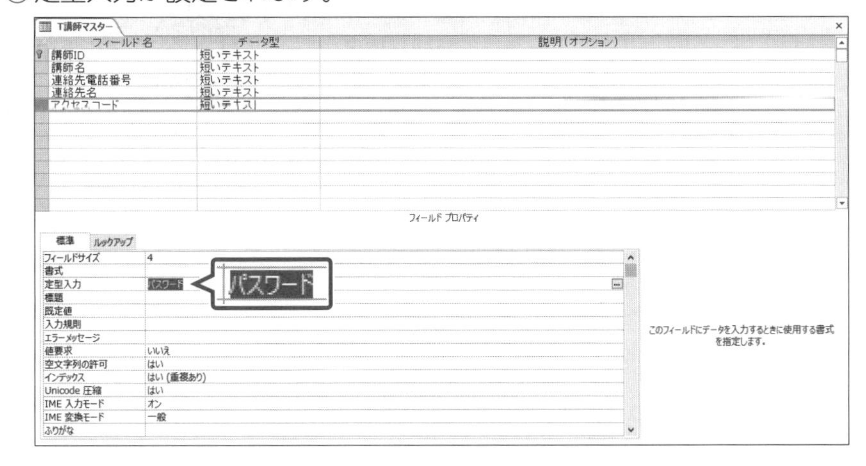

Point

定型入力のパスワード

定型入力にパスワードを設定したフィールドをデータシートビューで表示すると、入力された文字がすべて「*」で表示されます。

Exercise 確認問題

解答 ▶ P.214

Lesson 35

データベース「Lesson35」を開いておきましょう。

次の操作を行いましょう。

	あなたは、社内の学習用書籍の書籍情報や貸出状況を管理しています。
問題(1)	テーブル「T貸出」の最後に、「社員番号」フィールドを追加してください。データ型を「短いテキスト」、フィールドサイズを「5」とします。作成後、テーブルを保存して閉じてください。
問題(2)	フォルダー「Lesson35」にあるテキストファイル「貸出一覧」と「貸出明細」を、テーブル「T貸出」と「T貸出明細」のデータとしてそれぞれインポートしてください。先頭行をフィールド名として使い、その他の設定は既定のままとします。
問題(3)	フォルダー「Lesson35」にあるExcelブック「利用者一覧」にリンクするテーブル「T利用者名簿」を作成してください。先頭行をフィールド名として使い、その他の設定は既定のままとします。
問題(4)	テーブル「T書籍台帳」の「分類」フィールドを非表示にしてください。
問題(5)	テーブル「T書籍台帳」の「購入日」が年にかかわらず4月のレコードを抽出してください。次に、設定したフィルターの条件をクリアしてください。
問題(6)	テーブル「T書籍台帳」の「書籍名」フィールドが、「書籍タイトル」と表示されるように標題を設定してください。
問題(7)	テーブル「T書籍台帳」の「書籍番号」フィールドに、設定されているエラーメッセージと一致するように入力規則を設定してください。作成後、テーブルを保存して閉じてください。既存のデータが入力規則に従っているかどうかのメッセージが表示された場合は「はい」をクリックします。
問題(8)	テーブル「T貸出明細」に、「返却状況」という説明を追加してください。
問題(9)	テーブル「T貸出明細」の「返却済」フィールドの既定値がオフになるように設定してください。設定後、テーブルを保存してください。
問題(10)	テーブル「T貸出明細」の「書籍番号」フィールドを昇順で並べ替え、「書籍番号」が同じ場合は「返却日」フィールドを降順で並べ替えてください。設定後、テーブルを保存して閉じてください。

MOS Access 365&2019 Expert

出題範囲 3

クエリの作成と変更

出題範囲3　クエリの作成と変更

3-1 クエリを作成して実行する

理解度チェック

習得すべき機能	参照Lesson	学習前	学習後	試験直前
■ウィザードを使って選択クエリを作成できる。	➡Lesson36	☑	☑	☑
■デザインビューを使って選択クエリを作成できる。	➡Lesson37 ➡Lesson38	☑	☑	☑
■クエリを保存できる。	➡Lesson38	☑	☑	☑
■クエリを実行できる。	➡Lesson39	☑	☑	☑
■複数のテーブルをもとにクエリを作成できる。	➡Lesson40 ➡Lesson41	☑	☑	☑
■クロス集計クエリを作成できる。	➡Lesson42	☑	☑	☑
■パラメータークエリを作成できる。	➡Lesson43	☑	☑	☑
■アクションクエリを作成できる。	➡Lesson44 ➡Lesson45 ➡Lesson46	☑	☑	☑

3-1-1 簡単なクエリを作成する

解説

■クエリの作成

「クエリ」は、テーブルに格納されたデータを様々に加工するためのオブジェクトです。
クエリを使うと、1つまたは複数のテーブルから必要なフィールドを組み合わせて仮想テーブルを編成したり、条件を設定して目的のレコードだけを抽出したりできます。

2019 365 ◆《作成》タブ→《クエリ》グループのボタン

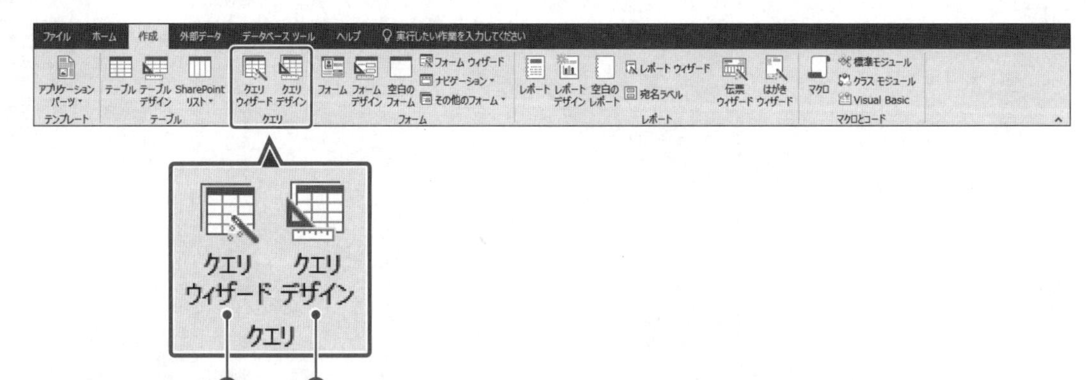

❶クエリウィザード

クエリウィザードを使ってクエリを作成します。もとになるオブジェクトやフィールドなどを対話形式の設問に答えながら設定し、簡単にクエリを作成できます。

❷クエリデザイン

デザインビューを使ってクエリを作成します。もとになるオブジェクトを指定し、必要なフィールドをデザイングリッドに登録します。

Lesson 36

データベース「Lesson36」を開いておきましょう。

次の操作を行いましょう。

(1) ウィザードを使って、テーブル「T会員マスター」の「会員ID」「氏名」「フリガナ」「郵便番号」「住所」フィールドをもとに、クエリ「Q会員住所一覧」を作成してください。

Lesson 36 Answer

(1)

①**《作成》**タブ→**《クエリ》**グループの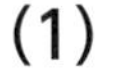(クエリウィザード)をクリックします。

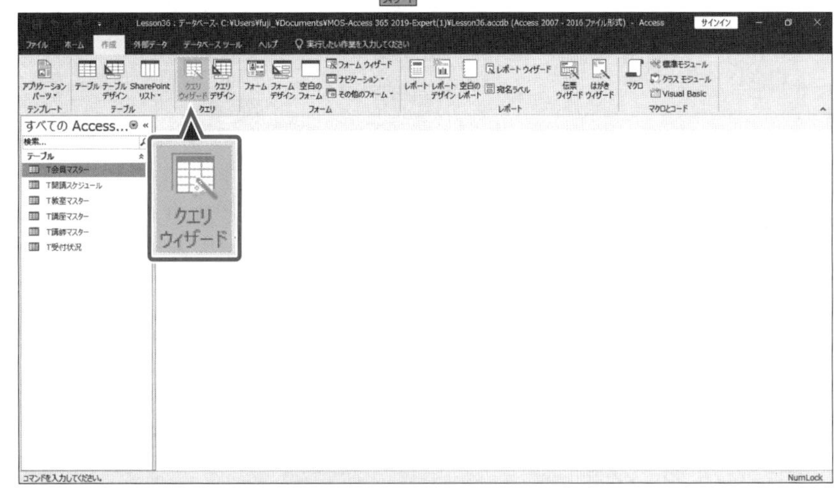

②**《新しいクエリ》**ダイアログボックスが表示されます。

③一覧から**《選択クエリウィザード》**を選択します。

④**《OK》**をクリックします。

※セキュリティに関するメッセージが表示された場合は、《開く》をクリックしておきましょう。

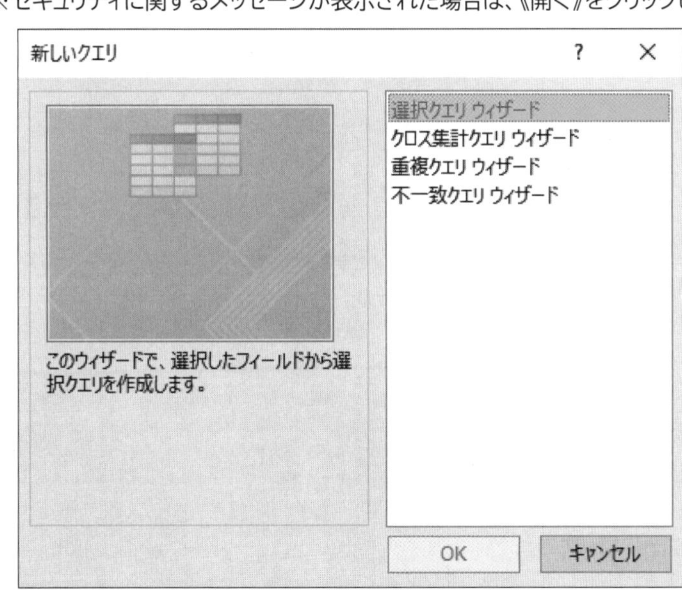

⑤**《選択クエリウィザード》**が表示されます。

⑥**《テーブル/クエリ》**の ∨ をクリックし、一覧から**「テーブル：T会員マスター」**を選択します。

⑦**《選択可能なフィールド》**の一覧から**「会員ID」**を選択します。

⑧ > をクリックします。

⑨同様に、その他のフィールドを追加します。

Point

選択クエリ

1つまたは複数のテーブルやクエリをもとに作成したクエリを「選択クエリ」といいます。

選択クエリは、最も活用範囲が広いクエリで、必要なデータを抽出したり、データを集計したりすることができます。

Point

フィールド選択ボタン

❶ >
フィールドを選択します。

❷ >>
すべてのフィールドを選択します。

❸ <
選択したフィールドを解除します。

❹ <<
選択したすべてのフィールドを解除します。

Point

クエリの名前

ウィザードを使ってクエリを作成した場合は、ウィザードの中でクエリの名前を指定できます。

Point

クエリを作成したあとの操作

❶クエリを実行して結果を表示する
クエリが実行され、データシートビューで表示されます。

❷クエリのデザインを編集する
クエリがデザインビューで表示され、設定を編集できます。

Point

クエリのビュー

クエリを表示するビューには、次のようなものがあります。

●デザインビュー
クエリを作成したり編集したりします。

●データシートビュー
クエリの実行結果を表示します。

⑩**《次へ》**をクリックします。

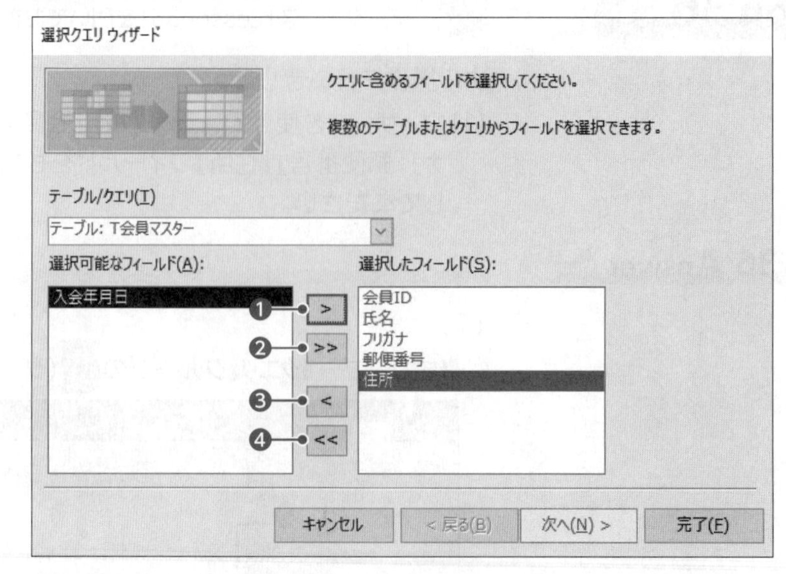

⑪**《クエリ名を指定してください。》**に**「Q会員住所一覧」**と入力します。

⑫**《クエリを実行して結果を表示する》**が◉になっていることを確認します。

⑬**《完了》**をクリックします。

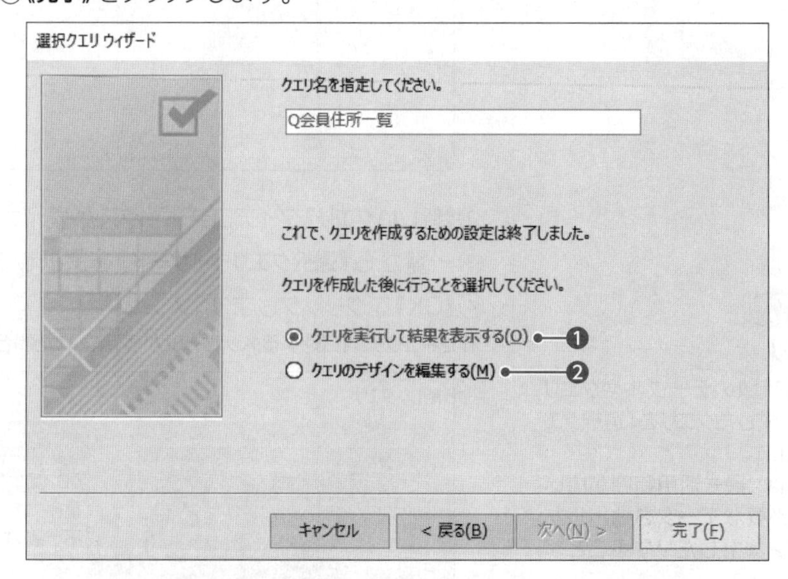

⑭クエリが実行され、データシートビューで表示されます。

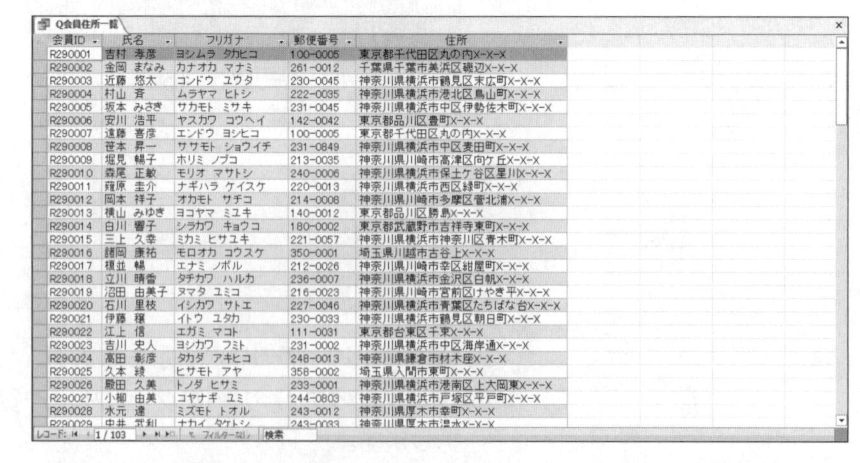

※ナビゲーションウィンドウに、作成したクエリが追加されたことを確認しておきましょう。

Lesson 37

 データベース「Lesson37」を開いておきましょう。

次の操作を行いましょう。

(1) デザインビューを使って、テーブル「T講師マスター」の「講師ID」「講師名」「連絡先電話番号」フィールドをもとにクエリを作成してください。クエリは既定の名前で保存します。

Lesson 37 Answer

(1)

①**《作成》**タブ→**《クエリ》**グループの (クエリデザイン) をクリックします。

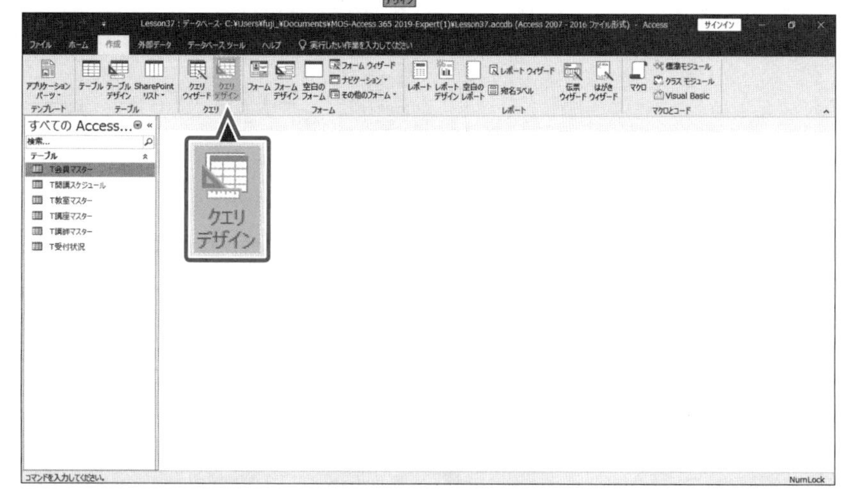

②新しいクエリウィンドウがデザインビューで表示され、**《テーブルの表示》**が表示されます。

※お使いの環境によっては、《テーブルの表示》が《テーブルの追加》と表示される場合があります。

③**《テーブル》**タブを選択します。

④一覧から**「T講師マスター」**を選択します。

⑤**《追加》**をクリックします。

※お使いの環境によっては、《追加》が《選択したテーブルを追加》と表示される場合があります。

⑥**《閉じる》**をクリックします。

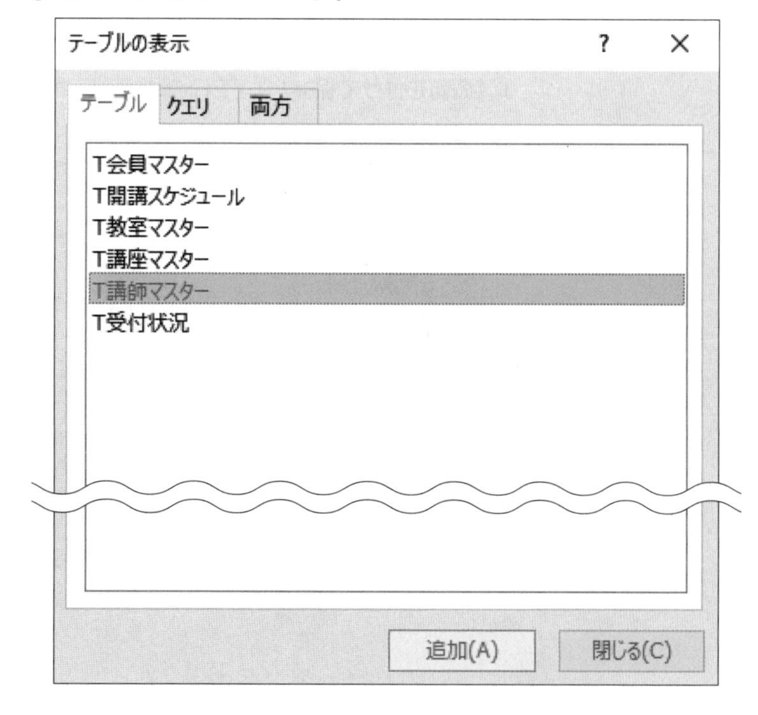

Point

《テーブルの表示》

(クエリデザイン)を使って新しいクエリを作成すると、デザインビューに切り替わるときに、《テーブルの表示》が自動的に表示されます。

※お使いの環境によっては、《テーブルの表示》が《テーブルの追加》と表示される場合があります。

⑦テーブル**「T講師マスター」**のフィールドリストが追加されます。

⑧**「T講師マスター」**フィールドリストの**「講師ID」**をダブルクリックします。

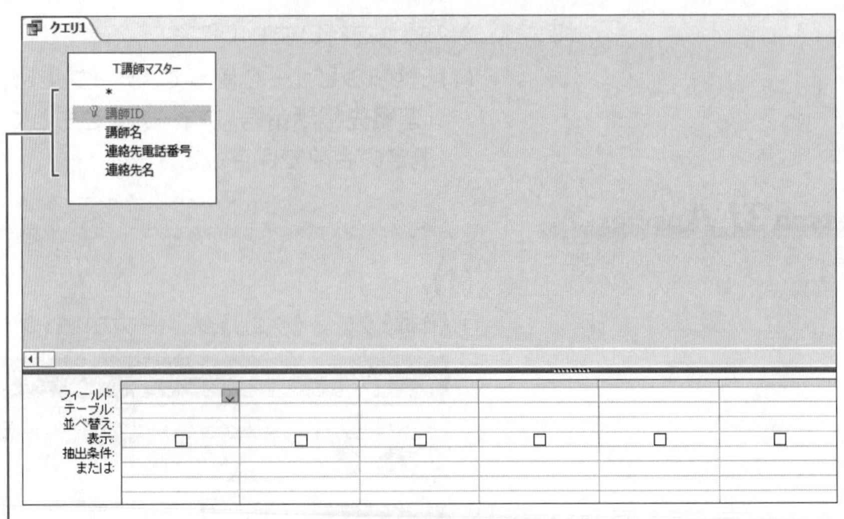

⑨**「講師ID」**がデザイングリッドに追加されます。

⑩同様に、その他のフィールドを追加します。

⑪ **F12** を押します。

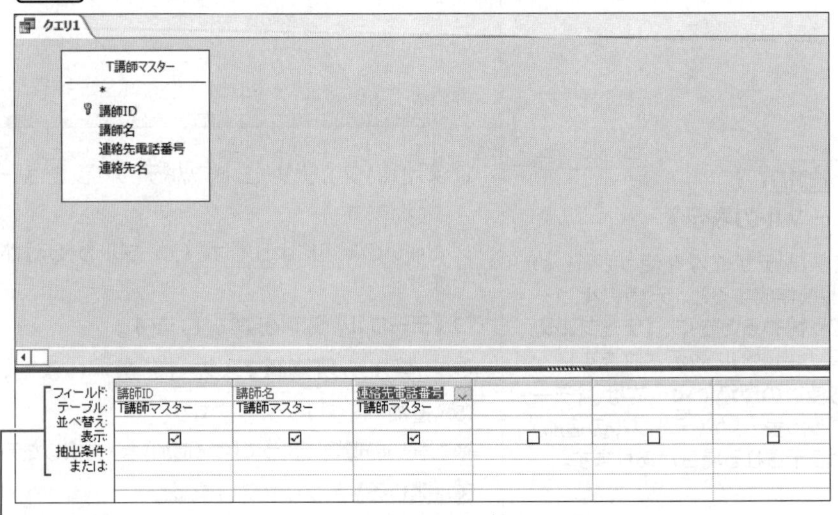

⑫**《名前を付けて保存》**ダイアログボックスが表示されます。

⑬**《'クエリ1'の保存先》**に**「クエリ1」**と表示されていることを確認します。

⑭**《OK》**をクリックします。

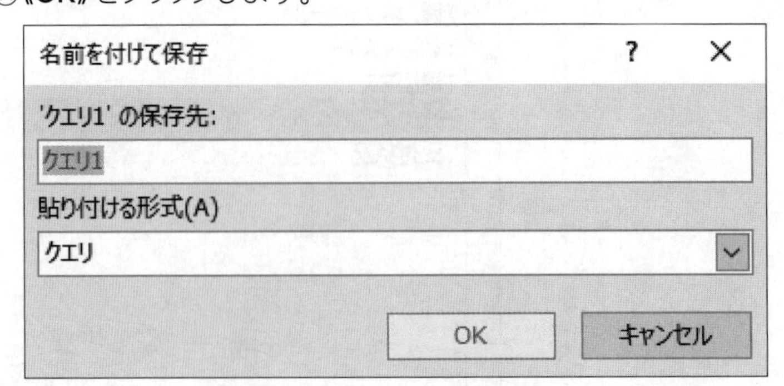

※ナビゲーションウィンドウに、作成したクエリが追加されたことを確認しておきましょう。

3-1-2 クエリを保存する

解説

■クエリの保存

作成したクエリを保存すると、データそのものではなく、表示するフィールドや並べ替え、計算式などの設定情報が保存されます。また、既存のクエリに別の名前を付けて、別のオブジェクトとして保存することもできます。

2019 365 ◆クエリをデザインビューまたはデータシートビューで表示→F12

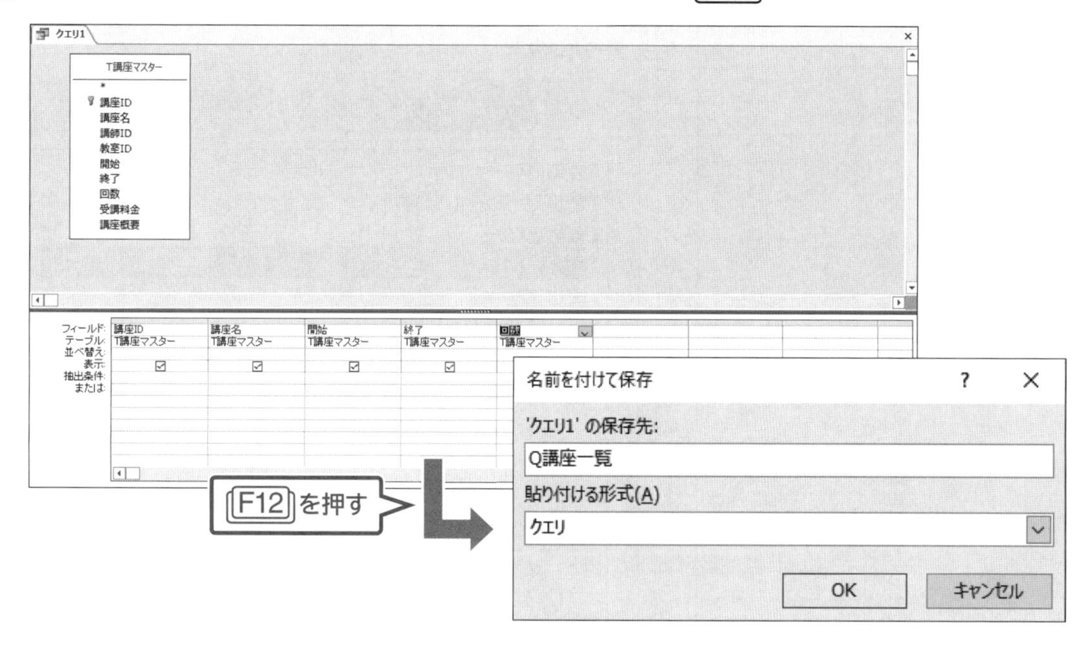

F12 を押す

Lesson 38

OPEN データベース「Lesson38」を開いておきましょう。

次の操作を行いましょう。

(1) デザインビューを使って、テーブル「T講座マスター」の「講座ID」「講座名」「開始」「終了」「回数」フィールドをもとにクエリ「Q講座一覧」を作成してください。

(2) クエリ「Q会員住所一覧」に「Q会員名簿」という別の名前を付けて保存してください。

Lesson 38 Answer

(1)

①《作成》タブ→《クエリ》グループの（クエリデザイン）をクリックします。

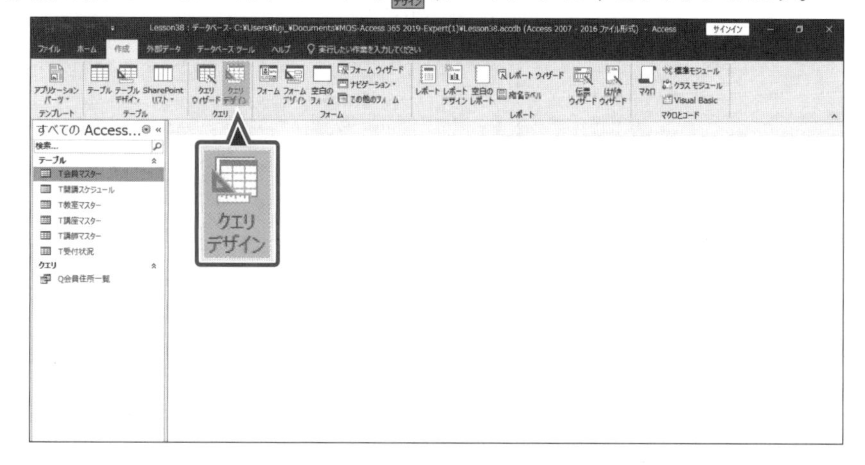

②新しいクエリウィンドウがデザインビューで表示され、**《テーブルの表示》**が表示されます。

※お使いの環境によっては、《テーブルの表示》が《テーブルの追加》と表示される場合があります。

③**《テーブル》**タブを選択します。

④一覧から**「T講座マスター」**を選択します。

⑤**《追加》**をクリックします。

※お使いの環境によっては、《追加》が《選択したテーブルを追加》と表示される場合があります。

⑥**《閉じる》**をクリックします。

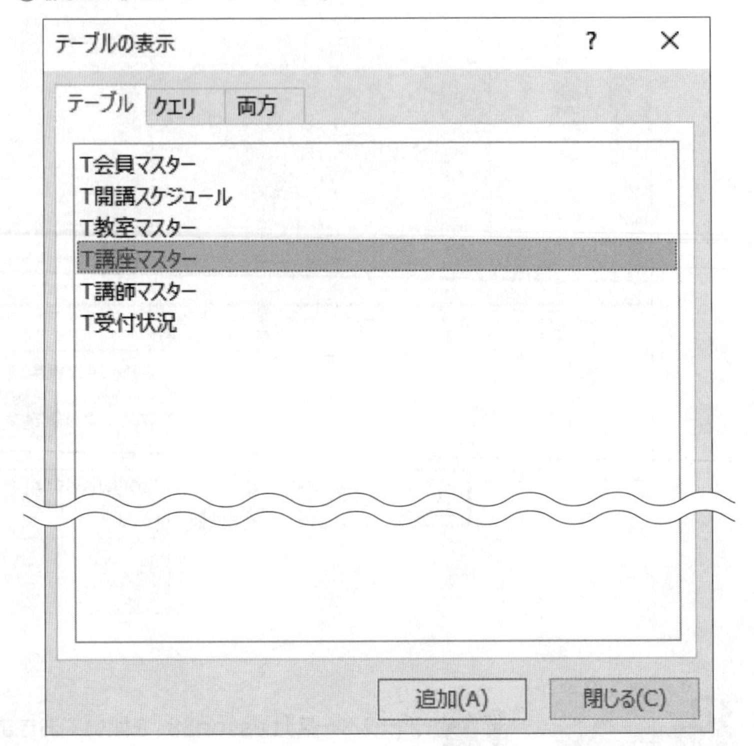

⑦テーブル**「T講座マスター」**のフィールドリストが追加されます。

※すべてのフィールド名が表示されるように、フィールドリストのサイズを調整しておきましょう。

⑧**「T講座マスター」**フィールドリストの**「講座ID」**をダブルクリックします。

⑨**「講座ID」**がデザイングリッドに追加されます。

⑩同様に、その他のフィールドを追加します。

⑪【F12】を押します。

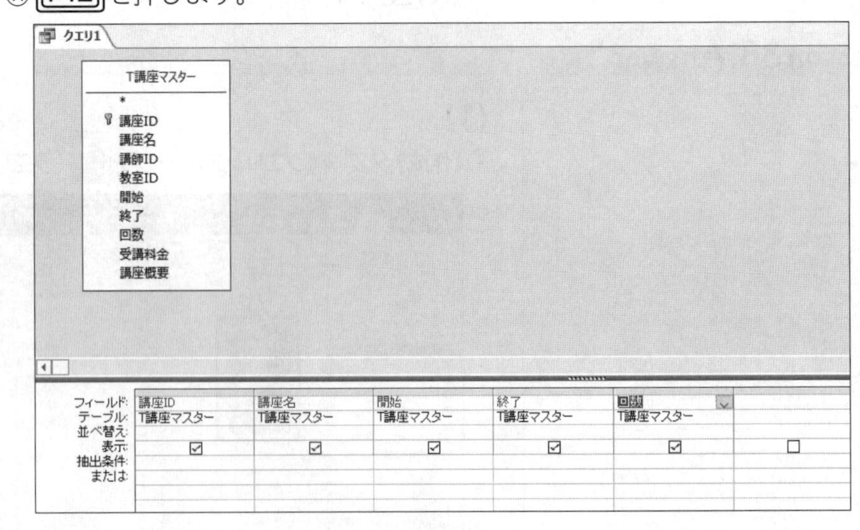

その他の方法

クエリの保存

2019 365

◆《ファイル》タブ→《名前を付けて保存》→《オブジェクトに名前を付けて保存》→《オブジェクトに名前を付けて保存》→《名前を付けて保存》

⑫**《名前を付けて保存》**ダイアログボックスが表示されます。

⑬**《'クエリ1'の保存先》**に**「Q講座一覧」**と入力します。

⑭**《OK》**をクリックします。

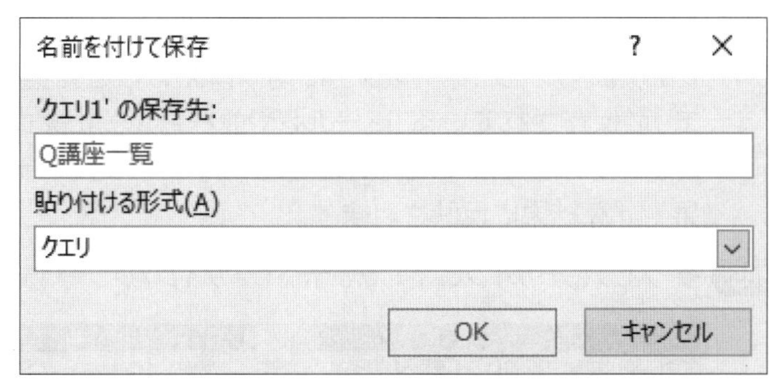

※ナビゲーションウィンドウに、作成したクエリが追加されたことを確認しておきましょう。

(2)

①クエリ**「Q会員住所一覧」**を右クリックします。

②**《デザインビュー》**をクリックします。

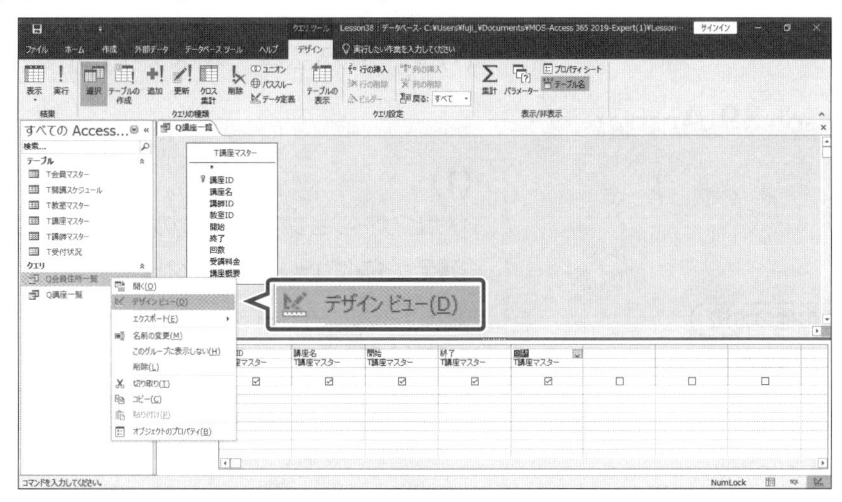

③クエリ**「Q会員住所一覧」**がデザインビューで表示されます。

④ F12 を押します。

⑤**《名前を付けて保存》**ダイアログボックスが表示されます。

⑥**《'Q会員住所一覧'の保存先》**に**「Q会員名簿」**と入力します。

⑦**《OK》**をクリックします。

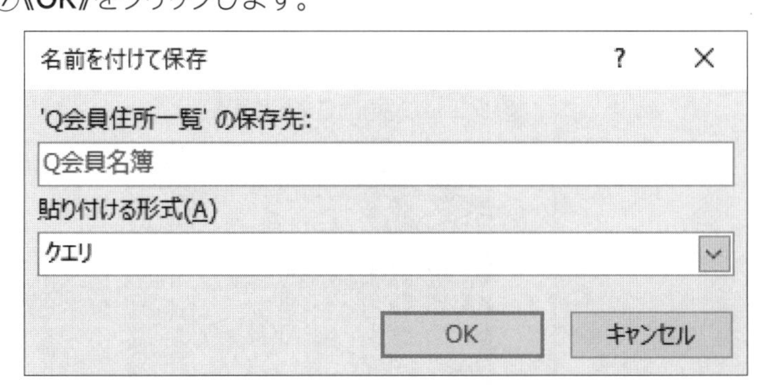

※ナビゲーションウィンドウに、作成したクエリが追加されたことを確認しておきましょう。

3-1-3 クエリを実行する

解 説

■クエリの実行

クエリは、データシートビューに切り替えることで実行できます。クエリを実行すると、クエリに保存されているフィールドや並べ替え、計算式などの設定情報によって、テーブルのデータが加工されて表示されます。テーブルのデータを変更すると、クエリの抽出結果や計算結果に反映されます。

2019 365 ◆クエリをデザインビューで表示→《デザイン》タブ→《結果》グループの ! 実行 (実行)

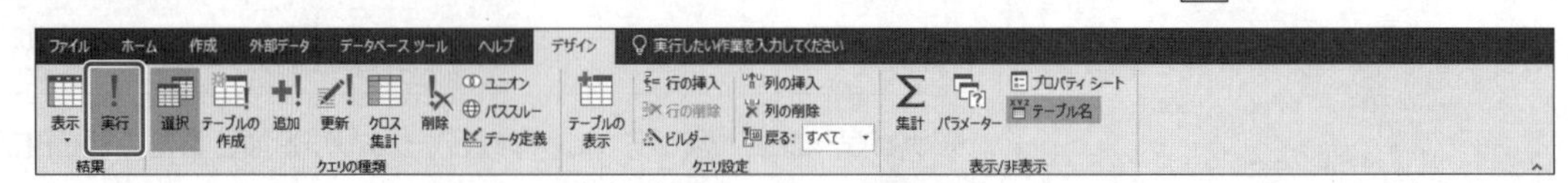

Lesson 39

データベース「Lesson39」を開いておきましょう。

次の操作を行いましょう。

(1) クエリ「Q入会者一覧」をデザインビューで表示し、クエリを実行してください。

Lesson 39 Answer

(1)

①ナビゲーションウィンドウのクエリ**「Q入会者一覧」**を右クリックします。

②**《デザインビュー》**をクリックします。

③クエリがデザインビューで表示されます。

④**《デザイン》**タブ→**《結果》**グループの ! 実行 (実行)をクリックします。

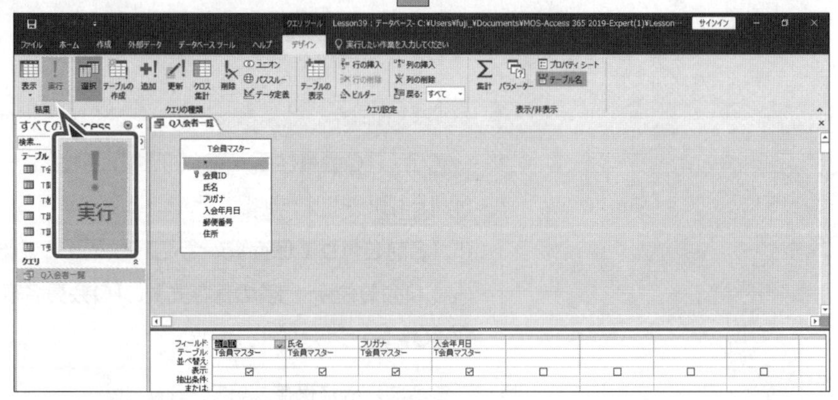

⑤クエリが実行されます。

Q入会者一覧

会員ID	氏名	フリガナ	入会年月日
R290001	吉村 孝彦	ヨシムラ タカヒコ	2021/05/01
R290002	金岡 まなみ	カナオカ マナミ	2021/05/01
R290003	近藤 悠太	コンドウ ユウタ	2021/05/01
R290004	村山 斉	ムラヤマ ヒトシ	2021/05/02
R290005	坂本 みさき	サカモト ミサキ	2021/05/07
R290006	安川 浩平	ヤスカワ コウヘイ	2021/05/07
R290007	遠藤 喜彦	エンドウ ヨシヒコ	2021/05/07
R290008	笹本 昇一	ササモト ショウイチ	2021/05/07
R290009	堀見 暢子	ホリミ ノブコ	2021/05/07
R290010	森尾 正敏	モリオ マサトシ	2021/05/08
R290011	薙原 圭介	ナギハラ ケイスケ	2021/05/08
R290012	岡本 祥子	オカモト サチコ	2021/05/09
R290013	横山 みゆき	ヨコヤマ ミユキ	2021/05/09
R290014	白川 響子	シラカワ キョウコ	2021/05/09
R290015	三上 久幸	ミカミ ヒサユキ	2021/05/09
R290016	諸岡 康祐	モロオカ コウスケ	2021/05/12
R290017	榎並 暢	エナミ ノボル	2021/05/12
R290018	立川 晴香	タチカワ ハルカ	2021/05/13
R290019	沼田 由美子	ヌマタ ユミコ	2021/05/13
R290020	石川 里枝	イシカワ サトエ	2021/05/13
R290021	伊藤 穣	イトウ ユタカ	2021/05/14
R290022	江上 信	エガミ マコト	2021/05/14
R290023	吉川 史人	ヨシカワ フミト	2021/05/14
R290024	高田 彰彦	タカダ アキヒコ	2021/05/14
R290025	久本 綾	ヒサモト アヤ	2021/05/14
R290026	殿田 久美	トノダ ヒサミ	2021/05/15
R290027	小柳 由美	コヤナギ ユミ	2021/05/15
R290028	水元 達	ミズモト トオル	2021/05/15
R290029	中井 武利	ナカイ タケトシ	2021/05/15

レコード: 1 / 103　フィルターなし　検索

その他の方法

クエリの実行

2019 365

- ◆ナビゲーションウィンドウのクエリをダブルクリック
- ◆ナビゲーションウィンドウのクエリを右クリック→《開く》
- ◆クエリをデザインビューで表示→《デザイン》タブ→《結果》グループの (表示)または (表示)の 表示 →《データシートビュー》

3-1-4 複数のテーブルをもとに基本的なクエリを作成する

■選択クエリウィザードを使ったクエリの作成

複数のテーブルやクエリのフィールドを選択して、1つのテーブルのようにクエリを表示できます。選択クエリウィザードを使って複数のテーブルをもとにしたクエリを作成するには、選択クエリウィザードで、もとになるテーブル名を切り替えながらフィールドを選択します。

2019 365 ◆《作成》タブ→《クエリ》グループの（クエリウィザード）→《選択クエリウィザード》

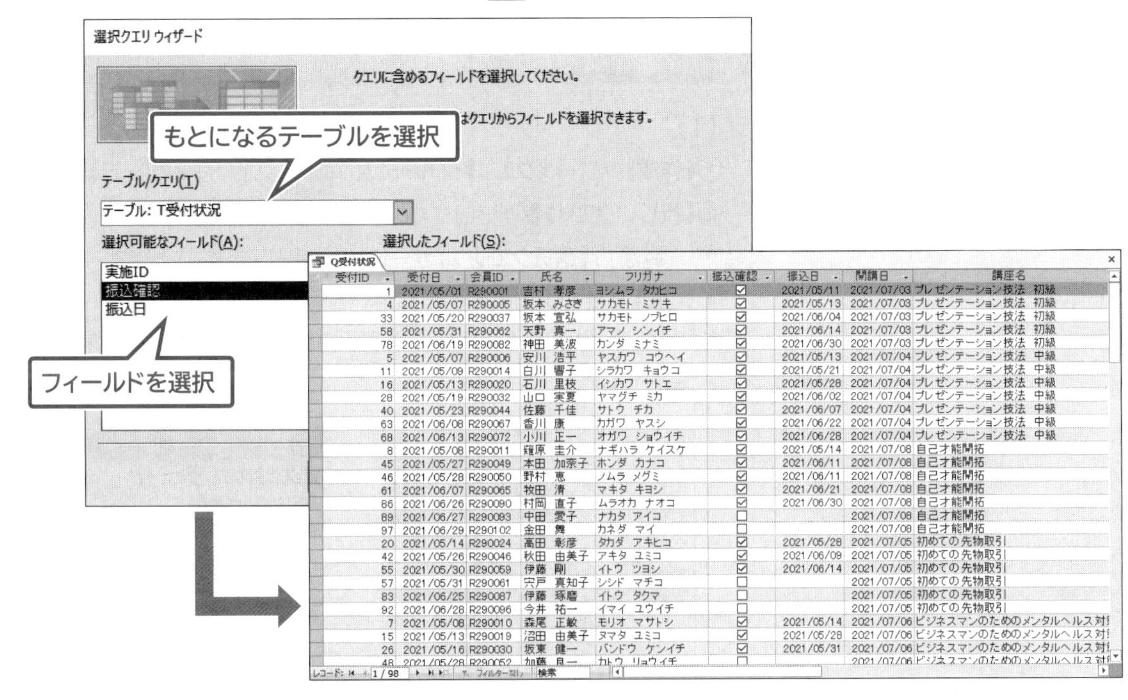

■デザインビューを使ったクエリの作成

デザインビューに複数のテーブルのフィールドリストを追加すると、必要なフィールドを組み合わせてクエリを作成できます。

2019 365 ◆《作成》タブ→《クエリ》グループの（クエリデザイン）

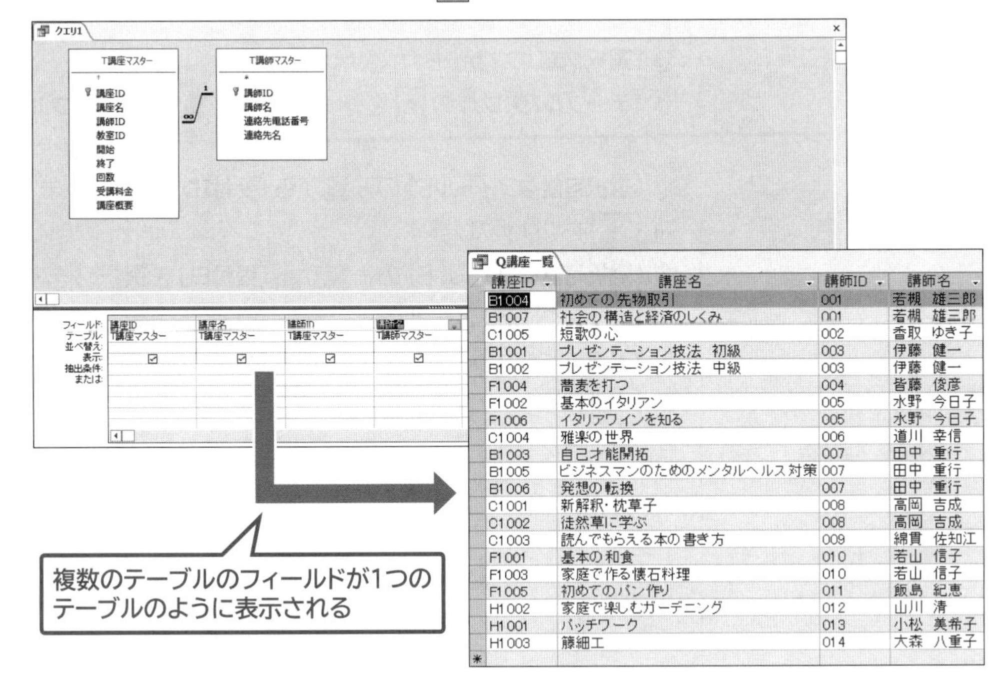

講座ID	講座名	講師ID	講師名
B1004	初めての先物取引	001	若槻 雄三郎
B1007	社会の構造と経済のしくみ	001	若槻 雄三郎
C1005	短歌の心	002	香取 ゆき子
B1001	プレゼンテーション技法 初級	003	伊藤 健一
B1002	プレゼンテーション技法 中級	003	伊藤 健一
F1004	蕎麦を打つ	004	皆藤 俊彦
F1002	基本のイタリアン	005	水野 今日子
F1006	イタリアワインを知る	005	水野 今日子
C1004	雅楽の世界	006	道川 幸信
B1003	自己才能開拓	007	田中 重行
B1005	ビジネスマンのためのメンタルヘルス対策	007	田中 重行
B1006	発想の転換	007	田中 重行
C1001	新解釈・枕草子	008	高岡 吉成
C1002	徒然草に学ぶ	008	高岡 吉成
C1003	読んでもらえる本の書き方	009	綿貫 佐知江
F1001	基本の和食	010	若山 信子
F1003	家庭で作る懐石料理	010	若山 信子
F1005	初めてのパン作り	011	飯島 紀惠
H1002	家庭で楽しむガーデニング	012	山川 清
H1001	パッチワーク	013	小松 美希子
H1003	籐細工	014	大森 八重子

Lesson 40

データベース「Lesson40」を開いておきましょう。

次の操作を行いましょう。

(1) ウィザードを使って、クエリ「Q受付状況」を作成してください。テーブル「T受付状況」の「受付ID」「受付日」「会員ID」フィールド、テーブル「T会員マスター」の「氏名」「フリガナ」フィールド、テーブル「T受付状況」の「振込確認」「振込日」フィールド、テーブル「T開講スケジュール」の「開講日」フィールド、テーブル「T講座マスター」の「講座名」「講師ID」フィールド、テーブル「T講師マスター」の「講師名」フィールド、テーブル「T講座マスター」の「受講料金」フィールドを順に表示します。

Lesson 40 Answer

(1)

①**《作成》**タブ→**《クエリ》**グループの（クエリウィザード）をクリックします。
②**《新しいクエリ》**ダイアログボックスが表示されます。
③一覧から**《選択クエリウィザード》**を選択します。
④**《OK》**をクリックします。
※セキュリティに関するメッセージが表示された場合は、《開く》をクリックしておきましょう。

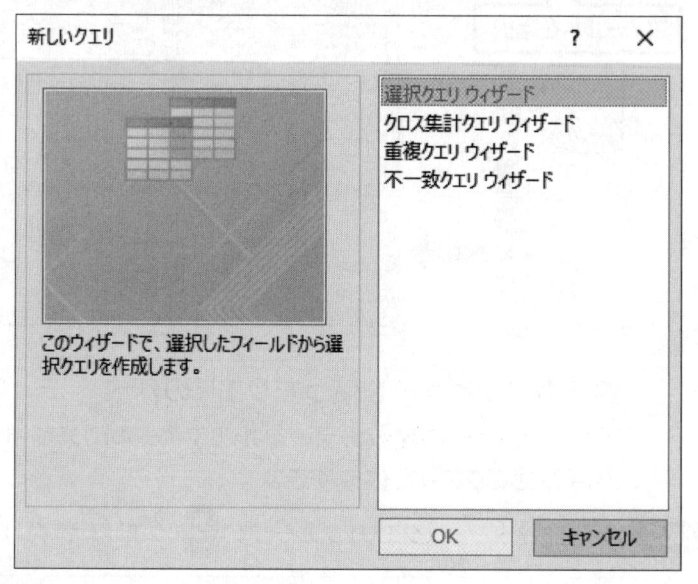

⑤**《選択クエリウィザード》**が表示されます。
⑥**《テーブル/クエリ》**の をクリックし、一覧から**「テーブル：T受付状況」**を選択します。
⑦**《選択可能なフィールド》**の一覧から**「受付ID」**を選択します。
⑧ > をクリックします。
⑨**《選択可能なフィールド》**の一覧から**「受付日」**を選択します。
⑩ > をクリックします。
⑪**《選択可能なフィールド》**の一覧から**「会員ID」**を選択します。
⑫ > をクリックします。

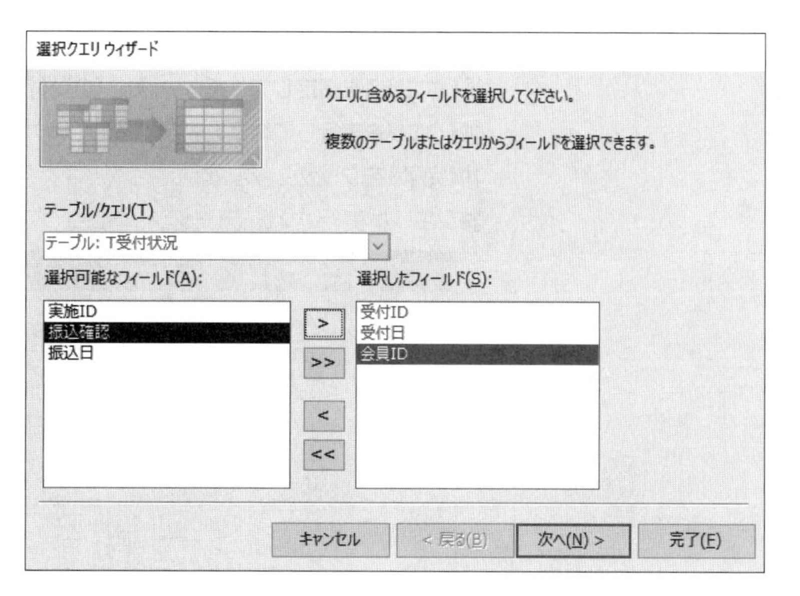

⑬《**テーブル/クエリ**》の ⌵ をクリックし、一覧から「**テーブル：T会員マスター**」を選択します。

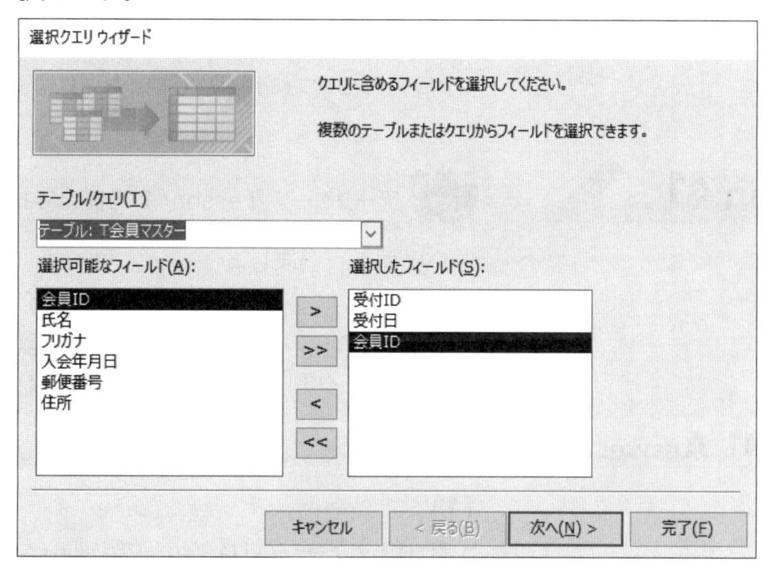

⑭《**選択可能なフィールド**》の一覧から「**氏名**」を選択します。

⑮ ［ > ］をクリックします。

⑯同様に、その他のフィールドを追加します。

⑰《**次へ**》をクリックします。

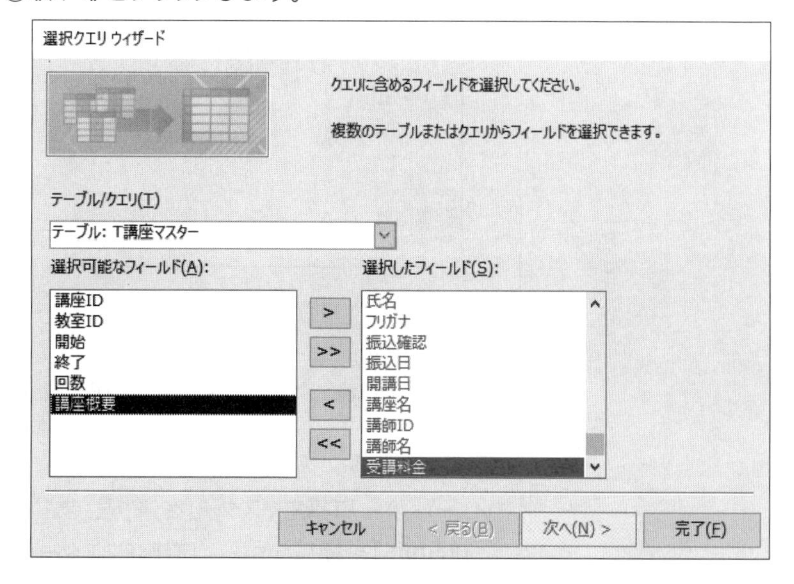

⑱《次へ》をクリックします。

⑲《クエリ名を指定してください。》に「Q受付状況」と入力します。

⑳《クエリを実行して結果を表示する》が◉になっていることを確認します。

㉑《完了》をクリックします。

㉒クエリが実行され、データシートビューで表示されます。

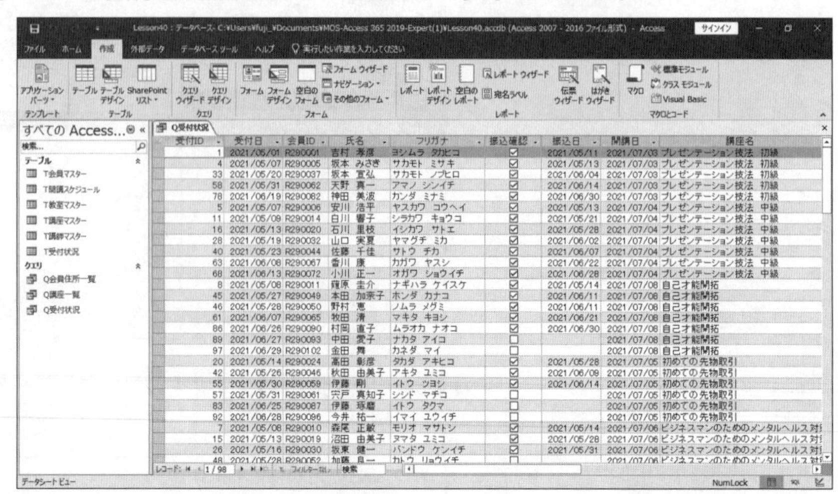

※ナビゲーションウィンドウに、作成したクエリが追加されたことを確認しておきましょう。

Lesson 41

データベース「Lesson41」を開いておきましょう。

次の操作を行いましょう。

(1) デザインビューを使って、テーブル「T講座マスター」の「講座ID」「講座名」「講師ID」フィールドとテーブル「T講師マスター」の「講師名」フィールドをもとに、クエリ「Q講座一覧」を作成してください。

Lesson 41 Answer

(1)

①**《作成》**タブ→**《クエリ》**グループの（クエリデザイン）をクリックします。

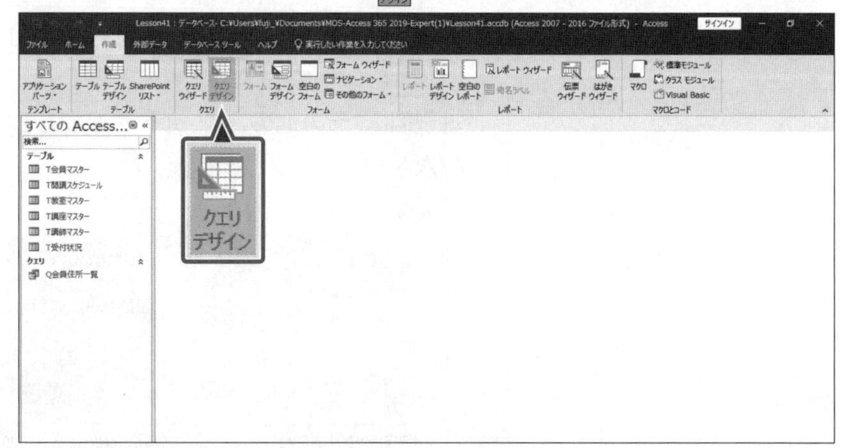

②新しいクエリウィンドウがデザインビューで表示され、**《テーブルの表示》**が表示されます。

※お使いの環境によっては、《テーブルの表示》が《テーブルの追加》と表示される場合があります。

③**《テーブル》**タブを選択します。

④一覧から**「T講座マスター」**を選択します。

⑤ Shift を押しながら、**「T講師マスター」**を選択します。

⑥**《追加》**をクリックします。
※お使いの環境によっては、《追加》が《選択したテーブルを追加》と表示される場合があります。
⑦**《閉じる》**をクリックします。

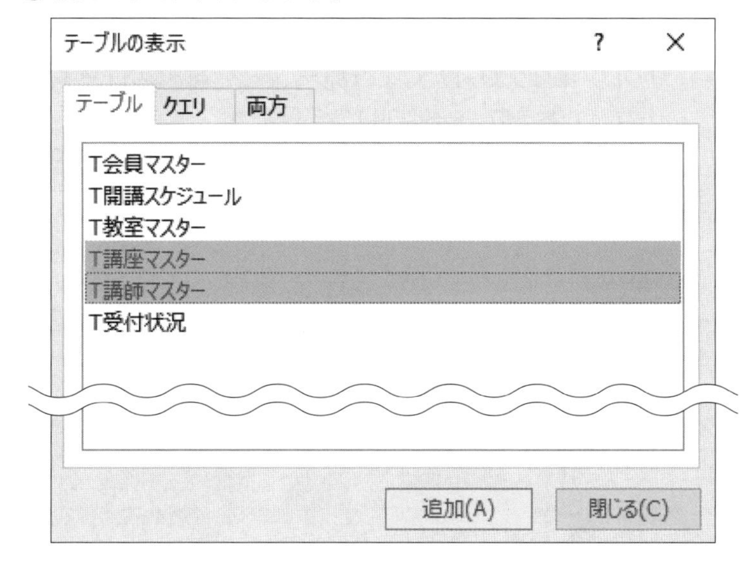

⑧テーブル**「T講座マスター」**と**「T講師マスター」**のフィールドリストが追加されます。
※すべてのフィールド名が表示されるように、フィールドリストのサイズを調整しておきましょう。
⑨**「T講座マスター」**フィールドリストの**「講座ID」**をダブルクリックします。
⑩**「講座ID」**がデザイングリッドに追加されます。
⑪同様に、その他のフィールドを追加します。
⑫**F12**を押します。

Point
複数のテーブルをもとにしたクエリ
2つのテーブルに共通のフィールドがある場合、対応する講師名や教室名などを自動的に参照できます。

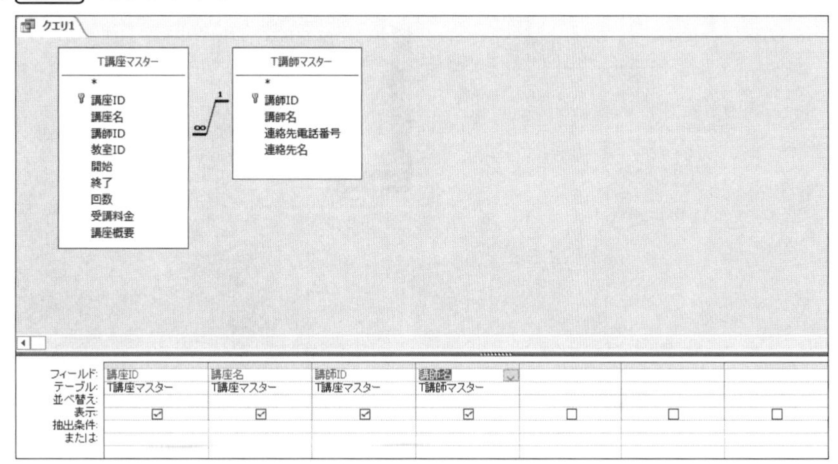

⑬**《名前を付けて保存》**ダイアログボックスが表示されます。
⑭**《'クエリ1'の保存先》**に**「Q講座一覧」**と入力します。
⑮**《OK》**をクリックします。

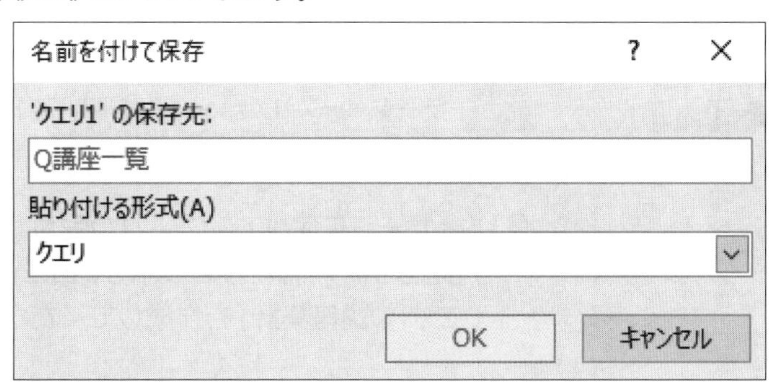

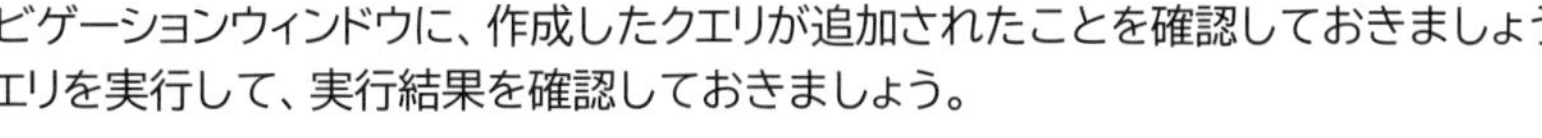
※ナビゲーションウィンドウに、作成したクエリが追加されたことを確認しておきましょう。
※クエリを実行して、実行結果を確認しておきましょう。

3-1-5 基本的なクロス集計クエリを作成する

 解説

■クロス集計クエリの作成

「クロス集計クエリ」とは、行見出しと列見出しにフィールドを配置し、合計や平均、カウントなどが集計できるクエリのことです。
クロス集計クエリウィザードを使うと、対話形式の設問に答えながら簡単にクロス集計クエリを作成できます。

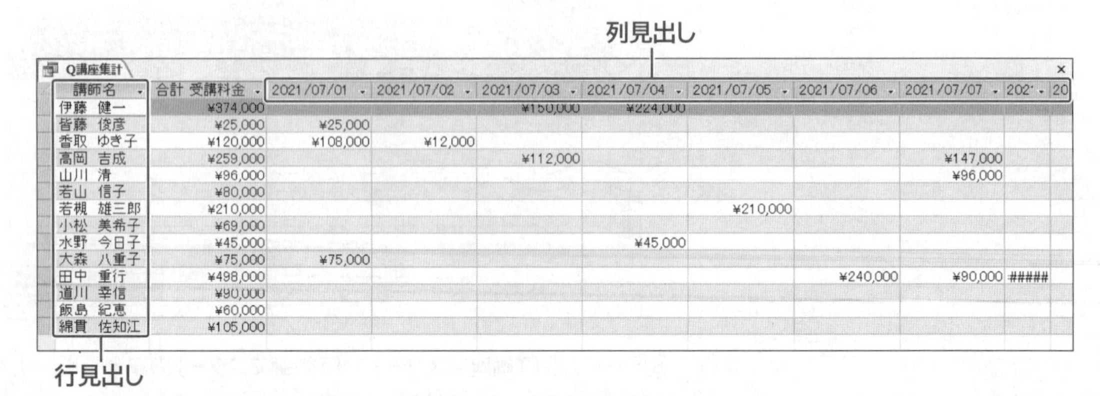

講師名	合計 受講料金	2021/07/01	2021/07/02	2021/07/03	2021/07/04	2021/07/05	2021/07/06	2021/07/07	202'	20
伊藤 健一	¥374,000			¥150,000	¥224,000					
皆藤 俊彦	¥25,000	¥25,000								
香取 ゆき子	¥120,000	¥108,000	¥12,000							
高岡 吉成	¥259,000			¥112,000				¥147,000		
山川 清	¥96,000							¥96,000		
若山 信子	¥80,000									
若槻 雄三郎	¥210,000					¥210,000				
小松 美希子	¥69,000									
水野 今日子	¥45,000				¥45,000					
大森 八重子	¥75,000	¥75,000								
田中 重行	¥498,000						¥240,000	¥90,000	#####	
道川 幸信	¥90,000									
飯島 紀恵	¥60,000									
綿貫 佐知江	¥105,000									

2019 365 ◆《作成》タブ→《クエリ》グループの  (クエリウィザード)→《クロス集計クエリウィザード》

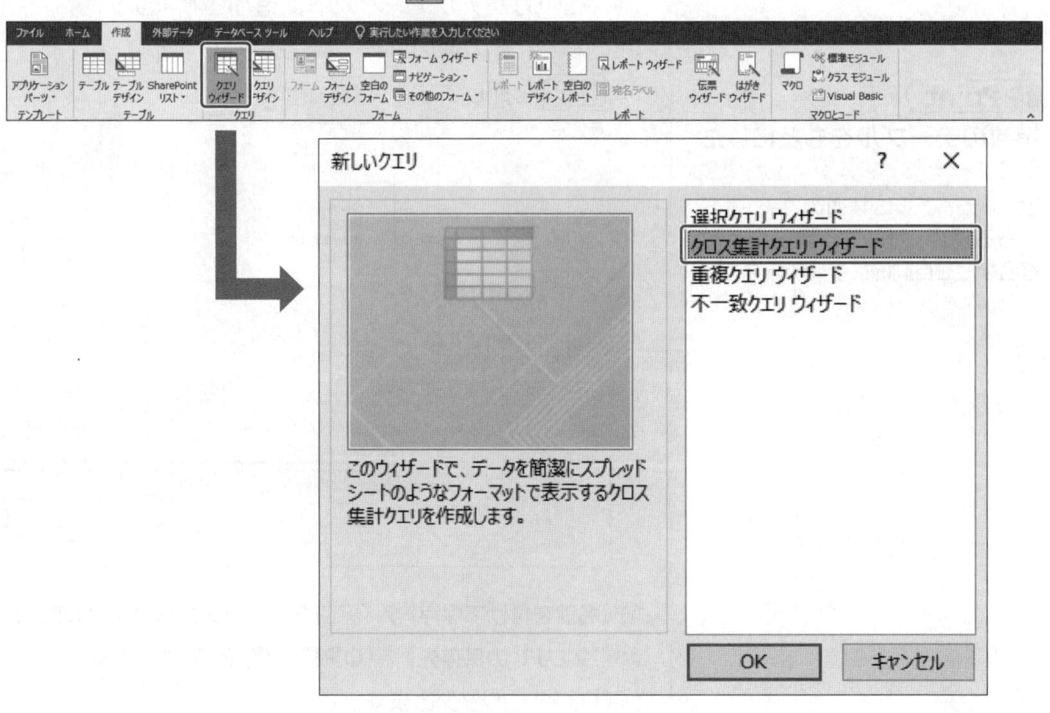

Lesson 42

OPEN データベース「Lesson42」を開いておきましょう。

次の操作を行いましょう。

(1) ウィザードを使って、クエリ「Q受付状況」をもとに、行見出しに「講師名」、列見出しに「開講日」を表示し、日ごとの「受講料金」を合計するクロス集計クエリ「Q講座集計」を作成してください。

Lesson 42 Answer

(1)

①《作成》タブ→《クエリ》グループの（クエリウィザード）をクリックします。

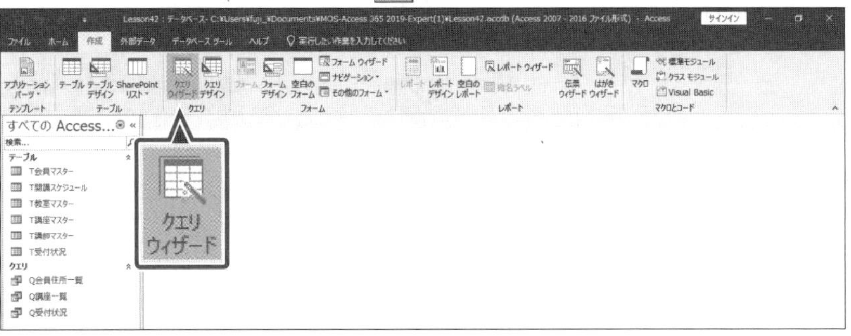

②《新しいクエリ》ダイアログボックスが表示されます。

③一覧から《クロス集計クエリウィザード》を選択します。

④《OK》をクリックします。

※セキュリティに関するメッセージが表示された場合は、《開く》をクリックしておきましょう。

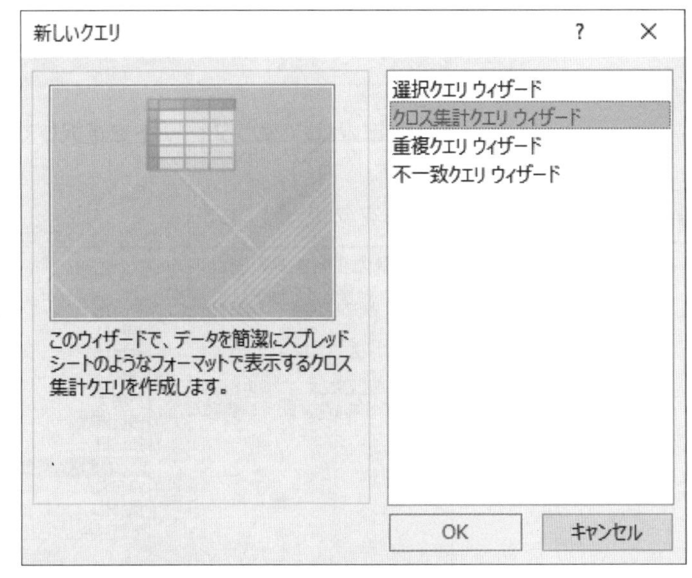

⑤《クロス集計クエリウィザード》が表示されます。

⑥《表示》の《クエリ》を◉にします。

⑦一覧から「クエリ：Q受付状況」を選択します。

⑧《次へ》をクリックします。

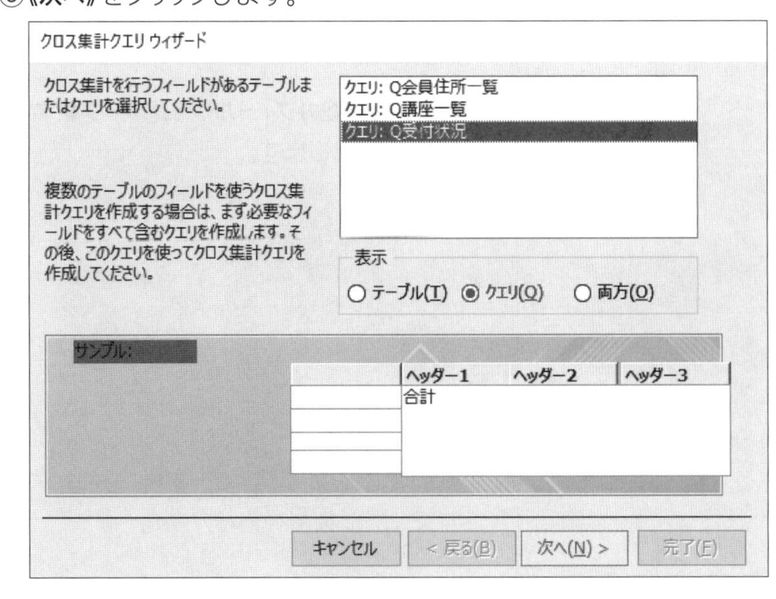

Point

デザインビューを使ったクロス集計クエリの作成

デザインビューを使ってクロス集計クエリを作成するには、デザインビューでテーブルやフィールドを設定したあとに、《デザイン》タブ→《クエリの種類》グループの（クエリの種類：クロス集計）をクリックします。

Point

行見出し

行見出しは3つまで設定できます。設定した順番でデータの並べ替えやグループ化が行われます。

⑨**《行見出しとして使うフィールドを選択してください。》**の**《選択可能なフィールド》**の一覧から**「講師名」**を選択します。

⑩ [>] をクリックします。

⑪**《次へ》**をクリックします。

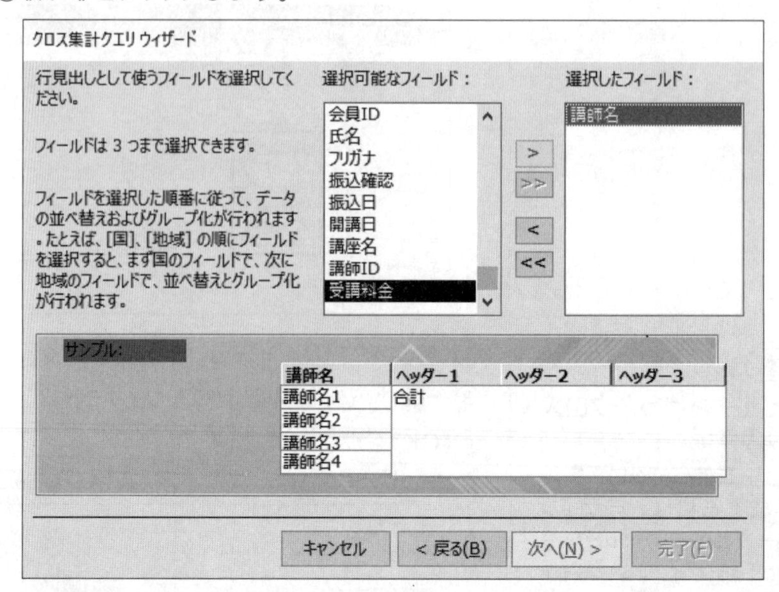

Point

列見出し

列見出しは1つしか設定できません。

⑫**《列見出しとして使うフィールドを選択してください。》**の一覧から**「開講日」**を選択します。

⑬**《次へ》**をクリックします。

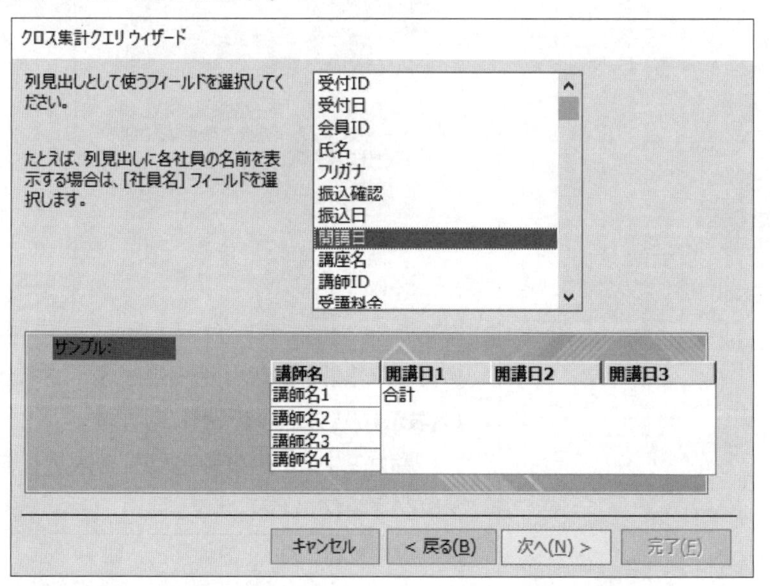

⑭**《日付/時刻型のフィールドをグループ化する単位を指定してください。》**の一覧から**《日》**を選択します。

⑮《次へ》をクリックします。

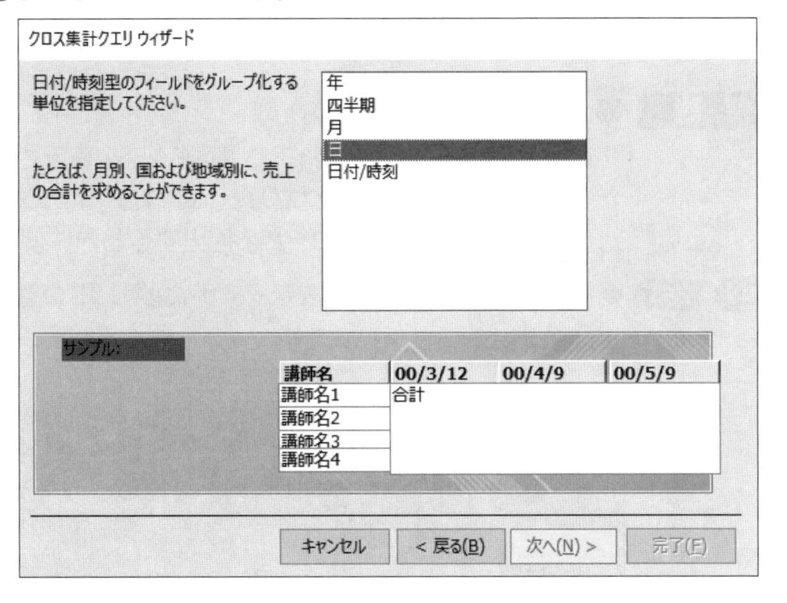

⑯《集計する値があるフィールドと、集計方法を選択してください。》の《フィールド》の一覧から「**受講料金**」を選択します。

⑰《集計方法》の一覧から《合計》を選択します。

⑱《次へ》をクリックします。

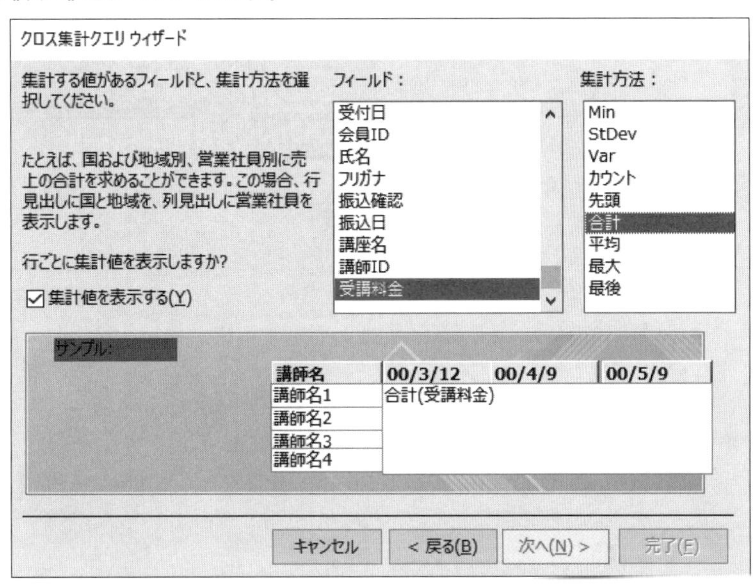

Point

集計値の表示

《集計値を表示する》を☑にすると、行見出しごとにデータの集計値を表示できます。

⑲《クエリ名を指定してください。》に「**Q講座集計**」と入力します。

⑳《クエリを実行して結果を表示する》が◉になっていることを確認します。

㉑《完了》をクリックします。

㉒クエリが実行され、データシートビューで表示されます。

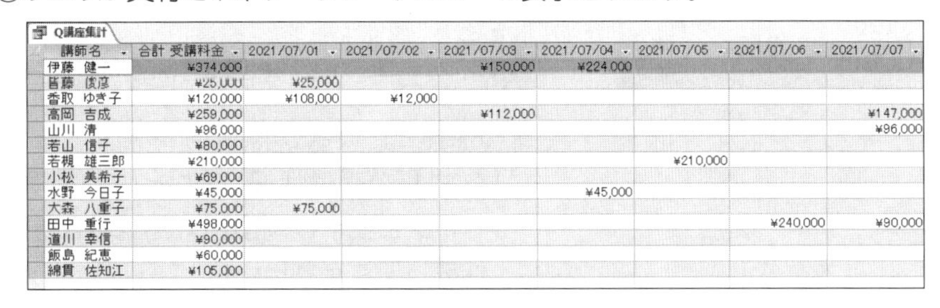

Q講座集計

講師名	合計 受講料金	2021/07/01	2021/07/02	2021/07/03	2021/07/04	2021/07/05	2021/07/06	2021/07/07
伊藤 健一	¥374,000			¥150,000	¥224,000			
皆藤 俊彦	¥25,000	¥25,000						
香取 ゆき子	¥120,000	¥108,000	¥12,000					
高岡 吉成	¥259,000			¥112,000				¥147,000
山川 清	¥96,000							¥96,000
若山 信子	¥80,000							
若槻 雄三郎	¥210,000					¥210,000		
小松 美希子	¥69,000							
水野 今日子	¥45,000				¥45,000			
大森 八重子	¥75,000	¥75,000						
田中 重行	¥498,000						¥240,000	¥90,000
道川 幸信	¥90,000							
飯島 紀恵	¥60,000							
綿貫 佐知江	¥105,000							

※列幅を調整しておきましょう。

※ナビゲーションウィンドウに、作成したクエリが追加されたことを確認しておきましょう。

Point

クロス集計クエリのアイコン

ナビゲーションウィンドウに表示されるクロス集計クエリのアイコンは、▦になります。

3-1-6 基本的なパラメータークエリを作成する

■パラメータークエリの作成

クエリを実行するたびにダイアログボックスを表示させて、その都度、抽出条件を設定できるクエリを**「パラメータークエリ」**といいます。パラメータークエリは、特定のフィールドに対して毎回違う条件でレコードを抽出するときに使います。

2019 365 ◆クエリをデザインビューで表示→デザイングリッドの《抽出条件》セルにメッセージを入力

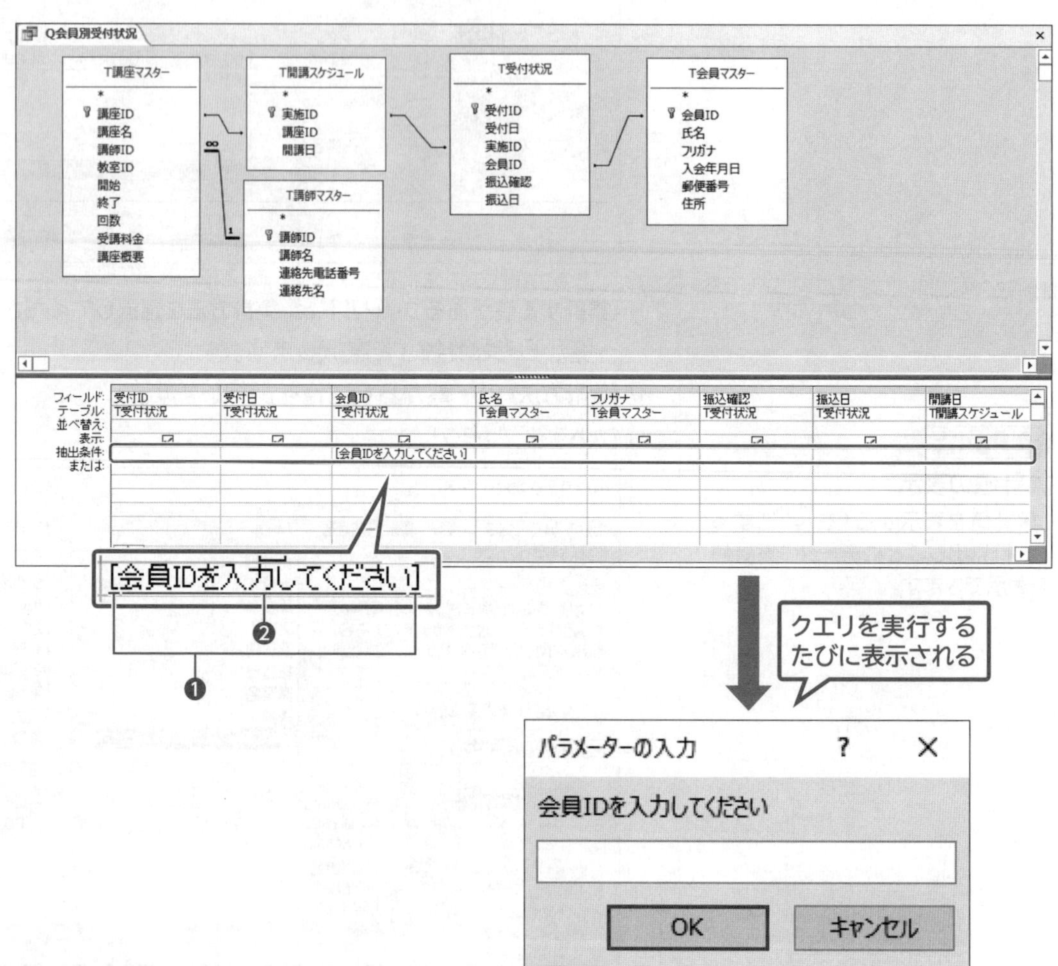

❶[ ]

メッセージを半角の角カッコで囲んで入力します。

❷メッセージ

《パラメーターの入力》ダイアログボックスに表示されるメッセージを入力します。

Lesson 43

データベース「Lesson43」を開いておきましょう。

次の操作を行いましょう。

(1) クエリ「Q受付状況」をもとに、「会員IDを入力してください」というメッセージを表示し、指定した会員IDを抽出するクエリ「Q会員別受付状況」を作成してください。

(2) クエリを実行して、会員IDが「R290103」のレコードを抽出してください。

Lesson 43 Answer

(1)

①ナビゲーションウィンドウのクエリ**「Q受付状況」**を右クリックします。

②**《デザインビュー》**をクリックします。

③クエリがデザインビューで表示されます。

④**「会員ID」**フィールドの**《抽出条件》**セルに**「[会員IDを入力してください]」**と入力します。

※「[ ]」は半角で入力します。

※列幅を調整して、条件を確認しましょう。

⑤F12を押します。

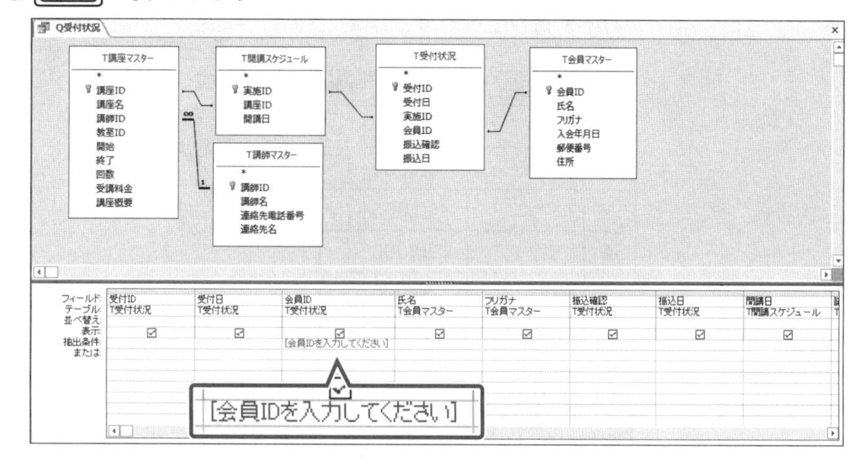

⑥**《名前を付けて保存》**ダイアログボックスが表示されます。

⑦**《'Q受付状況'の保存先》**に**「Q会員別受付状況」**と入力します。

⑧**《OK》**をクリックします。

※ナビゲーションウィンドウに、作成したクエリが追加されたことを確認しておきましょう。

(2)

①**《デザイン》**タブ→**《結果》**グループの（実行）をクリックします。

②**《パラメーターの入力》**ダイアログボックスが表示されます。

③**「会員IDを入力してください」**に**「R290103」**と入力します。

④**《OK》**をクリックします。

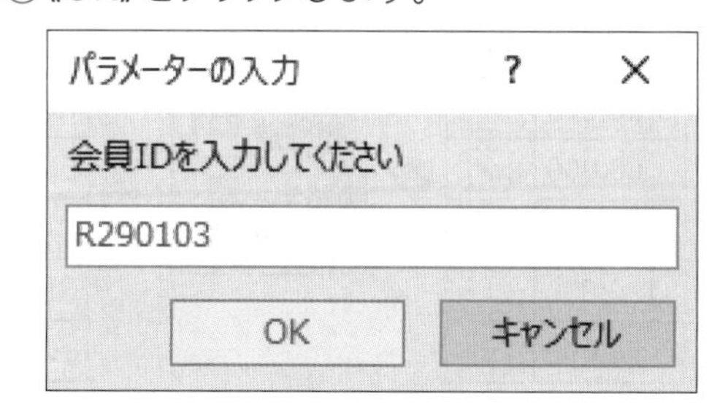

⑤**「会員ID」**が**「R290103」**のレコードが抽出されます。

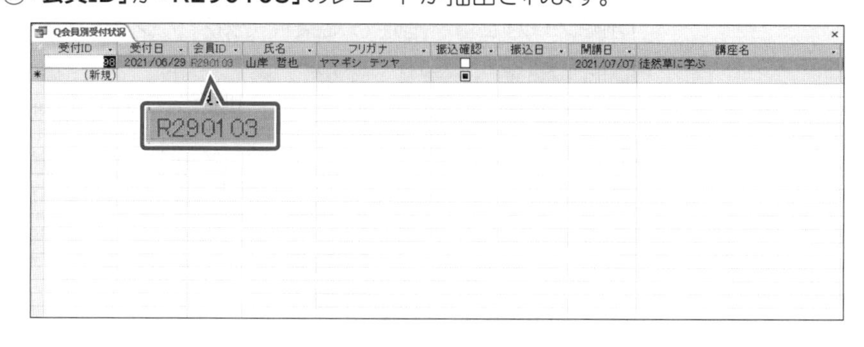

Point

ズーム

デザイングリッドのセルに条件を入力する場合、セルをズームして表示できます。長い条件を入力する場合に便利です。

2019 365

◆クエリをデザインビューで表示→デザイングリッドのセルを右クリック→《ズーム》

◆クエリをデザインビューで表示→デザイングリッドのセルを選択→Shift＋F2

※フォントサイズを変更する場合は、《ズーム》ダイアログボックスの《フォント》をクリックして調整します。

Point

パラメータークエリの実行

パラメータークエリを一度実行したあとに、再度パラメータークエリを実行する場合は、Shiftを押しながらF9を押します。デザインビューに切り替えなくても、ダイアログボックスが表示できるので、異なる条件で連続してレコードを抽出するときに便利です。

Point

Yes/No型のパラメーター

Yes/No型のフィールドは、「Yes」または「No」が表示されるように書式が設定されますが、値としては「-1」または「0」の値が格納されています。

そのため、Yes/No型のフィールドにパラメーターを設定してレコードを抽出する場合、《パラメーターの入力》ダイアログボックスで「-1」または「0」と指定する必要があります。

3-1-7 基本的なアクションクエリを作成する

■アクションクエリの作成

「アクションクエリ」とは、もとになるテーブルに対して一括で処理を行い、レコードを追加したり、削除したり、データを更新したりするクエリのことです。
アクションクエリには、**「テーブル作成クエリ」「追加クエリ」「更新クエリ」「削除クエリ」**の4つの種類があります。

●テーブル作成クエリ

「テーブル作成クエリ」とは、指定した条件で既存のレコードをコピーして新規のテーブルを作成するクエリです。

コード	商品名	価格	売約済
DI	ダイヤモンド	100,000	☑
RU	ルビー	50,000	☐
EM	エメラルド	60,000	☑
SA	サファイア	70,000	☐
SI	真珠	120,000	☐
TO	トパーズ	50,000	☐

➡ テーブル作成クエリ　売約済 ☑ ➡

新しいテーブル

コード	商品名	価格	売約済
DI	ダイヤモンド	100,000	☑
EM	エメラルド	60,000	☑

●追加クエリ

「追加クエリ」とは、指定した条件で既存のレコードを別のテーブルに追加するクエリです。

コード	商品名	価格	売約済
RU	ルビー	50,000	☑
SA	サファイア	70,000	☐
SI	真珠	120,000	☐
TO	トパーズ	50,000	☐

➡ 追加クエリ　売約済 ☑ ➡

別テーブル

コード	商品名	価格	売約済
DI	ダイヤモンド	100,000	☑
EM	エメラルド	60,000	☑
RU	ルビー	50,000	☑

●更新クエリ

「更新クエリ」とは、指定した条件で既存のフィールドのデータを一括して更新するクエリです。

コード	商品名	価格	売約済
DI	ダイヤモンド	100,000	☑
RU	ルビー	50,000	☐
EM	エメラルド	60,000	☑
SA	サファイア	70,000	☐
SI	真珠	120,000	☐
TO	トパーズ	50,000	☐

➡ 更新クエリ　売約済 ☐　価格＝価格×0.9 ➡

コード	商品名	価格	売約済
DI	ダイヤモンド	100,000	☑
RU	ルビー	45,000	☐
EM	エメラルド	60,000	☑
SA	サファイア	63,000	☐
SI	真珠	108,000	☐
TO	トパーズ	45,000	☐

●削除クエリ

「削除クエリ」とは、指定した条件で既存のレコードを一括して削除するクエリです。

コード	商品名	価格	売約済
DI	ダイヤモンド	100,000	☑
RU	ルビー	50,000	☐
EM	エメラルド	60,000	☑
SA	サファイア	70,000	☐
SI	真珠	120,000	☐
TO	トパーズ	50,000	☐

➡ 削除クエリ　売約済 ☑ ➡

コード	商品名	価格	売約済
RU	ルビー	50,000	☐
SA	サファイア	70,000	☐
SI	真珠	120,000	☐
TO	トパーズ	50,000	☐

2019 365 ◆選択クエリをデザインビューで表示→《デザイン》タブ→《クエリの種類》グループのボタン

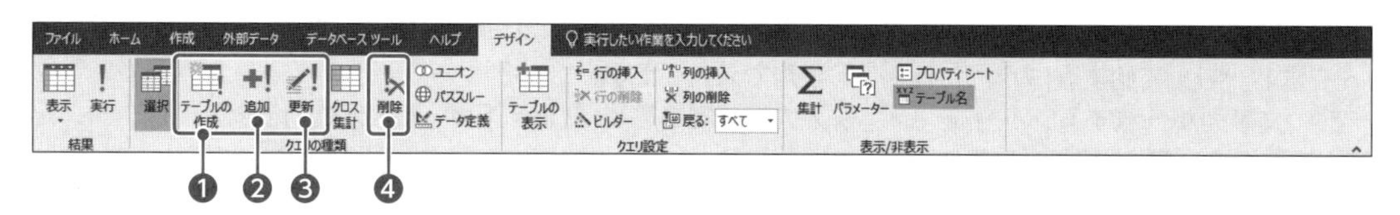

❶  （クエリの種類：テーブル作成）
テーブル作成クエリを作成します。

❷ （クエリの種類：追加）
追加クエリを作成します。

❸  （クエリの種類：更新）
更新クエリを作成します。

❹ （クエリの種類：削除）
削除クエリを作成します。

■アクションクエリの実行

作成したアクションクエリを表示するには、クエリを実行します。

2019 365 ◆アクションクエリをデザインビューで表示→《デザイン》タブ→《結果》グループの（実行）

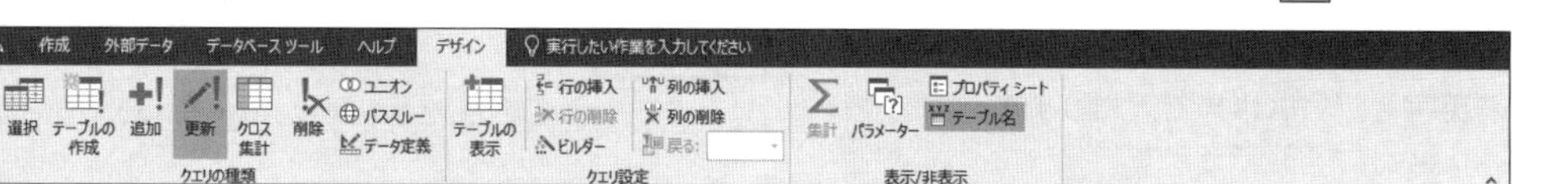

Lesson 44

OPEN データベース「Lesson44」を開いておきましょう。

Hint
一部の文字列が一致するレコードを抽出する場合は、ワイルドカードの「＊」を使います。

次の操作を行いましょう。

(1) クエリ「Q講座一覧」を更新クエリ「Q講座一覧（回数変更）」に変更してください。「講座ID」が「F」で始まるレコードの回数をすべて「5」にします。

(2) 更新クエリを実行してください。

Lesson 44 Answer

(1)

①ナビゲーションウィンドウのクエリ「**Q講座一覧**」を右クリックします。

②《**デザインビュー**》をクリックします。

③クエリがデザインビューで表示されます。

④《**デザイン**》タブ→《**クエリの種類**》グループの（クエリの種類：更新）をクリックします。

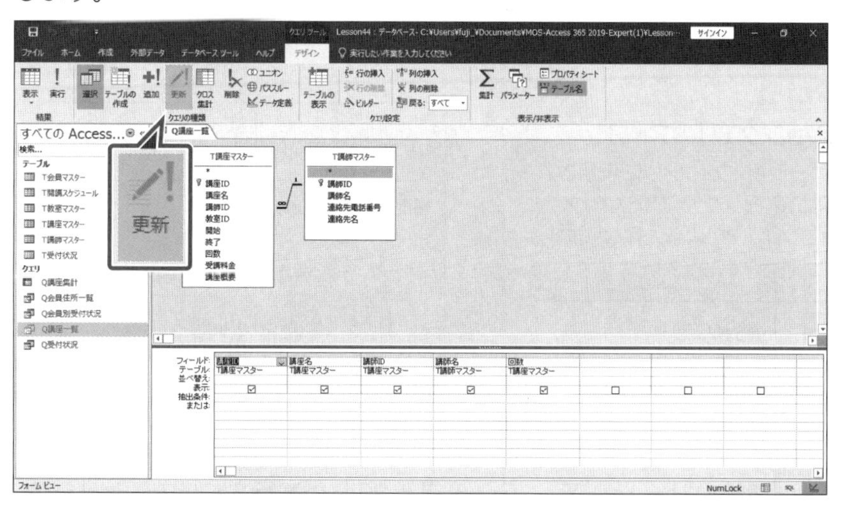

Point

ワイルドカードを使った抽出

「～を含む」や「～で始まる」のように一部の文字列が一致するレコードを抽出するには、「ワイルドカード」を使います。《抽出条件》セルにワイルドカードを使って条件を設定すると、自動的にLike演算子が記述されます。
ワイルドカードには、次のようなものがあります。

ワイルドカード	条件	説明
* （任意の文字）	Like "富士*"	「富士」で始まる
	Like "*富士*"	「富士」を含む
	Like "*富士"	「富士」で終わる
? （任意の1文字）	Like "??商事"	3文字目以降が「商事」
[ ] （角カッコ内に指定した1文字）	Like "[サテ]*"	「サ」「テ」のいずれかで始まる

※英字と記号は半角で入力します。
「Like」は省略できます。

⑤デザイングリッドに**《レコードの更新》**の行が表示されます。

⑥**「講座ID」**フィールドの**《抽出条件》**セルに**「F*」**と入力します。
※半角で入力します。
※入力を確定すると、「Like "F*"」と表示されます。

⑦**「回数」**フィールドの**《レコードの更新》**セルに**「5」**と入力します。

⑧ F12 を押します。

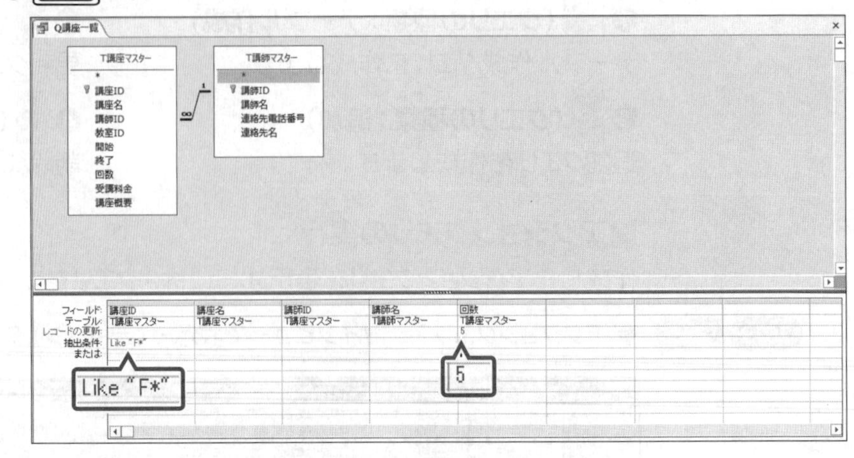

⑨**《名前を付けて保存》**ダイアログボックスが表示されます。

⑩**《'Q講座一覧'の保存先》**に**「Q講座一覧（回数変更）」**と入力します。

⑪**《OK》**をクリックします。
※ナビゲーションウィンドウに、作成したクエリが追加されたことを確認しておきましょう。

(2)

①**《デザイン》**タブ→**《結果》**グループの（実行）をクリックします。

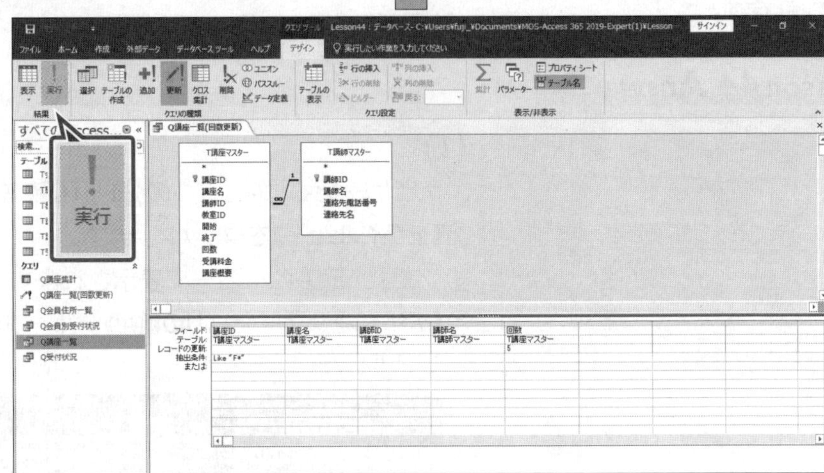

Point

アクションクエリのアイコン

ナビゲーションウィンドウに表示される通常の選択クエリとアクションクエリのアイコンは、次のように異なります。

アイコン	クエリの種類
	選択クエリ
	テーブル作成クエリ
	追加クエリ
	更新クエリ
	削除クエリ

②メッセージを確認し、**《はい》**をクリックします。

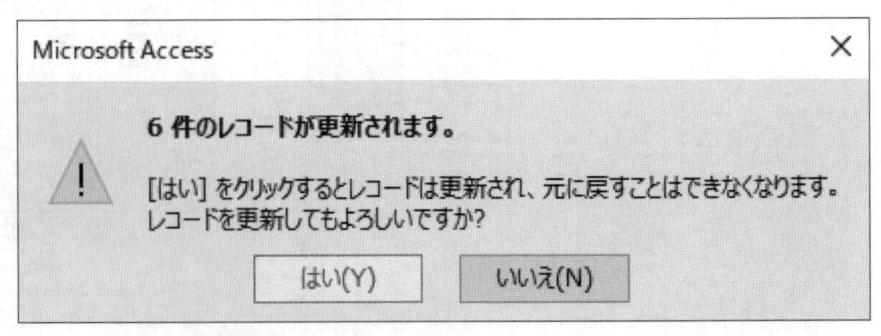

③更新クエリが実行されます。
※テーブル「T講座マスター」の「講座ID」フィールドが「F」で始まるレコードの「回数」フィールドの値が更新されていることを確認しておきましょう。

Lesson 45

 データベース「Lesson45」を開いておきましょう。

次の操作を行いましょう。

(1) テーブル「T会員マスター」の「会員ID」「氏名」フィールドとテーブル「T受付状況」の「振込確認」フィールドをもとに、「T振込確認済の会員」という名前のテーブルを作成するクエリ「Q振込確認済」を作成してください。「振込確認」フィールドがオンのレコードを抽出します。

(2) テーブル作成クエリを実行してください。

Lesson 45 Answer

(1)

①**《作成》**タブ→**《クエリ》**グループの（クエリデザイン）をクリックします。

②新しいクエリウィンドウがデザインビューで表示され、**《テーブルの表示》**が表示されます。

※お使いの環境によっては、《テーブルの表示》が《テーブルの追加》と表示される場合があります。

③**《テーブル》**タブを選択します。

④一覧から**「T会員マスター」**を選択します。

⑤ Ctrl を押しながら、**「T受付状況」**を選択します。

⑥**《追加》**をクリックします。

※お使いの環境によっては、《追加》が《選択したテーブルを追加》と表示される場合があります。

⑦**《閉じる》**をクリックします。

⑧テーブル**「T会員マスター」**と**「T受付状況」**のフィールドリストが追加されます。

※すべてのフィールド名が表示されるように、フィールドリストのサイズを調整しておきましょう。

⑨**「T会員マスター」**フィールドリストの**「会員ID」**をダブルクリックします。

⑩**「会員ID」**がデザイングリッドに追加されます。

⑪同様に、その他のフィールドを追加します。

⑫**「振込確認」**フィールドの**《抽出条件》**セルに**「Yes」**と入力します。

※半角で入力します。「True」「On」「-1」と入力してもかまいません。

※クエリを実行して、実行結果を確認しておきましょう。確認後、デザインビューに戻しておきましょう。

⑬**《デザイン》**タブ→**《クエリの種類》**グループの（クエリの種類：テーブル作成）をクリックします。

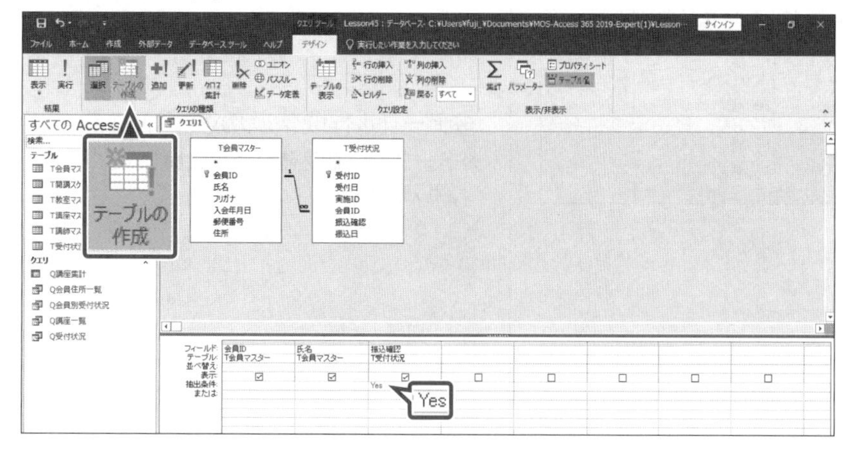

⑭《**テーブルの作成**》ダイアログボックスが表示されます。

⑮《**テーブル名**》に「**T振込確認済の会員**」と入力します。

⑯《**OK**》をクリックします。

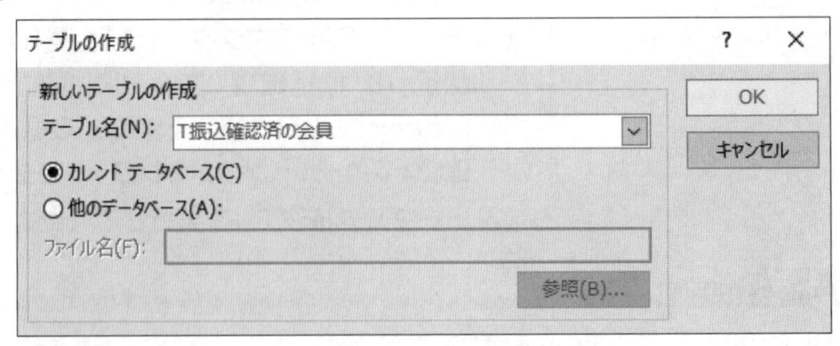

⑰ F12 を押します。

⑱《**名前を付けて保存**》ダイアログボックスが表示されます。

⑲《**'クエリ1'の保存先**》に「**Q振込確認済**」と入力します。

⑳《**OK**》をクリックします。

※ナビゲーションウィンドウに、作成したクエリが追加されたことを確認しておきましょう。

(2)

①《**デザイン**》タブ→《**結果**》グループの (実行) をクリックします。

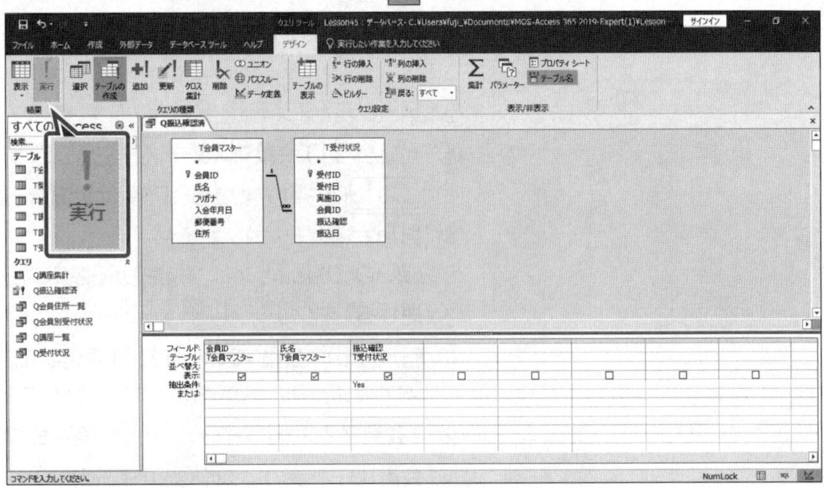

②メッセージを確認し、《**はい**》をクリックします。

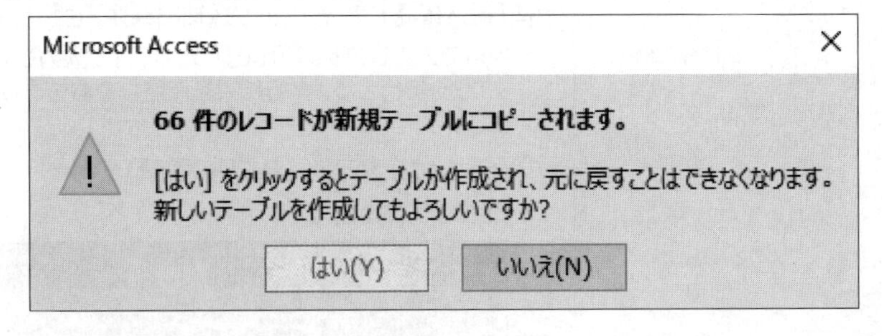

③テーブル作成クエリが実行されます。

※テーブル「T振込確認済の会員」が作成され、66件のレコードがコピーされていることを確認しておきましょう。

Point

Yes/No型の表示

テーブル作成クエリで作成したテーブルをデータシートビューで表示すると、Yes/No型のフィールドは、チェックボックスではなく、「-1」(オン)や「0」(オフ)で表示されます。

会員ID	氏名	振込確認
R290001	吉村 孝彦	-1
R290002	金岡 まなみ	-1
R290004	村山 斉	-1
R290005	坂本 みさき	-1
R290006	安川 浩平	-1
R290009	堀見 暢子	-1
R290010	森尾 正敏	-1
R290011	薙原 圭介	-1
R290012	岡本 祥子	-1
R290014	白川 響子	-1
R290015	三上 久幸	-1
R290016	諸岡 康祐	-1

Lesson 46

 データベース「Lesson46」を開いておきましょう。

次の操作を行いましょう。

(1) テーブル「T受付状況」のすべてのフィールドをもとに、削除クエリ「Q受付状況（振込済の削除）」を作成してください。「振込確認」フィールドがオンのレコードを削除するようにします。

(2) 削除クエリを実行してください。

Lesson 46 Answer

(1)

①**《作成》**タブ→**《クエリ》**グループの （クエリデザイン）をクリックします。

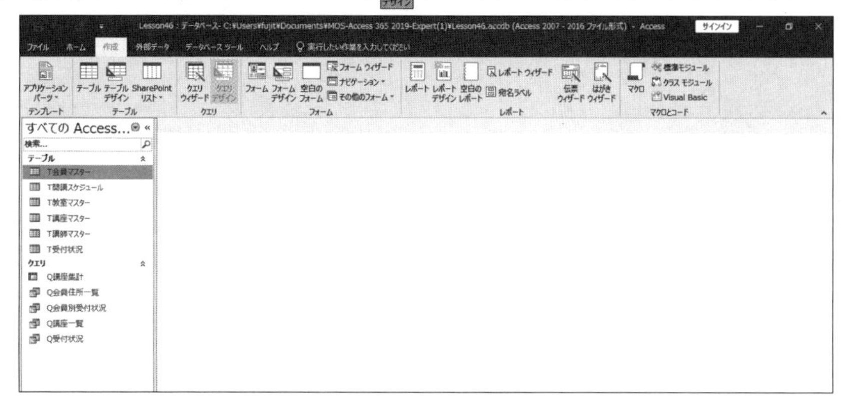

②新しいクエリウィンドウがデザインビューで表示され、**《テーブルの表示》**が表示されます。

※お使いの環境によっては、《テーブルの表示》が《テーブルの追加》と表示される場合があります。

③**《テーブル》**タブを選択します。

④一覧から**「T受付状況」**を選択します。

⑤**《追加》**をクリックします。

※お使いの環境によっては、《追加》が《選択したテーブルを追加》と表示される場合があります。

⑥**《閉じる》**をクリックします。

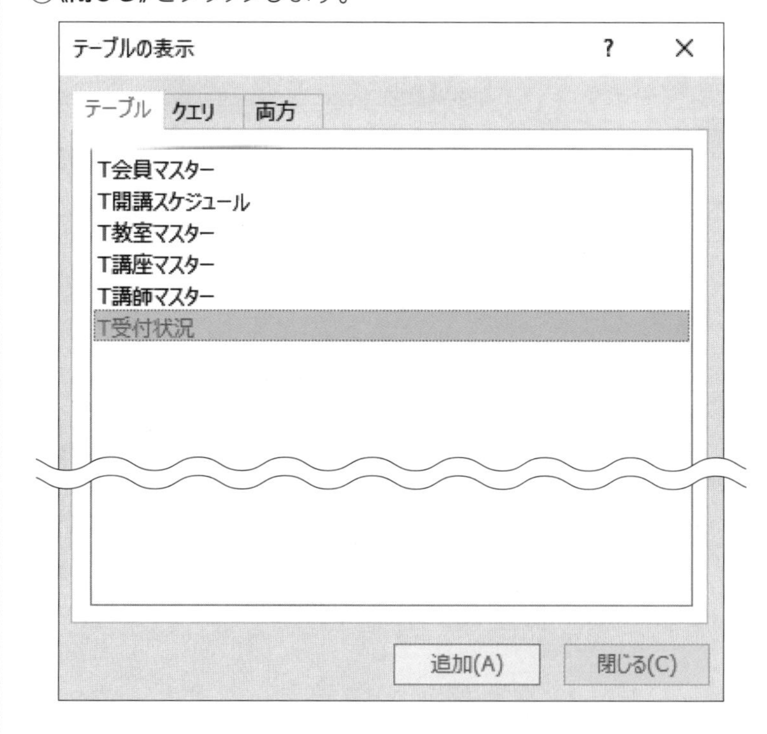

求められるスキル
出題範囲1
出題範囲2
出題範囲3
出題範囲4
出題範囲5
確認問題 標準解答

⑦テーブル**「T受付状況」**のフィールドリストが追加されます。

※すべてのフィールド名が表示されるように、フィールドリストのサイズを調整しておきましょう。

⑧**「T受付状況」**フィールドリストの**「受付ID」**をダブルクリックします。

⑨同様に、その他のフィールドを追加します。

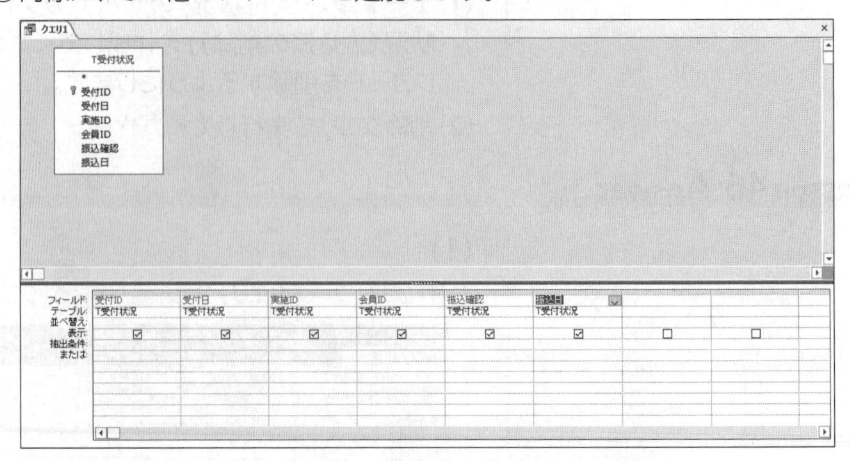

⑩**「振込確認」**フィールドの**《抽出条件》**セルに**「Yes」**と入力します。

※半角で入力します。「True」「On」「-1」と入力してもかまいません。

※クエリを実行して、実行結果を確認しておきましょう。確認後、デザインビューに戻しておきましょう。

⑪**《デザイン》**タブ→**《クエリの種類》**グループの（クエリの種類：削除）をクリックします。

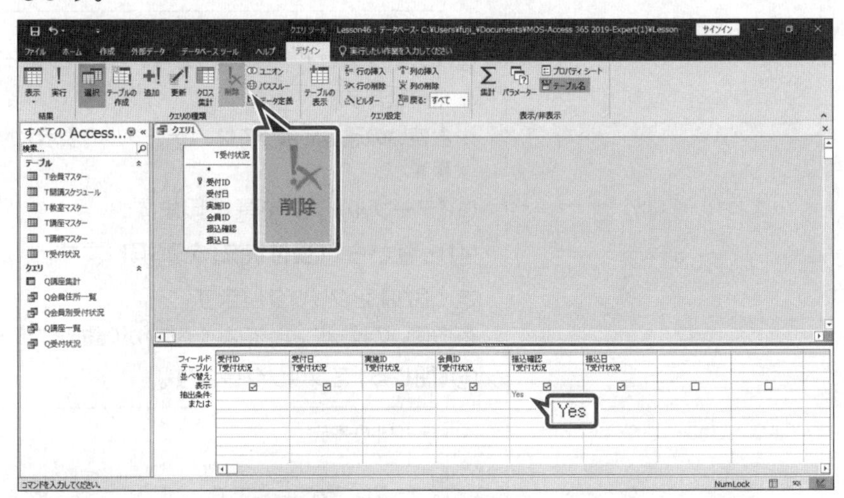

⑫デザイングリッドに**《レコードの削除》**の行が追加されます。

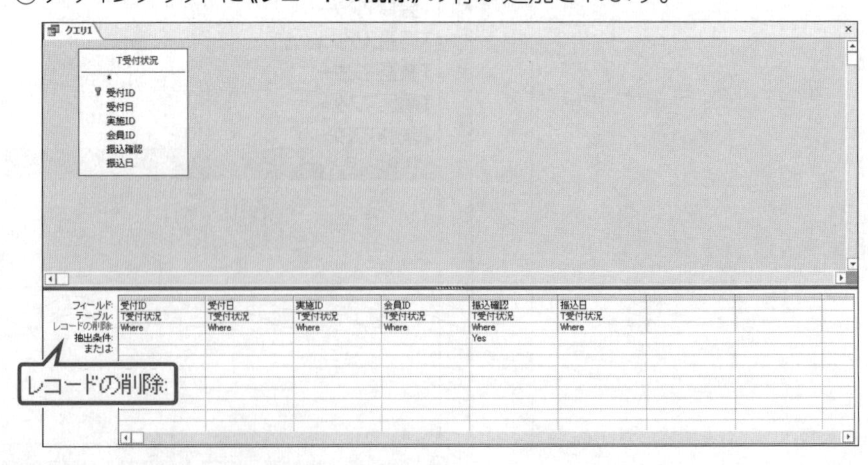

⑬ F12 を押します。

⑭《名前を付けて保存》ダイアログボックスが表示されます。

⑮《'クエリ1'の保存先》に「Q受付状況（振込済の削除）」と入力します。

⑯《OK》をクリックします。

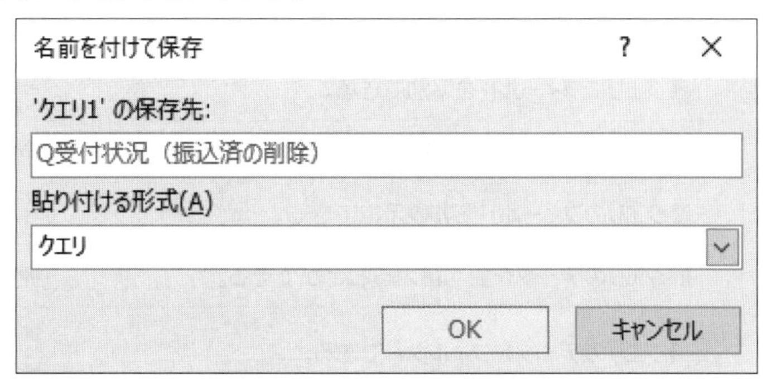

※ナビゲーションウィンドウに、作成したクエリが追加されたことを確認しておきましょう。

(2)

①《デザイン》タブ→《結果》グループの ！（実行）をクリックします。

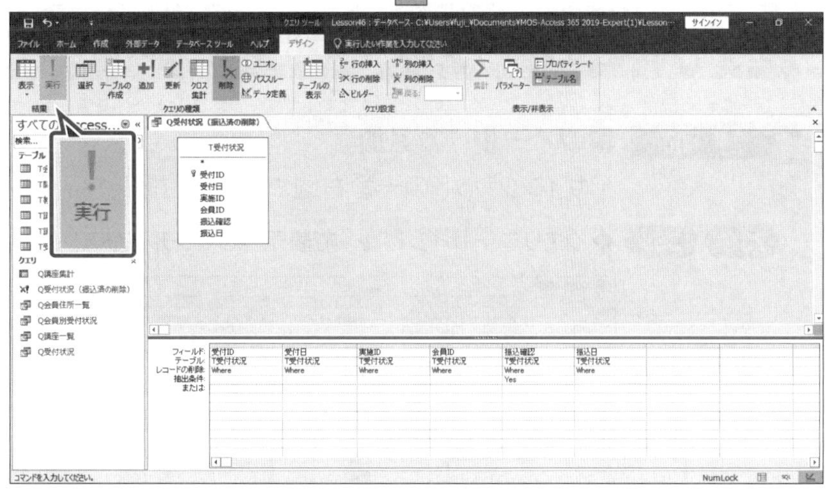

②メッセージを確認し、《はい》をクリックします。

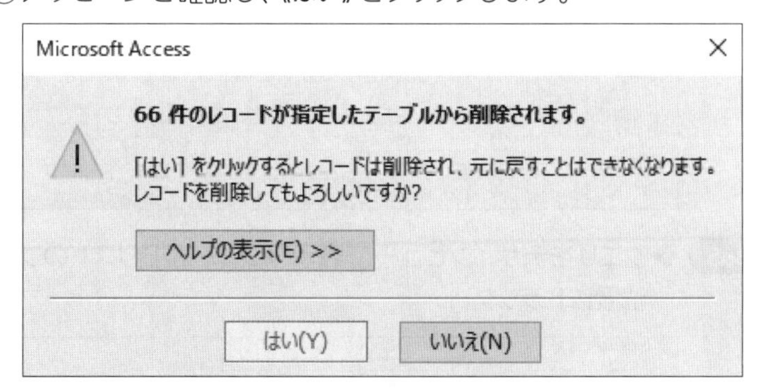

③削除クエリが実行されます。

※テーブル「T受付状況」からレコードが削除されていることを確認しておきましょう。

Point

参照整合性と削除クエリ

2つのテーブル間に参照整合性を設定している場合、主テーブルのレコードを削除する削除クエリは実行できません。その場合は、レコードの連鎖削除を設定すると、両方のテーブルからレコードを削除できます。

3-2 クエリを変更する

理解度チェック

習得すべき機能	参照Lesson	学習前	学習後	試験直前
■クエリにフィールドを追加できる。	➡Lesson47	☑	☑	☑
■クエリのフィールドを削除できる。	➡Lesson47	☑	☑	☑
■クエリのフィールドを非表示にできる。	➡Lesson48	☑	☑	☑
■クエリのデータを並べ替えることができる。	➡Lesson49	☑	☑	☑
■クエリのデータをフィルターできる。	➡Lesson50 ➡Lesson51	☑	☑	☑
■クエリのフィールドに書式を設定できる。	➡Lesson52 ➡Lesson53	☑	☑	☑

3-2-1 フィールドを追加する、非表示にする、削除する

■フィールドの追加

デザイングリッドの一番右側や任意の位置にフィールドを追加できます。

2019 365 ◆クエリをデザインビューで表示→フィールドリストのフィールドをダブルクリック

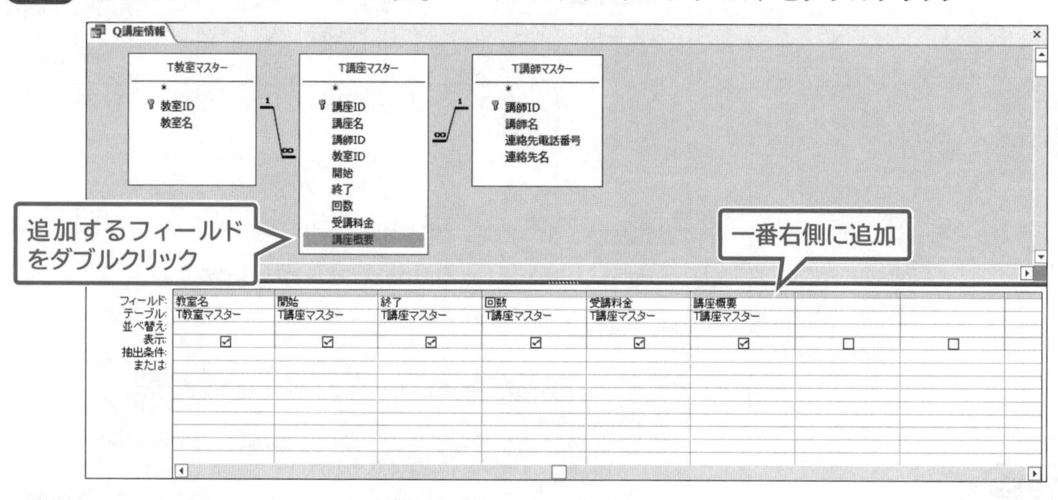

2019 365 ◆クエリをデザインビューで表示→フィールドリストのフィールドをデザイングリッドの追加する位置にドラッグ

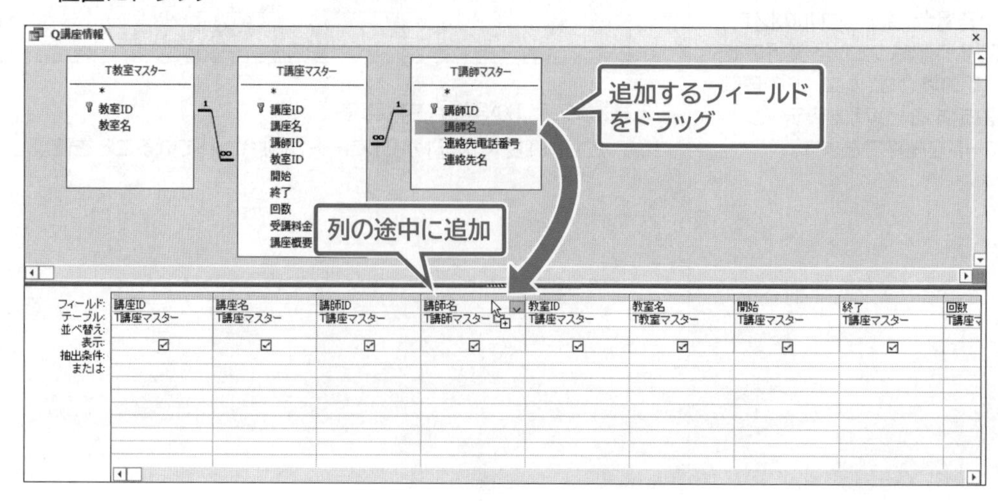

■フィールドの削除

クエリに不要なフィールドは、あとから削除できます。クエリはデータそのものではなくデザイングリッドで設定した情報が保存されているので、フィールドを削除してもデータそのものは保持されます。

2019 365 ◆ クエリをデザインビューで表示→フィールドを選択→《デザイン》タブ→《クエリ設定》グループの 列の削除 (列の削除)

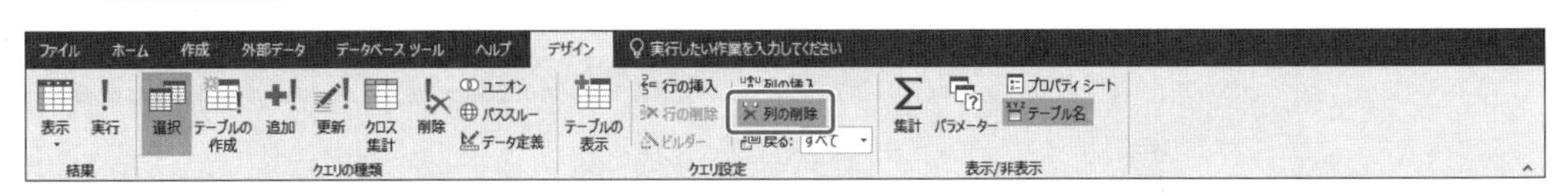

■フィールドの非表示

抽出条件や並べ替えなどを設定するために追加したフィールドを実行結果に表示する必要がない場合は、フィールドを非表示にできます。

2019 365 ◆ クエリをデータシートビューで表示→《ホーム》タブ→《レコード》グループの その他 (その他)→《フィールドの非表示》

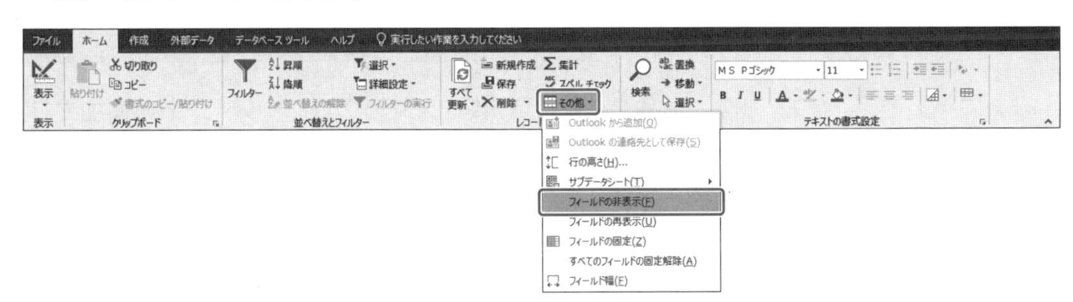

Lesson 47

データベース「Lesson47」を開いておきましょう。

次の操作を行いましょう。

(1) クエリ「Q講座情報」の「講師ID」フィールドの右側に、テーブル「T講師マスター」の「講師名」フィールドを追加してください。

(2) クエリ「Q講座情報」の「講座概要」フィールドを削除してください。

Lesson 47 Answer

(1)

①ナビゲーションウィンドウのクエリ**「Q講座情報」**を右クリックします。

②**《デザインビュー》**をクリックします。

③クエリがデザインビューで表示されます。

④**《デザイン》**タブ→**《クエリ設定》**グループの テーブルの表示 (テーブルの表示)をクリックします。

⑤**《テーブルの表示》**が表示されます。

※お使いの環境によっては、《テーブルの表示》が《テーブルの追加》と表示される場合があります。

⑥**《テーブル》**タブを選択します。

⑦一覧から**「T講師マスター」**を選択します。

⑧**《追加》**をクリックします。

※お使いの環境によっては、《追加》が《選択したテーブルを追加》と表示される場合があります。

⑨**《閉じる》**をクリックします。

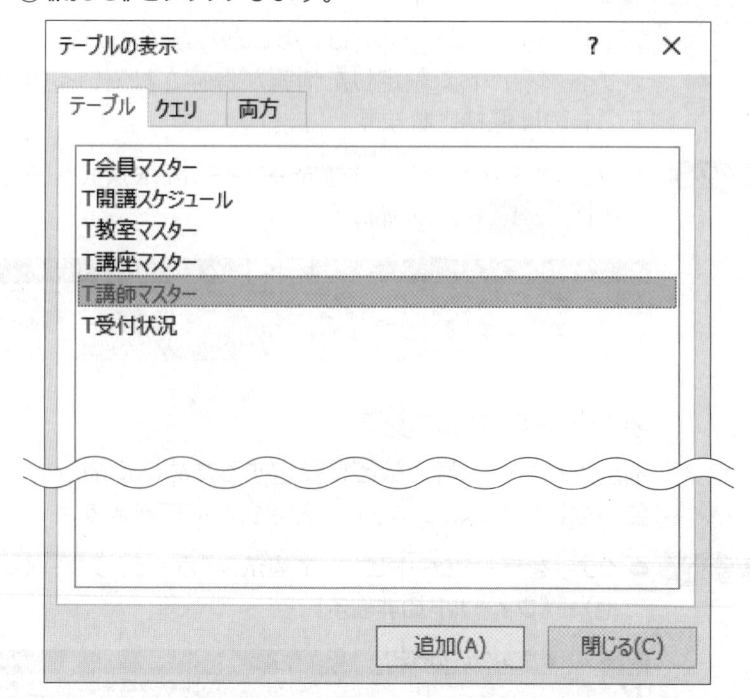

⑩テーブル**「T講師マスター」**のフィールドリストが追加されます。

⑪**「T講師マスター」**フィールドリストの**「講師名」**をデザイングリッドの**「教室ID」**までドラッグします。

※マウスポインターの形がに変わります。

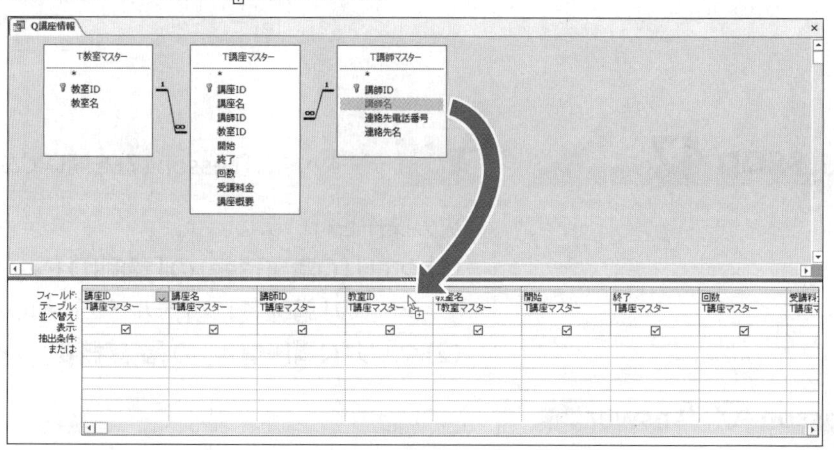

⑫**「講師名」**がデザイングリッドに追加されます。

※「教室ID」フィールドの左側に列が挿入されます。

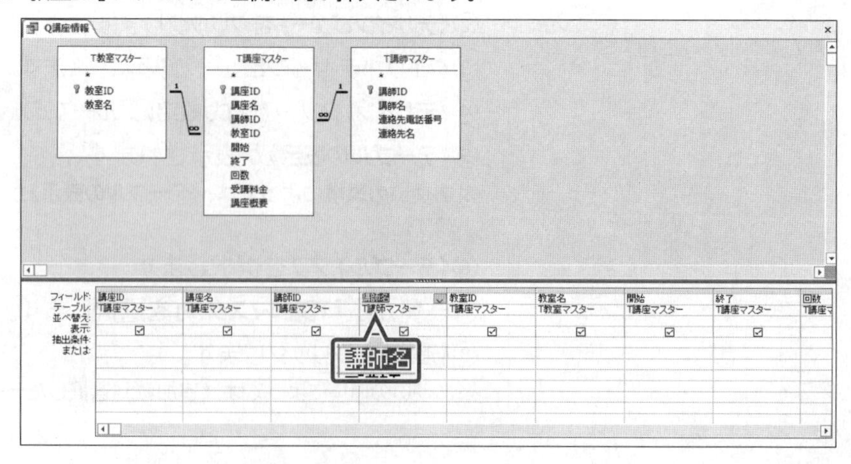

(2)

①クエリ「**Q講座情報**」がデザインビューで表示されていることを確認します。

②「**講座概要**」フィールドのフィールドセレクターをクリックします。

※表示されていない場合は、スクロールして調整します。

※フィールドセレクターをポイントし、マウスポインターの形が⬇になったらクリックします。

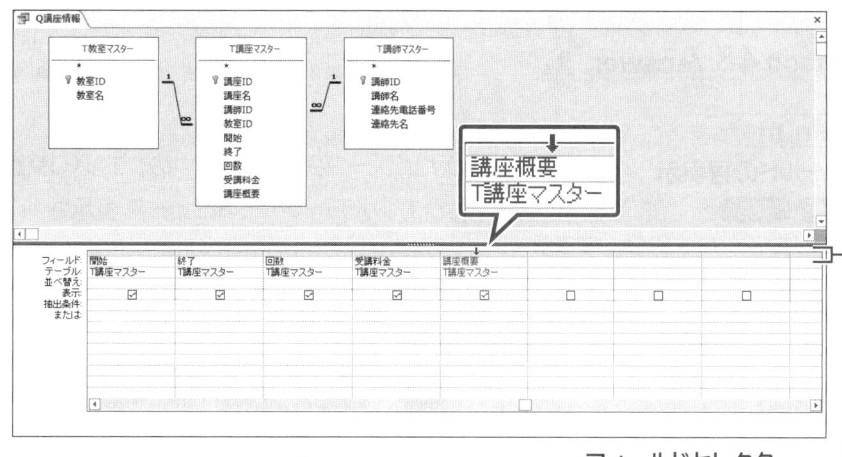

フィールドセレクター

③フィールドが選択されます。

④《**デザイン**》タブ→《**クエリ設定**》グループの 列の削除 (列の削除)をクリックします。

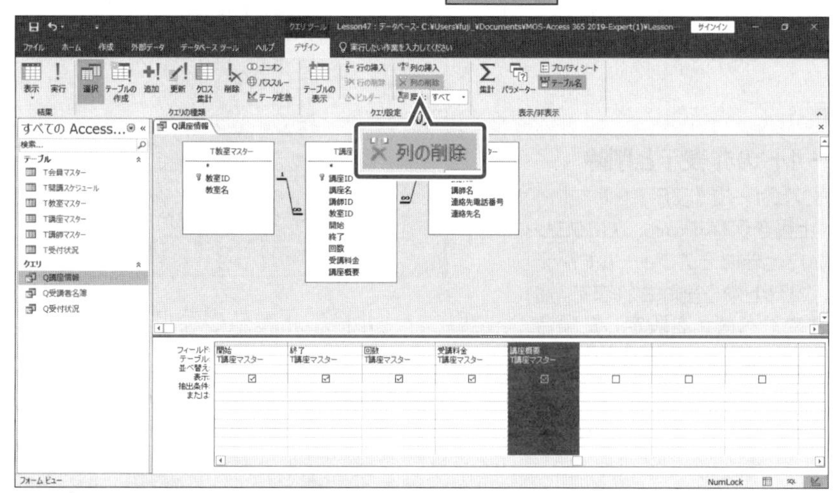

⑤フィールドが削除されます。

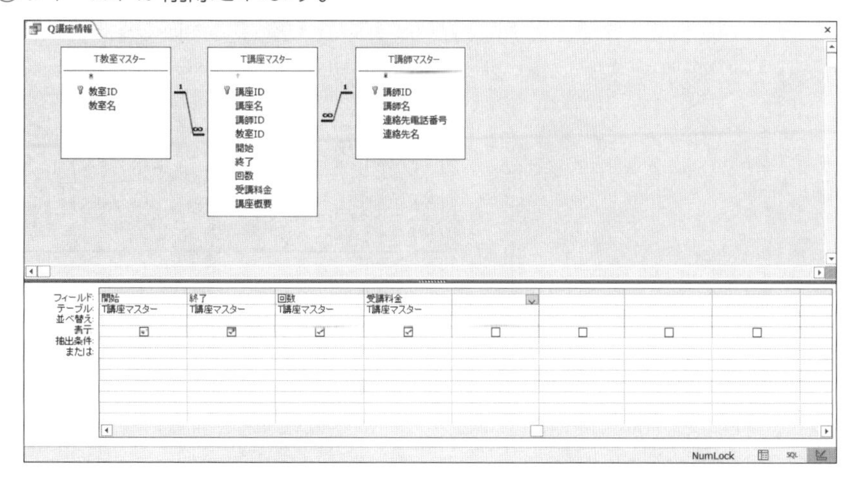

※クエリを実行して、結果を確認しておきましょう。

その他の方法

フィールドの削除

2019 365

◆クエリをデザインビューで表示→フィールドセレクターをクリック→《ホーム》タブ→《レコード》グループの 削除 (削除)

◆クエリをデザインビューで表示→フィールドセレクターをクリック→ Delete

Lesson 48

データベース「Lesson48」を開いておきましょう。

次の操作を行いましょう。

(1) クエリ「Q受講者名簿」の「講座ID」フィールドを非表示にしてください。フィールドは削除されないようにします。

Lesson 48 Answer

Point

フィールドの再表示

2019 365

◆クエリをデータシートビューで表示→《ホーム》タブ→《レコード》グループの その他 (その他)→《フィールドの再表示》

Point

デザインビューを使ったフィールドの非表示

クエリをデザインビューで表示し、デザイングリッドの《表示》セルを☐にすることでフィールドを非表示にすることもできます。

Point

フィールドの非表示と削除

デザインビューで《表示》セルを☐にし、上書き保存すると、次にクエリを開いたときにそのフィールドがデザイングリッドから削除されます。抽出条件や並べ替えを設定した場合は、デザイングリッドの一番右側に設定したフィールドが移動されます。

(1)

①ナビゲーションウィンドウのクエリ**「Q受講者名簿」**をダブルクリックします。

②クエリがデータシートビューで表示されます。

③**「講座ID」**フィールドの列見出しをクリックします。

④**《ホーム》**タブ→**《レコード》**グループの その他 (その他)→**《フィールドの非表示》**をクリックします。

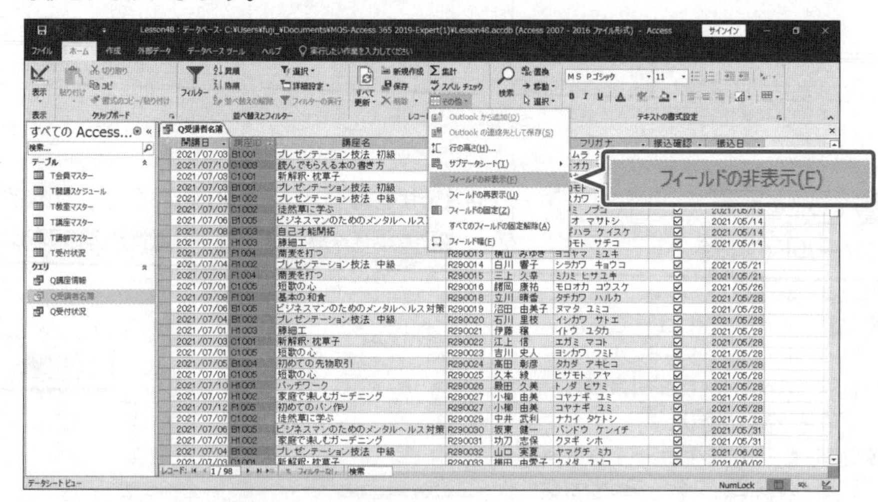

⑤フィールドが非表示になります。

Q受講者名簿

開講日	講座名	会員ID	氏名	フリガナ	振込確認	振込日
2021/07/03	プレゼンテーション技法 初級	R290001	吉村 孝彦	ヨシムラ タカヒコ	☑	2021/05/11
2021/07/10	読んでもらえる本の書き方	R290002	金岡 まなみ	カナオカ マナミ	☑	2021/05/11
2021/07/03	新解釈・枕草子	R290004	村山 斉	ムラヤマ ヒトシ	☑	2021/05/11
2021/07/03	プレゼンテーション技法 初級	R290005	坂本 みさき	サカモト ミサキ	☑	2021/05/13
2021/07/04	プレゼンテーション技法 中級	R290006	安川 浩平	ヤスカワ コウヘイ	☑	2021/05/13
2021/07/07	徒然草に学ぶ	R290009	堀見 暢子	ホリミ ノブコ	☑	2021/05/13
2021/07/06	ビジネスマンのためのメンタルヘルス対策	R290010	森尾 正敏	モリオ マサトシ	☑	2021/05/14
2021/07/08	自己才能開拓	R290011	薙原 圭介	ナギハラ ケイスケ	☑	2021/05/14
2021/07/01	籐細工	R290012	岡本 祥子	オカモト サチコ	☑	2021/05/14
2021/07/01	蕎麦を打つ	R290013	横山 みゆき	ヨコヤマ ミユキ	☐	
2021/07/04	プレゼンテーション技法 中級	R290014	白川 響子	シラカワ キョウコ	☑	2021/05/21
2021/07/01	蕎麦を打つ	R290015	三上 久幸	ミカミ ヒサユキ	☑	2021/05/21
2021/07/01	短歌の心	R290016	諸岡 康祐	モロオカ コウスケ	☑	2021/05/26
2021/07/09	基本の和食	R290018	立川 晴香	タチカワ ハルカ	☑	2021/05/28
2021/07/06	ビジネスマンのためのメンタルヘルス対策	R290019	沼田 由美子	ヌマタ ユミコ	☑	2021/05/28
2021/07/04	プレゼンテーション技法 中級	R290020	石川 里枝	イシカワ サトエ	☑	2021/05/28
2021/07/01	籐細工	R290021	伊藤 穣	イトウ ユタカ	☑	2021/05/28
2021/07/03	新解釈・枕草子	R290022	江上 信	エガミ マコト	☑	2021/05/28
2021/07/01	短歌の心	R290023	吉川 史人	ヨシカワ フミト	☑	2021/05/28
2021/07/05	初めての先物取引	R290024	高田 彰彦	タカダ アキヒコ	☑	2021/05/28
2021/07/01	短歌の心	R290025	久本 綾	ヒサモト アヤ	☑	2021/05/28
2021/07/10	パッチワーク	R290026	殿田 久美	トノダ ヒサミ	☑	2021/05/28
2021/07/07	家庭で楽しむガーデニング	R290027	小柳 由美	コヤナギ ユミ	☑	2021/05/28
2021/07/12	初めてのパン作り	R290027	小柳 由美	コヤナギ ユミ	☑	2021/05/28
2021/07/07	徒然草に学ぶ	R290029	中井 武利	ナカイ タケトシ	☑	2021/05/28
2021/07/06	ビジネスマンのためのメンタルヘルス対策	R290030	坂東 健一	バンドウ ケンイチ	☑	2021/05/31
2021/07/07	家庭で楽しむガーデニング	R290031	功刀 志保	クヌギ シホ	☑	2021/05/31
2021/07/04	プレゼンテーション技法 中級	R290032	山口 実夏	ヤマグチ ミカ	☑	2021/06/02
2021/07/03	新解釈・枕草子	R290033	梅田 由雲子	ウメダ ユメコ	☑	2021/06/02

レコード: 1 / 98 フィルターなし 検索

NumLock

3-2-2 クエリのデータを並べ替える

解説

■クエリのデータの並べ替え

クエリでは、デザイングリッドの**《並べ替え》**セルを使って、1つまたは複数のフィールドを基準にして昇順または降順に並べ替えることができます。複数のフィールドに並べ替えを設定すると、左側のフィールドが優先されます。

2019 365 ◆クエリをデザインビューで表示→デザイングリッドの《並べ替え》セルの[▼]

フィールド:	開講日	講座ID	講座名	会員ID	氏名	フリガナ	振込確認	振込日
テーブル:	T開講スケジュール	T開講スケジュール	T講座マスター	T受付状況	T会員マスター	T会員マスター	T受付状況	T受付状況
並べ替え:	[▼]							
表示:	昇順	☑	☑	☑	☑	☑	☑	☑
抽出条件:	降順							
または:	(並べ替えなし)							

Lesson 49

データベース「Lesson49」を開いておきましょう。

次の操作を行いましょう。

(1) デザインビューを使って、クエリ「Q受講者名簿」のデータを、「開講日」フィールドの昇順、「開講日」が同じ場合は「講座ID」フィールドの昇順に並べ替えてください。

Lesson 49 Answer

並べ替えの解除

2019 365

◆デザイングリッドの《並べ替え》セルの[▼]→《(並べ替えなし)》

Point

データシートビューでの並べ替え

2019 365

◆《ホーム》タブ→《並べ替えとフィルター》グループの[昇順](昇順)/[降順](降順)

※データシートビューでの表示順序だけが変更され、デザインビューの《並べ替え》セルには設定されません。

Point

複数フィールドの並べ替え

Lesson49の場合、「開講日」フィールドと「講座ID」フィールドに並べ替えを設定すると、左側にある「開講日」フィールドが優先されます。「講座ID」フィールドを優先して並べ替える場合は、「開講日」フィールドより左側に「講座ID」フィールドを追加して並べ替えを設定し、《表示》セルを☐にします。

フィールド:	講座ID	開講日	講座ID
テーブル:	T開講スケジュール	T開講スケジュール	T開講スケジュール
並べ替え:	昇順	昇順	
表示:	☐	☑	☑
抽出条件:			
または:			

(1)

①ナビゲーションウィンドウのクエリ**「Q受講者名簿」**を右クリックします。

②**《デザインビュー》**をクリックします。

③クエリがデザインビューで表示されます。

④**「開講日」**フィールドの**《並べ替え》**セルをクリックします。

⑤[▼]をクリックし、一覧から**《昇順》**を選択します。

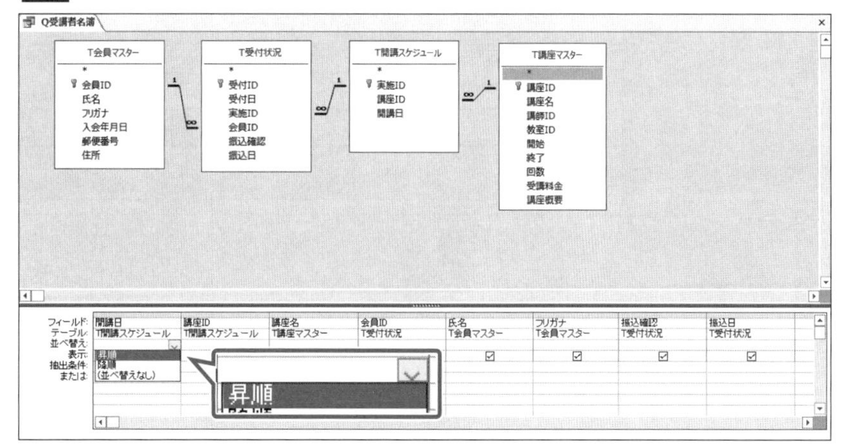

⑥同様に、**「講座ID」**フィールドを昇順に設定します。

※クエリを実行して、結果を確認しておきましょう。

3-2-3 クエリのデータをフィルターする

解説 ■抽出条件の設定

クエリでは、1つまたは複数の条件を設定して、必要なレコードを抽出できます。
条件を設定するには、デザイングリッドの**《抽出条件》**セルを使います。

2019 365 ◆クエリをデザインビューで表示→デザイングリッドの《抽出条件》セルに条件を入力

●単一条件

1つの条件でレコードを抽出するには、条件を設定するフィールドの**《抽出条件》**セルに条件を入力します。

フィールド:	商品コード	商品名	販売価格	商品分類コード	商品分類名			
テーブル:	T商品マスター	T商品マスター	T商品マスター	T商品マスター	T商品分類マスター			
並べ替え:	昇順							
表示:	☑	☑	☑	☑	☑	☐	☐	☐
抽出条件:					"化粧品"			
または:								

●複合条件

複数の条件をすべて満たすレコードを抽出するには、**「AND条件」**を設定します。
AND条件を設定するには、複数のフィールドの**《抽出条件》**セルに条件を入力します。

フィールド:	商品コード	商品名	販売価格	商品分類コード	商品分類名			
テーブル:	T商品マスター	T商品マスター	T商品マスター	T商品マスター	T商品分類マスター			
並べ替え:	昇順							
表示:	☑	☑	☑	☑	☑	☐	☐	☐
抽出条件:			>=6000		"化粧品"			
または:								

複数の条件のいずれかを満たすレコードを抽出するには、**「OR条件」**を設定します。
OR条件を設定するには、**《抽出条件》**セルと**《または》**セルに条件を入力します。

フィールド:	受注番号	顧客コード	顧客名	受注日	商品コード	商品名	販売価格	数量	金額
テーブル:	T受注	T受注	T顧客マスター	T受注	T受注	T商品マスター	T商品マスター	T受注	
並べ替え:	昇順	昇順							
表示:	☑	☑	☑	☑	☑	☑	☑	☑	
抽出条件:				#2021/05/08#					
または:				#2021/05/09#					

Lesson 50

データベース「Lesson50」を開いておきましょう。

次の操作を行いましょう。

(1) クエリ「Q商品情報」をもとに、クエリ「Q高額化粧品」を作成してください。「商品分類名」フィールドが「化粧品」かつ「販売価格」フィールドが¥6,000以上のレコードを抽出します。

(2) クエリ「Q顧客別受注一覧」をもとに、クエリ「QDM発送後受注一覧」を作成してください。「受注日」フィールドが「2021/05/08」または「2021/05/09」のレコードを抽出します。

Lesson 50 Answer

Point

AND条件とOR条件の例

●AND条件

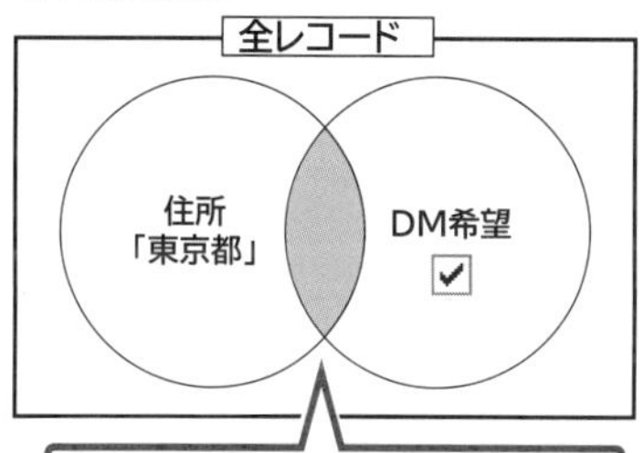

住所が「東京都」かつ、「DM希望」がオンのレコード

●OR条件

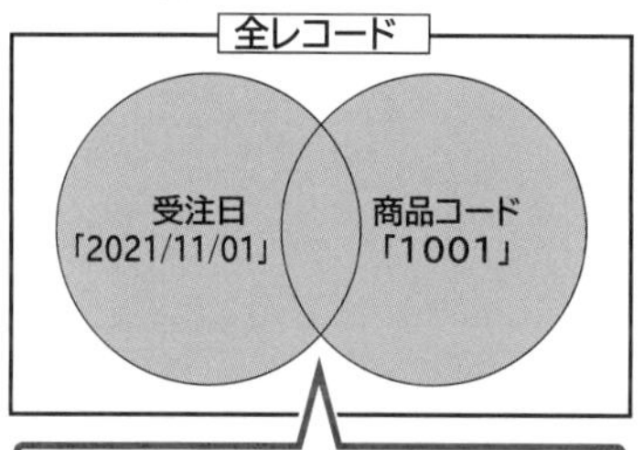

受注日が「2021/11/01」または、商品コードが「1001」のレコード

Point

比較演算子を使った抽出

「～以上」「～より小さい」などのように、範囲のあるレコードを抽出する場合、デザインビューの《抽出条件》セルには「比較演算子」を使って入力します。

比較演算子には、次のようなものがあります。

比較演算子	意味
=	等しい
<>	等しくない
>	より大きい
<	より小さい
>=	以上
<=	以下

(1)

①ナビゲーションウィンドウのクエリ**「Q商品情報」**を右クリックします。

②**《デザインビュー》**をクリックします。

③クエリがデザインビューで表示されます。

④**「商品分類名」**フィールドの**《抽出条件》**セルに**「化粧品」**と入力します。

※入力を確定すると「"化粧品"」と表示されます。

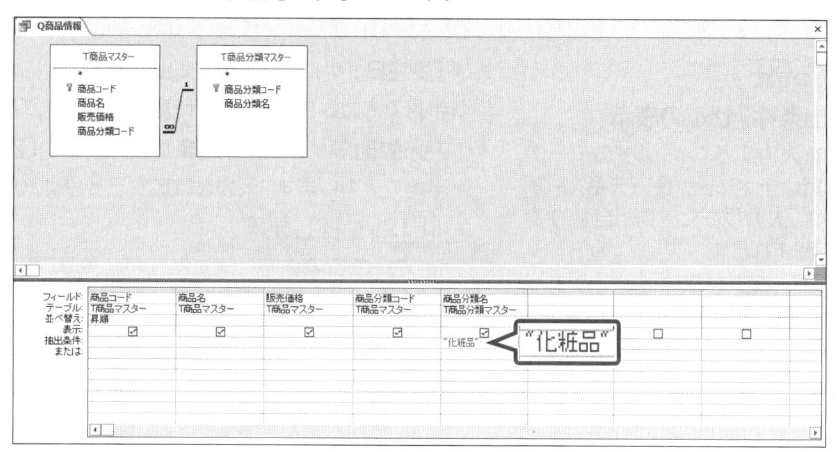

⑤**「販売価格」**フィールドの**《抽出条件》**セルに**「>=6000」**と入力します。

※半角で入力します。

⑥ F12 を押します。

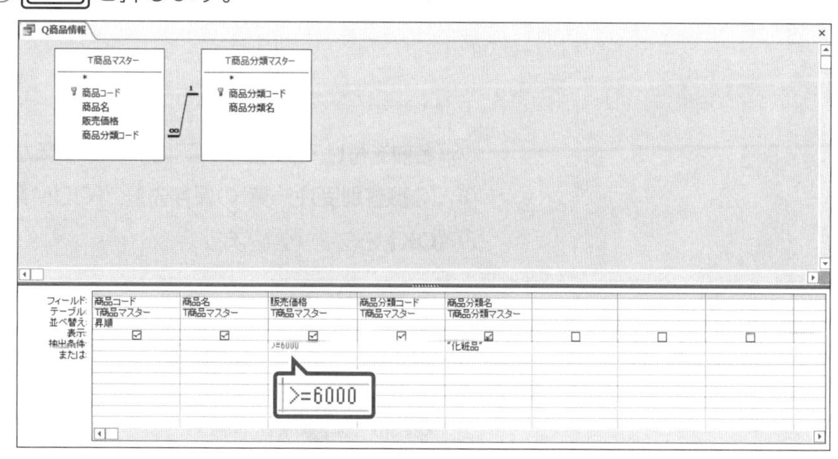

⑦**《名前を付けて保存》**ダイアログボックスが表示されます。

⑧**《'Q商品情報' の保存先》**に**「Q高額化粧品」**と入力します。

⑨**《OK》**をクリックします。

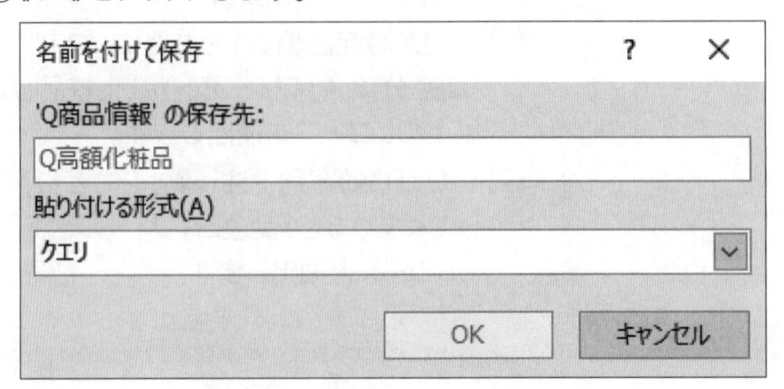

※ナビゲーションウィンドウに、作成したクエリが追加されたことを確認しておきましょう。

※クエリを実行して、5件のレコードが抽出されていることを確認しておきましょう。

(2)

①ナビゲーションウィンドウのクエリ**「Q顧客別受注一覧」**を右クリックします。

②**《デザインビュー》**をクリックします。

③クエリがデザインビューで表示されます。

④**「受注日」**フィールドの**《抽出条件》**セルに**「2021/5/8」**と入力します。

※半角で入力します。入力を確定すると、「#2021/05/08#」と表示されます。

⑤**「受注日」**フィールドの**《または》**セルに**「2021/5/9」**と入力します。

※半角で入力します。入力を確定すると、「#2021/05/09#」と表示されます。

⑥ F12 を押します。

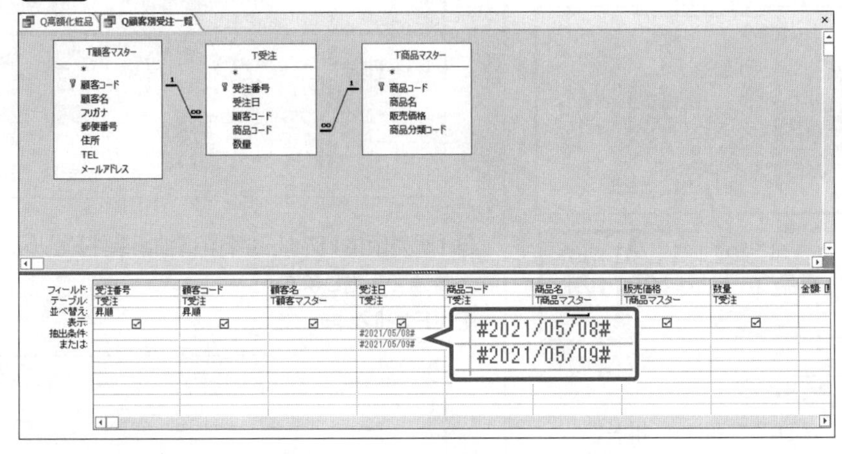

⑦**《名前を付けて保存》**ダイアログボックスが表示されます。

⑧**《'Q顧客別受注一覧' の保存先》**に**「QDM発送後受注一覧」**と入力します。

⑨**《OK》**をクリックします。

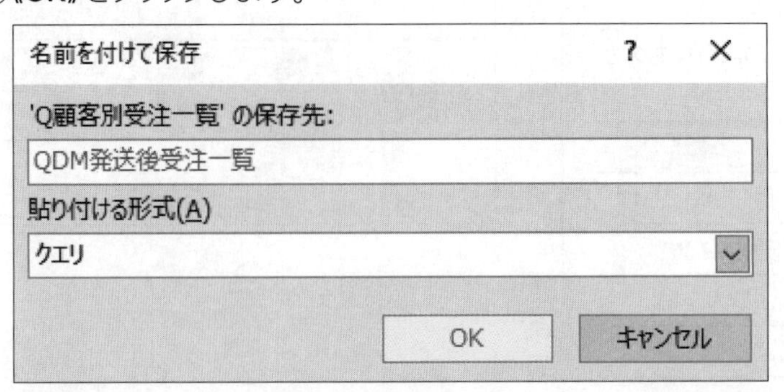

※ナビゲーションウィンドウに、作成したクエリが追加されたことを確認しておきましょう。

※クエリを実行して、8件のレコードが抽出されていることを確認しておきましょう。

Point

《抽出条件》セルの表示

条件を入力するフィールドのデータ型が短いテキストや長いテキストの場合は、入力した文字列が自動的に「"」で囲まれます。
また、データ型が数値型の場合は入力後もそのまま表示され、日付/時刻型の場合は入力した日付が「#」で囲まれます。

■レコードのフィルター

「フィルター」を使うと、データシートビューで条件に一致するレコードを抽出することができます。

2019 365 ◆クエリをデータシートビューで表示→列見出しの ⌄

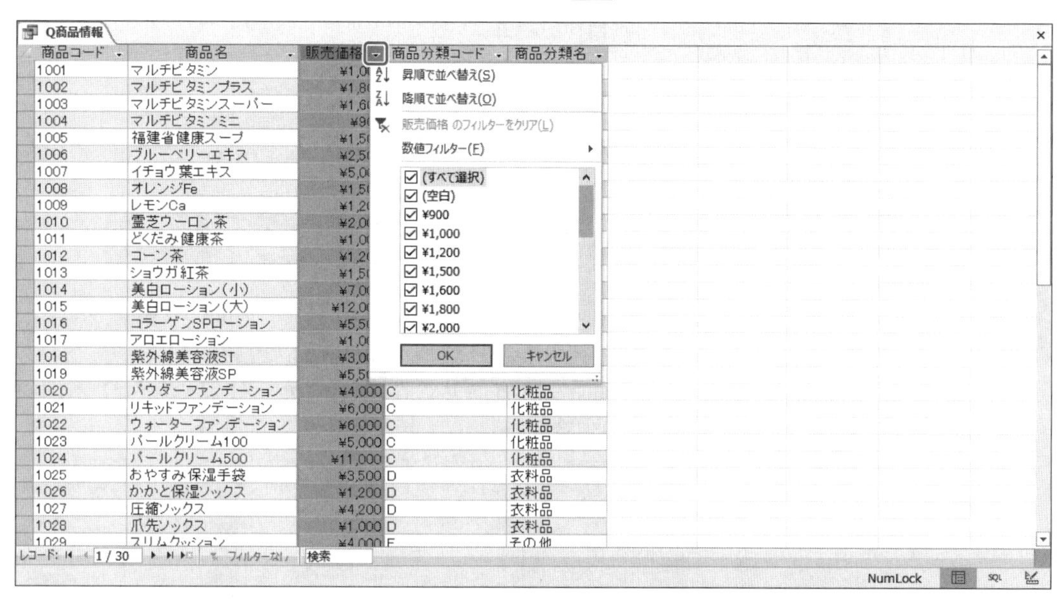

Lesson 51

データベース「Lesson51」を開いておきましょう。

次の操作を行いましょう。

(1) クエリ「Q顧客別受注一覧」をもとに、フィルターを使って、「受注日」フィールドが「2021/04/01」～「2021/04/30」で、「商品名」フィールドに「茶」が含まれるレコードを抽出してください。

Lesson 51 Answer

(1)

①ナビゲーションウィンドウのクエリ**「Q顧客別受注一覧」**をダブルクリックします。

②クエリがデータシートビューで表示されます。

③**「受注日」**フィールドの ⌄ →**《日付フィルター》**→**《指定の範囲内》**をクリックします。

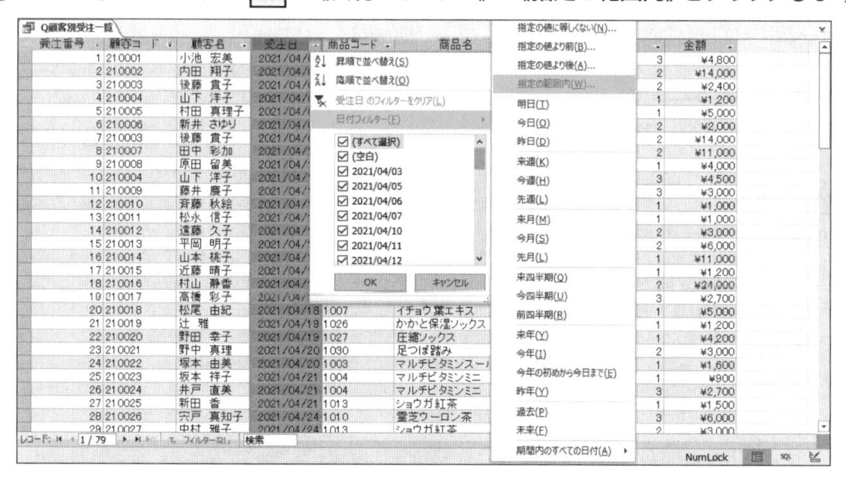

④《日付の範囲》ダイアログボックスが表示されます。

⑤《開始日》に「2021/04/01」と入力します。

⑥《終了日》に「2021/04/30」と入力します。

⑦《OK》をクリックします。

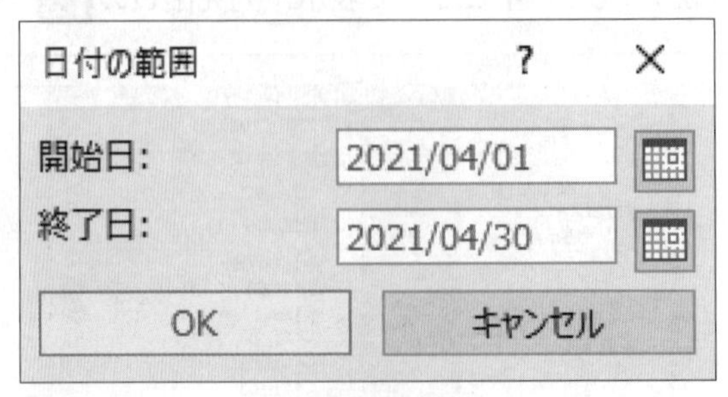

⑧「受注日」が2021年4月のレコードが抽出されます。

※条件が設定されると列見出しの▾が⊽に変わります。

⑨「商品名」フィールドの▾→《テキストフィルター》→《指定の値を含む》をクリックします。

⑩《ユーザー設定フィルター》ダイアログボックスが表示されます。

⑪《商品名が次の値を含む》に「茶」と入力します。

⑫《OK》をクリックします。

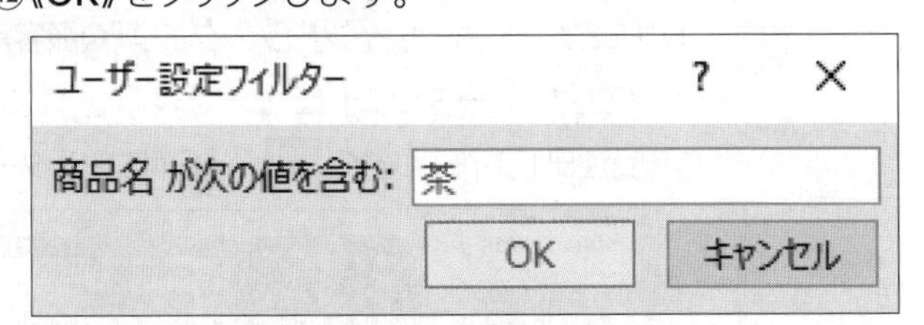

⑬「受注日」が2021年4月で、「商品名」に「茶」が含まれるレコードが抽出されます。

受注番号	顧客コード	顧客名	受注日	商品コード	商品名	販売価格	数量	金額
4	210004	山下 洋子	2021/04/06	1012	コーン茶	¥1,200	1	¥1,200
6	210006	新井 さゆり	2021/04/07	1011	どくだみ健康茶	¥1,000	2	¥2,000
10	210004	山下 洋子	2021/04/11	1013	ショウガ紅茶	¥1,500	3	¥4,500
27	210025	新田 香	2021/04/21	1013	ショウガ紅茶	¥1,500	1	¥1,500
28	210026	宍戸 真知子	2021/04/24	1010	霊芝ウーロン茶	¥2,000	3	¥6,000
29	210027	中村 雅子	2021/04/24	1013	ショウガ紅茶	¥1,500	2	¥3,000
31	210029	吉岡 智子	2021/04/25	1012	コーン茶	¥1,200	3	¥3,600

Point

フィルターの条件の解除

一部の条件を解除

◆列見出しの⊽→《(列見出し名)のフィルターをクリア》

すべての条件を解除

◆《ホーム》タブ→《並べ替えとフィルター》グループの 詳細設定▾(高度なフィルターオプション)→《すべてのフィルターのクリア》

Point

フィルターの条件の保存

フィルターを使って設定した条件は、デザインビューのデザイングリッドには登録されません。

また、クエリをデータシートビューで開きなおすと抽出が実行されていないことがあります。その場合は、《ホーム》タブ→《並べ替えとフィルター》グループの フィルターの実行(フィルターの実行)をクリックします。

3-2-4 クエリのフィールドを書式設定する

解 説

■フィールドの書式設定

テーブルでフィールドに書式を設定していると、クエリでも同じ書式で表示されます。
テーブルと異なる書式を設定する場合は、クエリで書式を設定します。

2019 365 ◆クエリをデザインビューで表示→《デザイン》タブ→《表示/非表示》グループの プロパティ シート（プロパティシート）

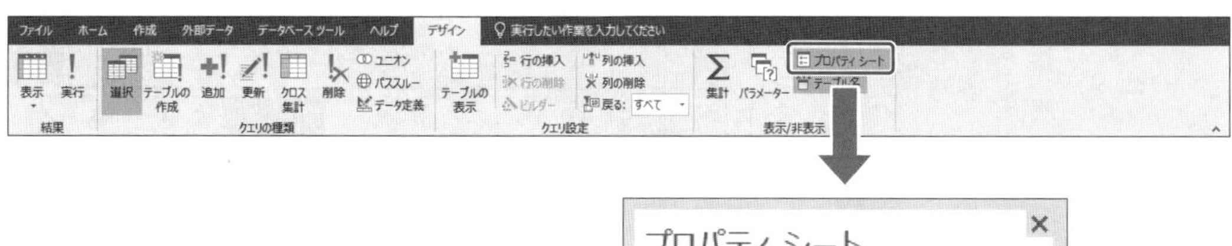

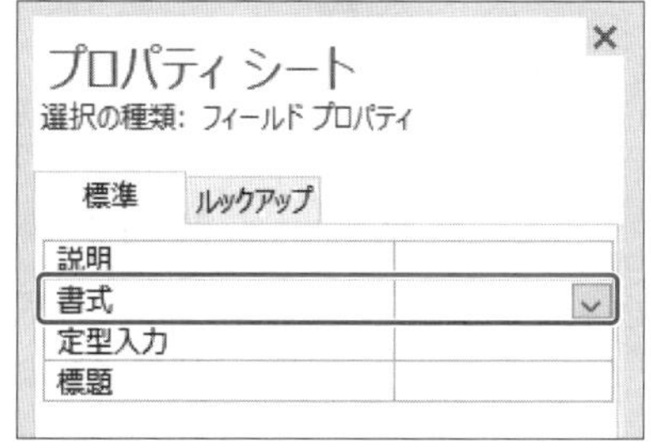

Lesson 52

データベース「Lesson52」を開いておきましょう。

次の操作を行いましょう。

(1) クエリ「Q講座情報」の「開始」フィールドと「終了」フィールドが「時刻（M）」の形式で表示されるように書式を設定してください。次に、クエリを実行してください。

Lesson 52 Answer

(1)

①ナビゲーションウィンドウのクエリ**「Q講座情報」**を右クリックします。

②**《デザインビュー》**をクリックします。

③クエリがデザインビューで表示されます。

④**「開始」**フィールドのフィールドセレクターをクリックします。

⑤**《デザイン》**タブ→**《表示/非表示》**グループの プロパティ シート（プロパティシート）をクリックします。

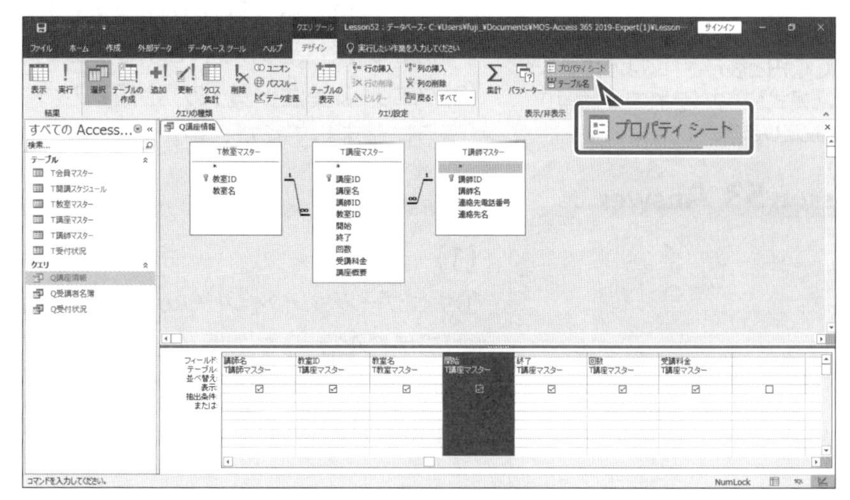

その他の方法

プロパティシートの表示

2019 365

◆クエリをデザインビューで表示→フィールドを右クリック→《プロパティ》

◆クエリをデザインビューで表示→フィールドを選択→F4

⑥**《プロパティシート》**が表示されます。

⑦**《プロパティシート》**の**《標準》**タブを選択します。

⑧**《書式》**プロパティをクリックします。

⑨ [ボタン] をクリックし、一覧から**《時刻(M)》**を選択します。

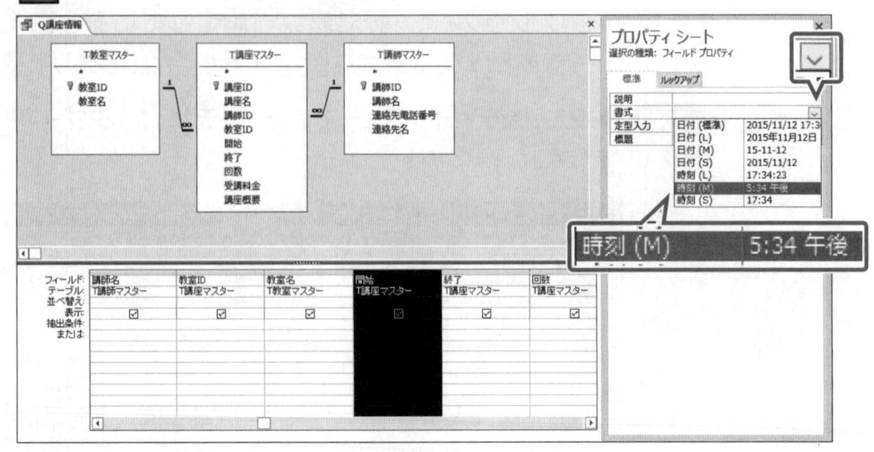

⑩同様に、**「終了」**フィールドの書式を設定します。

⑪**《プロパティシート》**の [×] (閉じる) をクリックします。

⑫**《デザイン》**タブ→**《結果》**グループの [実行] (実行) をクリックします。

⑬クエリが実行されます。

※列幅を調整しておきましょう。

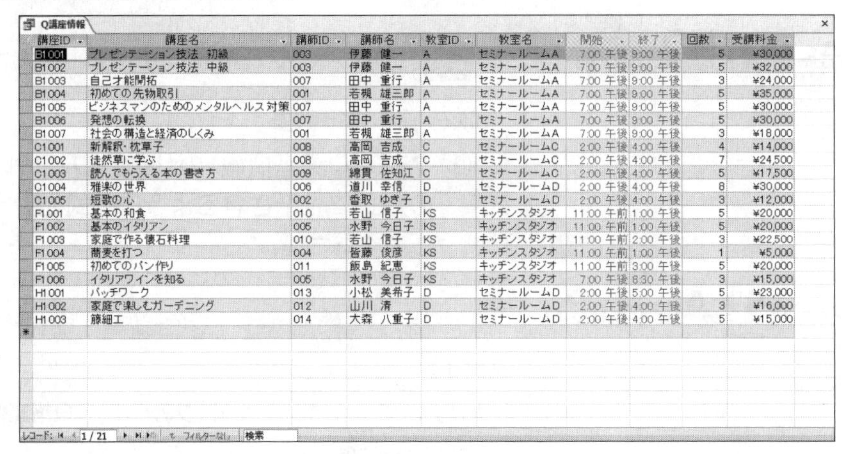

Q講座情報

講座ID	講座名	講師ID	講師名	教室ID	教室名	開始	終了	回数	受講料金
B1001	プレゼンテーション技法 初級	003	伊藤 健一	A	セミナールームA	7:00 午後	9:00 午後	5	¥30,000
B1002	プレゼンテーション技法 中級	003	伊藤 健一	A	セミナールームA	7:00 午後	9:00 午後	5	¥32,000
B1003	自己才能開拓	007	田中 重行	A	セミナールームA	7:00 午後	9:00 午後	3	¥24,000
B1004	初めての先物取引	001	若槻 雄三郎	A	セミナールームA	7:00 午後	9:00 午後	5	¥35,000
B1005	ビジネスマンのためのメンタルヘルス対策	007	田中 重行	A	セミナールームA	7:00 午後	9:00 午後	5	¥30,000
B1006	発想の転換	007	田中 重行	A	セミナールームA	7:00 午後	9:00 午後	5	¥30,000
B1007	社会の構造と経済のしくみ	001	若槻 雄三郎	A	セミナールームA	7:00 午後	9:00 午後	3	¥18,000
C1001	新解釈・枕草子	008	高岡 吉成	C	セミナールームC	2:00 午後	4:00 午後	4	¥14,000
C1002	徒然草に学ぶ	008	高岡 吉成	C	セミナールームC	2:00 午後	4:00 午後	7	¥24,500
C1003	読んでもらえる本の書き方	009	綿貫 佐知江	C	セミナールームC	2:00 午後	4:00 午後	5	¥17,500
C1004	雅楽の世界	006	道川 幸信	D	セミナールームD	2:00 午後	4:00 午後	8	¥30,000
C1005	短歌の心	002	香取 ゆき子	D	セミナールームD	2:00 午後	4:00 午後	3	¥12,000
F1001	基本の和食	010	若山 信子	KS	キッチンスタジオ	11:00 午前	1:00 午後	5	¥20,000
F1002	基本のイタリアン	005	水野 今日子	KS	キッチンスタジオ	11:00 午前	1:00 午後	5	¥20,000
F1003	家庭で作る懐石料理	010	若山 信子	KS	キッチンスタジオ	11:00 午前	2:00 午後	3	¥22,500
F1004	蕎麦を打つ	004	皆藤 俊彦	KS	キッチンスタジオ	11:00 午前	1:00 午後	1	¥5,000
F1005	初めてのパン作り	011	飯島 紀恵	KS	キッチンスタジオ	11:00 午前	3:00 午後	5	¥20,000
F1006	イタリアワインを知る	005	水野 今日子	KS	キッチンスタジオ	7:00 午後	8:30 午後	3	¥15,000
H1001	パッチワーク	013	小松 美希子	D	セミナールームD	2:00 午後	5:00 午後	5	¥23,000
H1002	家庭で楽しむガーデニング	012	山川 清	D	セミナールームD	2:00 午後	4:00 午後	3	¥16,000
H1003	籐細工	014	大森 八重子	D	セミナールームD	2:00 午後	4:00 午後	5	¥15,000

レコード: 1/21

Lesson 53

 データベース「Lesson53」を開いておきましょう。

次の操作を行いましょう。

(1) クエリ「Q商品一覧」の「内容量(リットル)」フィールドの小数点以下の表示桁数が1桁で表示されるように設定してください。

(2) クエリ「Q受注一覧」の「金額」フィールドが「○,○○○円」と表示されるように設定してください。

Hint

○,○○○円と表示されるようにするには、《書式》プロパティに「#,##0円」と設定します。

Lesson 53 Answer

(1)

①ナビゲーションウィンドウのクエリ**「Q商品一覧」**を右クリックします。

②**《デザインビュー》**をクリックします。

③クエリがデザインビューで表示されます。

④**「内容量(リットル)」**フィールドのフィールドセレクターをクリックします。

⑤《デザイン》タブ→《表示/非表示》グループの［プロパティシート］(プロパティシート)をクリックします。
⑥《プロパティシート》が表示されます。
⑦《プロパティシート》の《標準》タブを選択します。
⑧《小数点以下表示桁数》プロパティをクリックします。
⑨［∨］をクリックし、一覧から《1》を選択します。

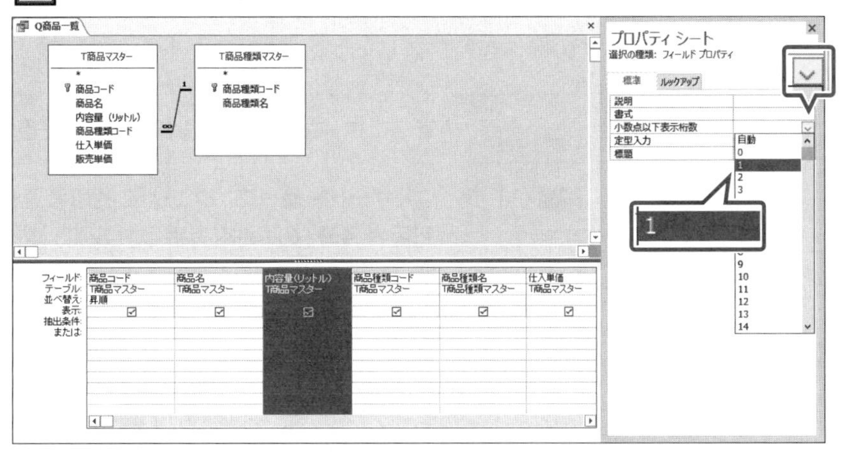

⑩《プロパティシート》の［×］(閉じる)をクリックします。
※クエリを実行して、結果を確認しておきましょう。

(2)

①ナビゲーションウィンドウのクエリ「**Q受注一覧**」を右クリックします。
②《デザインビュー》をクリックします。
③クエリがデザインビューで表示されます。
④「**金額**」フィールドのフィールドセレクターをクリックします。
※表示されていない場合は、スクロールして調整します。
⑤《デザイン》タブ→《表示/非表示》グループの［プロパティシート］(プロパティシート)をクリックします。
⑥《プロパティシート》が表示されます。
⑦《プロパティシート》の《標準》タブを選択します。
⑧《書式》プロパティに「**#,##0円**」と入力します。
※記号と数字は半角で入力します。入力を確定すると、「#,##0¥円」と表示されます。

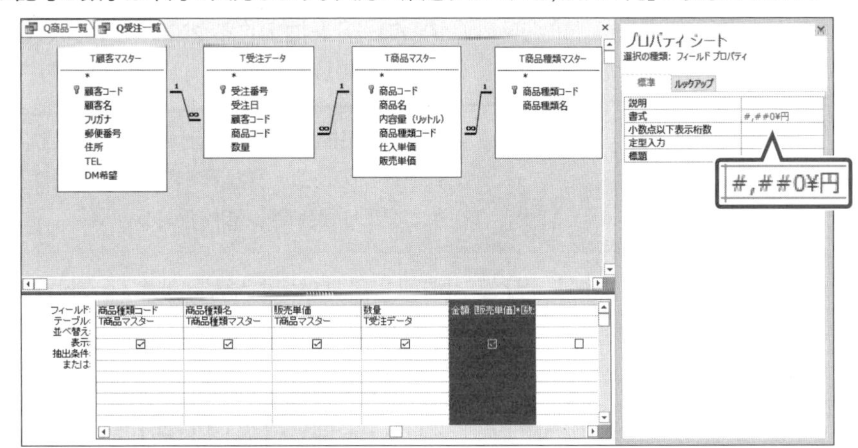

⑨《プロパティシート》の［×］(閉じる)をクリックします。
※クエリを実行して、結果を確認しておきましょう。

Point

演算フィールド

「演算フィールド」とは、既存のフィールドをもとに算術演算子などを使った計算式を入力し、その計算結果を表示するフィールドです。参照しているフィールドの値が変わると、演算フィールドの値も自動的に再計算されます。
演算フィールドを追加するには、デザイングリッドの《フィールド》セルに式を入力します。

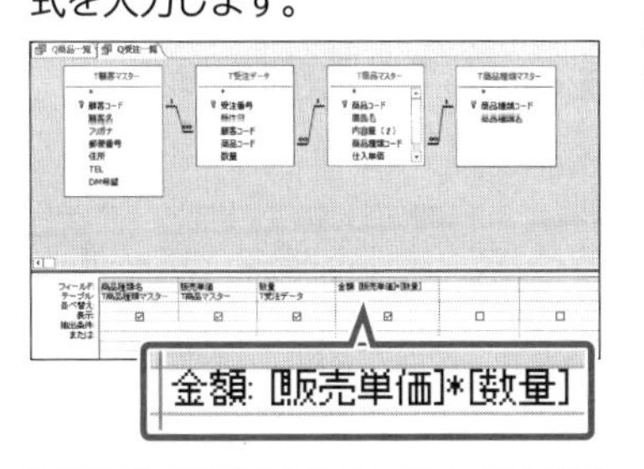

金額：[販売価格]*[数量]
❶❷❸

❶作成するフィールド名
❷:(コロン)
❸計算式
※フィールド名の[ ]は省略できます。「:」と「*」は半角で入力します。

Exercise 確認問題

解答 ▶ P.217

Lesson 54

データベース「Lesson54」を開いておきましょう。

次の操作を行いましょう。

	あなたは、社内の学習用書籍の書籍情報や貸出状況を管理しています。
問題(1)	ウィザードを使って、クエリ「Q利用者連絡先」を作成してください。テーブル「T利用者名簿」の「利用者番号」「氏名」「内線番号」「メールアドレス」フィールドを順に表示します。クエリを実行して結果を表示し、クエリを閉じてください。
問題(2)	ウィザードを使って、クエリ「Q貸出明細情報」を作成してください。テーブル「T貸出明細」の「貸出番号」「書籍番号」フィールド、テーブル「T書籍台帳」の「書籍名」フィールド、テーブル「T貸出明細」の「返却日」フィールドを順に表示します。クエリを実行して結果を表示してください。
問題(3)	クエリ「Q貸出明細情報」の「書籍名」フィールドと「返却日」フィールドの間に、テーブル「T貸出明細」の「返却済」フィールドを追加してください。次に、「貸出番号」フィールドの昇順に並べ替えてください。操作後、クエリを保存して閉じてください。
問題(4)	クエリ「Q貸出状況」の「購入日」フィールドを非表示にしてください。
問題(5)	デザインビューを使って、クエリ「Q貸出状況」を「社員番号」フィールドの昇順、「社員番号」が同じ場合は「返却済」フィールドの降順に並べ替えてください。操作後、クエリを保存してください。
問題(6)	クエリ「Q貸出状況」をもとに、「書籍番号を入力」というパラメーターが表示されるクエリ「Q書籍抽出」を作成してください。「書籍番号」フィールドの値を入力するようにします。操作後、クエリを閉じてください。
問題(7)	クエリ「Q貸出状況」をもとに、貸出日が「2021/7/1」から「2021/7/31」までのレコードを抽出するクエリ「Q7月の貸出書籍」を作成してください。操作後、クエリを閉じてください。
問題(8)	クエリ「Q未返却書籍抽出」を追加クエリに変更してください。「返却済」フィールドがオフのレコードがテーブル「T未返却書籍」に追加されるようにします。操作後、クエリを保存してください。
問題(9)	追加クエリ「Q未返却書籍抽出」を実行してください。操作後、クエリを閉じてください。
問題(10)	ウィザードを使って、クロス集計クエリ「Q月別貸出数」を作成してください。クエリ「Q貸出状況」の「書籍名」フィールドを行見出し、「貸出日」フィールドを列見出しに設定し、月ごとに「貸出番号」をカウントします。クエリを実行して結果を表示し、クエリを閉じてください。

MOS Access 365&2019 Expert

出題範囲 4

レイアウトビューを使ったフォームの変更

4-1 フォームにコントロールを設定する

理解度チェック

習得すべき機能	参照Lesson	学習前	学習後	試験直前
■フォームにコントロールを追加できる。	➡Lesson55 ➡Lesson56	☑	☑	☑
■フォームのコントロールを移動できる。	➡Lesson57 ➡Lesson58	☑	☑	☑
■フォームのコントロールを削除できる。	➡Lesson58	☑	☑	☑
■プロパティシートを使って、コントロールを設定できる。	➡Lesson59 ➡Lesson60	☑	☑	☑
■プロパティシートを使って、ラベルを変更できる。	➡Lesson61	☑	☑	☑
■フォームにラベルを追加できる。	➡Lesson62	☑	☑	☑

4-1-1 フォームのコントロールを追加する、移動する、削除する

解説

■既存のフィールドの追加

「フィールドリスト」を使うと、テーブルのフィールドが一覧で表示され、フィールドをドラッグするだけでフィールドのラベルとテキストボックスをフォームに追加できます。フィールドの追加はレイアウトビューでもデザインビューでもどちらでも操作できます。レイアウトビューでは、実際のデータを確認しながら操作できます。デザインビューでは、実際のデータは確認できませんが、より詳細な位置にフィールドを追加できます。

2019 365 ◆フォームをレイアウトビューまたはデザインビューで表示→《デザイン》タブ→《ツール》グループの［既存のフィールドの追加］（既存のフィールドの追加）→フィールドをフォームにドラッグ

Lesson 55

OPEN データベース「Lesson55」を開いておきましょう。

次の操作を行いましょう。

(1) フォーム「F受注登録」をレイアウトビューで表示し、「顧客コード」フィールドの下に「顧客名」フィールド、「商品コード」フィールドの下に「商品名」フィールドを追加してください。

(2) フォーム「F商品登録」をデザインビューで表示し、「商品コード」フィールドの右側に「商品名」フィールドを追加してください。

Lesson 55 Answer

(1)

①ナビゲーションウィンドウのフォーム**「F受注登録」**を右クリックします。

②**《レイアウトビュー》**をクリックします。

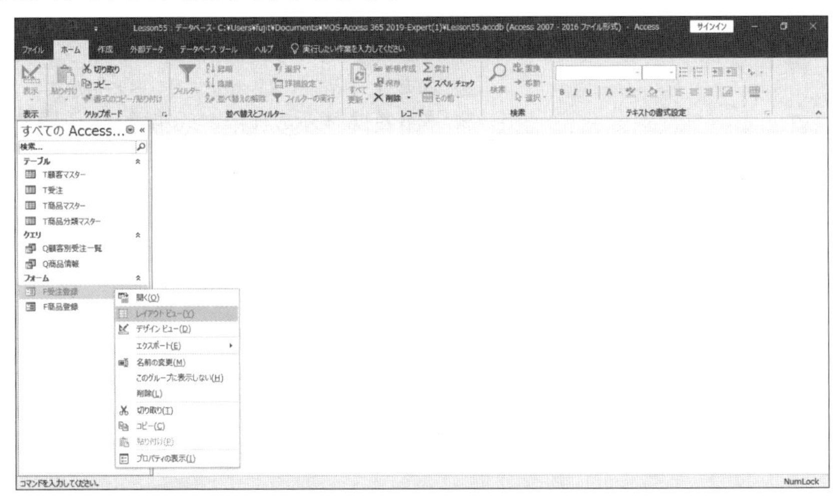

③フォームがレイアウトビューで表示されます。

④**《デザイン》**タブ→**《ツール》**グループの（既存のフィールドの追加）をクリックします。

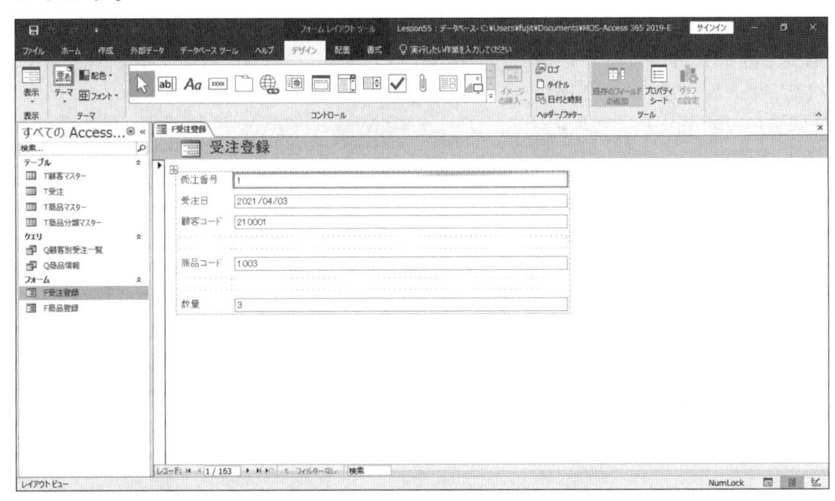

その他の方法

フィールドリストの表示

2019 365

◆ Alt + F8

⑤《**フィールドリスト**》が表示されます。

⑥《**フィールドリスト**》の《**すべてのテーブルを表示する**》をクリックします。

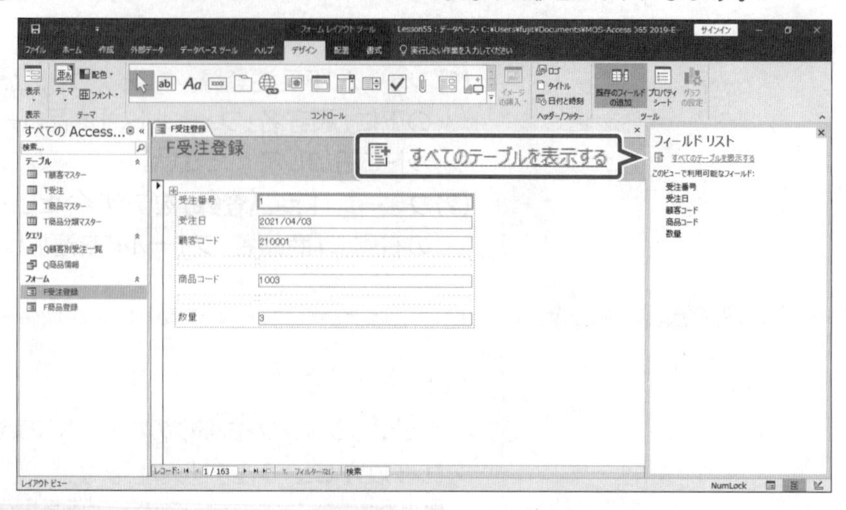

Point

すべてのテーブルを表示する

フィールドリストに追加するフィールドが表示されていない場合は、《すべてのテーブルを表示する》をクリックすると、リレーションシップが設定されているテーブルのフィールド名やその他のフィールド名が表示されます。

⑦「**T顧客マスター**」の「**顧客名**」を「**顧客コード**」ラベルの下にドラッグします。

※「顧客コード」テキストボックスの下でもかまいません。

※「顧客名」が表示されていない場合は、「T顧客マスター」の[+]をクリックします。

※ドラッグ中、マウスポインターの形が⊞に変わります。

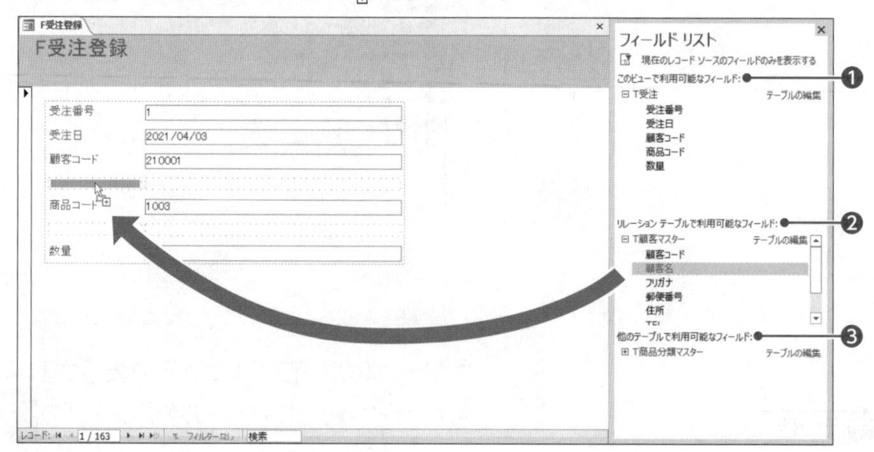

Point

フィールドリスト

❶**このビューで利用可能なフィールド**

現在のフォームのもとになっているテーブルのフィールド名が表示されます。

❷**リレーションテーブルで利用可能なフィールド**

リレーションシップが設定されているテーブルのフィールド名が表示されます。

❸**他のテーブルで利用可能なフィールド**

❷以外のテーブルのフィールド名が表示されます。

⑧「**顧客名**」フィールドが追加されます。

⑨同様に、「**商品コード**」フィールドの下に「**T商品マスター**」の「**商品名**」を追加します。

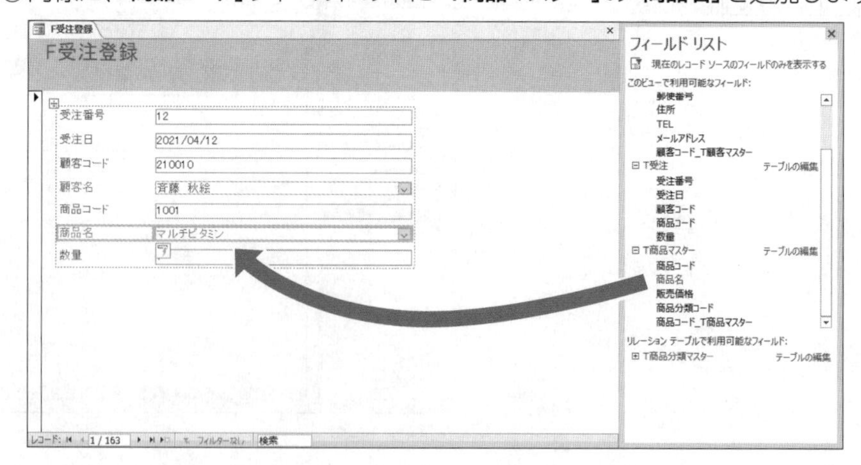

Point

フォームのレイアウト

集合形式や表形式のレイアウトが設定されたフォームでは、レイアウトを崩さずにフィールドを追加できます。

Point

フォームのビュー

フォームを表示するビューには、次のようなものがあります。

●フォームビュー
データを入力したり表示したりします。

●レイアウトビュー
実際のデータを確認しながら、フォームの基本的なレイアウトを変更します。

●デザインビュー
フォームの構造の詳細を変更します。

(2)

①ナビゲーションウィンドウのフォーム**「F商品登録」**を右クリックします。

②**《デザインビュー》**をクリックします。

③フォームがデザインビューで表示されます。

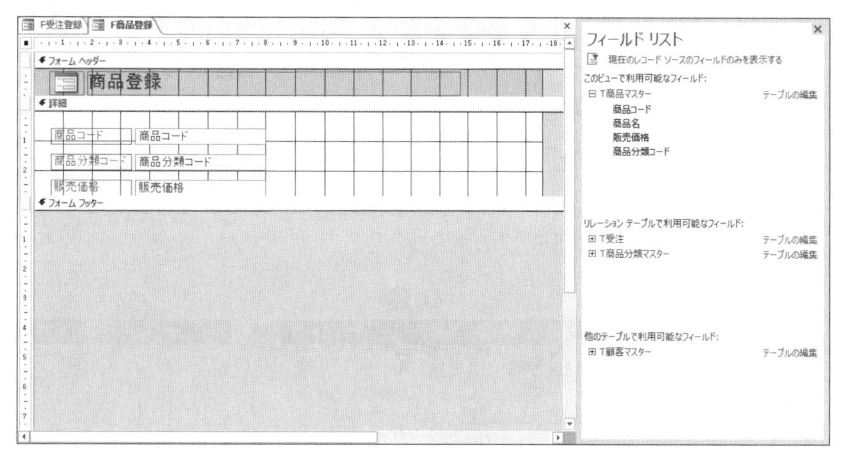

④**《フィールドリスト》**が表示されていることを確認します。

⑤**「商品名」**を**「商品コード」**テキストボックスの右側にドラッグします。

※ドラッグ中、マウスポインターの形がに変わります。

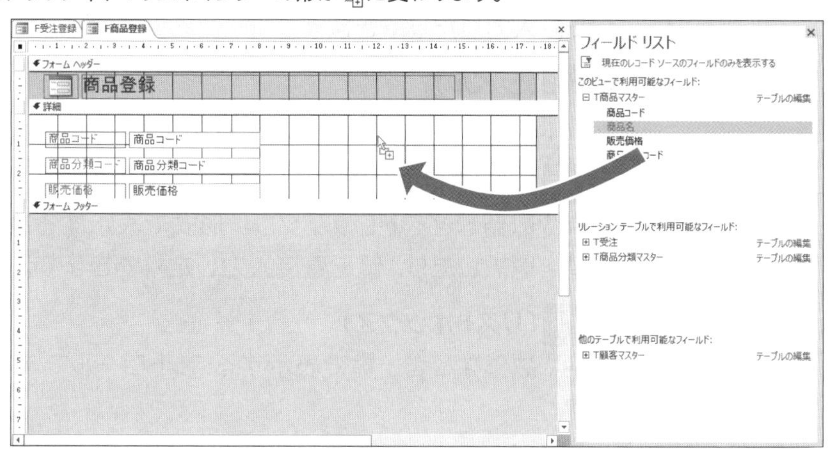

⑥**「商品名」**フィールドが追加されます。

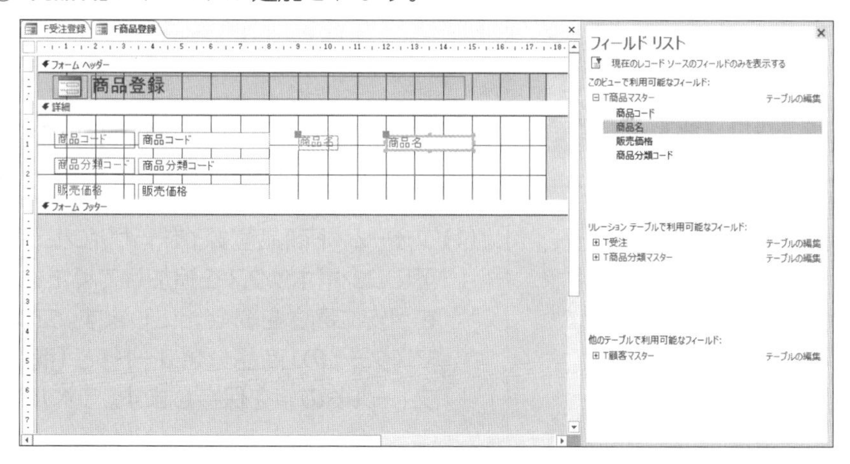

※《フィールドリスト》を閉じておきましょう。

※フォームビューに切り替えて、結果を確認しておきましょう。

解説

■コントロールの追加

フォームに配置されるラベルやテキストボックスなどの部品を**「コントロール」**といいます。
コントロールには、**「連結コントロール」**と**「非連結コントロール」**があります。
連結コントロールは、テーブルやクエリのデータと連携したコントロールです。連結コントロールを使うと、テキストボックスにフィールドの値を表示したり、コンボボックスにフィールドの一覧を表示したりできます。
非連結コントロールは、テーブルやクエリのデータと連携していないコントロールです。非連結コントロールを使うと、直線を描いたり、ラベルに独自の文字を表示したりできます。

2019 365 ◆フォームをレイアウトビューまたはデザインビューで表示→《デザイン》タブ→《コントロール》グループのボタン

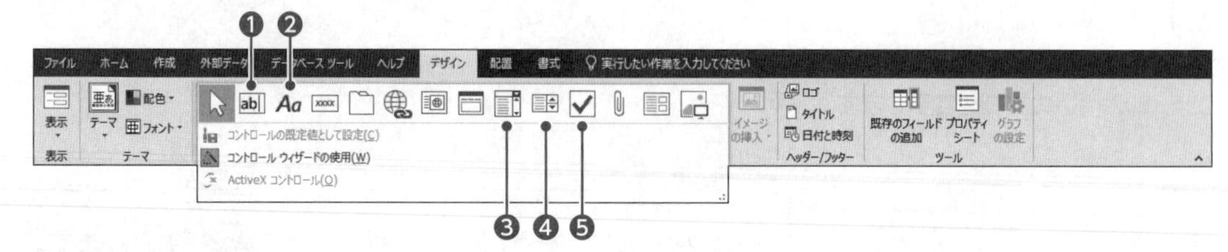

❶ ab| (テキストボックス)
テーブルやクエリのデータを表示するコントロールです。文字や数値、式などの値を表示したり入力したりできます。

❷ Aa (ラベル)
タイトルやフィールド名、説明文を表示するコントロールです。任意の文字を入力できます。

❸ (コンボボックス)
文字や数値などをドロップダウン形式で表示するコントロールです。クリックして一覧から値を選択したり、値を直接入力したりできます。

❹ (リストボックス)
文字や数値などを一覧で表示するコントロールです。クリックして一覧から値を選択できます。

❺ ✓ (チェックボックス)
選択肢を表示するコントロールです。クリックしてオンまたはオフを選択できます。

Lesson 56

データベース「Lesson56」を開いておきましょう。

次の操作を行いましょう。

(1) フォーム「F商品登録」をデザインビューで表示し、《詳細》セクションの一番下にコンボボックスを追加してください。《詳細》セクションは、垂直ルーラーを目安に高さを約4cmにします。コンボボックスには、テーブル「T商品分類マスター」の「商品分類コード」と「商品分類名」を表示し、「商品分類コード」フィールドの値を保存します。ラベル名は「商品分類コード」にします。

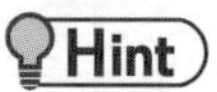

Hint

セクションの領域を拡大するには、フォームをデザインビューで表示→セクションの境界をドラッグします。

(1)

①ナビゲーションウィンドウのフォーム**「F商品登録」**を右クリックします。

②**《デザインビュー》**をクリックします。

③フォームがデザインビューで表示されます。

④**《詳細》**セクションと**《フォームフッター》**セクションの境界をポイントします。

⑤マウスポインターの形が┿に変わります。

⑥下方向にドラッグします。（目安：垂直ルーラー約4cm）

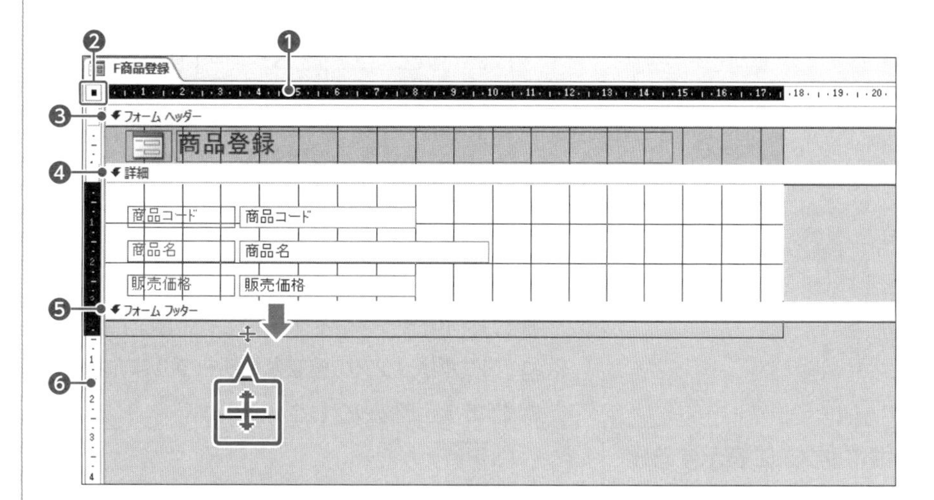

⑦**《詳細》**セクションの領域が広がります。

⑧**《デザイン》**タブ→**《コントロール》**グループの（その他）→**《コントロールウィザードの使用》**がオン（が濃い灰色の状態）になっていることを確認します。

⑨**《デザイン》**タブ→**《コントロール》**グループの（その他）→（コンボボックス）をクリックします。

Point

フォームのデザインビューの画面構成

❶水平ルーラー
コントロールの配置や幅の目安にします。

❷フォームセレクター
フォーム全体を選択します。

❸《フォームヘッダー》セクション
フォームの一番上に表示される領域です。タイトルやロゴなどが表示されます。

❹《詳細》セクション
各レコードが表示される領域です。

❺《フォームフッター》セクション
フォームの一番下に表示される領域です。

❻垂直ルーラー
コントロールの配置や高さの目安にします。

Point

コントロールウィザード
《コントロールウィザードの使用》がオンの状態でコントロールのボタンをクリックすると、対話形式の設問に答えながらコントロールを作成できます。

⑩マウスポインターの形が に変わります。

⑪**《詳細》**セクションのコンボボックスを作成する開始位置でクリックします。

※セキュリティに関するメッセージが表示された場合は、《開く》をクリックしておきましょう。

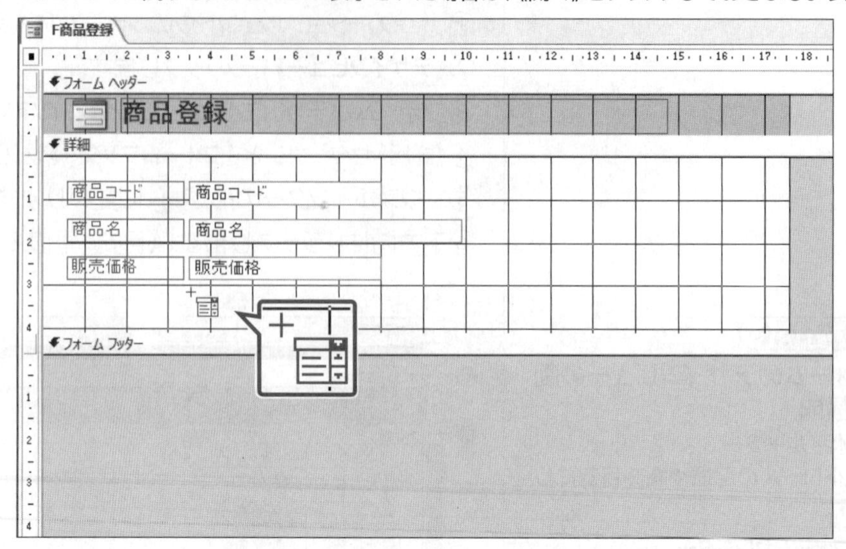

⑫**《コンボボックスウィザード》**が表示されます。

⑬**《コンボボックスの値を別のテーブルまたはクエリから取得する》**を◉にします。

⑭**《次へ》**をクリックします。

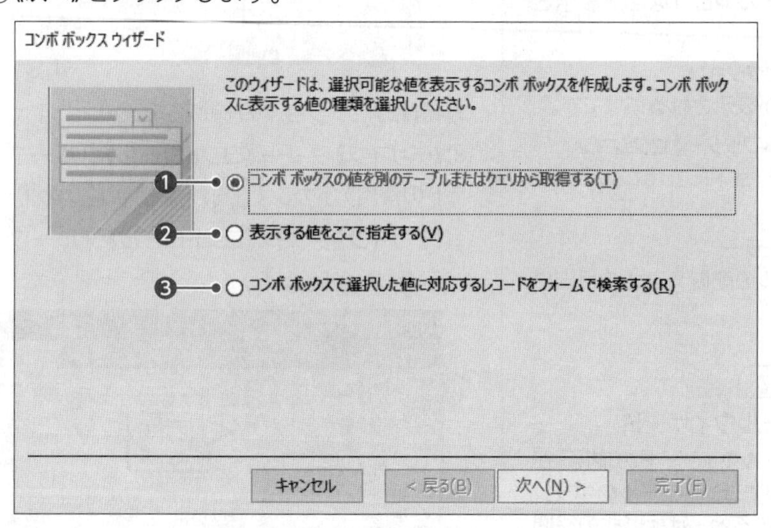

⑮**《表示》**の**《テーブル》**を◉にします。

⑯一覧から**《テーブル：T商品分類マスター》**を選択します。

⑰**《次へ》**をクリックします。

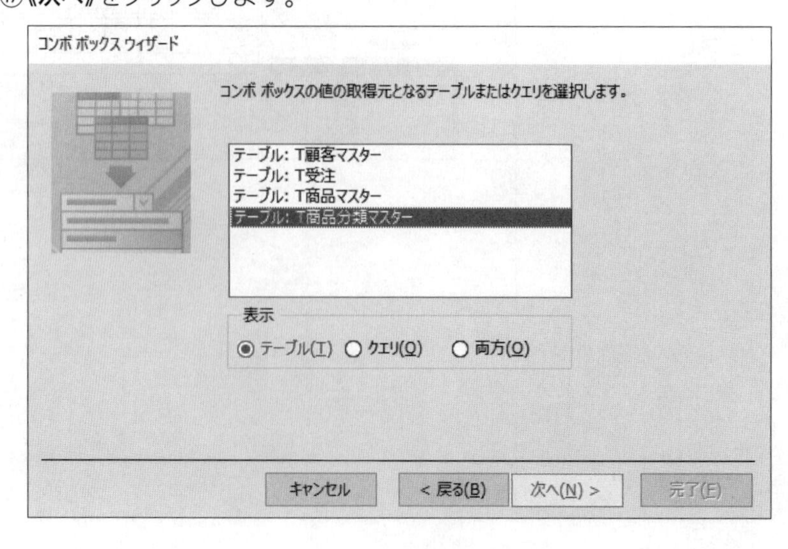

Point

コンボボックスに表示する値

❶コンボボックスの値を別のテーブルまたはクエリから取得する

別のテーブルやクエリから取得した値を表示します。

❷表示する値をここで指定する

任意の文字を表示します。

❸コンボボックスで選択した値に対応するレコードをフォームで検索する

コンボボックスで選択した値に対応するレコードをフォームで検索・表示します。

⑱ >> をクリックします。

⑲**《選択したフィールド》**にすべてのフィールドが移動します。

⑳**《次へ》**をクリックします。

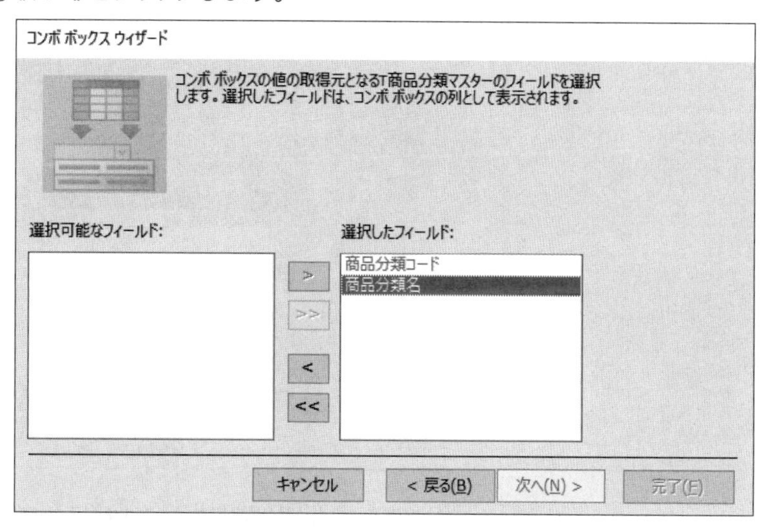

㉑**《次へ》**をクリックします。

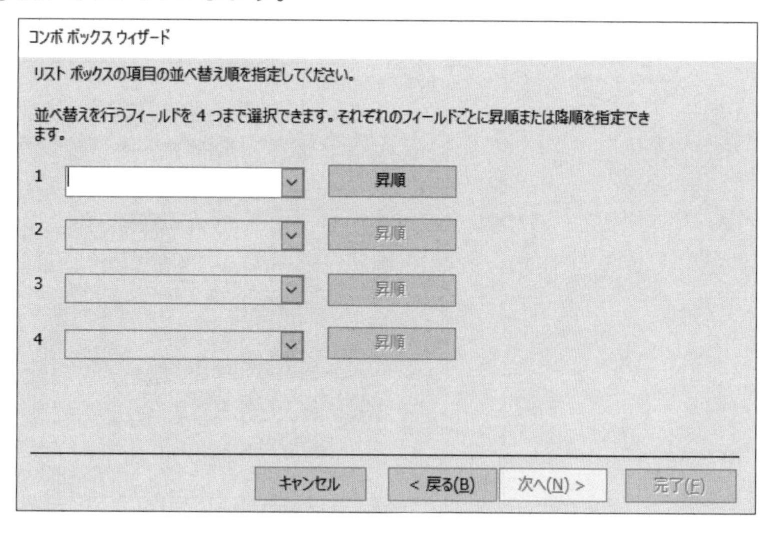

㉒**《キー列を表示しない(推奨)》**を□にします。

㉓**《次へ》**をクリックします。

コンボ ボックス ウィザード

コンボ ボックスに表示する列の幅を指定してください。

列幅を調整するには、列の右端をドラッグします。また、右端をダブルクリックすると、入力した値の長さに合わせて列幅が自動的に調整されます。

□キー列を表示しない(推奨)(H)

商品分類コード	商品分類名
A	健康食品
B	健康飲料
C	化粧品
D	衣料品
E	その他

キャンセル　< 戻る(B)　次へ(N) >　完了(F)

㉔**《選択可能なフィールド》**の一覧から**「商品分類コード」**を選択します。

㉕**《次へ》**をクリックします。

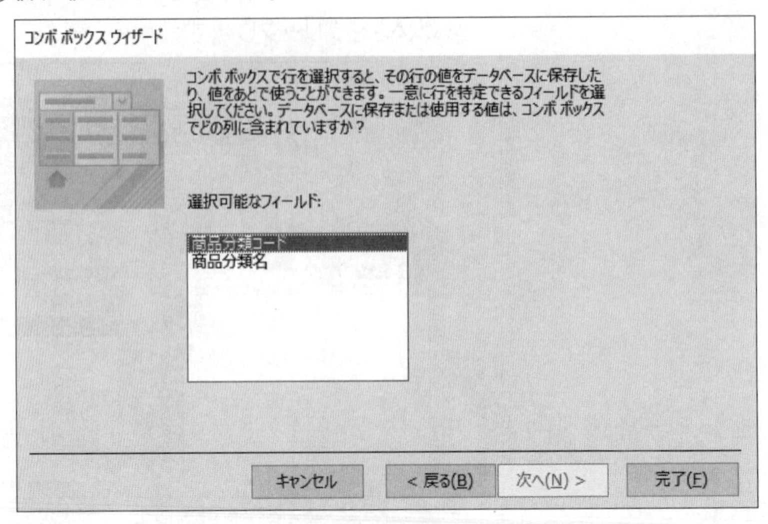

㉖**《次のフィールドに保存する》**を◉にします。

㉗ ▽ をクリックし、一覧から**「商品分類コード」**を選択します。

㉘**《次へ》**をクリックします。

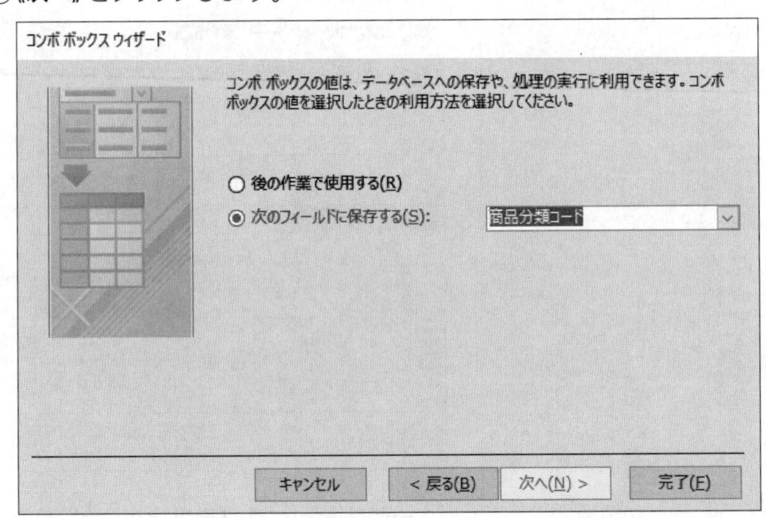

㉙**《コンボボックスに付けるラベルを指定してください。》**に**「商品分類コード」**と入力します。

㉚**《完了》**をクリックします。

㉛コンボボックスが追加されます。

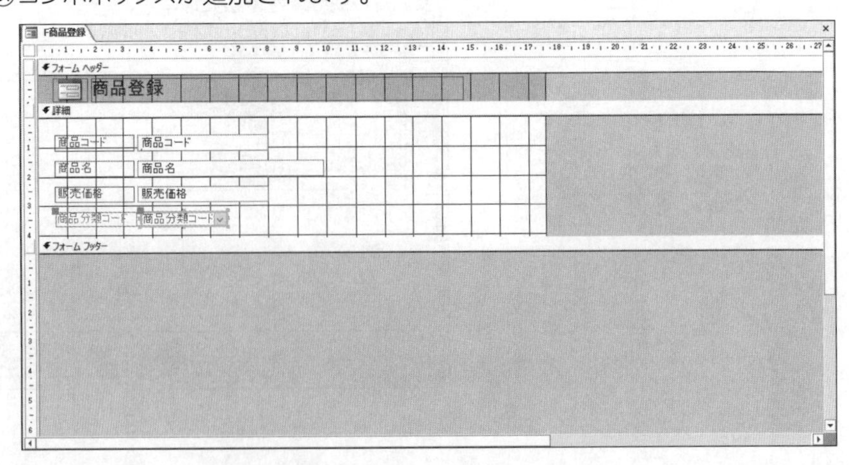

※フォームビューに切り替えて、結果を確認しておきましょう。

Point

コンボボックスの表示

フォームビューに切り替えると、コンボボックスは次のように表示されます。

商品分類コード	A	
	A	健康食品
	B	健康飲料
	C	化粧品
	D	衣料品
	E	その他

解説

■コントロールの移動

ラベルやテキストボックスなどのコントロールは、任意の位置に移動できます。

2019 365 ◆フォームをレイアウトビューまたはデザインビューで表示→コントロールをドラッグ

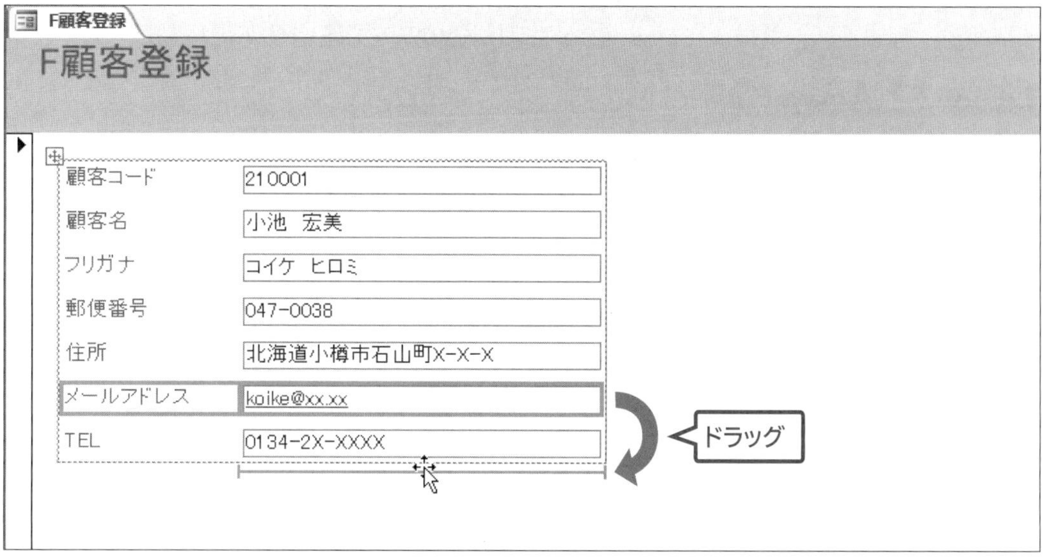

F顧客登録

F顧客登録

顧客コード 210001
顧客名 小池　宏美
フリガナ コイケ　ヒロミ
郵便番号 047-0038
住所 北海道小樽市石山町X-X-X
メールアドレス koike@xx.xx
TEL 0134-2X-XXXX

ドラッグ

■コントロールの削除

不要なコントロールは削除できます。

2019 365 ◆フォームをレイアウトビューまたはデザインビューで表示→コントロールを選択→Delete

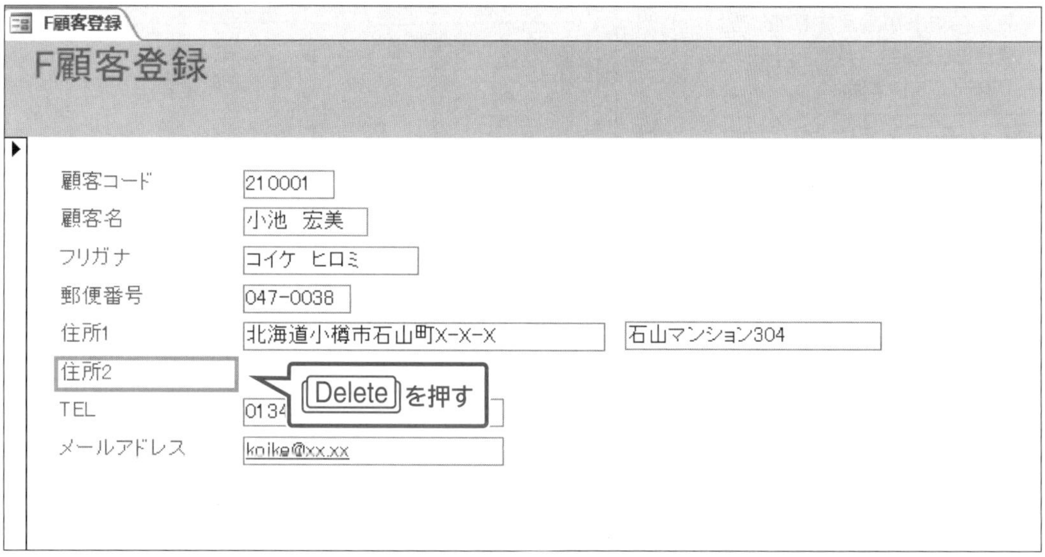

F顧客登録

F顧客登録

顧客コード 210001
顧客名 小池　宏美
フリガナ コイケ　ヒロミ
郵便番号 047-0038
住所1 北海道小樽市石山町X-X-X 石山マンション304
住所2
TEL 0134
メールアドレス koike@xx.xx

Deleteを押す

Lesson 57

データベース「Lesson57」を開いておきましょう。

次の操作を行いましょう。

(1) フォーム「F顧客登録」をレイアウトビューで表示し、「メールアドレス」ラベルとテキストボックスを「TEL」の下に移動してください。

Lesson 57 Answer

(1)

①ナビゲーションウィンドウのフォーム**「F顧客登録」**を右クリックします。

②**《レイアウトビュー》**をクリックします。

③フォームがレイアウトビューで表示されます。

④**「メールアドレス」**ラベルを選択します。

⑤ [Shift] を押しながら、**「メールアドレス」**テキストボックスを選択します。

⑥**「TEL」**テキストボックスの下にドラッグします。

※「TEL」ラベルの下でもかまいません。

※選択したコントロールをポイントし、マウスポインターの形が✥に変わったら、ドラッグします。

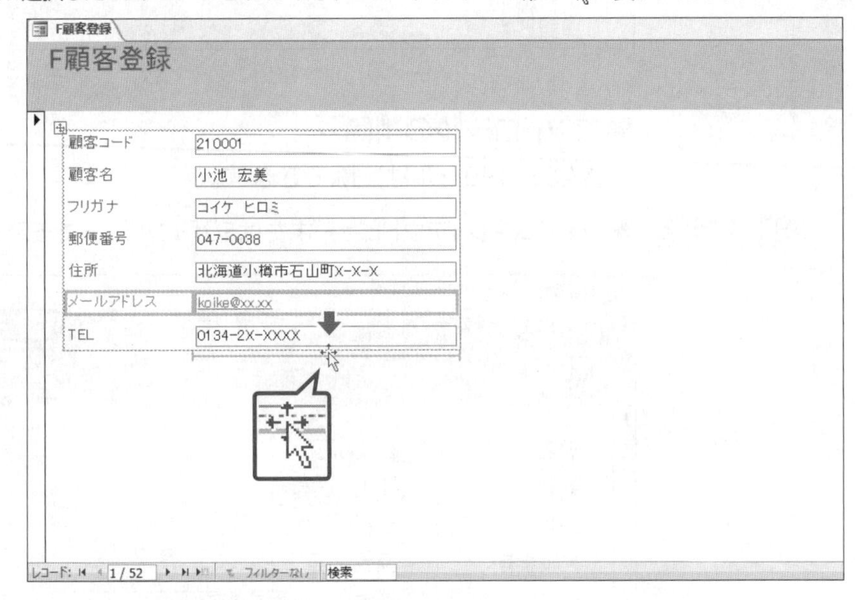

⑦ラベルとテキストボックスが移動します。

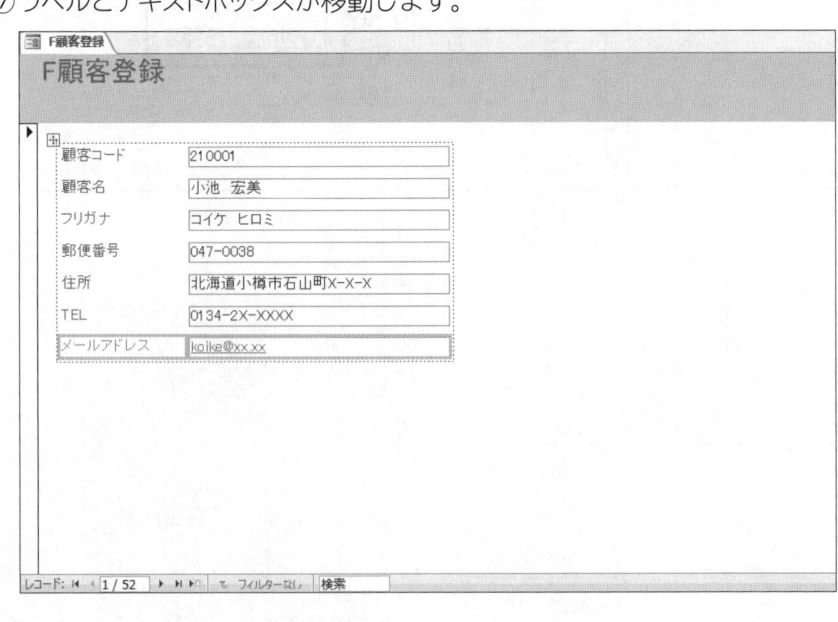

Point

複数のコントロールの選択

複数のコントロールを選択する方法は、次のとおりです。

連続するコントロール

2019 365

◆先頭のコントロールを選択→ [Shift] を押しながら、最終のコントロールを選択

※フォームに集合形式や表形式などのレイアウトが設定されていない場合は、連続しないコントロールの選択になります。

連続しないコントロール

2019 365

◆1つ目のコントロールを選択→ [Ctrl] を押しながら、2つ目以降のコントロールを選択

その他の方法

コントロールの移動

2019 365

◆フォームをレイアウトビューまたはデザインビューで表示→コントロールを選択→《配置》タブ→《移動》グループの (1つ上のレベルへ移動)/ (下へ移動)

Point

コントロールのサイズ変更

2019 365

◆フォームをレイアウトビューまたはデザインビューで表示→コントロールを選択→マウスポインターの形が↔↕⤡⤢に変わったら、ドラッグ

Lesson 58

データベース「Lesson58」を開いておきましょう。

次の操作を行いましょう。

(1) フォーム「F顧客登録」をレイアウトビューで表示し、「住所2」テキストボックスを「住所1」テキストボックスの右側に移動してください。次に、「住所2」ラベルを削除してください。

Lesson 58 Answer

その他の方法

コントロールの移動

2019 365

◆コントロールを選択→【↑】【↓】【←】【→】

その他の方法

コントロールの削除

2019 365

◆コンロトロールを右クリック→《削除》

(1)

①ナビゲーションウィンドウのフォーム**「F顧客登録」**を右クリックします。

②**《レイアウトビュー》**をクリックします。

③フォームがレイアウトビューで表示されます。

④**「住所2」**テキストボックスを選択します。

⑤**「住所1」**テキストボックスの右側にドラッグします。

※選択したコントロールをポイントし、マウスポインターの形が✥に変わったら、ドラッグします。

※【↑】【↓】【←】【→】を使うと、コントロールの位置を微調整できます。

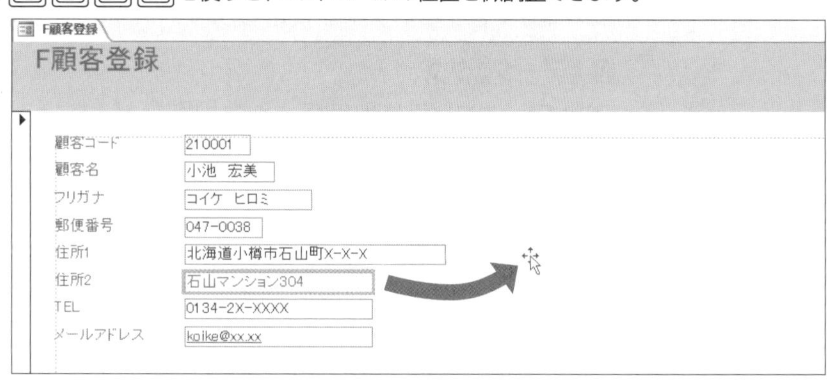

⑥**「住所2」**テキストボックスが移動されます。

⑦**「住所2」**ラベルを選択します。

⑧【Delete】を押します。

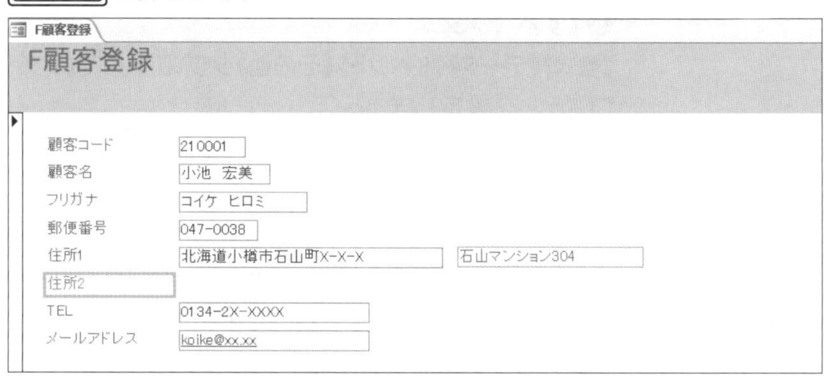

⑨**「住所2」**ラベルが削除されます。

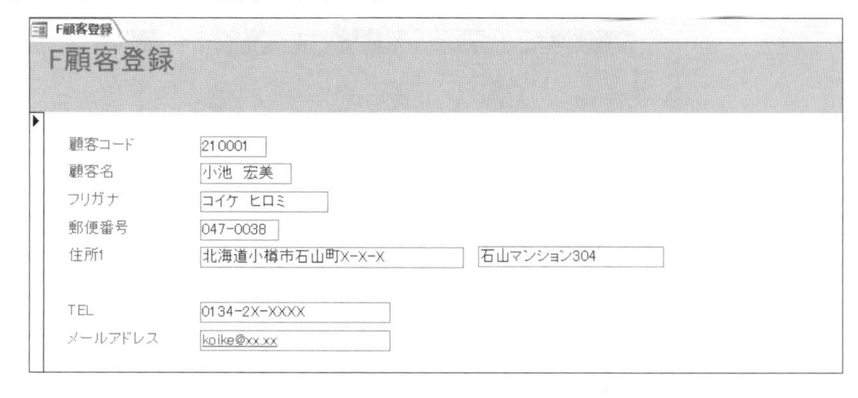

4-1-2 フォームのコントロールプロパティを設定する

解説

■コントロールのプロパティの設定

フォームやコントロールのプロパティ（属性）は、**「プロパティシート」**で設定します。
プロパティシートはカテゴリごとに分類されており、タブを切り替えて設定します。プロパティを設定すると、コントロールの外観や動作を指定することができます。

2019 365 ◆ フォームをレイアウトビューまたはデザインビューで表示→《デザイン》タブ→《ツール》グループの （プロパティシート）

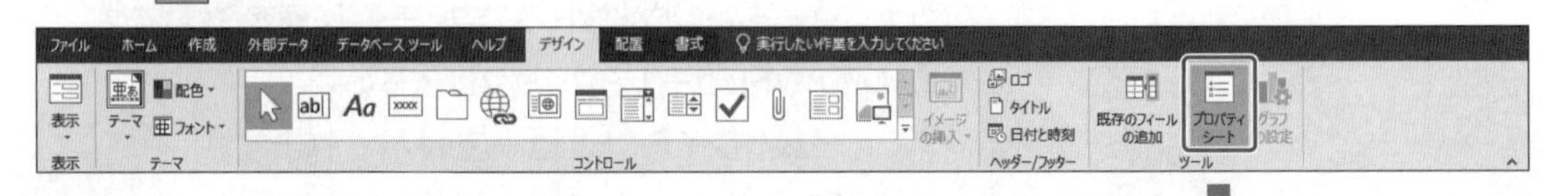

❶《書式》タブ
書式や幅、高さ、背景色など、コントロールのデザインに関するプロパティを設定します。

❷《データ》タブ
コントロールソースや既定値、入力規則など、コントロールに表示されているデータに関するプロパティを設定します。

❸《イベント》タブ
マクロ、モジュールの動作に関するプロパティを設定します。

❹《その他》タブ
ヒントテキストやIMEの設定など、その他のプロパティを設定します。

❺《すべて》タブ
《書式》《データ》《イベント》《その他》タブのすべてのプロパティを設定します。

プロパティ シート
選択の種類：テキスト ボックス(T)
商品名
❶書式　❷データ　❸イベント　❹その他　❺すべて

書式	
小数点以下表示桁数	自動
可視	はい
日付選択カレンダーの表示	日付
幅	3.582cm
高さ	0.529cm
上位置	1.57cm
左位置	3.399cm
背景スタイル	普通
背景色	背景 1
境界線スタイル	実線
境界線幅	細線
境界線色	背景 1, 暗め 35%
立体表示	なし
スクロールバー	なし
フォント名	ＭＳ Ｐゴシック (詳細)
フォントサイズ	11
文字配置	左
フォント太さ	普通
フォント下線	いいえ
フォント斜体	いいえ
前景色	テキスト 1, 明るめ 25%
行間	0cm
ハイパーリンクあり	いいえ

■コントロールの選択

コントロールにプロパティや書式を設定するときは、対象となるコントロールやセクションを選択します。コントロールやセクションはクリックして選択できますが、複数のコントロールを選択する場合や名前がわからないコントロールやセクションなどを選択するときは、リボンを使うと効率的です。

2019 365 ◆ フォームをレイアウトビューまたはデザインビューで表示→《書式》タブ→《選択》グループのボタン

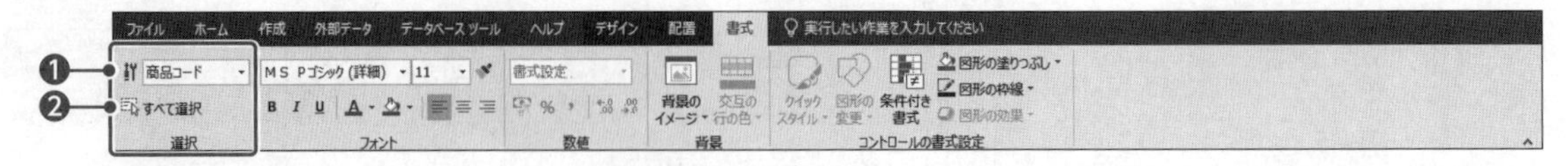

❶オブジェクト
フォーム （オブジェクト）の をクリックし、一覧から目的のコントロールやセクションを選択します。

❷すべて選択
すべてのコントロールを選択します。

フォームのコントロールに集合形式や表形式のレイアウトが設定されている場合は、行方向や列方向のコントロール、すべてのコントロールをまとめて選択できます。

2019 365 ◆ フォームをレイアウトビューまたはデザインビューで表示→《配置》タブ→《行と列》グループのボタン

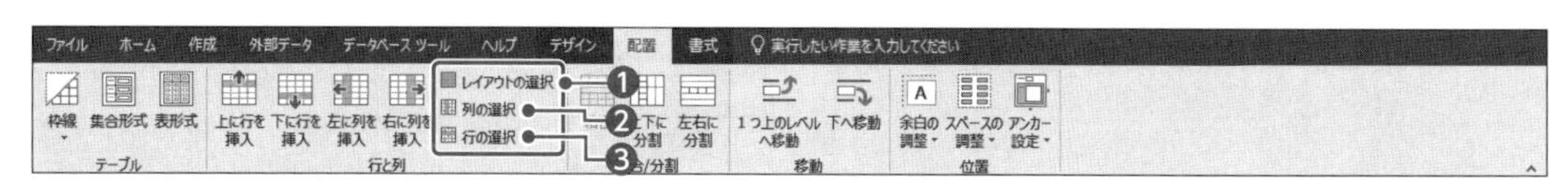

❶レイアウトの選択
セクション内に配置されているコントロールを選択します。

❷列の選択
列方向のコントロールを選択します。

❸行の選択
行方向のコントロールを選択します。

Lesson 59

データベース「Lesson59」を開いておきましょう。

次の操作を行いましょう。

(1) フォーム「F商品登録」をレイアウトビューで表示し、「商品名」テキストボックスの幅を4.8cm、高さを1.3cmにしてください。

(2) フォーム「F商品登録」の「販売価格」テキストボックスの幅を、「商品コード」テキストボックスと同じ幅に設定してください。

Lesson 59 Answer

(1)

①ナビゲーションウィンドウのフォーム**「F商品登録」**を右クリックします。

②**《レイアウトビュー》**をクリックします。

③フォームがレイアウトビューで表示されます。

④**「商品名」**テキストボックスを選択します。

⑤**《デザイン》**タブ→**《ツール》**グループの（プロパティシート）をクリックします。

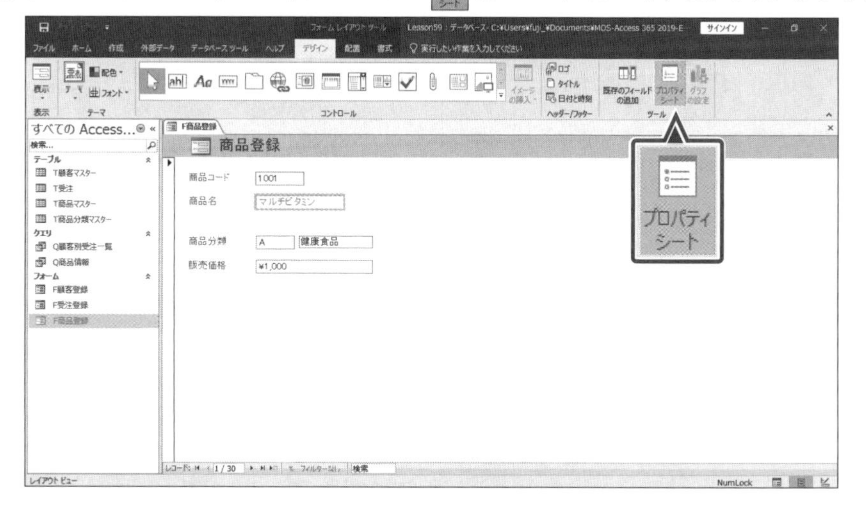

⑥**《プロパティシート》**が表示されます。

⑦**《プロパティシート》**の**《書式》**タブを選択します。

⑧**《幅》**プロパティに**「4.8」**と入力します。

※入力を確定すると、「4.801cm」と表示されます。

⑨《**高さ**》プロパティに「**1.3**」と入力します。
※入力を確定すると、「1.3cm」と表示されます。
⑩テキストボックスの幅と高さが変更されます。

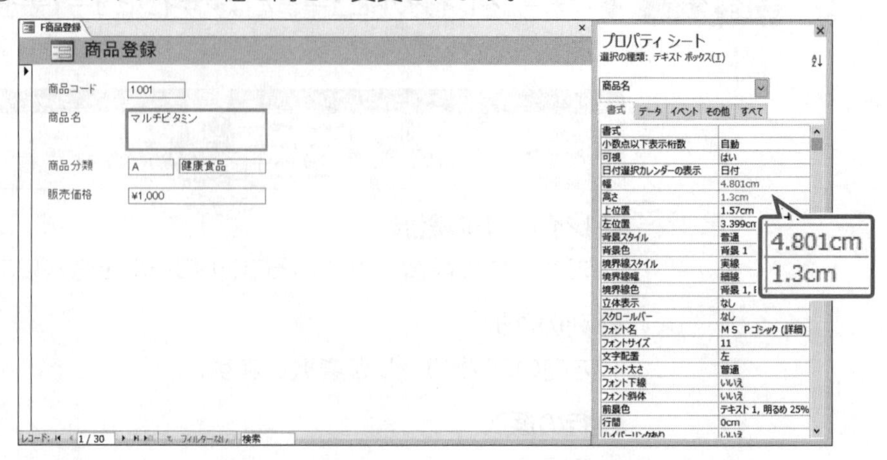

(2)

①フォーム「**F商品登録**」がレイアウトビューで表示されていることを確認します。
②「**商品コード**」テキストボックスを選択します。
③《**プロパティシート**》が表示されていることを確認します。
④《**プロパティシート**》の《**書式**》タブを選択します。
⑤《**幅**》プロパティに「**2cm**」と表示されていることを確認します。
⑥「**販売価格**」テキストボックスを選択します。
⑦《**幅**》プロパティに「**2**」と入力します。
※入力を確定すると、「2cm」と表示されます。
⑧テキストボックスの幅が変更されます。

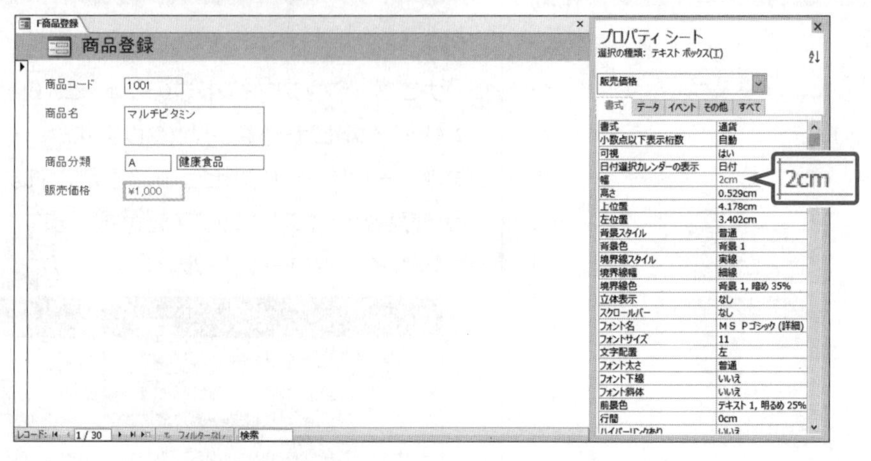

※《プロパティシート》を閉じておきましょう。

Point

プロパティシートの選択対象

プロパティシートの上部には、選択しているコントロールの種類と名前が表示されます。
プロパティシートを表示したままで他のコントロールを選択すると、プロパティシートの選択対象が切り替わります。

Lesson 60

データベース「Lesson60」を開いておきましょう。

次の操作を行いましょう。

(1) フォーム「F受注登録」をレイアウトビューで表示し、すべてのテキストボックスとコンボボックスの境界線の幅を1ポイント、境界線の色を濃い青に設定してください。

(2) フォーム「F受注登録」の「販売価格」テキストボックスの書式を通貨に変更してください。

(3) フォーム「F顧客登録」をレイアウトビューで表示し、「住所」テキストボックスに「都道府県から入力」と表示されるヒントテキストを設定してください。

Hint

ヒントテキストは、《プロパティシート》の《その他》タブ→《ヒントテキスト》プロパティに設定します。

(1)

①ナビゲーションウィンドウのフォーム「**F受注登録**」を右クリックします。

②《**レイアウトビュー**》をクリックします。

③フォームがレイアウトビューで表示されます。

④「**受注番号**」テキストボックスを選択します。

※《詳細》セクションのテキストボックスであれば、どれでもかまいません。

⑤《**配置**》タブ→《**行と列**》グループの 列の選択 (列の選択)をクリックします。

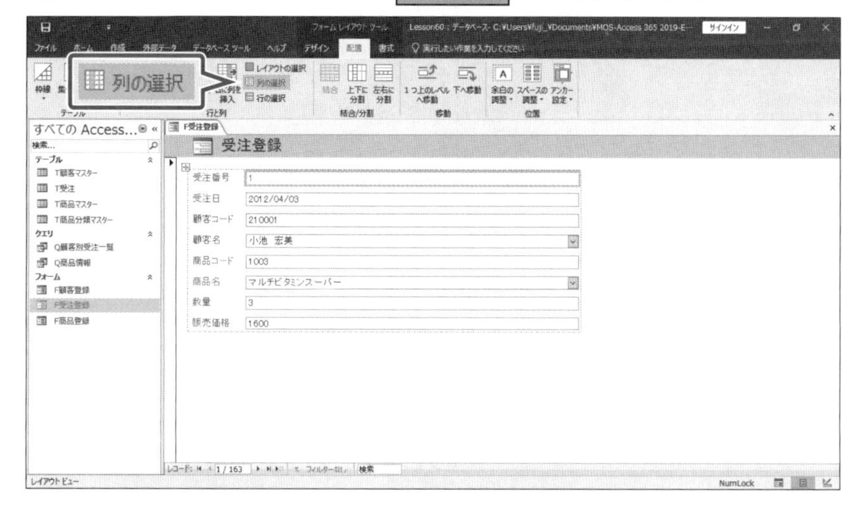

⑥すべてのテキストボックスとコンボボックスが選択されます。

⑦《**デザイン**》タブ→《**ツール**》グループの プロパティシート (プロパティシート)をクリックします。

⑧《**プロパティシート**》が表示されます。

⑨《**プロパティシート**》の《**書式**》タブを選択します。

⑩《**境界線幅**》プロパティをクリックします。

⑪ をクリックし、一覧から《**1ポイント**》を選択します。

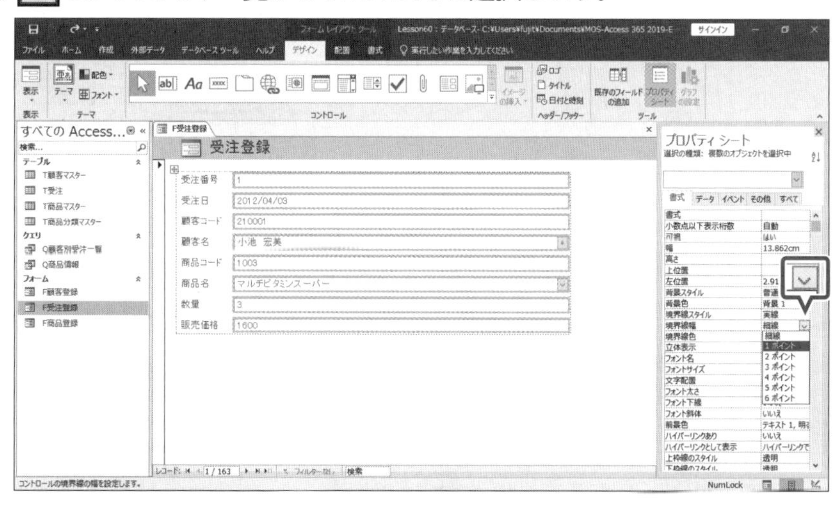

⑫《**境界線色**》プロパティをクリックします。

⑬ [...] をクリックし、一覧から《**標準の色**》の《**濃い青**》を選択します。

※《#1F497D》と表示されます。

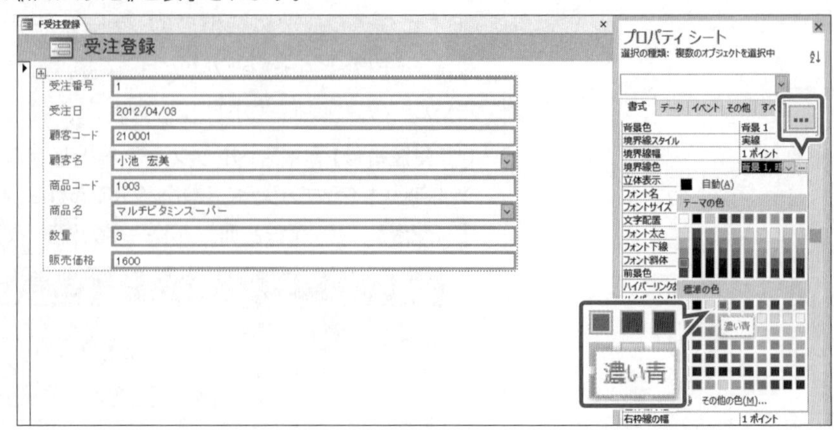

⑭テキストボックスの書式が設定されます。

(2)

①フォーム「**F受注登録**」がレイアウトビューで表示されていることを確認します。

②「**販売価格**」テキストボックスを選択します。

③《**プロパティシート**》が表示されていることを確認します。

④《**プロパティシート**》の《**書式**》タブを選択します。

⑤《**書式**》プロパティをクリックします。

⑥ [∨] をクリックし、一覧から《**通貨**》を選択します。

⑦テキストボックスの書式が設定されます。

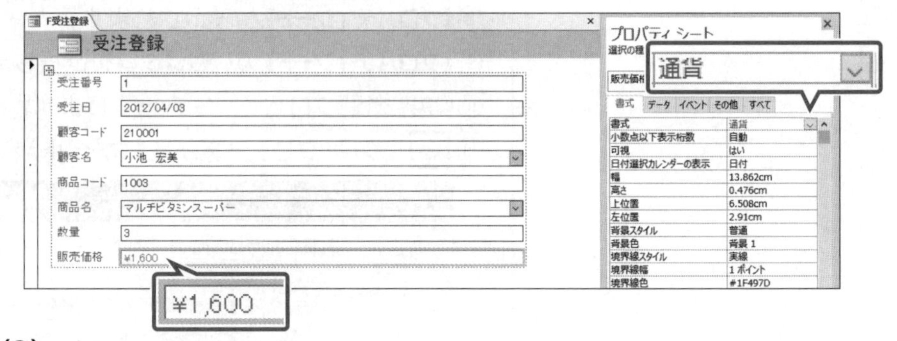

(3)

①フォーム「**F顧客登録**」を右クリックします。

②《**レイアウトビュー**》をクリックします。

③フォームがレイアウトビューで表示されます。

④「**住所**」テキストボックスを選択します。

⑤《**プロパティシート**》が表示されていることを確認します。

⑥《**プロパティシート**》の《**その他**》タブを選択します。

⑦《**ヒントテキスト**》プロパティに「**都道府県から入力**」と入力します。

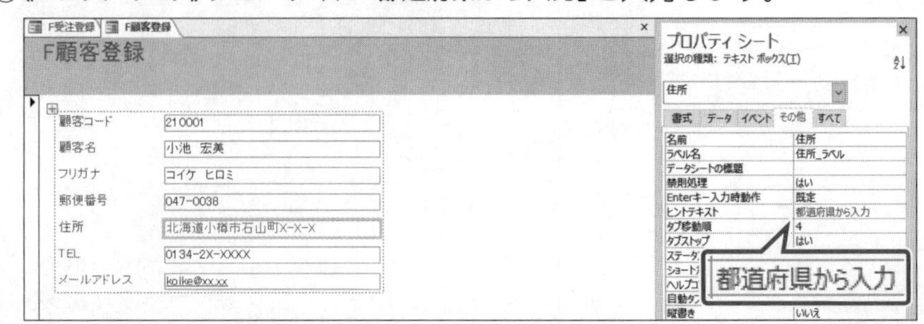

※《プロパティシート》を閉じておきましょう。

Point

ヒントテキスト

設定したヒントテキストは、フォームビューでコントロールをポイントすると、ポップヒントで表示されます。

顧客コード	210001
顧客名	小池　宏美
フリガナ	コイケ　ヒロミ
郵便番号	047-0038
住所	北海道小樽市石山町X-X-X
TEL	0134-2X-XXXX
メールアドレス	koike@xx.xx

都道府県から入力

4-1-3 フォームのラベルを追加する、変更する

解説

■ラベルの変更

テキストボックスやコンボボックスなどのコントロールを作成すると、対応するラベルが一緒に作成されます。作成されたラベルは、**「標題」**を設定すると、フィールド名と異なる名前に変更することもできます。

2019 365 ◆フォームをレイアウトビューまたはデザインビューで表示→《デザイン》タブ→《ツール》グループの（プロパティシート）→《書式》タブ→《標題》プロパティ

■ラベルの追加

ラベルを使うと、任意の文字を入力して、フォームの自由な位置に表示できます。

2019 365 ◆フォームをレイアウトビューまたはデザインビューで表示→《デザイン》タブ→《コントロール》グループの （ラベル）

Lesson 61

OPEN データベース「Lesson61」を開いておきましょう。

次の操作を行いましょう。

(1) フォーム「F商品登録」をレイアウトビューで表示し、「商品分類コード」ラベルが「商品分類」と表示されるように設定してください。

Lesson 61 Answer

その他の方法

ラベルの変更

2019 365

◆フォームをレイアウトビューまたはデザインビューで表示→ラベルを2回クリックして、文字を編集

(1)

①ナビゲーションウィンドウのフォーム**「F商品登録」**を右クリックします。

②**《レイアウトビュー》**をクリックします。

③フォームがレイアウトビューで表示されます。

④**「商品分類コード」**ラベルを選択します。

⑤**《デザイン》**タブ→**《ツール》**グループの(プロパティシート)をクリックします。

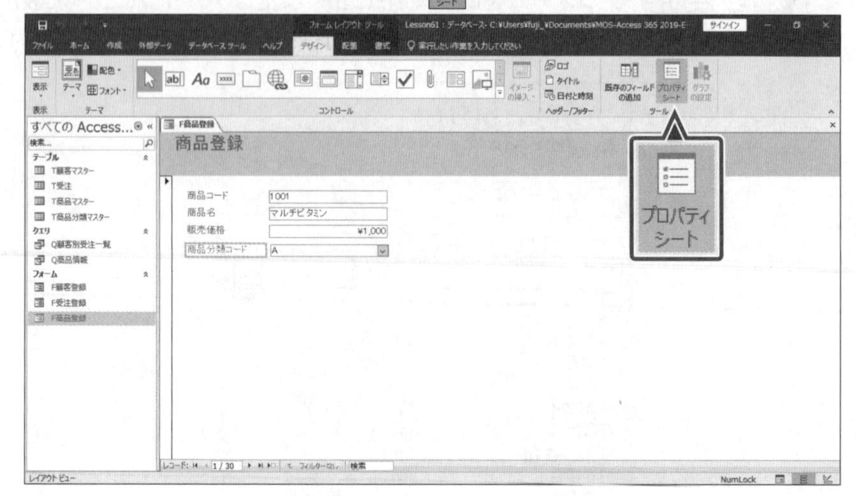

⑥**《プロパティシート》**が表示されます。

⑦**《プロパティシート》**の**《書式》**タブを選択します。

⑧**《標題》**プロパティを**「商品分類」**に修正します。

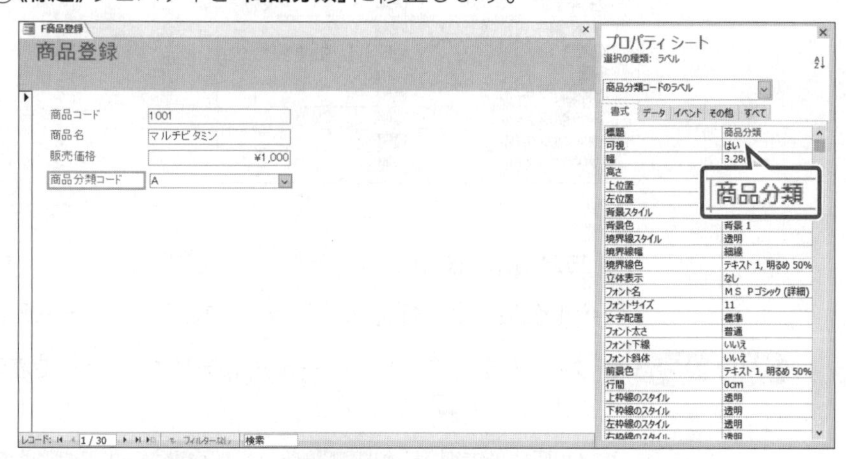

⑨ラベルが変更されます。

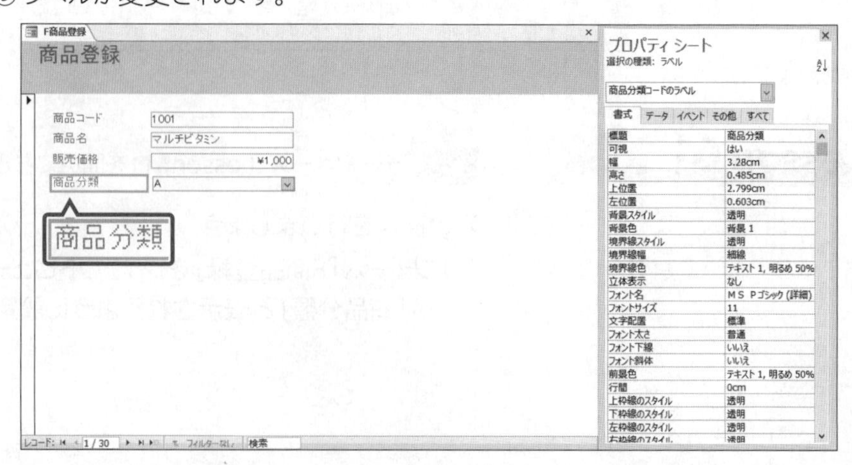

※《プロパティシート》を閉じておきましょう。

Lesson 62

データベース「Lesson62」を開いておきましょう。

次の操作を行いましょう。

(1) フォーム「F受注登録」をデザインビューで表示し、タイトル「受注登録」の右側に「2021年4月～6月」というラベルを追加してください。

Lesson 62 Answer

(1)

①ナビゲーションウィンドウのフォーム**「F受注登録」**を右クリックします。

②**《デザインビュー》**をクリックします。

③フォームがデザインビューで表示されます。

④**《デザイン》**タブ→**《コントロール》**グループの Aa (ラベル)をクリックします。

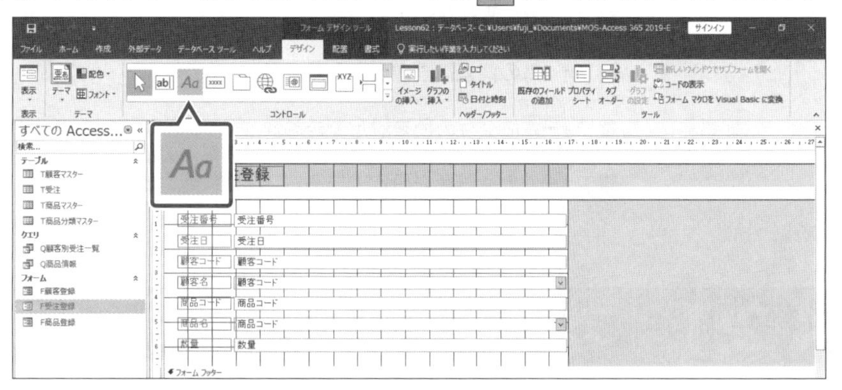

⑤マウスポインターの形が ⁺A に変わります。

⑥ラベルを作成する開始位置でクリックします。

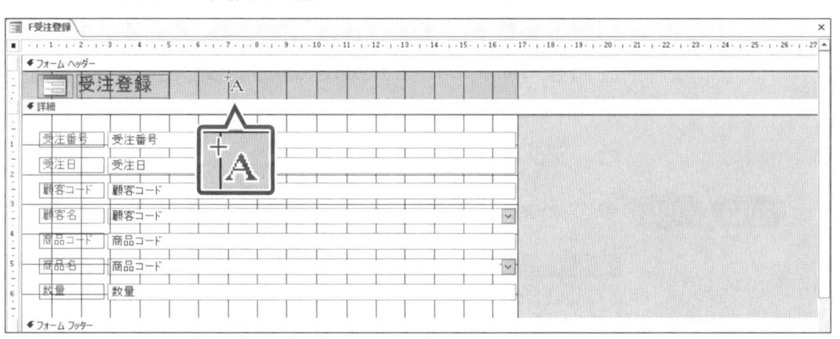

⑦**「2021年4月～6月」**と入力します。

⑧ラベル以外の場所をクリックします。

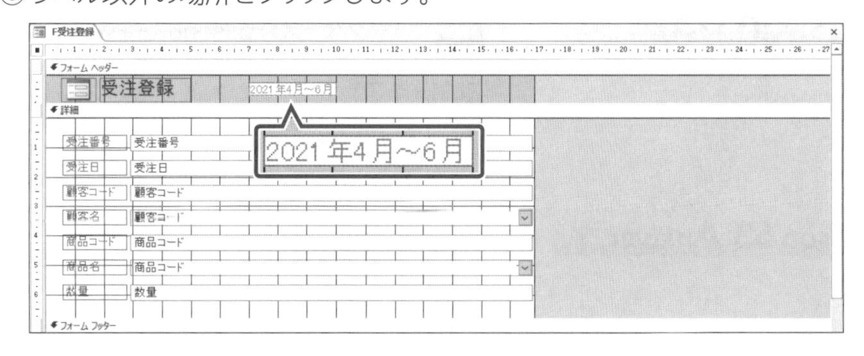

⑨ラベルが追加されます。

※フォームビューに切り替えて、結果を確認しておきましょう。

4-2 フォームを書式設定する

理解度チェック

習得すべき機能	参照Lesson	学習前	学習後	試験直前
■フォームにタブオーダーを設定できる。	➡Lesson63	☑	☑	☑
■フォームのレコードを並べ替えることができる。	➡Lesson64	☑	☑	☑
■フォームのコントロールの余白やスペースを調整できる。	➡Lesson65	☑	☑	☑
■フォームのコントロールにアンカーを設定できる。	➡Lesson65	☑	☑	☑
■フォームにヘッダーを挿入できる。	➡Lesson66	☑	☑	☑
■フォームに画像を挿入できる。	➡Lesson67	☑	☑	☑
■フォームの背景に画像を挿入できる。	➡Lesson67	☑	☑	☑
■フォームに交互の色を設定できる。	➡Lesson67	☑	☑	☑
■フォームの背景色を設定できる。	➡Lesson67	☑	☑	☑

4-2-1 フォーム上のタブオーダーを変更する

解説

■タブオーダーの変更

「タブオーダー」とは、フォームビューで Tab や Enter を押したときにカーソルがコントロールを移動する順番のことです。タブオーダーは、コントロールを追加した順番で設定されます。そのため、あとからコントロールを追加したり、コントロールの配置を変更したりした場合は、コントロールの配置に合わせてタブオーダーを変更するとよいでしょう。タブオーダーはデザインビューで設定します。

2019 365 ◆フォームをデザインビューで表示→《デザイン》タブ→《ツール》グループの（タブオーダー）

Lesson 63

データベース「Lesson63」を開いておきましょう。

次の操作を行いましょう。

(1) フォーム「F商品登録」をデザインビューで表示し、カーソルが《詳細》セクションの上から下の順番で移動するように設定してください。

Lesson 63 Answer

(1)

※フォーム「F商品登録」をフォームビューで表示し、Tab を押してカーソルが移動する順番をあらかじめ確認しておきましょう。

①ナビゲーションウィンドウのフォーム**「F商品登録」**を右クリックします。

②**《デザインビュー》**をクリックします。

③フォームがデザインビューで表示されます。

④**《デザイン》**タブ→**《ツール》**グループの（タブオーダー）をクリックします。

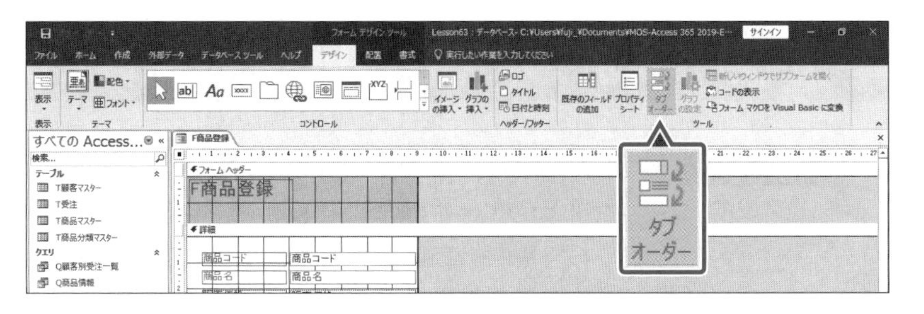

⑤《**タブオーダー**》ダイアログボックスが表示されます。

⑥《**セクション**》の一覧から《**詳細**》を選択します。

⑦《**タブオーダーの設定**》の「**商品分類コンボボックス**」の行セレクターをクリックします。

※行セレクターをポイントすると、マウスポインターの形が➡に変わります。

⑧「**商品分類コンボボックス**」の行を「**販売価格**」の下にドラッグします。

⑨「**商品分類コンボボックス**」の行が移動します。

⑩《**OK**》をクリックします。

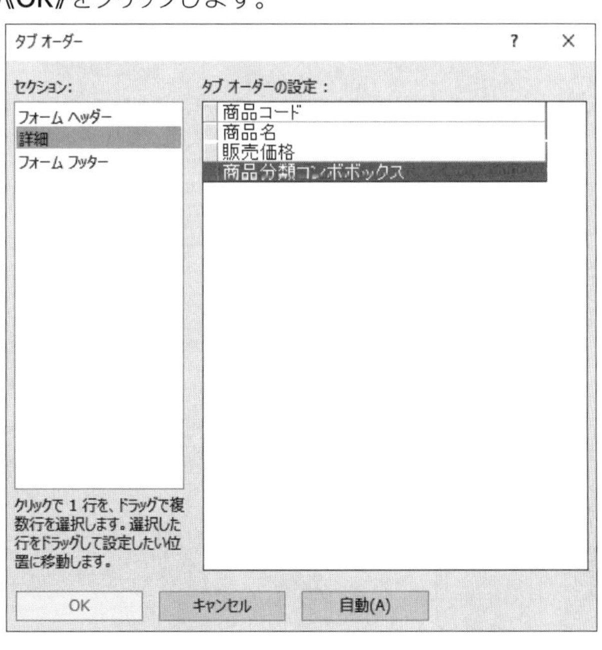

⑪タブオーダーが変更されます。

※フォームビューに切り替えて、カーソルが移動する順番が変更されていることを確認しておきましょう。

Point

《**タブオーダー**》

❶セクション

設定するセクションを選択します。

❷タブオーダーの設定

カーソルがコントロールを移動する順番が表示されます。ドラッグして順番を変更できます。

❸自動

コントロールの配置を基準に自動調整します。

4-2-2 フォームフィールドを使用してレコードを並べ替える

■フォームのレコードの並べ替え

テーブルやクエリで設定していなくても、フォーム上で1つまたは複数のフィールドを基準に、レコードを昇順または降順に並べ替えることができます。

2019 365 ◆フォームをフォームビューで表示→《ホーム》タブ→《並べ替えとフィルター》グループの 昇順 (昇順)／ 降順 (降順)

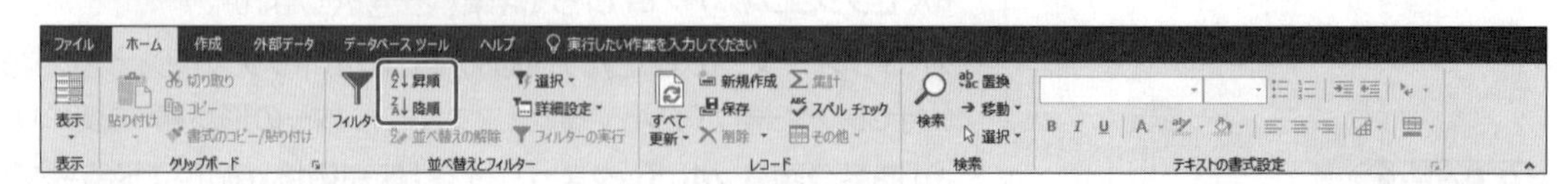

Lesson 64

データベース「Lesson64」を開いておきましょう。

次の操作を行いましょう。

(1) フォーム「F商品登録」をフォームビューで表示し、販売価格の高い順に並べ替えてください。

Lesson 64 Answer

(1)

①ナビゲーションウィンドウのフォーム**「F商品登録」**をダブルクリックします。

②フォームがフォームビューで表示されます。

③**「販売価格」**テキストボックスにカーソルを移動します。

④**《ホーム》**タブ→**《並べ替えとフィルター》**グループの 降順 (降順) をクリックします。

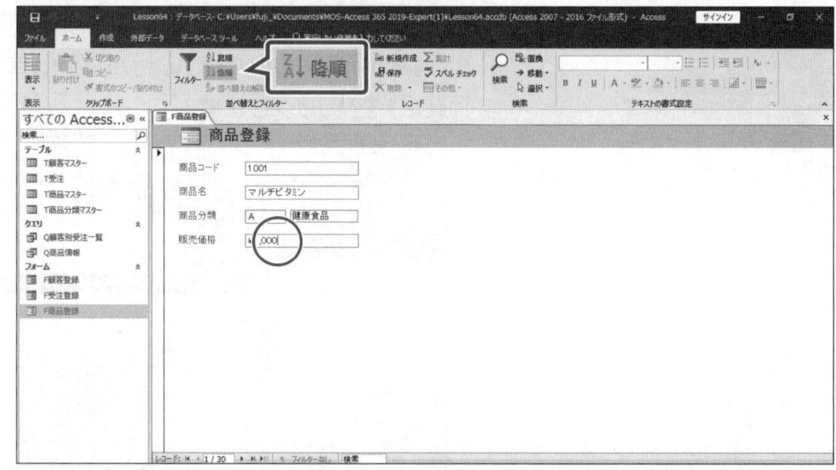

⑤**「販売価格」**の高い順に並び替わります。

F商品登録
商品登録
商品コード 1015
商品名 美白ローション(大)
商品分類 C 化粧品
販売価格 ¥12,000

並べ替えの解除

2019 365

◆《ホーム》タブ→《並べ替えとフィルター》グループの 並べ替えの解除 (すべての並べ替えをクリア)

4-2-3 フォームの配置を変更する

解説

■余白の調整

コントロールの余白を設定すると、コントロール内のデータの上下左右の空白をまとめて調整できます。

余白を「なし」に設定した場合

余白を「広い」に設定した場合

マルチビタミン

2019 365 ◆フォームをレイアウトビューまたはデザインビューで表示→《配置》タブ→《位置》グループの （余白の調整）

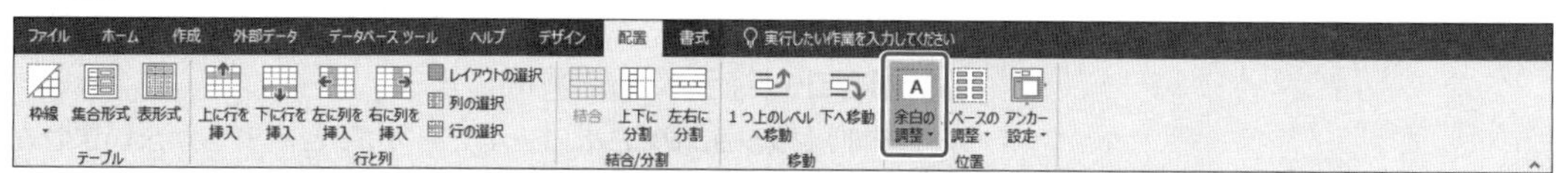

■スペースの調整

コントロールのスペースを設定すると、コントロール間の距離を調整できます。

スペースを「なし」に設定した場合

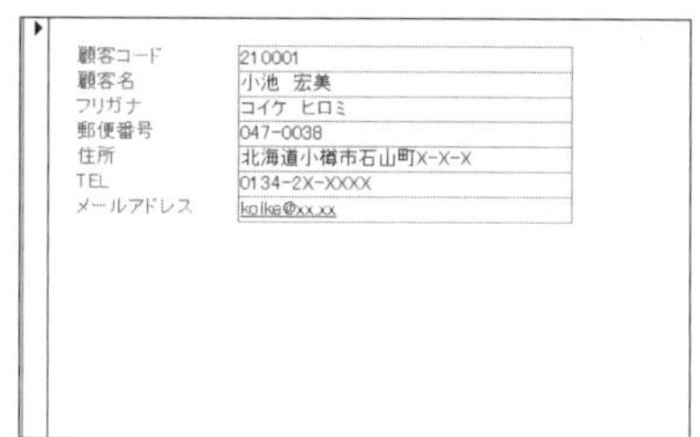

スペースを「広い」に設定した場合

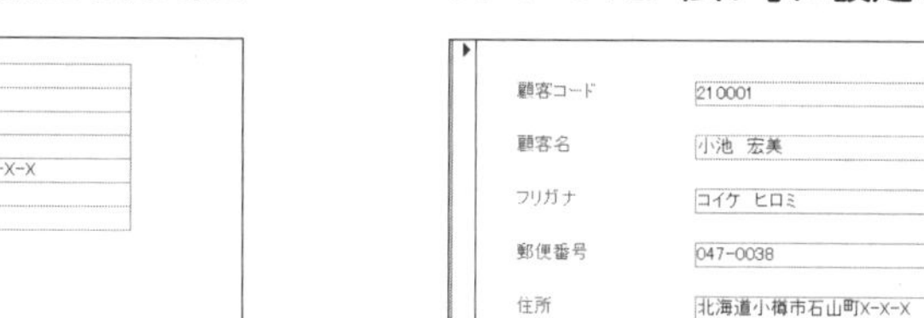

2019 365 ◆フォームをレイアウトビューまたはデザインビューで表示→《配置》タブ→《位置》グループの （スペースの調整）

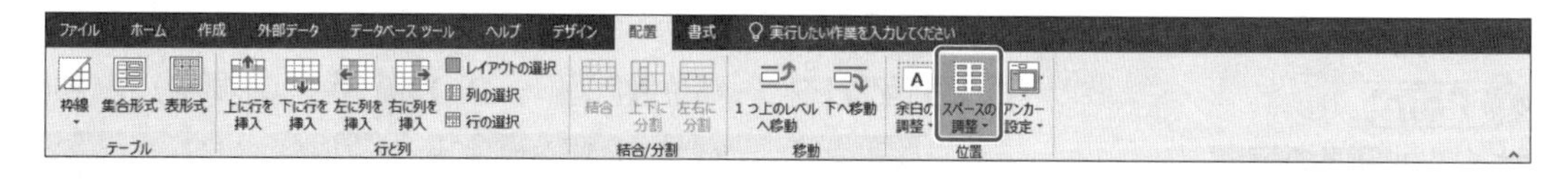

■アンカーの設定

コントロールにアンカーを設定すると、コントロールをウィンドウのサイズやディスプレイの解像度に合わせて調整できます。複数のユーザーで利用するときなどに、相手のコンピューターの環境を考慮せずにレイアウトを設定できるので便利です。

2019 365 ◆フォームをレイアウトビューまたはデザインビューで表示→《配置》タブ→《位置》グループの （アンカー設定）

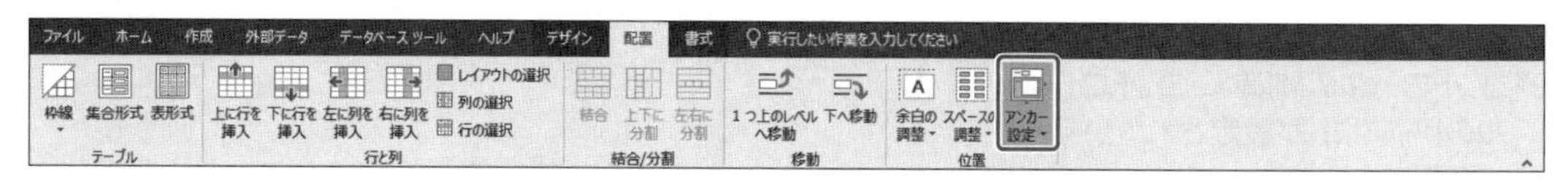

Lesson 65

データベース「Lesson65」を開いておきましょう。

次の操作を行いましょう。

(1) フォーム「F顧客登録」をレイアウトビューで表示し、《詳細》セクションのすべてのコントロールの余白を「狭い」、コントロール間のスペースを「なし」に設定してください。

(2) フォーム「F商品登録」をレイアウトビューで表示し、「備考」テキストボックスのアンカーを「左右上に引き伸ばし」に設定してください。

Lesson 65 Answer

(1)

①ナビゲーションウィンドウのフォーム**「F顧客登録」**を右クリックします。

②**《レイアウトビュー》**をクリックします。

③フォームがレイアウトビューで表示されます。

④**「顧客コード」**ラベルを選択します。

※《詳細》セクションのコントロールであれば、どれでもかまいません。。

⑤**《配置》**タブ→**《行と列》**グループの レイアウトの選択 (レイアウトの選択)をクリックします。

⑥**《詳細》**セクションのすべてのコントロールが選択されます。

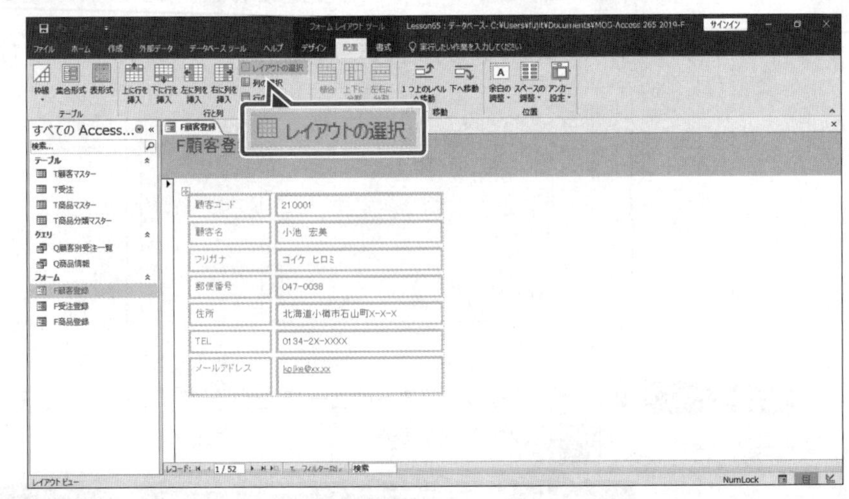

⑦**《配置》**タブ→**《位置》**グループの (余白の調整)→**《狭い》**をクリックします。

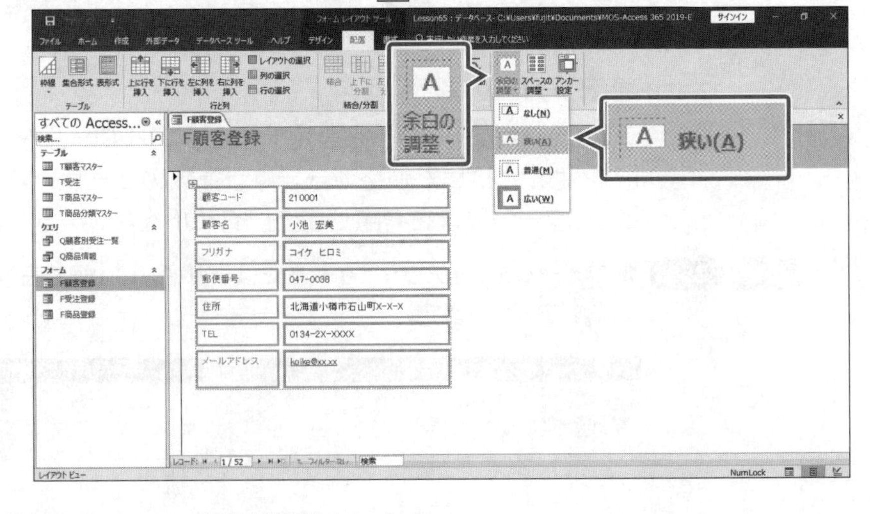

⑧コントロールの余白が調整されます。

Point

余白の調整

余白を数値で設定する方法は、次のとおりです。

2019 365

◆フォームをレイアウトビューまたはデザインビューで表示→コントロールを選択→《デザイン》タブ→《ツール》グループの (プロパティシート)→《書式》タブ→《上余白》/《下余白》/《左余白》/《右余白》プロパティ

Point

サイズや間隔の調整

コントロールの高さや幅をほかのコントロールのサイズに合わせて変更したり、コントロールの左右や上下の間隔をそろえて配置したりできます。

2019 365

◆フォームをデザインビューで表示→コントロールを選択→《配置》タブ→《サイズ変更と並べ替え》グループの (サイズ/間隔)

※コントロールの間隔は、コントロールのレイアウトが設定されていると調整できません。

※レイアウトビューでは、設定できません。

Point
スペースの調整
スペースを数値で設定する方法は、次のとおりです。

2019 365

◆フォームをレイアウトビューまたはデザインビューで表示→コントロールを選択→《デザイン》タブ→《ツール》グループの（プロパティシート）→《書式》タブ→《上スペース》/《下スペース》/《左スペース》/《右スペース》プロパティ

Point
配置の調整
コントロールをグリッドに合わせて配置したり、複数のコントロールの配置をほかのコントロールに合わせて上下左右の方向に整列したりできます。

2019 365

◆フォームをデザインビューで表示→コントロールを選択→《配置》タブ→《サイズ変更と並べ替え》グループの（配置）

※レイアウトビューでは、設定できません。

⑨《配置》タブ→《位置》グループの（スペースの調整）→《なし》をクリックします。

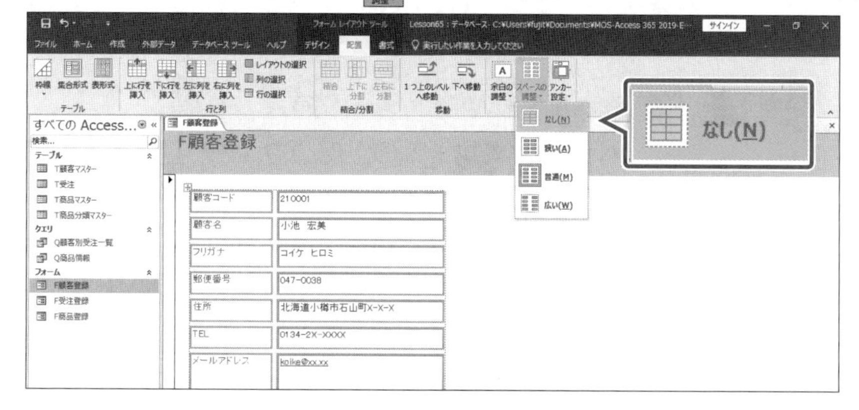

⑩コントロールのスペースが調整されます。

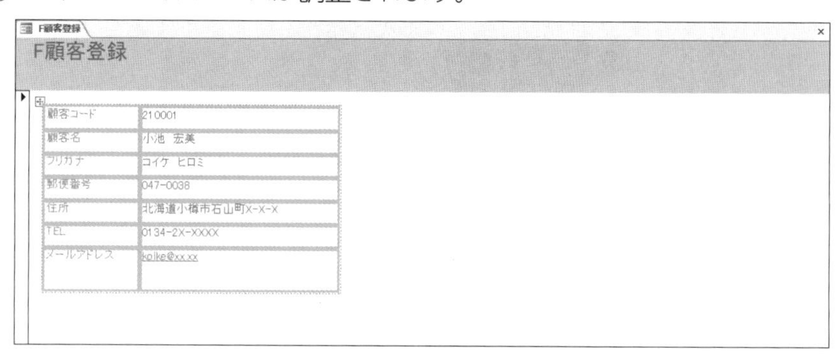

(2)
①ナビゲーションウィンドウのフォーム「**F商品登録**」を右クリックします。

②**《レイアウトビュー》**をクリックします。

③フォームがレイアウトビューで表示されます。

④「**備考**」テキストボックスを選択します。

⑤**《配置》**タブ→**《位置》**グループの（アンカー設定）→**《左右上に引き伸ばし》**をクリックします。

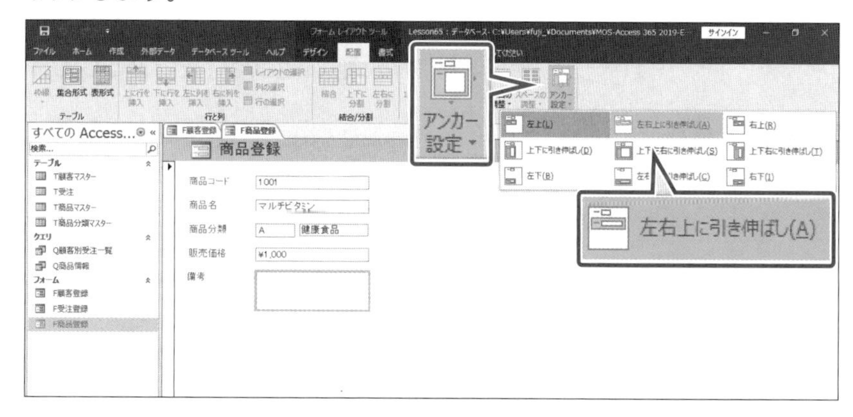

⑥アンカーが設定され、「**備考**」テキストボックスが左右に引き伸ばされます。

商品登録	
商品コード	1001
商品名	マルチビタミン
商品分類	A 健康食品
販売価格	¥1,000
備考	

4-2-4 フォームのヘッダーやフッターに情報を追加する

■ヘッダーやフッターの挿入

「ヘッダー」はフォームの上部、**「フッター」**はフォームの下部にあるセクションです。
ヘッダーには、タイトルやロゴ、日付や時刻などを設定できます。

2019 365 ◆フォームをレイアウトビューまたはデザインビューで表示→《デザイン》タブ→《ヘッダー/フッター》グループのボタン

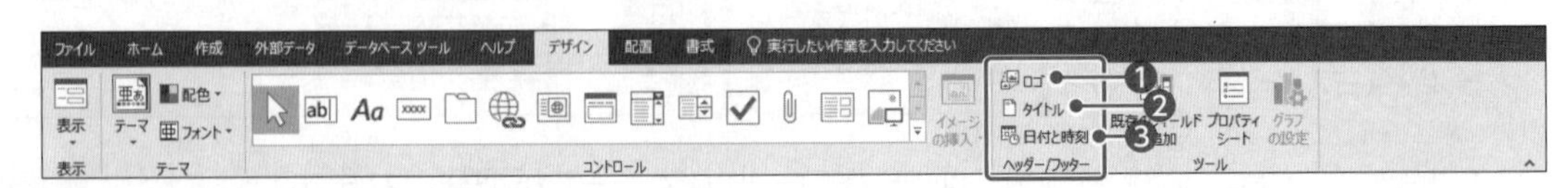

❶ （ロゴ）
《フォームヘッダー》セクションに画像をロゴとして挿入します。タイトルが挿入されている場合は、タイトルの左側に挿入されます。

❷ タイトル（タイトル）
《フォームヘッダー》セクションにタイトルを挿入します。

❸ 日付と時刻（日付と時刻）
《フォームヘッダー》セクションに日付と時刻を挿入します。

Lesson 66

OPEN データベース「Lesson66」を開いておきましょう。

次の操作を行いましょう。

(1) フォーム「F商品登録」をレイアウトビューで表示し、《フォームヘッダー》セクションにタイトル「商品登録」と「○○○○年○月○日」の形式で現在の日付を挿入してください。時刻は表示しません。

(2) フォーム「F受注登録」をレイアウトビューで表示し、フォルダー「Lesson66」にある画像「clover」をロゴとして挿入してください。

Lesson 66 Answer

(1)

①ナビゲーションウィンドウのフォーム**「F商品登録」**を右クリックします。

②**《レイアウトビュー》**をクリックします。

③フォームがレイアウトビューで表示されます。

④**《デザイン》**タブ→**《ヘッダー/フッター》**グループの タイトル（タイトル）をクリックします。

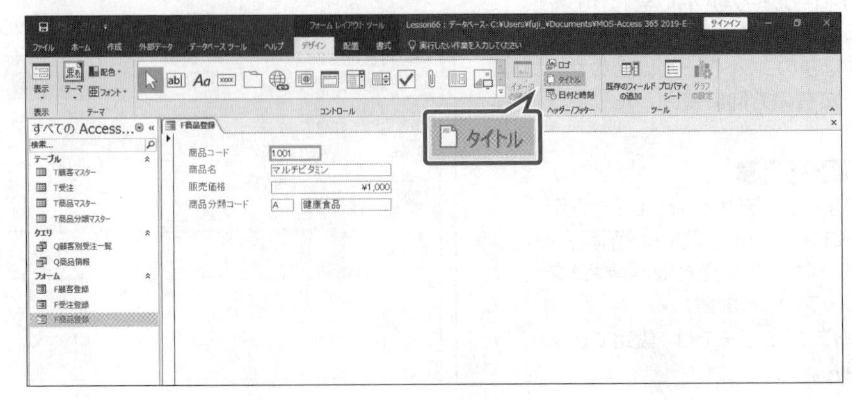

⑤フォームの上部にフォーム名がタイトルとして挿入されます。

⑥タイトルを**「商品登録」**に修正します。

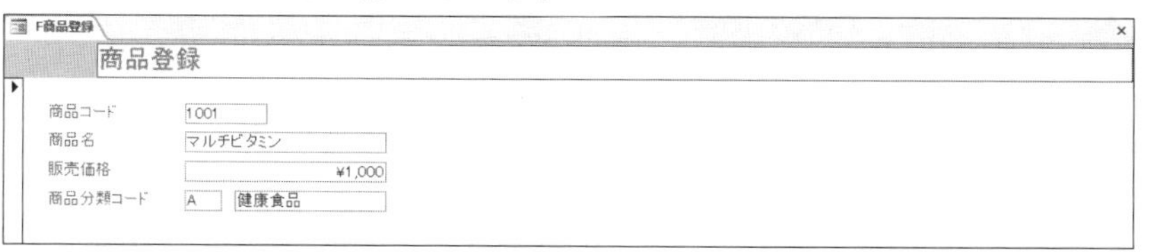

※タイトル以外の場所をクリックして選択を解除しておきましょう。

⑦**《デザイン》**タブ→**《ヘッダー/フッター》**グループの **日付と時刻** (日付と時刻)をクリックします。

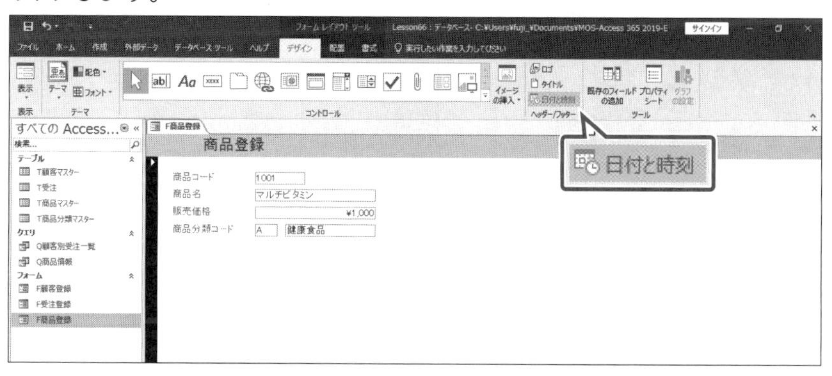

⑧**《日付と時刻》**ダイアログボックスが表示されます。

⑨**《日付を含める》**が☑になっていることを確認します。

⑩**《〇〇〇〇年〇月〇日》**を◉にします。

⑪**《時刻を含める》**を□にします。

⑫**《OK》**をクリックします。

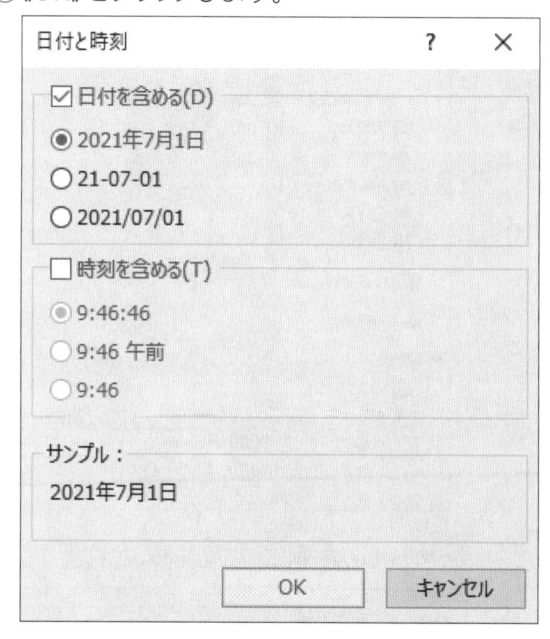

⑬フォームの上部に現在の日付が挿入されます。

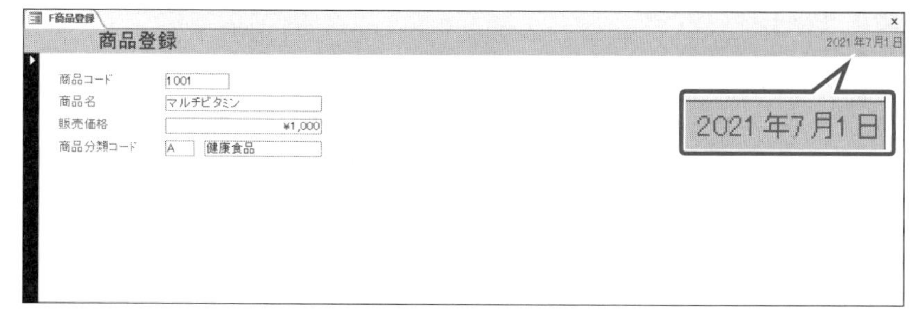

※本書では、現在の日付を「2021年7月1日」としています。

Point

日付の挿入

日付を挿入したフォームをデザインビューで表示すると、《フォームヘッダー》セクションに「=Date()」と表示されます。

(2)

①ナビゲーションウィンドウのフォーム**「F受注登録」**を右クリックします。

②**《レイアウトビュー》**をクリックします。

③フォームがレイアウトビューで表示されます。

④**《デザイン》**タブ→**《ヘッダー/フッター》**グループの（ロゴ）をクリックします。

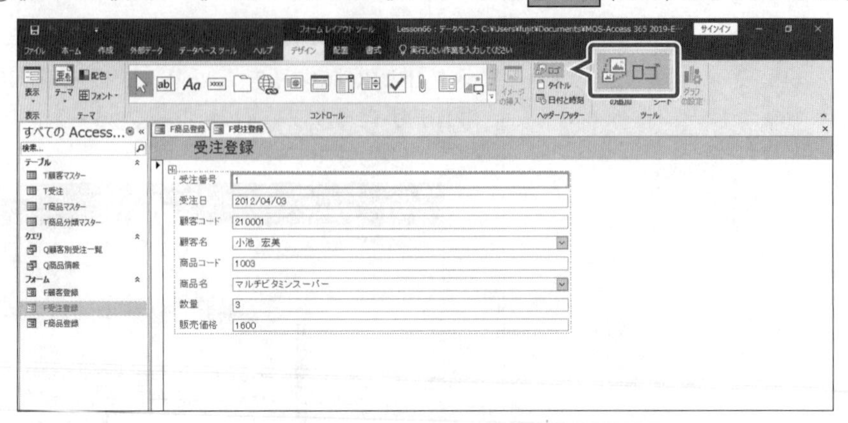

⑤**《図の挿入》**ダイアログボックスが表示されます。

⑥フォルダー**「Lesson66」**を開きます。

※《PC》→《ドキュメント》→「MOS-Access 365 2019-Expert（1）」→「Lesson66」を選択します。

⑦一覧から**「clover」**を選択します。

⑧**《OK》**をクリックします。

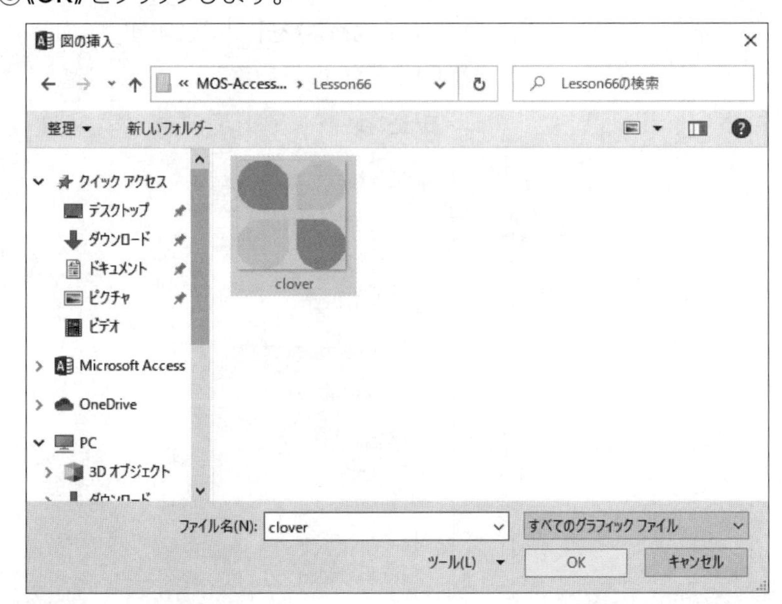

⑨タイトルの左側にロゴが挿入されます。

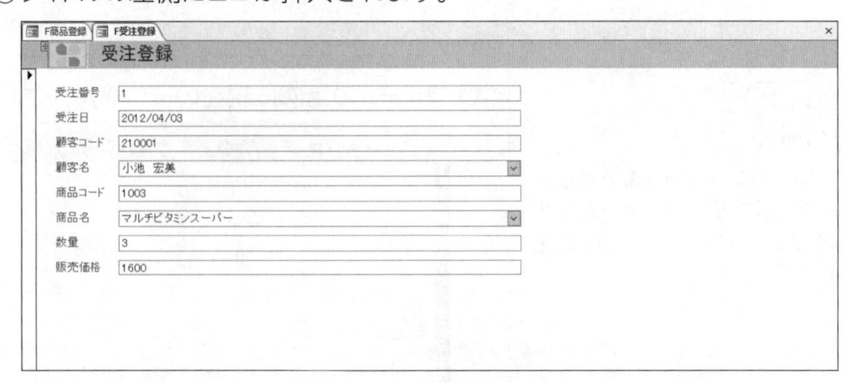

4-2-5 フォームに画像を挿入する

解説

■画像の挿入

フォームの自由な位置に画像を挿入することができます。

2019 365 ◆ フォームをレイアウトビューまたはデザインビューで表示→《デザイン》タブ→《コントロール》グループの (イメージの挿入)

■背景に画像を挿入

フォームの背景に画像を表示できます。背景に画像を表示すると、見栄えのするフォームに仕上げることができます。

2019 365 ◆ フォームをレイアウトビューまたはデザインビューで表示→《書式》タブ→《背景》グループの (背景のイメージ)

■背景色の設定

フォームの各セクションには、背景色を設定できます。

2019 365 ◆ フォームをレイアウトビューまたはデザインビューで表示→《書式》タブ→《フォント》グループの (背景色)

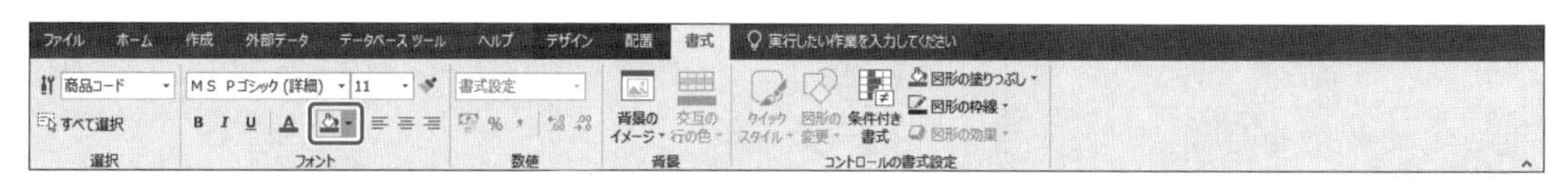

■交互の行の色

《詳細》セクションに複数行のレコードを表示するような場合、1行おきに背景色を設定して縞模様で表示されるように設定することもできます。1行おきに設定される背景色を**「代替の背景色」**ともいいます。

2019 365 ◆ フォームをレイアウトビューまたはデザインビューで表示→《書式》タブ→《背景》グループの (交互の行の色)

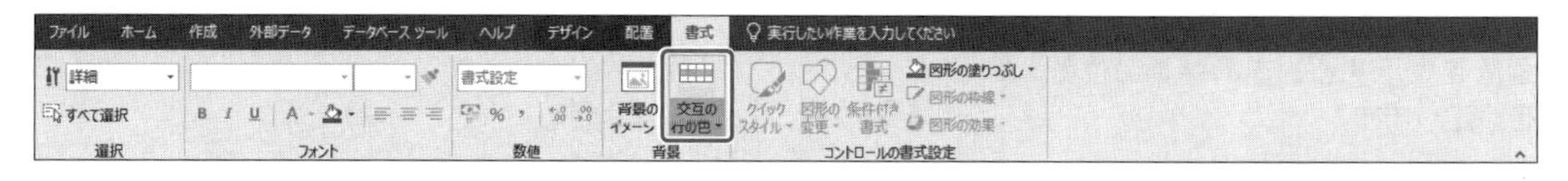

Lesson 67

データベース「Lesson67」を開いておきましょう。

次の操作を行いましょう。

(1) フォーム「F商品登録」をレイアウトビューで表示し、背景にフォルダー「Lesson67」にある画像「空」を挿入してください。

(2) フォーム「F顧客別受注登録」をデザインビューで表示し、フォルダー「Lesson67」にある画像「clover」を《フォームヘッダー》セクションの右側に挿入してください。詳細な位置は問いません。

(3) フォーム「F顧客別受注登録」をレイアウトビューで表示し、《詳細》セクションの交互の行の色を「緑、アクセント6、白+基本色80%」(R:226 G:240 B:217)に変更してください。

(4) フォーム「F顧客別受注登録」をレイアウトビューで表示し、フォームヘッダーの背景色を「緑、アクセント6、白+基本色40%」(R:169 G:209 B:142)に変更してください。

Hint

画像の挿入位置でドラッグすると、ドラッグした範囲の大きさで画像が挿入されます。

Lesson 67 Answer

(1)

①ナビゲーションウィンドウのフォーム**「F商品登録」**を右クリックします。

②**《レイアウトビュー》**をクリックします。

③フォームがレイアウトビューで表示されます。

④**《書式》**タブ→**《背景》**グループの(背景のイメージ)→**《参照》**をクリックします。

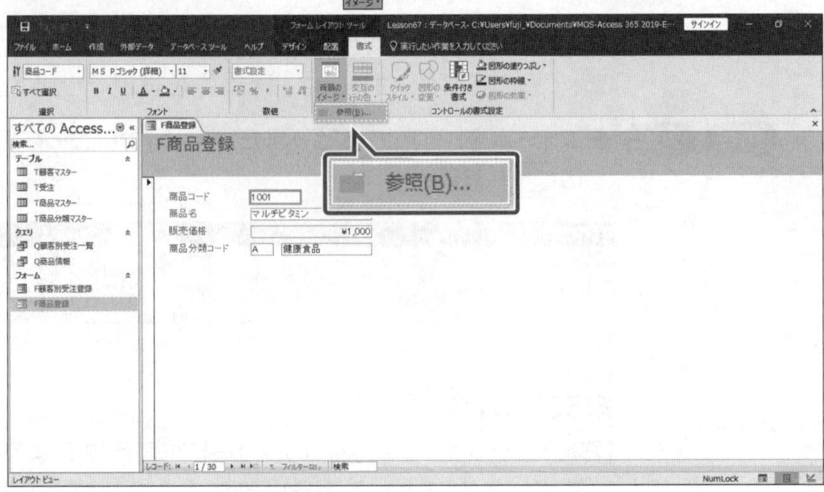

⑤**《図の挿入》**ダイアログボックスが表示されます。

⑥フォルダー**「Lesson67」**を開きます。

※《PC》→《ドキュメント》→「MOS-Access 365 2019-Expert(1)」→「Lesson67」を選択します。

⑦一覧から**「空」**を選択します。

⑧**《OK》**をクリックします。

Point

背景の画像の表示方法

背景の画像の表示方法は、フォームのプロパティシートで設定できます。

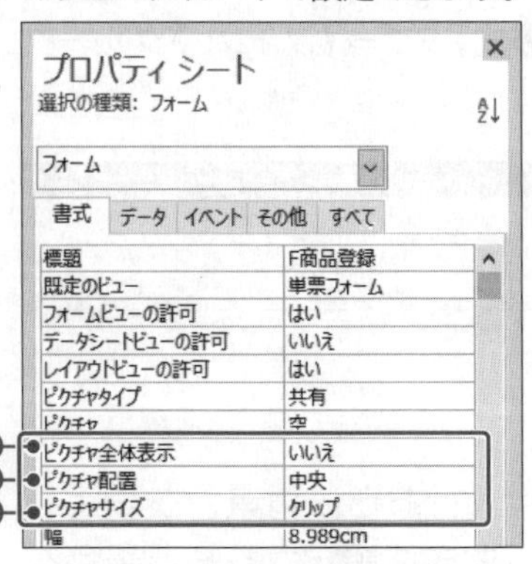

❶《ピクチャ全体表示》プロパティ
背景の画像がフォームのサイズより小さい場合、《はい》に設定すると、画像をタイル状に繰り返し表示できます。

❷《ピクチャ配置》プロパティ
画像を表示するときの基準の位置を設定します。

❸《ピクチャサイズ》プロパティ
背景の画像の表示サイズを設定します。

Point

イメージギャラリー

一度挿入した画像は、（イメージの挿入）の《イメージギャラリー》に一覧で表示され、クリックすると、画像を挿入できます。

Point

背景の画像の削除

2019 365

◆フォームをレイアウトビューまたはデザインビューで表示→フォームセレクターをクリック→《デザイン》タブ→《ツール》グループの（プロパティシート）→《書式》タブ→《ピクチャ》プロパティの画像ファイル名を削除

その他の方法

画像の挿入

2019 365

◆フォームをレイアウトビューまたはデザインビューで表示→《デザイン》タブ→《コントロール》グループの（その他）→（イメージ）

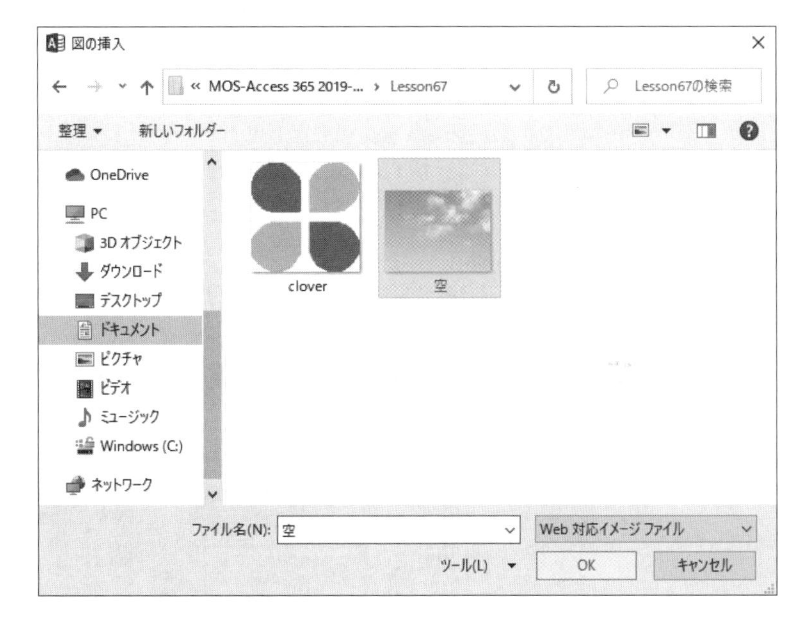

⑨フォームの背景に画像が設定されます。

(2)

①ナビゲーションウィンドウのフォーム**「F顧客別受注登録」**を右クリックします。

②**《デザインビュー》**をクリックします。

③フォームがデザインビューで表示されます。

④**《デザイン》**タブ→**《コントロール》**グループの（イメージの挿入）→**《参照》**をクリックします。

⑤**《図の挿入》**ダイアログボックスが表示されます。

⑥フォルダー**「Lesson67」**を開きます。

※《PC》→《ドキュメント》→「MOS-Access 365 2019-Expert(1)」→「Lesson67」を選択します。

⑦一覧から**「clover」**を選択します。

⑧**《OK》**をクリックします。

⑨マウスポインターの形が に変わります。

⑩**《フォームヘッダー》**セクションの右でドラッグします。

⑪画像が挿入されます。

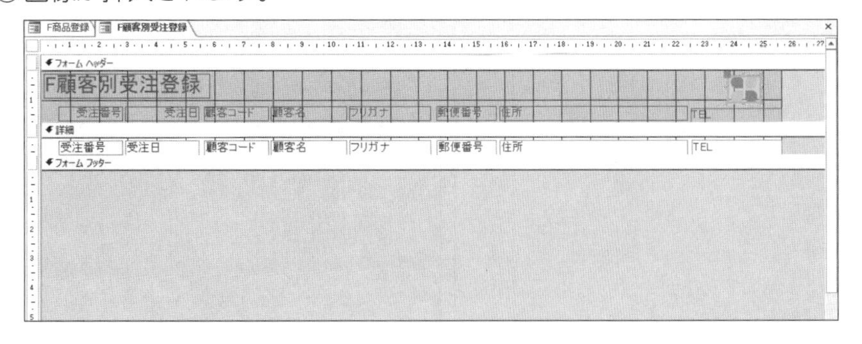

その他の方法

交互の行の色の設定

2019 365

◆フォームをレイアウトビューまたはデザインビューで表示→セクションを選択→《デザイン》タブ→《ツール》グループの（プロパティシート）→《書式》タブ→《代替の背景色》プロパティ

(3)

①フォーム「**F顧客別受注登録**」がデザインビューで表示されていることを確認します。

②**《デザイン》**タブ→**《表示》**グループの（表示）の 表示 →**《レイアウトビュー》**をクリックします。

③フォームがレイアウトビューで表示されます。

④**《書式》**タブ→**《選択》**グループの 受注番号 （オブジェクト）の →**《詳細》**を選択します。

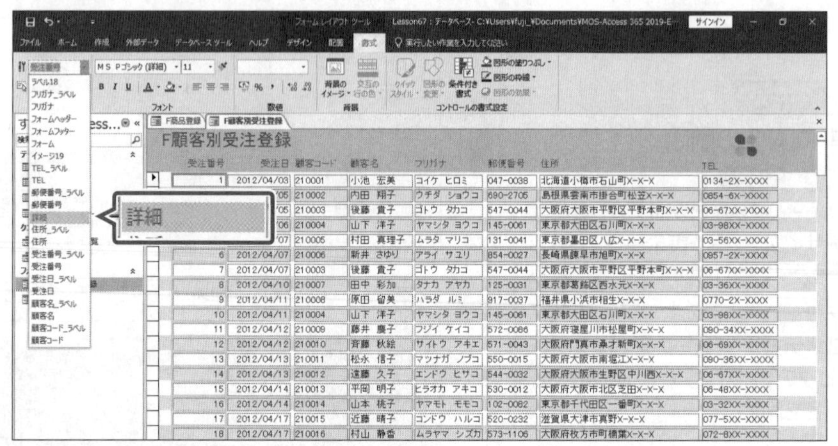

⑤**《詳細》**セクションが選択されます。

⑥**《書式》**タブ→**《背景》**グループの（交互の行の色）の 交互の行の色 →**《テーマの色》**の**《緑、アクセント6、白+基本色80%》**をクリックします。

※お使いの環境によっては、《緑、アクセント6、白+基本色80%》が選択できない場合があります。その場合は、《書式》タブ→《背景》グループの（交互の行の色）の 交互の行の色 →《その他の色》→《ユーザー設定》タブ→赤「226」、緑「240」、青「217」を設定します。

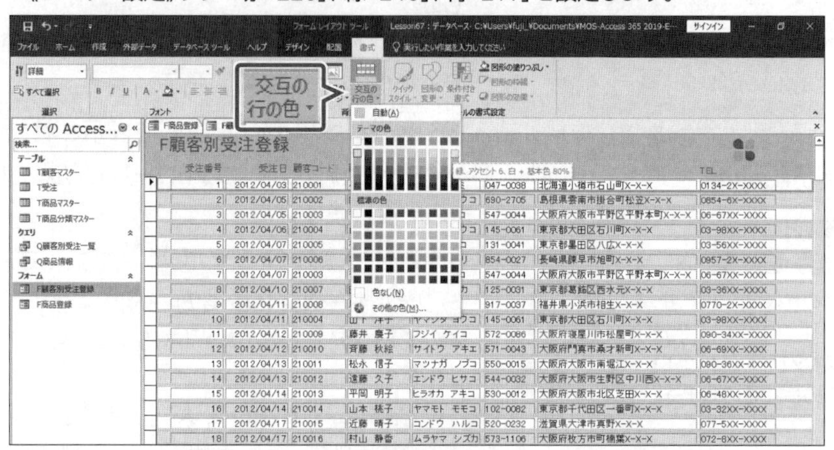

⑦**《詳細》**セクションの交互の行の色が変更されます。

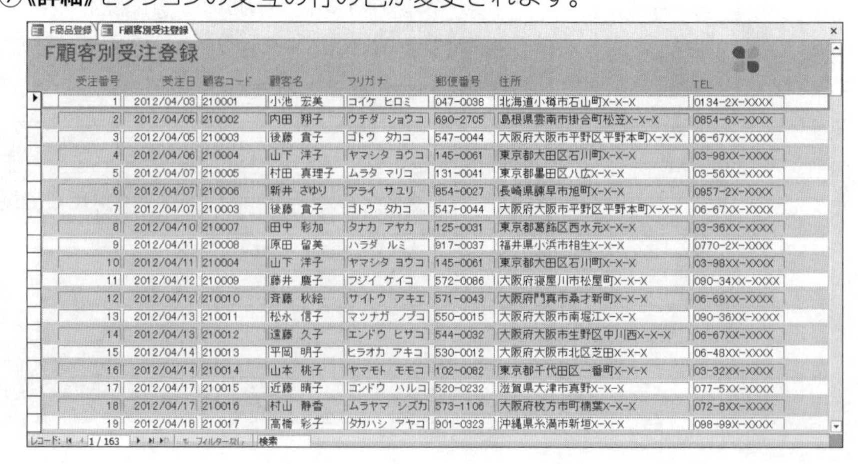

その他の方法

背景色の設定

2019 365

◆フォームをレイアウトビューまたはデザインビューで表示→セクションを選択→《デザイン》タブ→《ツール》グループの（プロパティシート）→《書式》タブ→《背景色》プロパティ

Point

RGB値での色の設定

セクションの背景色や交互の行の色などは、RGB値で指定することもできます。RGB値とは、赤（RED）、緑（GREEN）、青（BLUE）の色の割合を表したものです。値は、0から255の範囲で指定します。

2019 365

◆（背景色）のまたは（交互の行の色）の→《その他の色》→《ユーザー設定》タブ

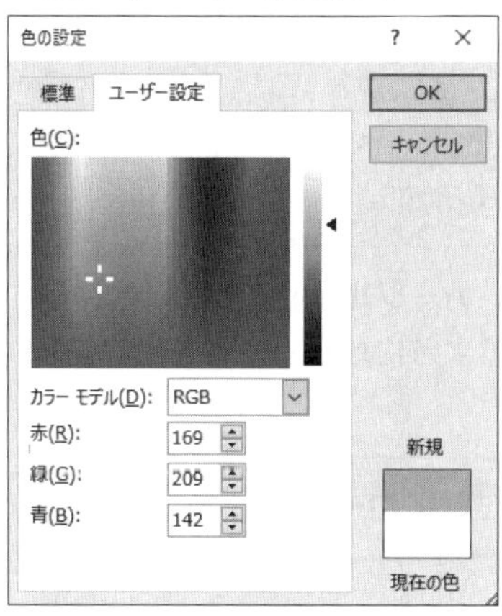

(4)

①フォーム**「F顧客別受注登録」**がレイアウトビューで表示されていることを確認します。

②**《書式》**タブ→**《選択》**グループの 詳細 （オブジェクト）の→**《フォームヘッダー》**を選択します。

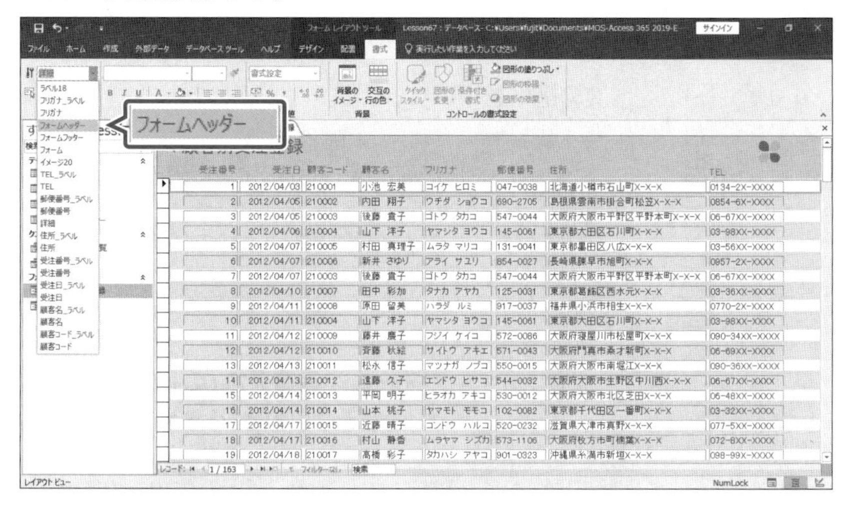

③**《フォームヘッダー》**セクションが選択されます。

④**《書式》**タブ→**《フォント》**グループの（背景色）の→**《テーマの色》**の**《緑、アクセント6、白+基本色40%》**をクリックします。

※お使いの環境によっては、《緑、アクセント6、白+基本色40%》が選択できない場合があります。その場合は、《書式》タブ→《フォント》グループの（背景色）の→《その他の色》→《ユーザー設定》タブ→赤「169」、緑「209」、青「142」を設定します。

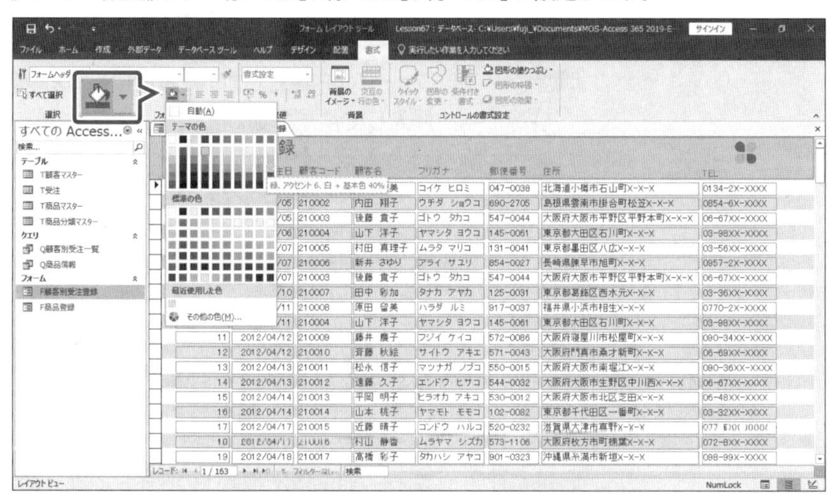

⑤**《フォームヘッダー》**セクションの背景色が変更されます。

Exercise 確認問題

解答 ▶ P.221

Lesson 68

データベース「Lesson68」を開いておきましょう。

次の操作を行いましょう。

	あなたは、社内の学習用書籍の書籍情報や貸出状況を管理しています。
問題(1)	フォーム「F書籍入力」の「F書籍入力」ラベルを「書籍情報」に変更してください。
問題(2)	フォーム「F書籍入力」の「分類」の下に「購入日」を追加してください。
問題(3)	フォーム「F書籍入力」の「購入日」テキストボックスに「支払処理をした日を入力」と表示されるヒントテキストを設定してください。
問題(4)	フォーム「F書籍入力」の《フォームヘッダー》セクションに、フォルダー「Lesson68」にある画像「logo」をロゴとして挿入してください。操作後、フォームを保存して閉じます。
問題(5)	フォーム「F貸出入力」を「書籍番号」の昇順に並べ替えてください。
問題(6)	フォーム「F貸出入力」のヘッダーに、本日の時刻(24時間表示の時間と分)を表示してください。日付は表示しません。
問題(7)	フォーム「F貸出入力」の背景に、フォルダー「Lesson68」にある画像「leaf」を挿入してください。
問題(8)	フォーム「F貸出入力」をデザインビューで表示し、「書籍番号」コンボボックスの右側に、「書籍名」テキストボックスを挿入してください。「書籍名」テキストボックスの幅は「6cm」とし、作成されたラベルは削除します。
問題(9)	フォーム「F貸出入力」をデザインビューで表示し、カーソルが「貸出日」「社員番号」「氏名」「書籍番号」「書籍名」の順番で移動するように設定してください。操作後、フォームを保存して閉じます。
問題(10)	フォーム「F貸出情報」のタイトル以外のすべてのコントロールのスペースを「普通」、余白を「普通」に設定してください。操作後、フォームを保存して閉じます。

MOS Access 365&2019 Expert

出題範囲 5

レイアウトビューを使ったレポートの変更

5-1 レポートのコントロールを設定する

理解度チェック

習得すべき機能	参照Lesson	学習前	学習後	試験直前
■レポートのフィールドをグループ化できる。	➡Lesson69	☑	☑	☑
■レポートを並べ替えることができる。	➡Lesson69	☑	☑	☑
■レポートにコントロールを追加できる。	➡Lesson70	☑	☑	☑
■プロパティシートを使って、ラベルを変更できる。	➡Lesson71	☑	☑	☑
■レポートにラベルを追加できる。	➡Lesson71	☑	☑	☑

5-1-1 レポートのフィールドをグループ化する、並べ替える

解説

■フィールドのグループ化と並べ替え

「グループ化と並べ替え」を使うと、レポートを作成したあとにフィールドごとにグループ化したり並べ替えたりできます。

2019 365 ◆レポートをレイアウトビューまたはデザインビューで表示→《デザイン》タブ→《グループ化と集計》グループの（グループ化と並べ替え）

Lesson 69

OPEN データベース「Lesson69」を開いておきましょう。

次の操作を行いましょう。

(1) レポート「R顧客別受注一覧」をレイアウトビューで表示し、「顧客コード」フィールドでグループ化してください。さらに、「商品コード」フィールドの昇順に並べ替えてください。

Lesson 69 Answer

(1)

①ナビゲーションウィンドウのレポート**「R顧客別受注一覧」**を右クリックします。

②**《レイアウトビュー》**をクリックします。

③レポートがレイアウトビューで表示されます。

④**《デザイン》**タブ→**《グループ化と集計》**グループの（グループ化と並べ替え）をクリックします。

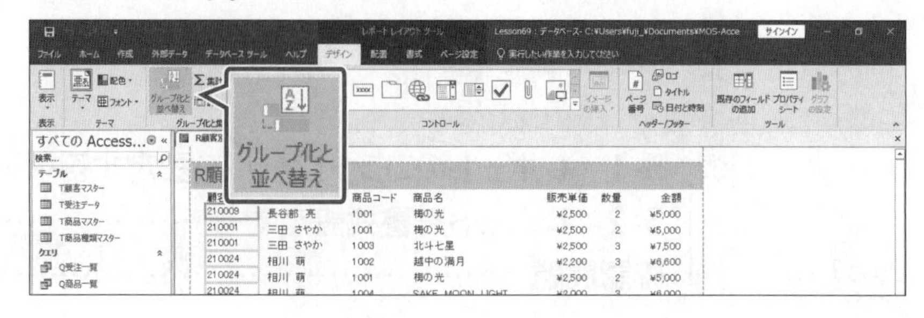

その他の方法

フィールドの並べ替え

2019 365

◆レポートをレイアウトビューまたはデザインビューで表示→テキストボックスを選択→《ホーム》タブ→《並べ替えとフィルター》グループの （昇順）／（降順）

◆レポートをレイアウトビューまたはデザインビューで表示→テキストボックスを右クリック→《昇順で並べ替え》／《降順で並べ替え》

Point

レポートのビュー

レポートを表示するビューには、次のようなものがあります。

●レポートビュー

印刷するデータを表示します。

●印刷プレビュー

印刷結果のイメージを表示します。

●レイアウトビュー

実際のデータを確認しながらレポートのレイアウトを変更します。

●デザインビュー

レポートの構造の詳細を変更します。

⑤**《グループ化ダイアログボックス》**が表示されます。

⑥**《グループの追加》**をクリックします。

⑦一覧から**「顧客コード」**を選択します。

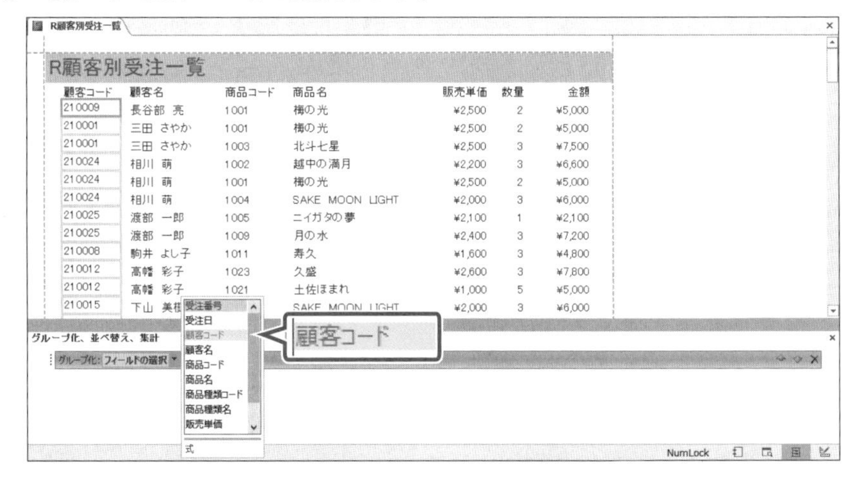

⑧**「顧客コード」**でグループ化されます。

⑨**《並べ替えの追加》**をクリックします。

⑩一覧から**「商品コード」**を選択します。

⑪**《並べ替えキー》**の**「商品コード」**が**《昇順》**になっていることを確認します。

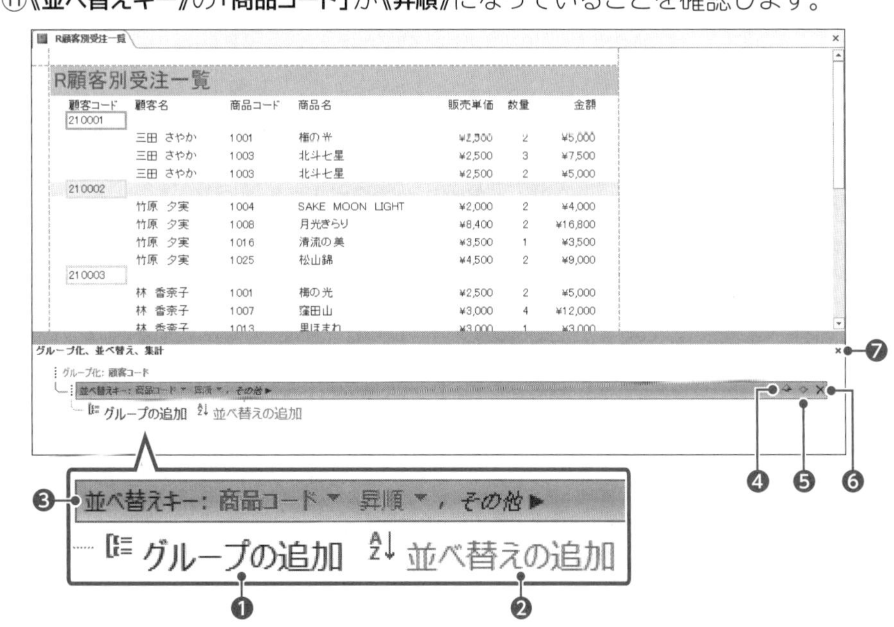

※《グループ化ダイアログボックス》を閉じておきましょう。

Point

《グループ化ダイアログボックス》

❶グループの追加

グループ化するフィールドを指定します。

❷並べ替えの追加

並べ替えをするフィールドを指定します。

❸並べ替えキー

指定したフィールドの昇順または降順を指定します。

❹上に移動

指定したグループレベルや並べ替え順序を上に移動します。

❺下に移動

指定したグループレベルや並べ替え順序を下に移動します。

❻削除

指定したグループレベルや並べ替え順序を削除します。

❼グループ化ダイアログボックスを閉じる

《グループ化ダイアログボックス》を閉じます。

5-1-2 レポートにコントロールを追加する

解 説

■コントロールの追加

レポートには、フォームと同じように、テキストボックスやラベルなどのコントロールを追加できます。コントロールの追加はレイアウトビューでもデザインビューでもどちらでも操作できますが、デザインビューを使うと、追加できるコントロールの種類が多く、より詳細な位置にコントロールを追加できます。

2019 365 ◆レポートをレイアウトビューまたはデザインビューで表示→《デザイン》タブ→《コントロール》グループのボタン

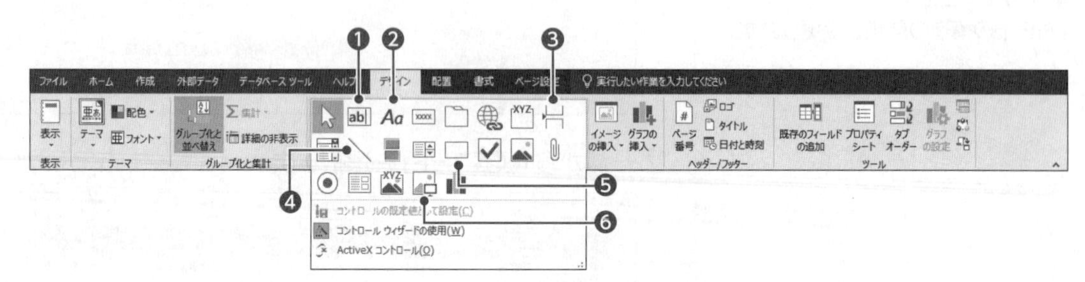

❶ (テキストボックス)
テーブルやクエリのデータを表示するコントロールです。文字や数値、式などの値を表示したり入力したりできます。

❷ (ラベル)
タイトルやフィールド名、説明文を表示するコントロールです。任意の文字を入力できます。

❸ (改ページの挿入)
セクションの途中に改ページを挿入するコントロールです。
※レイアウトビューでは表示されません。

❹ (線)
直線を作成するコントロールです。
※レイアウトビューでは表示されません。

❺ (四角形)
四角形を作成するコントロールです。
※レイアウトビューでは表示されません。

❻ (イメージ)
画像を挿入するコントロールです。

データベース「Lesson70」を開いておきましょう。

次の操作を行いましょう。

(1) レポート「R顧客別受注一覧」をデザインビューで表示し、《顧客コードフッター》セクションの右側にテキストボックスを追加してください。テキストボックスには、金額の合計を表示し、ラベルは削除します。

(2) レポート「R顧客別受注一覧」の《顧客コードフッター》セクションのコントロールの下に、レコードを区切る直線を追加してください。

(3) レポート「R顧客別受注一覧」の「顧客コード」が表示されているテキストボックスに、「顧客名」が続けて表示されるようにコントロールソースを変更してください。

Hint
金額の合計を表示するには、《プロパティシート》の《データ》タブ→《コントロールソース》プロパティに「=Sum([金額])」と入力します。

Hint
フィールド名を結合して表示するには、《プロパティシート》の《データ》タブ→《コントロールソース》プロパティに「=[フィールド名]&[フィールド名]」と設定します。

(1)

①ナビゲーションウィンドウのレポート**「R顧客別受注一覧」**を右クリックします。

②**《デザインビュー》**をクリックします。

③レポートがデザインビューで表示されます。

④**《デザイン》**タブ→**《コントロール》**グループの ab| (テキストボックス)をクリックします。

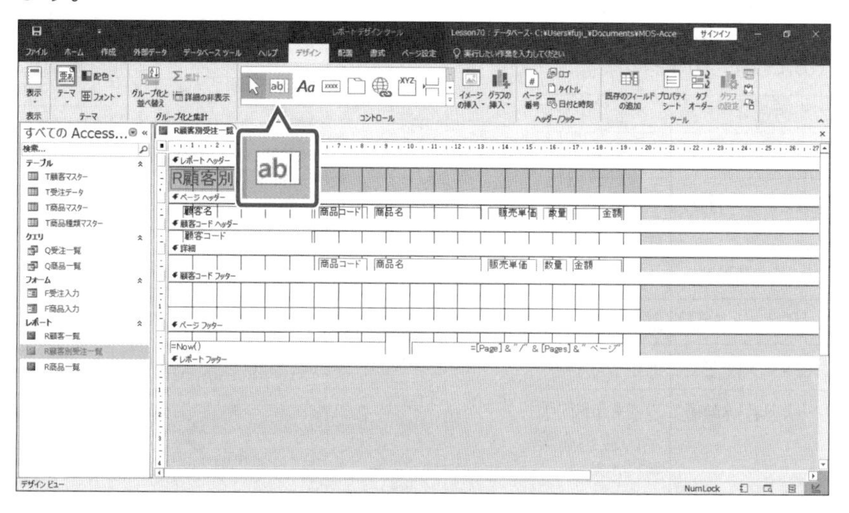

⑤マウスポインターの形が +ab| に変わります。

⑥**《顧客コードフッター》**セクションのテキストボックスを作成する開始位置でクリックします。

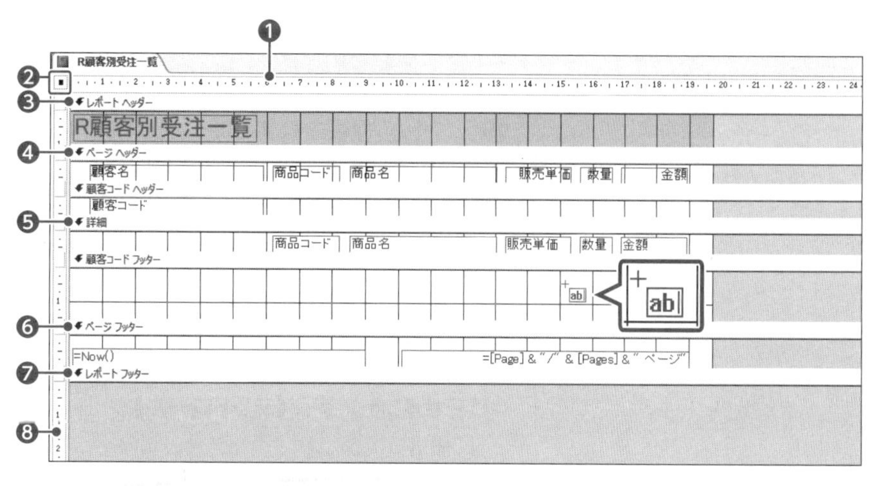

⑦テキストボックスとラベルが追加されます。

⑧作成されたテキストボックスを選択します。

⑨**《デザイン》**タブ→**《ツール》**グループの (プロパティシート)をクリックします。

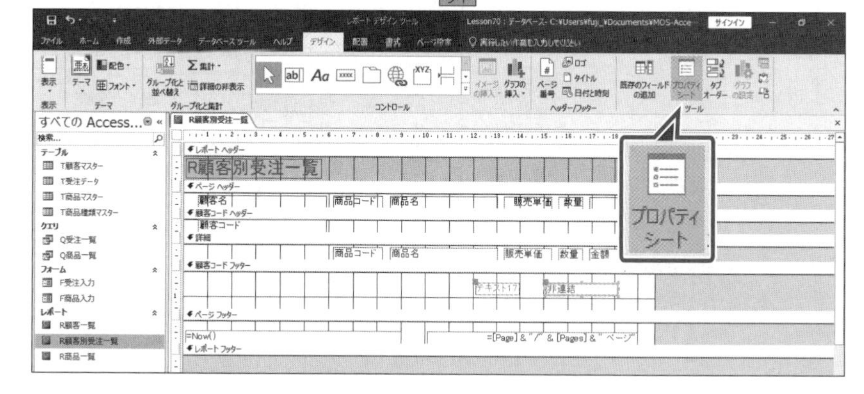

Point

レポートのデザインビューの画面構成

❶水平ルーラー
コントロールの配置や幅の目安にします。

❷レポートセレクター
レポート全体を選択します。

❸《レポートヘッダー》セクション
レポートを印刷したときに、最初のページの先頭に印字される領域です。

❹《ページヘッダー》セクション
レポートを印刷したときに、各ページの上部に印字される領域です。

❺《詳細》セクション
各レコードが印字される領域です。

❻《ページフッター》セクション
レポートを印刷したときに、各ページの下部に印字される領域です。

❼《レポートフッター》セクション
レポートを印刷したときに、最終ページのページフッターの上に印字される領域です。

❽垂直ルーラー
コントロールの配置や高さの目安にします。

Point

演算コントロール

フィールドをもとに演算結果を表示するためのコントロールを「演算コントロール」といいます。演算コントロールを使うと、関数や算術演算子を使って計算することができます。演算コントロールを使った計算には、次のようなものがあります。

式	説明
=Sum([フィールド名])	合計を表示
=Avg([フィールド名])	平均を表示
=Count([フィールド名])	個数を表示
=Max([フィールド名])	最大値を表示
=Min([フィールド名])	最小値を表示
=[フィールド名]*数値	フィールドに固定の数値を乗算して表示
=[フィールド名]*[フィールド名]	フィールドを乗算して表示
=[フィールド名]&[フィールド名]	フィールド名を結合して表示

※フィールド名の前後の[ ]は省略できます。

⑩《プロパティシート》が表示されます。

⑪《プロパティシート》の《データ》タブを選択します。

⑫《コントロールソース》プロパティに「**=Sum(金額)**」と入力します。

※英字と記号は半角で入力します。入力を確定すると「=Sum([金額])」と表示されます。

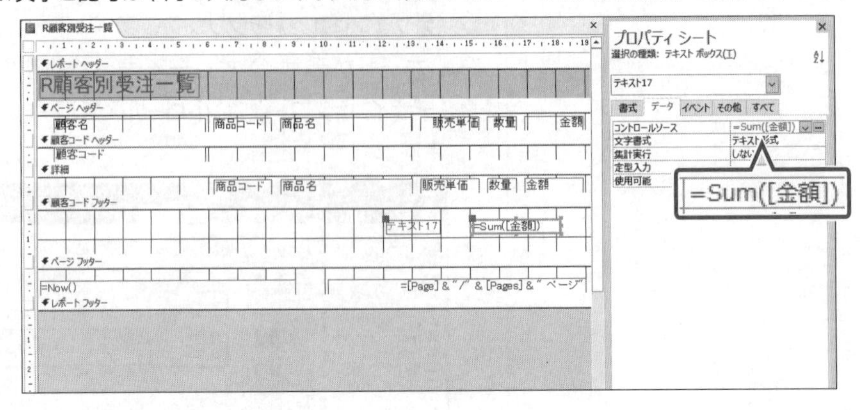

⑬作成されたラベルを選択します。

⑭ Delete を押します。

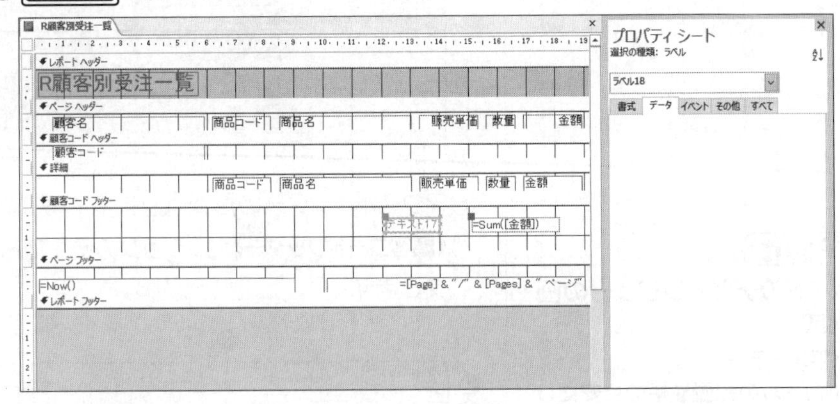

⑮ラベルが削除されます。

※《プロパティシート》を閉じておきましょう。

※印刷プレビューに切り替えて、結果を確認しておきましょう。

(2)

①レポート「**R顧客別受注一覧**」がデザインビューで表示されていることを確認します。

②《**デザイン**》タブ→《**コントロール**》グループの (その他)→ (線)をクリックします。

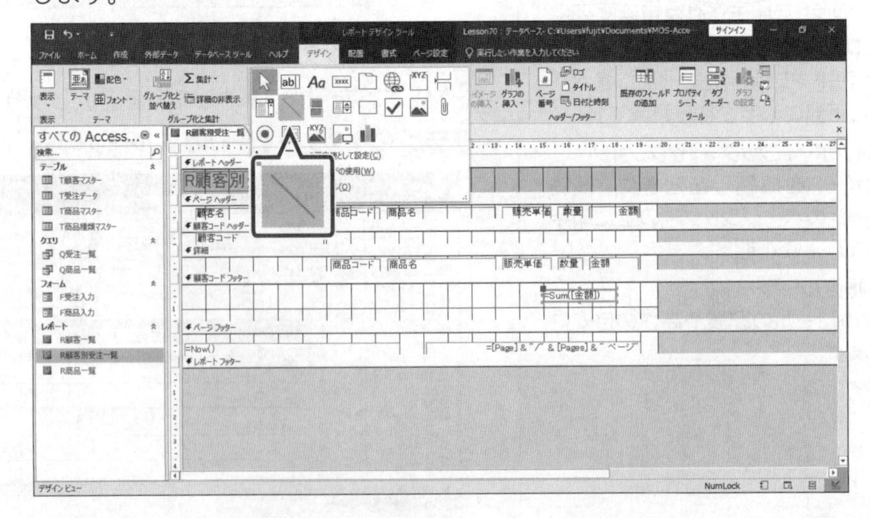

③マウスポインターの形が ＋＼ に変わります。

④ [Shift] を押しながら、《**顧客コードフッター**》セクションの直線を作成する開始位置から終了位置までドラッグします。

※ [Shift] を押しながらドラッグすると、水平線を引くことができます。

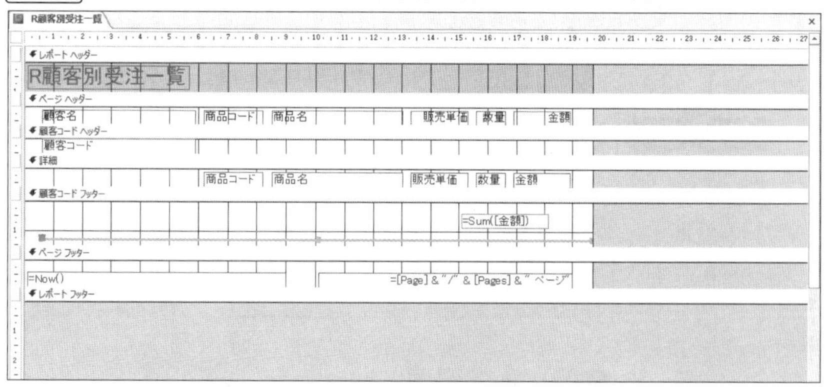

※印刷プレビューに切り替えて、結果を確認しておきましょう。

(3)

①レポート「**R顧客別受注一覧**」がデザインビューで表示されていることを確認します。

②「**顧客コード**」テキストボックスを選択します。

③《**デザイン**》タブ→《**ツール**》グループの (プロパティシート) をクリックします。

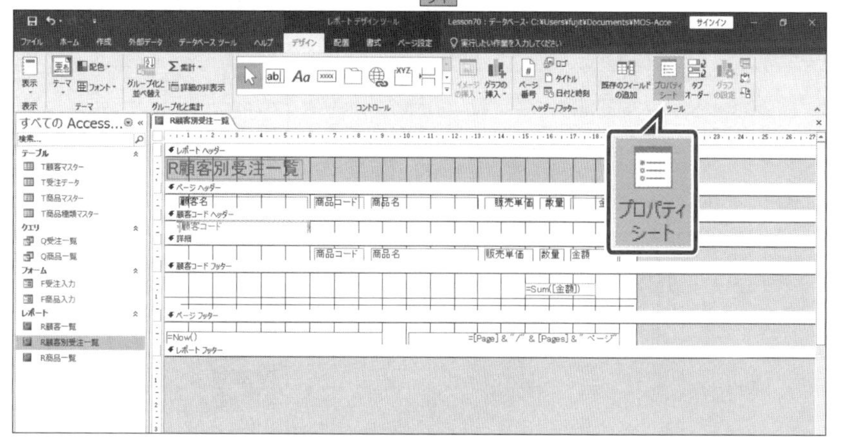

④《**プロパティシート**》が表示されます。

⑤《**プロパティシート**》の《**データ**》タブを選択します。

⑥《**コントロールソース**》プロパティに「**=顧客コード&顧客名**」と入力します。

※記号は半角で入力します。入力を確定すると「=[顧客コード]&[顧客名]」と表示されます。

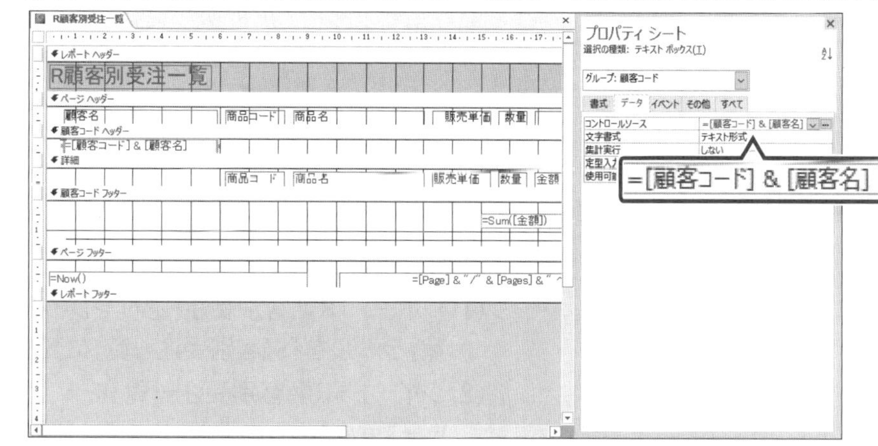

※《プロパティシート》を閉じておきましょう。

※印刷プレビューに切り替えて、結果を確認しておきましょう。

Point

既存のフィールドの追加

2019 365

◆《デザイン》タブ→《ツール》グループの (既存のフィールドの追加)

Point

フィールドを連結する式

1つのテキストボックスに複数のフィールドの値を表示するには、《コントロールソース》プロパティに次のように式を設定します。

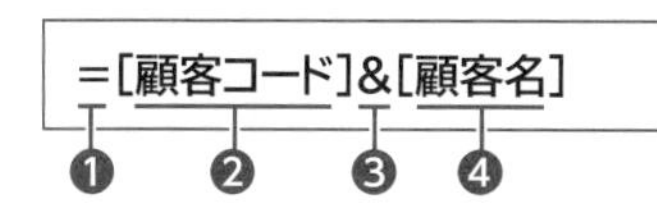

❶式の先頭に「=」を入力します。

❷1つ目に表示するフィールド名を指定します。

❸「&」でフィールドをつなぎます。

❹2つ目に表示するフィールド名を指定します。

※フィールド名の前後の[ ]は省略できます。

5-1-3 レポートのラベルを追加する、変更する

解説

■ラベルの追加

ラベルは、タイトルやフィールド名、説明文などを表示するコントロールです。任意の文字を入力して、レポートの自由な位置に表示できます。

2019 365 ◆レポートをレイアウトビューまたはデザインビューで表示→《デザイン》タブ→《コントロール》グループの Aa（ラベル）

■ラベルの変更

テキストボックスなどのコントロールを作成すると、対応するラベルが一緒に作成されます。作成されたラベルは、**「標題」**を設定すると、フィールド名と異なる名前に変更することも可能です。

2019 365 ◆レポートをレイアウトビューまたはデザインビューで表示→ラベルを選択→《デザイン》タブ→《ツール》グループの （プロパティシート）→《プロパティシート》の《書式》タブ→《標題》プロパティ

Lesson 71

データベース「Lesson71」を開いておきましょう。

次の操作を行いましょう。

(1) レポート「R顧客別受注一覧」をレイアウトビューで表示し、「R顧客別受注一覧」ラベルを「顧客別受注一覧」に変更してください。

(2) レポート「R顧客別受注一覧」をデザインビューで表示し、《顧客コードフッター》セクションの演算コントロールの左側に、ラベル「合計」を追加してください。

(1)

①ナビゲーションウィンドウのレポート**「R顧客別受注一覧」**を右クリックします。

②**《レイアウトビュー》**をクリックします。

③レポートがレイアウトビューで表示されます。

④**「R顧客別受注一覧」**ラベルを選択します。

⑤**《デザイン》**タブ→**《ツール》**グループの（プロパティシート）をクリックします。

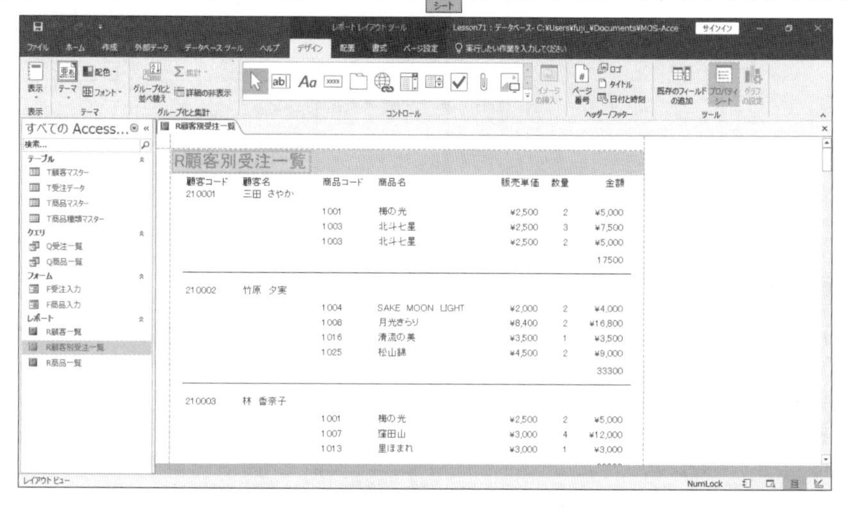

⑥**《プロパティシート》**が表示されます。

⑦**《プロパティシート》**の**《書式》**タブを選択します。

⑧**《標題》**プロパティを**「顧客別受注一覧」**に修正します。

⑨ラベルが変更されます。

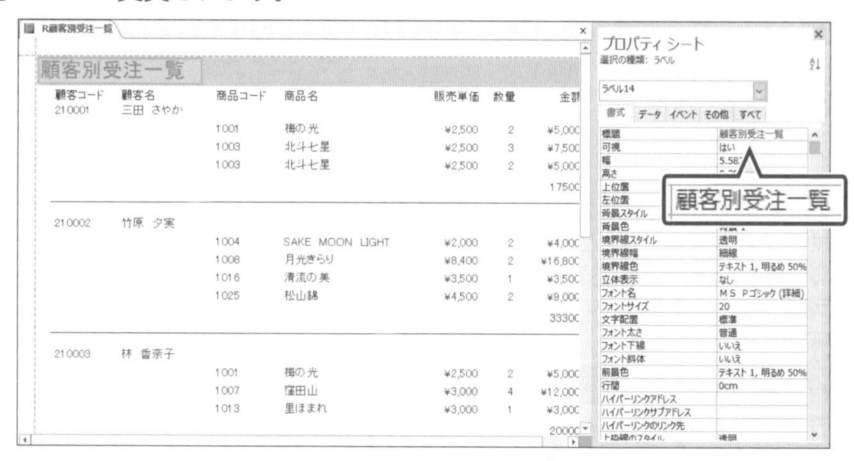

※《プロパティシート》を閉じておきましょう。

(2)

①レポート**「R顧客別受注一覧」**がレイアウトビューで表示されていることを確認します。

②**《デザイン》**タブ→**《表示》**グループの（表示）の →**《デザインビュー》**をクリックします。

その他の方法

ラベルの変更

2019 365

◆レポートをレイアウトビューまたはデザインビューで表示→ラベルを2回クリックして、文字を編集

求められるスキル
出題範囲1
出題範囲2
出題範囲3
出題範囲4
出題範囲5
確認問題 標準解答

③レポートがデザインビューで表示されます。

④《**デザイン**》タブ→《**コントロール**》グループの Aa （ラベル）をクリックします。

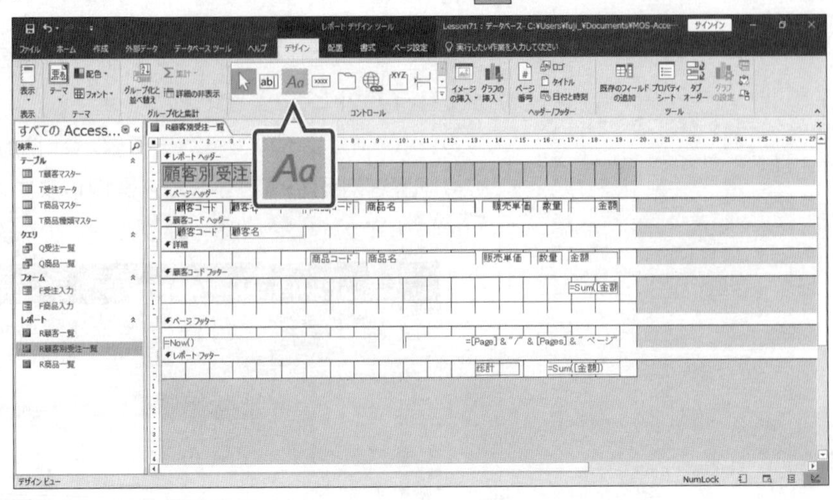

⑤マウスポインターの形が $^{+}\mathbf{A}$ に変わります。

⑥《**顧客コードフッター**》セクションのラベルを作成する開始位置でクリックします。

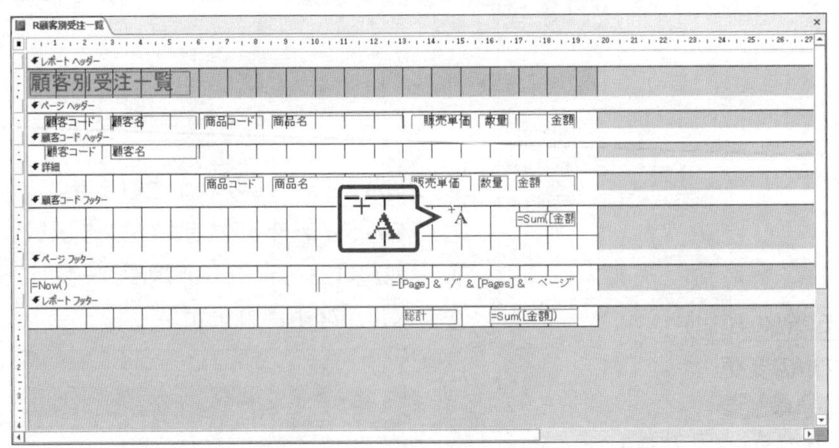

⑦作成されたラベル内にカーソルが表示されていることを確認します。

⑧「**合計**」と入力します。

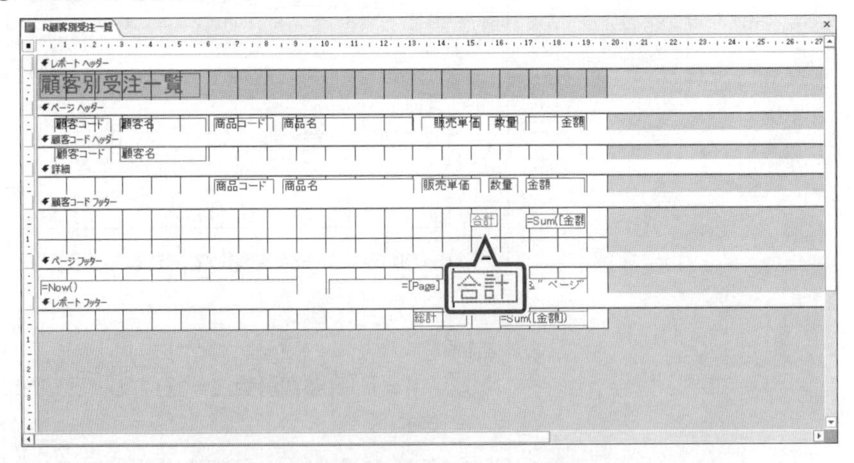

※ラベル以外の場所をクリックし、選択を解除しておきましょう。

※印刷プレビューに切り替えて、結果を確認しておきましょう。

Point

レイアウトが設定されているレポートのラベルの追加

集合形式または表形式が設定されているレポートにラベルを追加する場合は、レポートをレイアウトビューで表示してラベルを追加します。

商品一覧		
		商品分類
1006	菊の吟	吟醸酒
1013	里ほまれ	吟醸酒
1016	清流の美	吟醸酒
1020	出羽の泉	吟醸酒
1027	雪冠	吟醸酒
1030	凛にごり	吟醸酒

Point

エラーチェック

レポートにラベルを追加すると、エラーを表す ! が表示されることがあります。 ! をクリックすると表示される一覧から、エラーを確認したりエラーに対処したりできます。

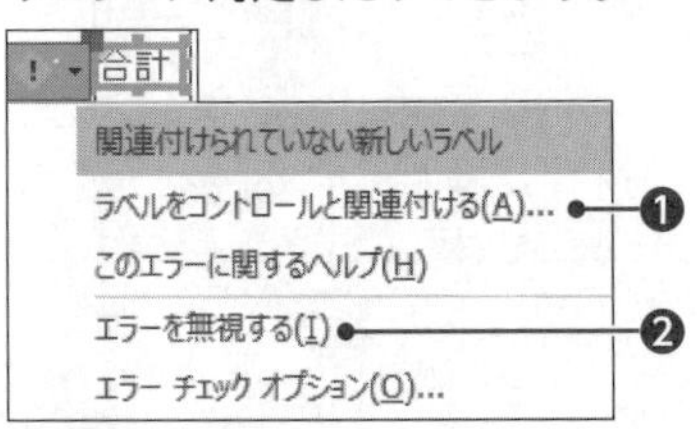

❶ラベルをコントロールと関連付ける

ラベルを同じセクション内のコントロールと関連付けます。

❷エラーを無視する

エラーを無視して、 ! を非表示にします。

出題範囲5　レイアウトビューを使ったレポートの変更

5-2 レポートを書式設定する

理解度チェック

習得すべき機能	参照Lesson	学習前	学習後	試験直前
■レポートを複数の列で印刷できる。	➡Lesson72	☑	☑	☑
■レポートのコントロールの余白を調整できる。	➡Lesson73	☑	☑	☑
■レポートのコントロールの配置を調整できる。	➡Lesson73	☑	☑	☑
■レポートのコントロールに書式を設定できる。	➡Lesson74 ➡Lesson75	☑	☑	☑
■レポートの向きを変更できる。	➡Lesson76	☑	☑	☑
■レポートにヘッダーやフッターを挿入できる。	➡Lesson77	☑	☑	☑
■レポートに画像を挿入できる。	➡Lesson78	☑	☑	☑

5-2-1 レポートを複数の列に書式設定する

解説

■複数の列で印刷

レポートを印刷する際、段組みのように、1ページに複数の列で表示することができます。

2019 365 ◆レポートを印刷プレビューで表示→《印刷プレビュー》タブ→《ページレイアウト》グループの［列］(列)

Lesson 72

データベース「Lesson72」を開いておきましょう。

次の操作を行いましょう。

(1) レポート「R顧客一覧」を印刷プレビューで表示し、データを2列、左から右へ印刷されるように設定してください。設定後、印刷プレビューを閉じてください。

Lesson 72 Answer

(1)

①ナビゲーションウィンドウのレポート**「R顧客一覧」**を右クリックします。

②**《印刷プレビュー》**をクリックします。

③レポートが印刷プレビューで表示されます。

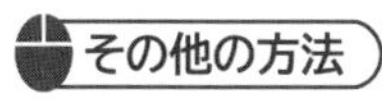

複数の列で印刷

2019 365

◆レポートをレイアウトビューまたはデザインビューで表示→《ページ設定》タブ→《ページレイアウト》グループの［列］(列)

④《**印刷プレビュー**》タブ→《**ページレイアウト**》グループの（列）をクリックします。

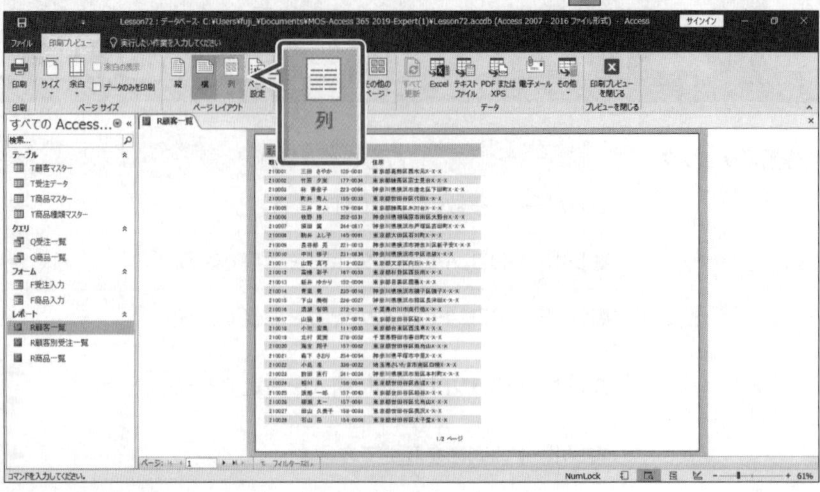

⑤《**ページ設定**》ダイアログボックスが表示されます。

⑥《**レイアウト**》タブを選択します。

⑦《**行列設定**》の《**列数**》に「**2**」と入力します。

⑧《**印刷方向**》の《**左から右へ**》を◉にします。

⑨《**OK**》をクリックします。

⑩印刷の設定が変更されます。

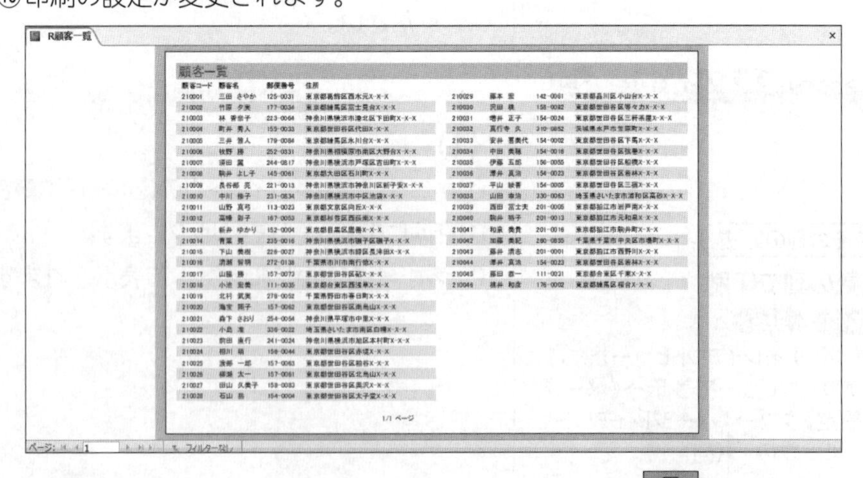

⑪《**印刷プレビュー**》タブ→《**プレビューを閉じる**》グループの（印刷プレビューを閉じる）をクリックします。

5-2-2 レポートの配置を変更する

解 説

■コントロールの配置の調整

コントロール内の余白や、コントロール間の間隔や、配置などを調整できます。

2019 365 ◆レポートをレイアウトビューまたはデザインビューで表示→《配置》タブ→《位置》グループ／《サイズ変更と並べ替え》グループのボタン

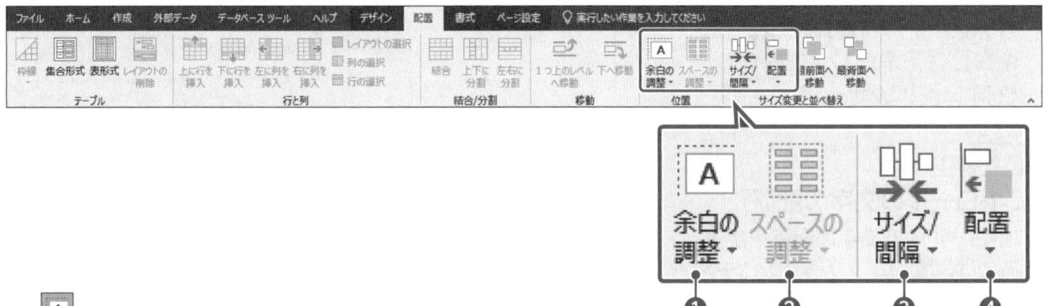

❶ (余白の調整)

コントロール内のデータの上下左右の空白をまとめて調整できます。

❷ (スペースの調整)

コントロール間の距離を調整できます。

※スペースの調整は、コントロールにレイアウトが設定されている場合に調整できます。

❸ (サイズ/間隔)

コントロールの高さや幅をほかのコントロールのサイズに合わせて変更したり、コントロールの左右や上下の間隔をそろえて配置したりできます。

※コントロールの間隔は、コントロールにレイアウトが設定されていると調整できません。また、レイアウトビューでは設定できません。

❹ (配置)

コントロールをグリッドに合わせて配置したり、複数のコントロールの配置をほかのコントロールに合わせて上下左右の方向に整列したりできます。

※レイアウトビューでは設定できません。

Lesson 73

OPEN データベース「Lesson73」を開いておきましょう。

次の操作を行いましょう。

(1) レポート「R顧客一覧」をレイアウトビューで表示し、《ページヘッダー》セクションのラベルの余白を普通に設定してください。文字が見えるようにラベルの高さを調整します。

(2) レポート「R顧客別受注一覧」をデザインビューで表示し、《顧客コードフッター》セクションの合計のテキストボックスのサイズを、《詳細》セクションの「金額」テキストボックスに合わせて、配置を右にそろえてください。

Lesson 73 Answer

(1)

①ナビゲーションウィンドウのレポート**「R顧客一覧」**を右クリックします。

②**《レイアウトビュー》**をクリックします。

③レポートがレイアウトビューで表示されます。

④**「顧客コード」**ラベルを選択します。

Point

余白の調整

余白を数値で設定する方法は、次のとおりです。

2019　365

◆レポートをレイアウトビューまたはデザインビューで表示→コントロールを選択→《デザイン》タブ→《ツール》グループの（プロパティシート）→《書式》タブ→《上余白》／《下余白》／《左余白》／《右余白》プロパティ

Point

コントロールの文字の配置

コントロール内で文字の配置を変更するには、《書式》タブ→《フォント》グループの（左揃え）／（中央揃え）／（右揃え）を使います。

⑤ Shift を押しながら、その他のラベルを選択します。

⑥**《配置》**タブ→**《位置》**グループの（余白の調整）→**《普通》**をクリックします。

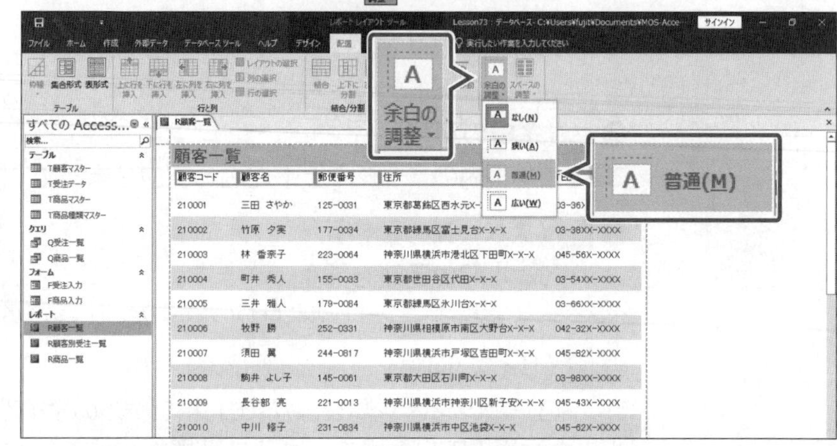

⑦コントロールの下境界線を下方向にドラッグします。

※任意のコントロールの下境界線をポイントし、マウスポインターの形が↕に変わったら、ドラッグします。

⑧コントロールの高さが調整されます。

(2)

①ナビゲーションウィンドウのレポート「**R顧客別受注一覧**」を右クリックします。

②《**デザインビュー**》をクリックします。

③レポートがデザインビューで表示されます。

④《**詳細**》セクションの「**金額**」テキストボックスを選択し、Ctrl を押しながら、《**顧客コードフッター**》セクションの合計のテキストボックスを選択します。

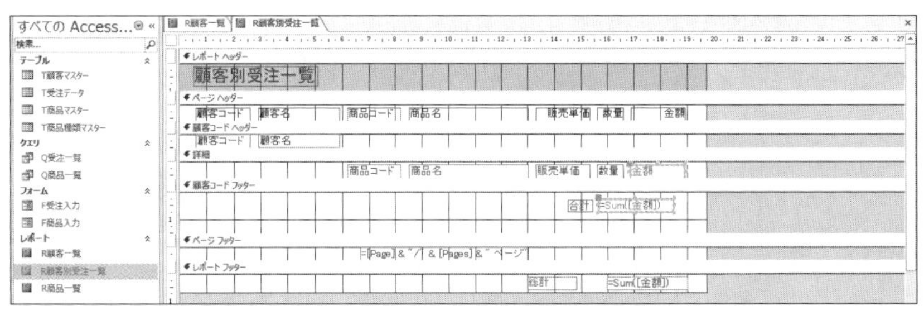

⑤《**配置**》タブ→《**サイズ変更と並べ替え**》グループの（サイズ/間隔）→《**狭いコントロールに合わせる**》をクリックします。

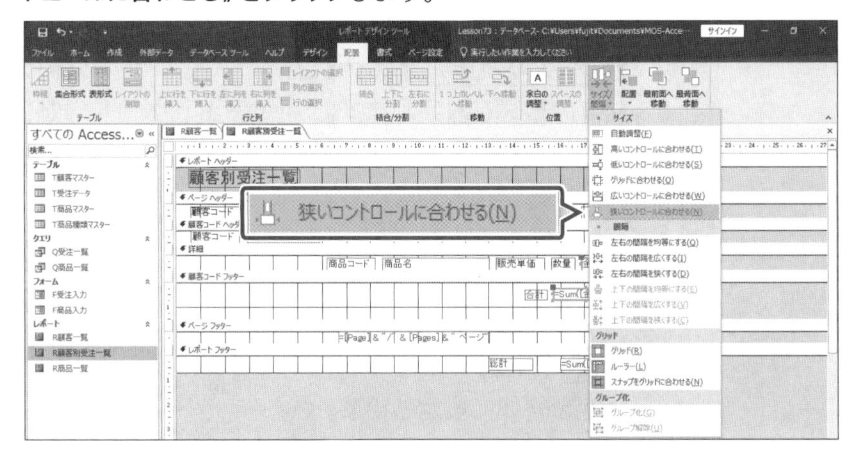

⑥テキストボックスのサイズが変更されます。

⑦《**配置**》タブ→《**サイズ変更と並べ替え**》グループの（配置）→《**右**》をクリックします。

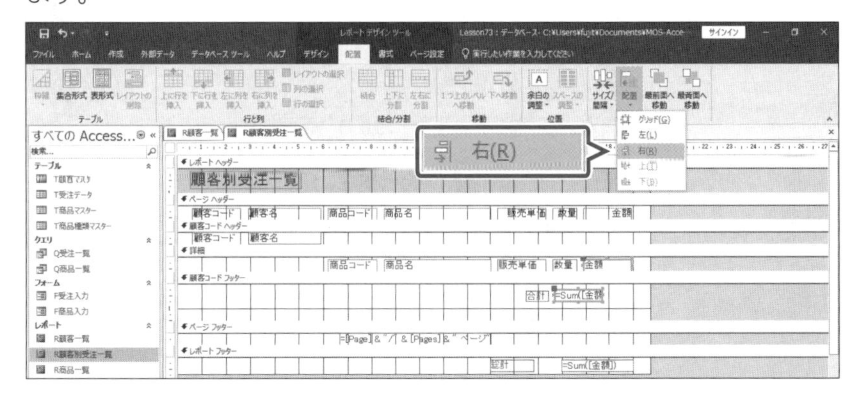

⑧テキストボックスの配置が調整されます。

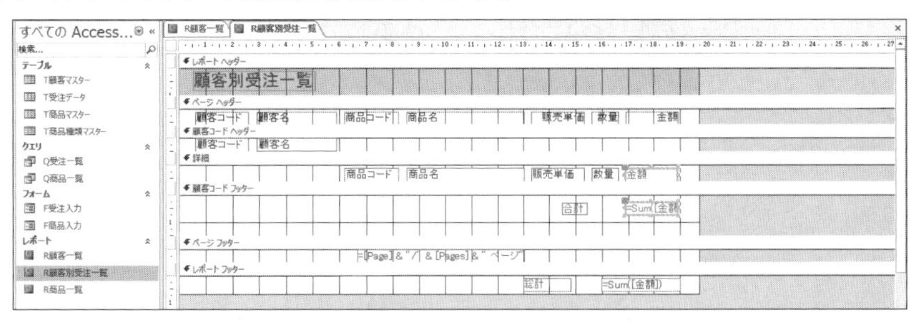

※印刷プレビューに切り替えて、結果を確認しておきましょう。

Point

複数のコントロールの配置

2019 365

・**コントロールのサイズを調整**

◆（サイズ/間隔）の《サイズ》

・**コントロールの上下左右の間隔を調整**

◆（サイズ/間隔）の《間隔》

・**コントロールの配置を上下左右でそろえる**

◆（配置）

5-2-3 レポートの要素を書式設定する

■レポートの要素の書式設定

レポートの各要素には、様々な書式を設定できます。

2019 365 ◆レポートをレイアウトビューまたはデザインビューで表示→《書式》タブのボタン

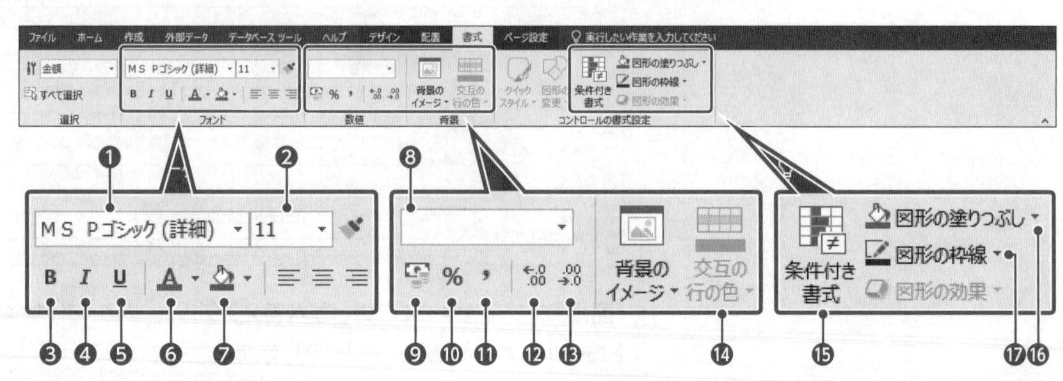

❶ （フォント）
文字の書体を設定します。

❷ （フォントサイズ）
文字のサイズを設定します。

❸ （太字）
文字を太字に設定します。

❹ （斜体）
文字を斜体に設定します。

❺ （下線）
文字に下線を設定します。

❻ （フォントの色）
文字の色を設定します。

❼ （背景色）
セクションやコントロールの色を設定します。

❽ （表示形式）
通貨や日付、時刻などの表示形式を設定します。

❾ （通貨の形式を適用）
数値に通貨の表示形式を設定します。

❿ （パーセンテージ形式を適用）
数値をパーセントで表示します。

⓫ （桁区切り形式を適用）
数値に3桁区切りカンマを設定します。

⓬ （小数点以下の表示桁数を増やす）
数値の小数点以下の表示桁数を1桁ずつ増やします。

⓭ （小数点以下の表示桁数を減らす）
数値の小数点以下の表示桁数を1桁ずつ減らします。

⓮ （交互の行の色）
セクションに1行おきの背景色を設定します。

⓯ （条件付き書式）
条件に一致するコントロールに特定の書式を設定します。

⓰ （図形の塗りつぶし）
セクションやコントロールの色を設定します。

⓱ （図形の枠線）
コントロールの枠線の色や太さ、線の種類を設定します。

Lesson 74

データベース「Lesson74」を開いておきましょう。

次の操作を行いましょう。

(1) レポート「R顧客別受注一覧」をレイアウトビューで表示し、「顧客別受注一覧」ラベルのフォントサイズを36ポイントに設定してください。

(2) レポート「R顧客別受注一覧」の合計のテキストボックスの枠線の色を「緑、アクセント6」、枠線の太さを1ポイントに設定してください。

(3) レポート「R顧客別受注一覧」の合計と総計のテキストボックスに、通貨の書式を設定してください。

Lesson 74 Answer

(1)

①ナビゲーションウィンドウのレポート**「R顧客別受注一覧」**を右クリックします。

②**《レイアウトビュー》**をクリックします。

③レポートがレイアウトビューで表示されます。

④**「顧客別受注一覧」**ラベルを選択します。

⑤**《書式》**タブ→**《フォント》**グループの 18 ▾ (フォントサイズ)の ▾ →**《36》**をクリックします。

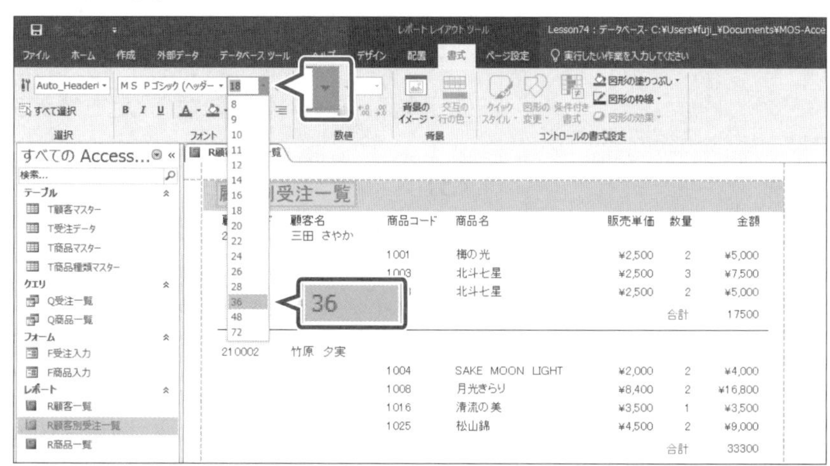

⑥フォントサイズが変更されます。

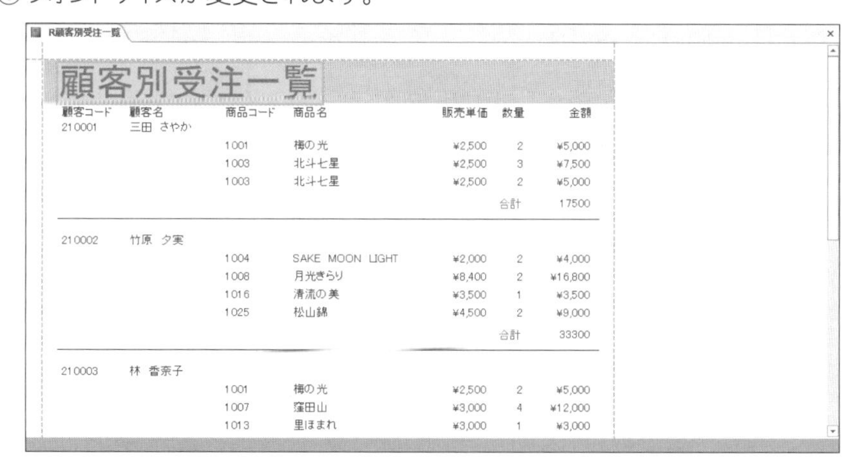

(2)

①レポート「**R顧客別受注一覧**」がレイアウトビューで表示されていることを確認します。

②合計のテキストボックスを選択します。

③**《書式》**タブ→**《コントロールの書式設定》**グループの 図形の枠線 (図形の枠線)→**《テーマの色》**の**《緑、アクセント6》**をクリックします。

④**《書式》**タブ→**《コントロールの書式設定》**グループの 図形の枠線 (図形の枠線)→**《線の太さ》**→**《1ポイント》**をクリックします。

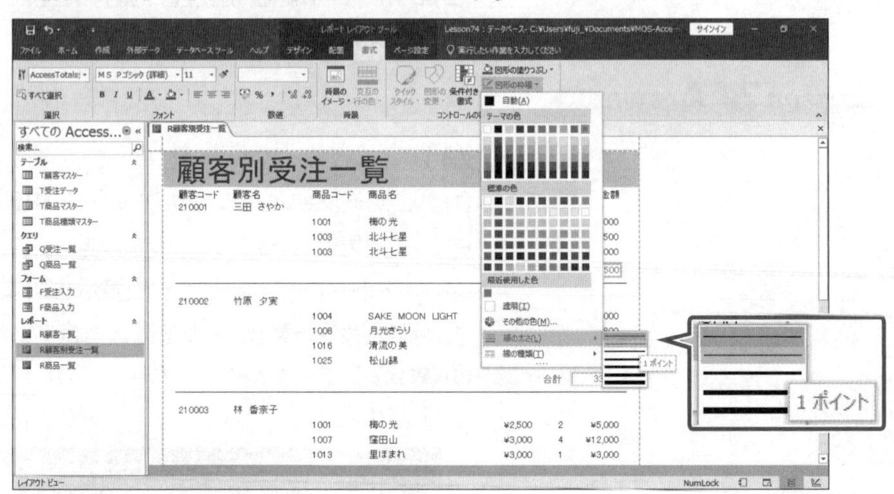

⑤テキストボックスに書式が設定されます。

(3)

①レポート「**R顧客別受注一覧**」がレイアウトビューで表示されていることを確認します。

②合計のテキストボックスを選択します。

③ Ctrl を押しながら、総計のテキストボックスを選択します。

※総計のテキストボックスが表示されていない場合は、スクロールします。

④**《書式》**タブ→**《数値》**グループの (通貨の形式を適用)をクリックします。

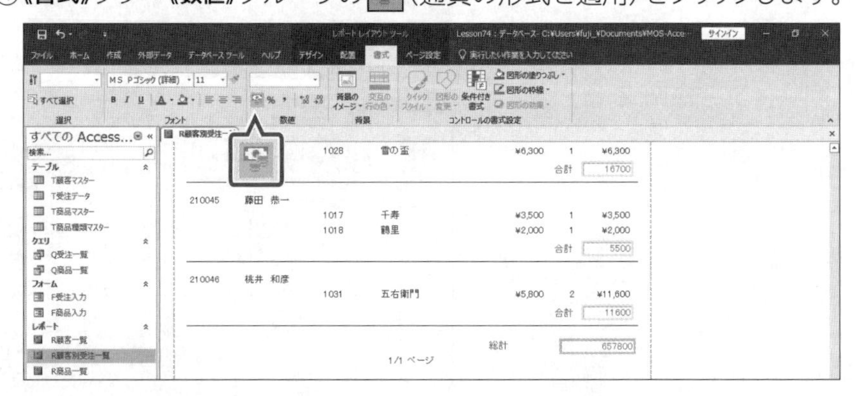

⑤数値の書式が変更されます。

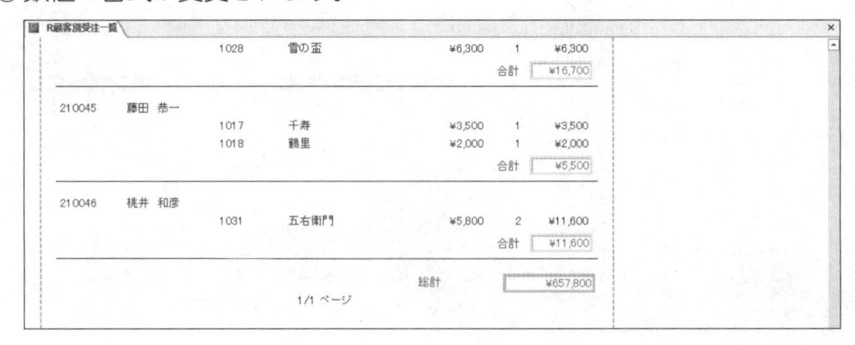

その他の方法

数値の書式設定

2019 365

◆レポートをレイアウトビューまたはデザインビューで表示→コントロールを選択→《デザイン》タブ→《ツール》グループの (プロパティシート)→《書式》タブ→《書式》プロパティ

Lesson 75

データベース「Lesson75」を開いておきましょう。

次の操作を行いましょう。

(1) レポート「R顧客別受注一覧」をレイアウトビューで表示し、レポートヘッダーの背景色を「緑4」(R：181 G：203 B：136)に変更してください。

(2) レポート「R顧客別受注一覧」の《詳細》セクションの交互の行の色を「緑3」(R：205 G：220 B：175)に変更してください。

(3) レポート「R顧客一覧」をレイアウトビューで表示し、《詳細》セクションの交互の行の色を削除してください。

Lesson 75 Answer

(1) (2)

①ナビゲーションウィンドウのレポート**「R顧客別受注一覧」**を右クリックします。

②**《レイアウトビュー》**をクリックします。

③レポートがレイアウトビューで表示されます。

④**《書式》**タブ→**《選択》**グループの 顧客コード (オブジェクト)の ▼ →**《レポートヘッダー》**をクリックします。

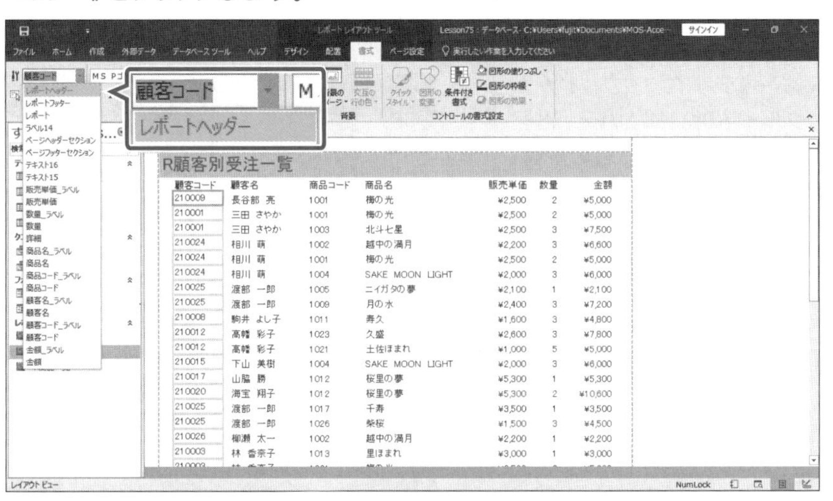

⑤**《書式》**タブ→**《フォント》**グループの (背景色)の ▼ →**《標準の色》**の**《緑4》**をクリックします。

※お使いの環境によっては、《緑4》が選択できない場合があります。
その場合は、《書式》タブ→《フォント》グループの (背景色)の ▼ →《その他の色》→《ユーザー設定》タブ→赤「181」、緑「203」、青「136」を設定します。

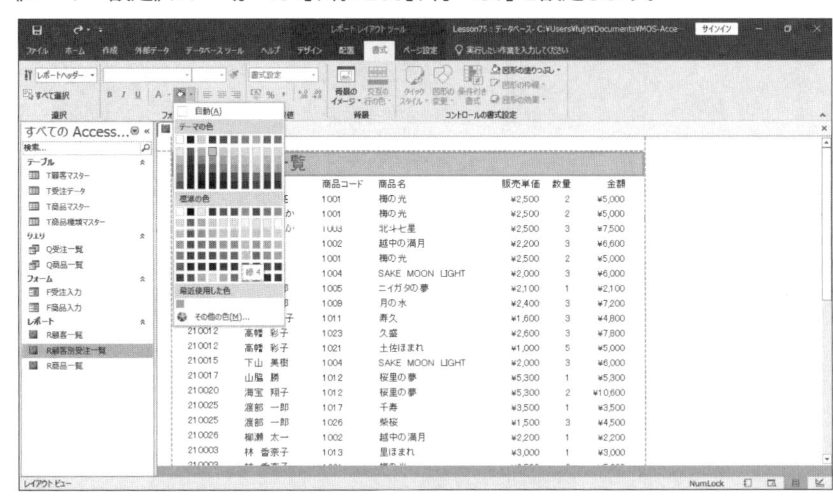

その他の方法

背景色の設定

2019 365

◆レポートをレイアウトビューまたはデザインビューで表示→セクションを選択→《デザイン》タブ→《ツール》グループの (プロパティシート)→《書式》タブ→《背景色》プロパティ

⑥背景色が変更されます。

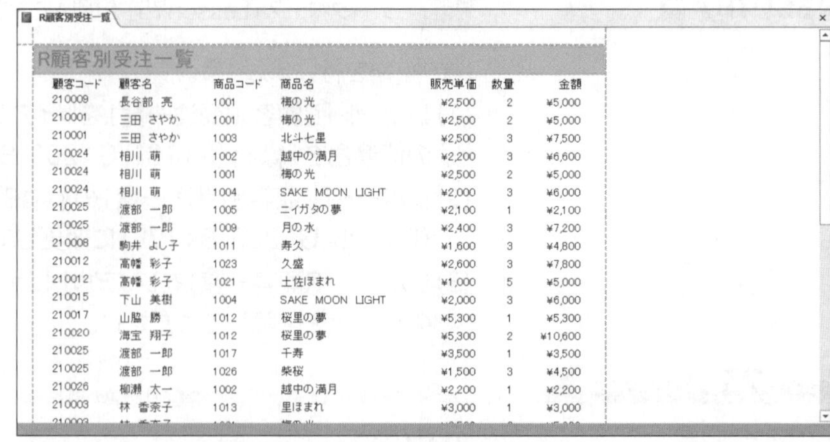

R顧客別受注一覧

顧客コード	顧客名	商品コード	商品名	販売単価	数量	金額
210009	長谷部 亮	1001	梅の光	¥2,500	2	¥5,000
210001	三田 さやか	1001	梅の光	¥2,500	2	¥5,000
210001	三田 さやか	1003	北斗七星	¥2,500	3	¥7,500
210024	相川 萌	1002	越中の満月	¥2,200	3	¥6,600
210024	相川 萌	1001	梅の光	¥2,500	2	¥5,000
210024	相川 萌	1004	SAKE MOON LIGHT	¥2,000	3	¥6,000
210025	渡部 一郎	1005	ニイガタの夢	¥2,100	1	¥2,100
210025	渡部 一郎	1009	月の水	¥2,400	3	¥7,200
210008	駒井 よし子	1011	寿久	¥1,600	3	¥4,800
210012	高幡 彩子	1023	久盛	¥2,600	3	¥7,800
210012	高幡 彩子	1021	土佐ほまれ	¥1,000	5	¥5,000
210015	下山 美樹	1004	SAKE MOON LIGHT	¥2,000	3	¥6,000
210017	山脇 勝	1012	桜里の夢	¥5,300	1	¥5,300
210020	海宝 翔子	1012	桜里の夢	¥5,300	2	¥10,600
210025	渡部 一郎	1017	千寿	¥3,500	1	¥3,500
210025	渡部 一郎	1026	紫桜	¥1,500	3	¥4,500
210026	柳瀬 太一	1002	越中の満月	¥2,200	1	¥2,200
210003	林 香奈子	1013	里ほまれ	¥3,000	1	¥3,000

⑦**《書式》**タブ→**《選択》**グループの レポートヘッダー （オブジェクト）の ▼ →**《詳細》**をクリックします。

⑧**《書式》**タブ→**《背景》**グループの （交互の行の色）の 交互の行の色 →**《標準の色》**の**《緑3》**をクリックします。

※お使いの環境によっては、《緑3》が選択できない場合があります。
その場合は、《書式》タブ→《背景》グループの （交互の行の色）の 交互の行の色 →《その他の色》→《ユーザー設定》タブ→赤「205」、緑「220」、青「175」を設定します。

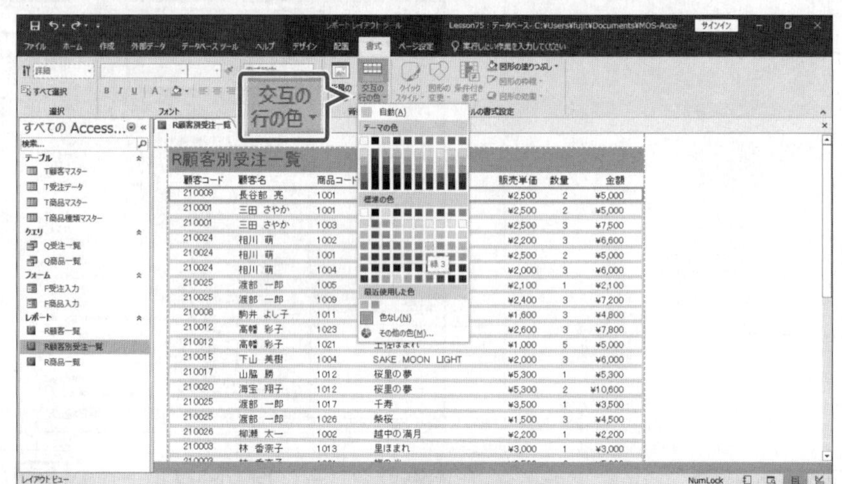

⑨**《詳細》**セクションに交互の行の色が設定されます。

R顧客別受注一覧

顧客コード	顧客名	商品コード	商品名	販売単価	数量	金額
210009	長谷部 亮	1001	梅の光	¥2,500	2	¥5,000
210001	三田 さやか	1001	梅の光	¥2,500	2	¥5,000
210001	三田 さやか	1003	北斗七星	¥2,500	3	¥7,500
210024	相川 萌	1002	越中の満月	¥2,200	3	¥6,600
210024	相川 萌	1001	梅の光	¥2,500	2	¥5,000
210024	相川 萌	1004	SAKE MOON LIGHT	¥2,000	3	¥6,000
210025	渡部 一郎	1005	ニイガタの夢	¥2,100	1	¥2,100
210025	渡部 一郎	1009	月の水	¥2,400	3	¥7,200
210008	駒井 よし子	1011	寿久	¥1,600	3	¥4,800
210012	高幡 彩子	1023	久盛	¥2,600	3	¥7,800
210012	高幡 彩子	1021	土佐ほまれ	¥1,000	5	¥5,000
210015	下山 美樹	1004	SAKE MOON LIGHT	¥2,000	3	¥6,000
210017	山脇 勝	1012	桜里の夢	¥5,300	1	¥5,300
210020	海宝 翔子	1012	桜里の夢	¥5,300	2	¥10,600
210025	渡部 一郎	1017	千寿	¥3,500	1	¥3,500
210025	渡部 一郎	1026	紫桜	¥1,500	3	¥4,500
210026	柳瀬 太一	1002	越中の満月	¥2,200	1	¥2,200
210003	林 香奈子	1013	里ほまれ	¥3,000	1	¥3,000

その他の方法

交互の行の色の設定

2019 365

◆レポートをレイアウトビューまたはデザインビューで表示→セクションを選択→《デザイン》タブ→《ツール》グループの （プロパティシート）→《書式》タブ→《代替の背景色》プロパティ

(3)

①ナビゲーションウィンドウのレポート「**R顧客一覧**」を右クリックします。

②《**レイアウトビュー**》をクリックします。

③レポートがレイアウトビューで表示されます。

④《**書式**》タブ→《**選択**》グループの 顧客コード ▾ （オブジェクト）の ▾ →《**詳細**》をクリックします。

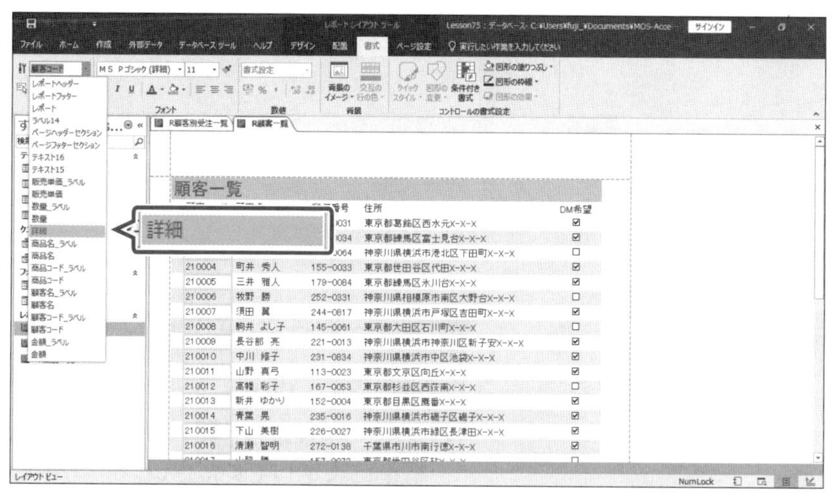

⑤《**書式**》タブ→《**背景**》グループの （交互の行の色）の 交互の行の色▾ →《**色なし**》をクリックします。

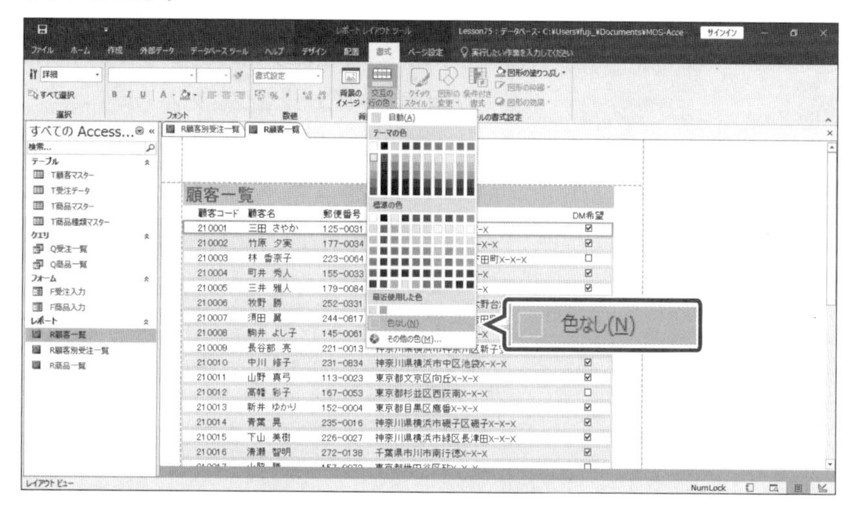

⑥交互の行の色が削除されます。

※選択を解除しておきましょう。

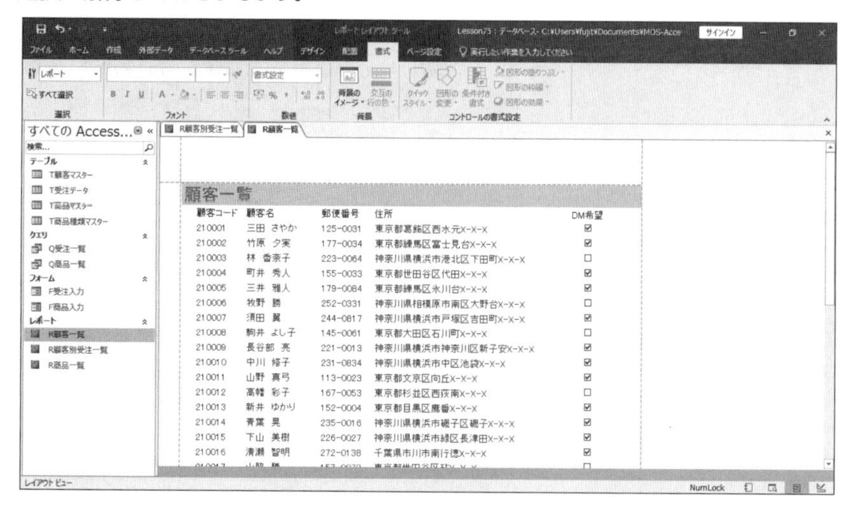

5-2-4 レポートの向きを変更する

解 説

■印刷の向きの変更

レポートは初期の設定では、A4サイズで、印刷の向きが縦に設定されています。
作成したレポートの大きさによって印刷の向きを変更できます。

2019 365 ◆レポートを印刷プレビューで表示→《印刷プレビュー》タブ→《ページレイアウト》グループの（縦）／（横）

Lesson 76

データベース「Lesson76」を開いておきましょう。

次の操作を行いましょう。

(1) レポート「R商品一覧」を印刷プレビューで表示し、印刷の向きを横、余白を標準に設定してください。

Lesson 76 Answer

(1)

①ナビゲーションウィンドウのレポート**「R商品一覧」**を右クリックします。

②**《印刷プレビュー》**をクリックします。

③レポートが印刷プレビューで表示されます。

④**《印刷プレビュー》**タブ→**《ページレイアウト》**グループの（横）をクリックします。

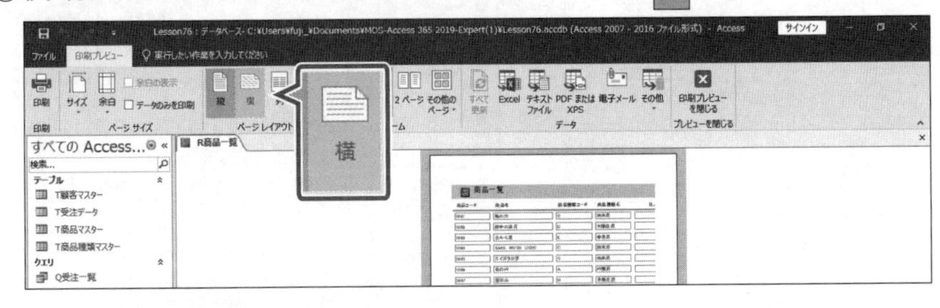

⑤印刷の向きが横になります。

⑥**《印刷プレビュー》**タブ→**《ページサイズ》**グループの（余白の調整）→**《標準》**をクリックします。

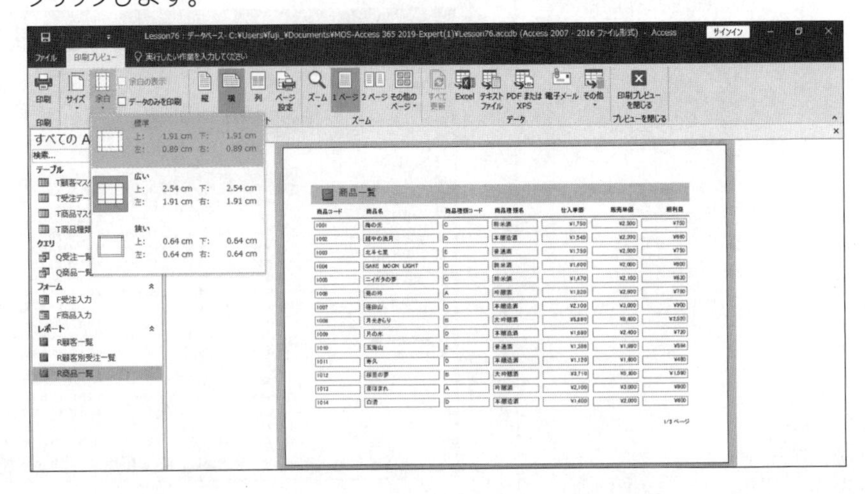

⑦印刷の設定が変更されます。

その他の方法

印刷の向きの変更

2019 365

◆レポートをレイアウトビューまたはデザインビューで表示→《ページ設定》タブ→《ページレイアウト》グループの（縦）／（横）

5-2-5 レポートのヘッダーやフッターに情報を追加する

■ヘッダーやフッターの挿入

レポートは複数のセクションで構成されています。印刷すると、各セクションの内容は次のように配置されます。

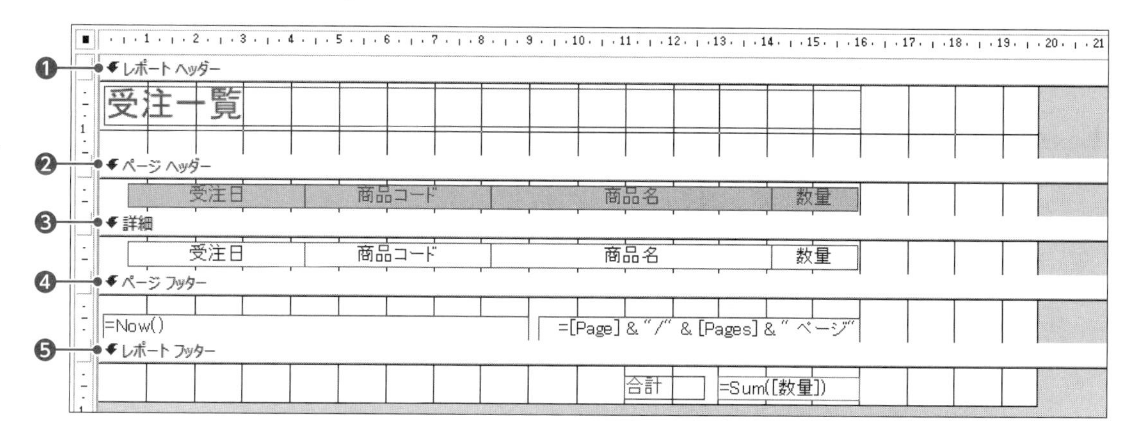

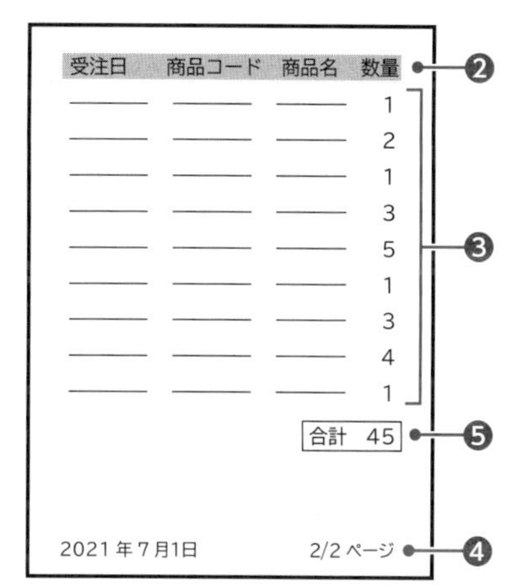

❶《レポートヘッダー》セクション
レポートを印刷したときに、最初のページの先頭に印字される領域です。タイトルやロゴなどを配置します。

❷《ページヘッダー》セクション
レポートを印刷したときに、各ページの上部に印字される領域です。各フィールドの見出しなどを配置します。

❸《詳細》セクション
各レコードが印字される領域です。

❹《ページフッター》セクション
レポートを印刷したときに、各ページの下部に印字される領域です。日付やページ番号などを配置します。

❺《レポートフッター》セクション
レポートを印刷したときに、最終ページのページフッターの上に印字される領域です。

2019 365 ◆レポートをレイアウトビューまたはデザインビューで表示→《デザイン》タブ→《ヘッダー/フッター》グループのボタン

Lesson 77

データベース「Lesson77」を開いておきましょう。

次の操作を行いましょう。

(1) レポート「R顧客別受注一覧」をレイアウトビューで表示し、《ページフッター》セクションの中央に現在のページと合計ページを挿入してください。

(2) レポート「R顧客別受注一覧」の《レポートヘッダー》セクションにタイトルとロゴ、現在の日付と時刻を既定の書式で挿入してください。ロゴはフォルダー「Lesson77」にある画像「logo」を使います。

Lesson 77 Answer

(1)

①ナビゲーションウィンドウのレポート**「R顧客別受注一覧」**を右クリックします。

②**《レイアウトビュー》**をクリックします。

③レポートがレイアウトビューで表示されます。

④**《デザイン》**タブ→**《ヘッダー/フッター》**グループの（ページ番号の追加）をクリックします。

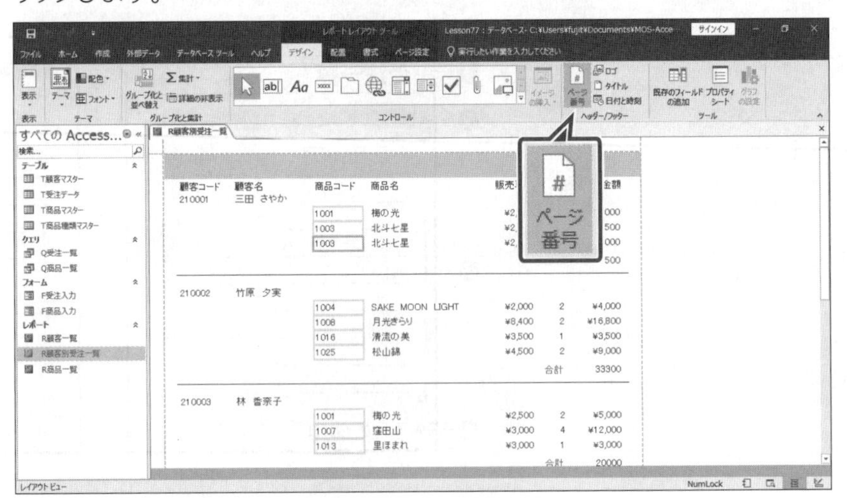

⑤**《ページ番号》**ダイアログボックスが表示されます。

⑥**《書式》**の**《現在/合計ページ》**を◉にします。

⑦**《位置》**の**《下（フッター）》**を◉にします。

⑧**《配置》**が**《中央》**になっていることを確認します。

⑨**《OK》**をクリックします。

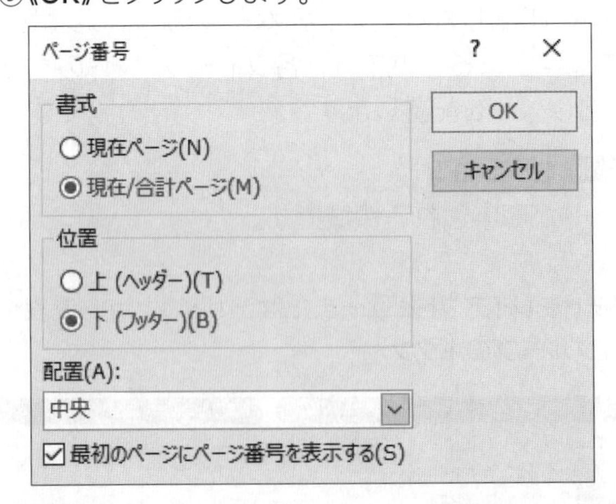

⑩**《ページフッター》**セクションにページ番号が追加されます。

※印刷プレビューに切り替えて、結果を確認しておきましょう。

(2)

①レポート**「R顧客別受注一覧」**がレイアウトビューで表示されていることを確認します。

②**《デザイン》**タブ→**《ヘッダー/フッター》**グループの タイトル （タイトル）をクリックします。

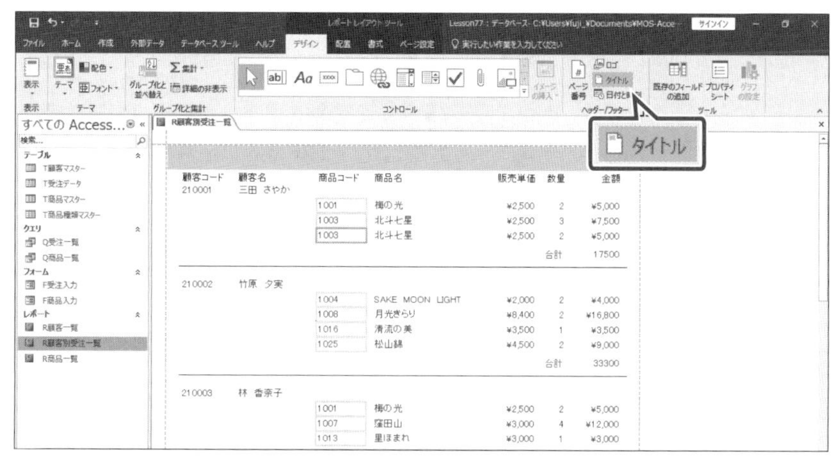

③**《レポートヘッダー》**セクションにタイトルが挿入されます。

④**《デザイン》**タブ→**《ヘッダー/フッター》**グループの ロゴ （ロゴ）をクリックします。

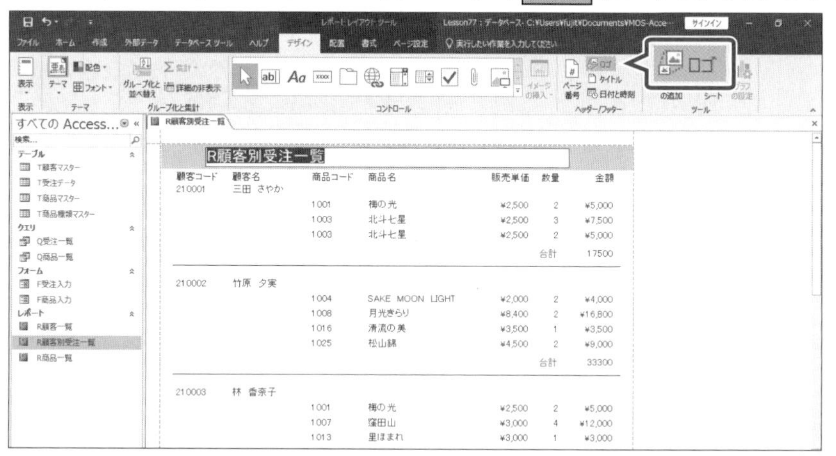

⑤**《図の挿入》**ダイアログボックスが表示されます。

⑥フォルダー**「Lesson77」**を開きます。

※《PC》→《ドキュメント》→「MOS-Access 365 2019-Expert (1)」→「Lesson77」を選択します。

⑦一覧から**「logo」**を選択します。

⑧**《OK》**をクリックします。

⑨ロゴが挿入されます。

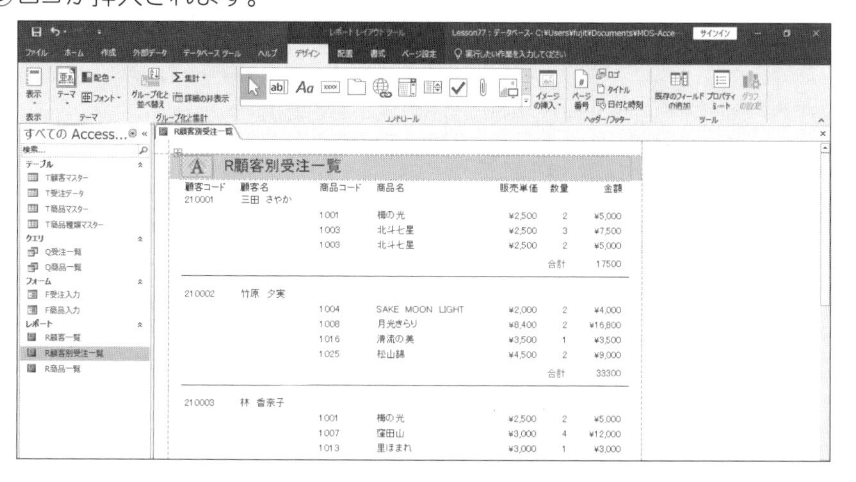

⑩**《デザイン》**タブ→**《ヘッダー/フッター》**グループの 日付と時刻 （日付と時刻）をクリックします。

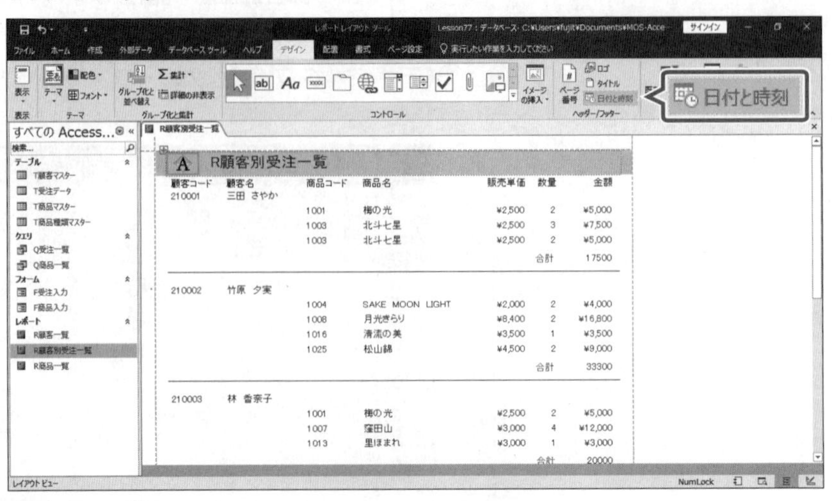

⑪**《日付と時刻》**ダイアログボックスが表示されます。
⑫**《日付を含める》**が ✔ になっていることを確認します。
⑬**《時刻を含める》**が ✔ になっていることを確認します。
⑭**《OK》**をクリックします。

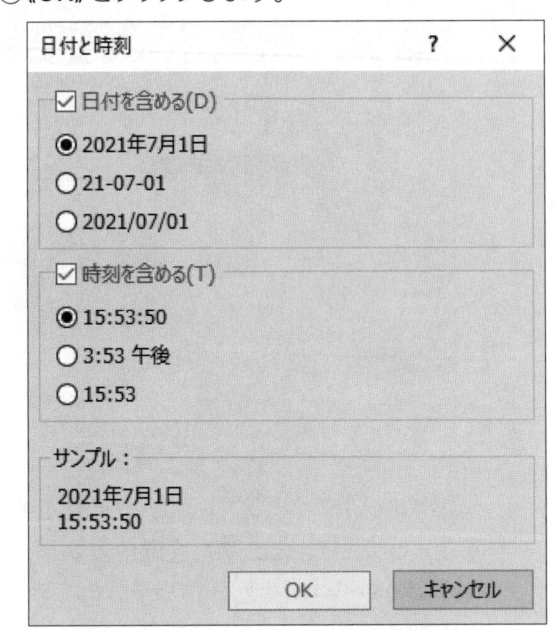

⑮**《レポートヘッダー》**セクションに日付と時刻が挿入されます。

※印刷プレビューに切り替えて、結果を確認しておきましょう。

5-2-6 レポートに画像を挿入する

■画像の挿入

レポートの自由な位置に画像を挿入できます。

2019 365 ◆レポートをレイアウトビューまたはデザインビューで表示→《デザイン》タブ→《コントロール》グループの（イメージの挿入）

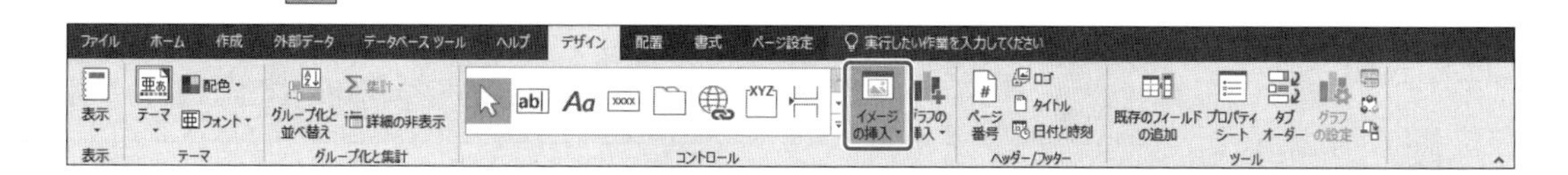

Lesson 78

データベース「Lesson78」を開いておきましょう。

Hint

画像の挿入位置でドラッグすると、ドラッグした範囲の大きさで画像が挿入されます。

次の操作を行いましょう。

(1) レポート「R顧客別受注一覧」をデザインビューで表示し、フォルダー「Lesson78」にある画像「取扱注意」を《レポートヘッダー》セクションの右側に挿入してください。

Lesson 78 Answer

(1)

①ナビゲーションウィンドウのレポート**「R顧客別受注一覧」**を右クリックします。

②**《デザインビュー》**をクリックします。

③レポートがデザインビューで表示されます。

④**《デザイン》**タブ→**《コントロール》**グループの（イメージの挿入）→**《参照》**をクリックします。

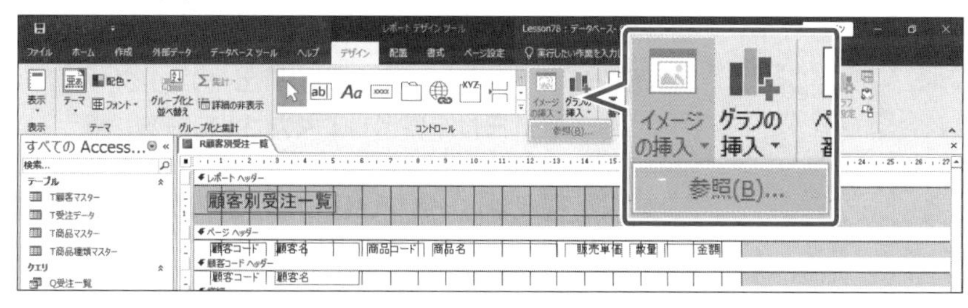

⑤**《図の挿入》**ダイアログボックスが表示されます。

⑥フォルダー**「Lesson78」**を開きます。

※《PC》→《ドキュメント》→「MOS-Access 365 2019-Expert（1）」→「Lesson78」を選択します。

⑦一覧から**「取扱注意」**を選択します。

⑧**《OK》**をクリックします。

⑨マウスポインターの形が に変わります。

⑩**《レポートヘッダー》**セクションの右側で、左上から右下にドラッグします。

⑪**《レポートヘッダー》**セクションに画像が挿入されます。

※印刷プレビューに切り替えて、結果を確認しておきましょう。

その他の方法

画像の挿入

2019 365

◆レポートをレイアウトビューまたはデザインビューで表示→《デザイン》タブ→《コントロール》グループの（イメージ）

Point

レポートの背景に画像を挿入

レポートの背景に画像を挿入できます。背景に画像を挿入すると、見栄えのするレポートに仕上げることができます。

2019 365

◆レポートをレイアウトビューまたはデザインビューで表示→《書式》タブ→《背景》グループの（背景のイメージ）

Exercise 確認問題

解答 ▶ P.224

Lesson 79

データベース「Lesson79」を開いておきましょう。

次の操作を行いましょう。

	あなたは、社内の学習用書籍の書籍情報や貸出状況を管理しています。
問題（1）	レポート「R書籍台帳」の「書籍名」ラベルの右側にラベルを追加し、「分類」と表示してください。
問題（2）	レポート「R書籍台帳」の《ページヘッダー》セクションにある「書籍番号」「書籍名」「分類」「購入日」ラベルの余白を「なし」に設定してください。
問題（3）	レポート「R書籍台帳」の《詳細》セクションの交互の行の色を「緑2」（R：230　G：237　B：215）に変更してください。操作後、レポートを保存して閉じてください。
問題（4）	レポート「R書籍別貸出」の「R貸出状況」ラベルを「書籍別貸出」に変更してください。
問題（5）	レポート「R書籍別貸出」を「書籍番号」フィールドでグループ化し、さらに「貸出番号」フィールドの昇順に並べ替えてください。
問題（6）	レポート「R書籍別貸出」の《書籍番号ヘッダー》セクションに設定されている交互の行の色を削除してください。
問題（7）	レポート「R書籍別貸出」のヘッダーに、「○○○○/○○/○○」の形式で、本日の日付を表示してください。時刻は表示しません。
問題（8）	レポート「R書籍別貸出」のフッターの中央に現在のページを挿入してください。操作後、レポートを保存して閉じてください。
問題（9）	レポート「R未返却一覧」のタイトル以外のすべてのコントロールのスペースを「普通」に設定してください。
問題（10）	レポート「R未返却一覧」の背景に、イメージギャラリーの画像「book」を背景のイメージとして挿入してください。操作後、レポートを保存して閉じてください。

Hint

イメージギャラリーを表示するには、《書式》タブ→《背景》グループの（背景のイメージ）をクリックします。

MOS Access 365&2019 Expert

確認問題 標準解答

Answer 確認問題 標準解答

▶ Lesson 12

●完成図

ナビゲーションウィンドウ　　リレーションシップウィンドウ

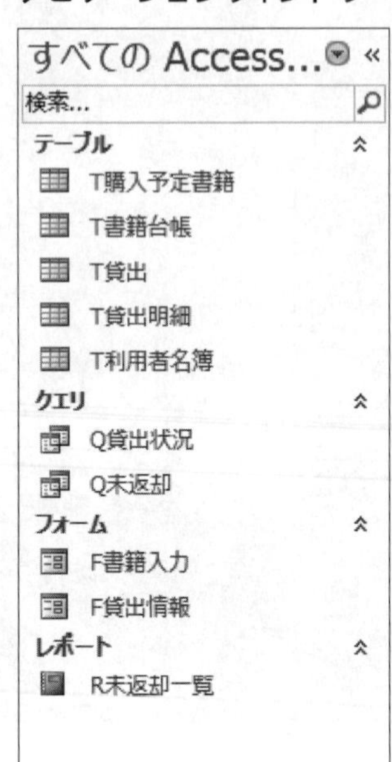

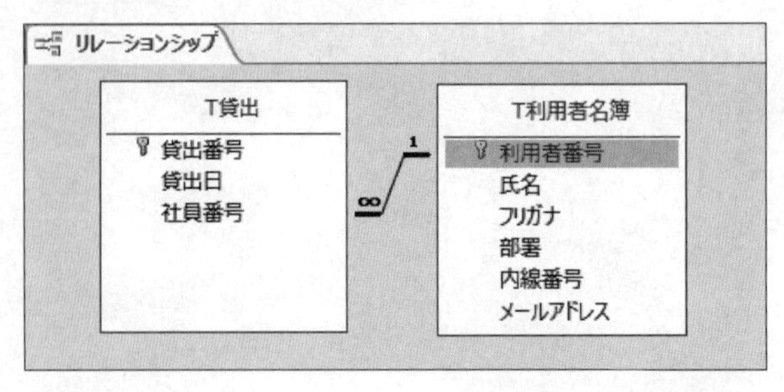

テーブル「T書籍台帳」

フィールド名	データ型	
書籍番号	短いテキスト	
書籍名	短いテキスト	
分類	短いテキスト	
購入日	日付/時刻型	

Excelブック「書籍台帳」

	A	B	C	D	E
1	書籍番号	書籍タイトル	分類	購入日	
2	S001	やさしく解説Excel	Excel	2020/4/14	
3	S002	まるごとわかろうWord	Word	2020/4/14	
4	S003	1から覚えるExcelマクロ	Excel	2020/4/14	
5	S004	パソコンの基礎知識1	パソコン全般	2020/10/1	
6	S005	1から覚えるAccessマクロ	Access	2020/10/1	
7	S006	使おうWord	Word	2020/10/1	
8	S007	やさしく解説Word	Word	2021/1/8	
9	S008	簡単！便利！Access裏技集	Access	2021/1/8	
10	S009	やさしく解説Access	Access	2021/1/16	
11	S010	使おうExcel	Excel	2021/1/16	
12	S011	簡単！便利！Excel裏技集	Excel	2021/4/5	
13	S012	パソコンの基礎知識2	パソコン全般	2021/4/5	
14	S013	やさしく解説PowerPoint	PowerPoint	2021/4/16	
15	S014	Access徹底解説	Access	2021/4/16	
16					
17					

問題(1)

①《外部データ》タブ→《インポートとリンク》グループの (新しいデータソース)→《データベースから》→《Access》をクリックします。
②《ファイル名》の《参照》をクリックします。
③フォルダー「Lesson12」を開きます。
※《PC》→《ドキュメント》→「MOS-Access 365 2019-Expert(1)」→「Lesson12」を選択します。
④一覧から「貸出情報」を選択します。
⑤《開く》をクリックします。
⑥《現在のデータベースにテーブル、クエリ、フォーム、レポート、マクロ、モジュールをインポートする》を◉にします。
⑦《OK》をクリックします。
⑧《クエリ》タブを選択します。
⑨一覧から「Q貸出状況」「Q未返却」を選択します。
⑩《フォーム》タブを選択します。
⑪一覧から「F書籍入力」「F貸出情報」「F貸出入力」を選択します。
⑫《レポート》タブを選択します。
⑬一覧から「R未返却一覧」を選択します。
⑭《OK》をクリックします。
⑮《閉じる》をクリックします。

問題(2)

①《外部データ》タブ→《インポートとリンク》グループの (新しいデータソース)→《ファイルから》→《Excel》をクリックします。
②《ファイル名》の《参照》をクリックします。
③フォルダー「Lesson12」を開きます。
※《PC》→《ドキュメント》→「MOS-Access 365 2019-Expert(1)」→「Lesson12」を選択します。
④一覧から「購入リクエスト」を選択します。
⑤《開く》をクリックします。
⑥《現在のデータベースの新しいテーブルにソースデータをインポートする》を◉にします。
⑦《OK》をクリックします。
※セキュリティに関するメッセージが表示された場合は、《開く》をクリックしておきましょう。
⑧《先頭行をフィールド名として使う》を☑にします。
⑨《次へ》をクリックします。
⑩《次へ》をクリックします。
⑪《次のフィールドに主キーを設定する》を◉にします。
⑫ をクリックし、一覧から「書籍番号」を選択します。
⑬《次へ》をクリックします。
⑭《インポート先のテーブル》に「T購入予定書籍」と入力します。
⑮《完了》をクリックします。
⑯《インポート操作の保存》を☑にします。
⑰《インポートの保存》をクリックします。

問題(3)

①ナビゲーションウィンドウを右クリックします。
②《ナビゲーションオプション》をクリックします。
③《表示オプション》の《隠しオブジェクトの表示》を☑にします。
④《OK》をクリックします。

問題(4)

①ナビゲーションウィンドウのテーブル「T書籍台帳」を右クリックします。
②《テーブルプロパティ》をクリックします。
③《隠しオブジェクト》を☐にします。
④《OK》をクリックします。
⑤ナビゲーションウィンドウを右クリックします。
⑥《ナビゲーションオプション》をクリックします。
⑦《表示オプション》の《隠しオブジェクトの表示》を☐にします。
⑧《OK》をクリックします。

問題(5)

①ナビゲーションウィンドウのフォーム「F貸出入力」を右クリックします。
②《削除》をクリックします。
③メッセージを確認し、《はい》をクリックします。

問題(6)

①ナビゲーションウィンドウのテーブル「T書籍台帳」を右クリックします。
②《デザインビュー》をクリックします。
③「書籍番号」フィールドの行セレクターをクリックします。
④《デザイン》タブ→《ツール》グループの (主キー)をクリックします。
⑤クイックアクセスツールバーの (上書き保存)をクリックします。
⑥ ×('T書籍台帳'を閉じる)をクリックします。

問題(7)

①《データベースツール》タブ→《リレーションシップ》グループの (リレーションシップ)をクリックします。
②《テーブル》タブを選択します。
③一覧から「T貸出」を選択します。
④ Ctrl を押しながら、「T利用者名簿」を選択します。
⑤《追加》をクリックします。
※お使いの環境によっては、《追加》が《選択したテーブルの追加》と表示される場合があります。
⑥《閉じる》をクリックします。

⑦テーブル「**T利用者名簿**」の「**利用者番号**」フィールドをテーブル「**T貸出**」の「**社員番号**」フィールドへドラッグします。
※ドラッグ元のフィールドとドラッグ先のフィールドは逆でもかまいません。
⑧《**リレーションシップの種類**》が「**一対多**」になっていることを確認します。
⑨《**参照整合性**》を☑にします。
⑩《**フィールドの連鎖更新**》を☑にします。
⑪《**作成**》をクリックします。
⑫クイックアクセスツールバーの（上書き保存）をクリックします。
⑬《**デザイン**》タブ→《**リレーションシップ**》グループの（閉じる）をクリックします。

問題（8）

①ナビゲーションウィンドウのレポート「**R未返却一覧**」を右クリックします。
②《**印刷プレビュー**》をクリックします。
③《**印刷プレビュー**》タブ→《**印刷**》グループの（印刷）をクリックします。
④《**OK**》をクリックします。
⑤ ×（'R未返却一覧'を閉じる）をクリックします。

問題（9）

①ナビゲーションウィンドウのフォーム「**F書籍入力**」を選択します。
②《**ファイル**》タブを選択します。
③《**印刷**》→《**印刷プレビュー**》をクリックします。
④《**印刷プレビュー**》タブ→《**ページレイアウト**》グループの（ページ設定）をクリックします。
⑤《**印刷オプション**》タブを選択します。
⑥《**余白**》の《**上**》《**下**》《**左**》《**右**》に「**6**」と入力します。
⑦《**OK**》をクリックします。
⑧ ×（'F書籍入力'を閉じる）をクリックします。

問題（10）

①ナビゲーションウィンドウのテーブル「**T書籍台帳**」を選択します。
②《**外部データ**》タブ→《**エクスポート**》グループの（Excelスプレッドシートにエクスポート）をクリックします。
③《**ファイル名**》の《**参照**》をクリックします。
④フォルダー「**MOS-Access 365 2019-Expert（1）**」を開きます。
※《PC》→《ドキュメント》→「MOS-Access 365 2019-Expert（1）」を選択します。
⑤《**ファイル名**》に「**書籍台帳**」と入力します。
⑥《**ファイルの種類**》が《**Excel Workbook**》になっていることを確認します。
⑦《**保存**》をクリックします。
⑧《**書式設定とレイアウトを保持したままデータをエクスポートする**》を☑にします。
⑨《**OK**》をクリックします。
⑩《**閉じる**》をクリックします。

Answer 確認問題 標準解答

▶ Lesson 35

●完成図

テーブル「T貸出」

T貸出

貸出番号	貸出日	社員番号
1	2021/07/01	H8801
2	2021/07/09	R9901
3	2021/07/12	R1401
4	2021/07/12	R9905
5	2021/07/14	R0104
6	2021/07/14	R0202
7	2021/07/15	R0301
8	2021/07/15	R0901
9	2021/07/16	R1303
10	2021/07/16	R1401
11	2021/07/20	H8801
12	2021/07/20	R0104
13	2021/07/21	R9901
14	2021/07/22	R0901
15	2021/07/22	R0301
16	2021/07/26	R0001
17	2021/07/27	R1001
18	2021/07/31	R0908
19	2021/08/03	R1205
20	2021/08/06	R1102
21	2021/08/06	R0702
(新規)		

レコード: 1 / 21　フィルターなし

テーブル「T利用者名簿」

T利用者名簿

利用者番号	氏名	フリガナ	部署	内線番号
R0001	山村 美津子	ヤマムラ ミツコ	営業部	4444-XXX
R0104	沢登 孝治	サワノボリ コウジ	営業部	4444-XXX
R0202	川上 恵美子	カワカミ エミコ	人事部	1111-XXX
R0301	遠藤 義文	エンドウ ヨシフミ	営業部	4444-XXX
R0702	中西 祥子	ナカニシ ショウコ	営業部	4444-XXX
R0901	相原 洋司	アイハラ ヨウジ	開発部	5555-XXX
R0908	瀬山 融	セヤマ トオル	開発部	5555-XXX
R1001	広川 さとみ	ヒロカワ サトミ	経理部	2222-XXX
R1102	伊藤 まき子	イトウ マキコ	企画部	3333-XXX
R1205	中村 雄一	ナカムラ ユウイチ	開発部	5555-XXX
R1303	近山 直之	チカヤマ ナオユキ	企画部	3333-XXX
R1401	藤村 美里	フジムラ ミサト	開発部	5555-XXX
R9901	谷山 信孝	タニヤマ ノブタカ	経理部	2222-XXX
R9905	金山 輝久	カナヤマ テルヒサ	開発部	5555-XXX
H8801	榎並 悟	エナミ サトル	人事部	1111-XXX

レコード: 1 / 15　フィルターなし　検索

テーブル「T書籍台帳」

▶4月購入のレコードを抽出

T書籍台帳

書籍番号	書籍タイトル	購入日
S001	やさしく解説Excel	2020/04/14
S002	まるごとわかろうWord	2020/04/14
S003	1から覚えるExcelマクロ	2020/04/14
S011	簡単！便利！Excel裏技集	2021/04/05
S012	パソコンの基礎知識2	2021/04/05
S013	やさしく解説PowerPoint	2021/04/16
S014	Access徹底解説	2021/04/16
*		

レコード: 1 / 7　フィルター適用　検索

テーブル「T貸出明細」

▶「書籍番号」フィールドの昇順、「返却日」フィールドの降順に並べ替え

T貸出明細

貸出番号	書籍番号	返却済	返却日
11	S001	☑	2021/07/28
2	S001	☑	2021/07/16
20	S001	☐	
4	S002	☑	2021/07/20
18	S002	☐	
15	S003	☑	2021/08/05
3	S003	☑	2021/07/19
15	S004	☑	2021/08/05
8	S004	☑	2021/07/22
21	S004	☐	
19	S005	☑	2021/08/09
15	S005	☑	2021/08/05
6	S005	☑	2021/07/19
5	S006	☑	2021/07/20
13	S006	☐	
14	S007	☑	2021/08/02
5	S007	☑	2021/07/20
21	S007	☐	
16	S008	☑	2021/08/09
10	S008	☑	2021/07/23
1	S008	☑	2021/07/16
1	S009	☑	2021/07/16
12	S009	☐	
17	S010	☑	2021/08/06
9	S010	☑	2021/07/23
7	S010	☑	2021/07/22
19	S011	☑	2021/08/09
10	S011	☑	2021/07/23

問題(1)

①ナビゲーションウィンドウのテーブル**「T貸出」**を右クリックします。
②**《デザインビュー》**をクリックします。
③3行目の**《フィールド名》**のセルに**「社員番号」**と入力します。
④ Enter を押します。
⑤**《データ型》**のセルの をクリックし、一覧から**《短いテキスト》**を選択します。
⑥**《フィールドプロパティ》**の**《標準》**タブを選択します。
⑦**《フィールドサイズ》**プロパティに**「5」**と入力します。
⑧クイックアクセスツールバーの (上書き保存)をクリックします。
⑨ ('T貸出'を閉じる)をクリックします。

問題(2)

①**《外部データ》**タブ→**《インポートとリンク》**グループの (新しいデータソース)→**《ファイルから》**→**《テキストファイル》**をクリックします。
②**《ファイル名》**の**《参照》**をクリックします。
③フォルダー**「Lesson35」**を開きます。
※《PC》→《ドキュメント》→「MOS-Access 365 2019-Expert(1)」→「Lesson35」を選択します。
④一覧から**「貸出一覧」**を選択します。
⑤**《開く》**をクリックします。
⑥**《レコードのコピーを次のテーブルに追加する》**を にします。
⑦ をクリックし、一覧から**《T貸出》**を選択します。
⑧**《OK》**をクリックします。
※セキュリティに関するメッセージが表示された場合は、《開く》をクリックしておきましょう。
⑨**《次へ》**をクリックします。
⑩**《先頭行をフィールド名として使う》**を にします。
⑪**《次へ》**をクリックします。
⑫**《インポート先のテーブル》**が**「T貸出」**になっていることを確認します。
⑬**《完了》**をクリックします。
⑭**《閉じる》**をクリックします。
⑮同様に、テーブル**「T貸出明細」**に、テキストファイル**「貸出明細」**をインポートしてレコードを追加します。

問題(3)

①**《外部データ》**タブ→**《インポートとリンク》**グループの (新しいデータソース)→**《ファイルから》**→**《Excel》**をクリックします。
②**《ファイル名》**の**《参照》**をクリックします。
③フォルダー**「Lesson35」**を開きます。
※《PC》→《ドキュメント》→「MOS-Access 365 2019-Expert(1)」→「Lesson35」を選択します。
④一覧から**「利用者一覧」**を選択します。
⑤**《開く》**をクリックします。
⑥**《リンクテーブルを作成してソースデータにリンクする》**を にします。
⑦**《OK》**をクリックします。
⑧**《先頭行をフィールド名として使う》**を にします。
⑨**《次へ》**をクリックします。
⑩**《リンクしているテーブル名》**に**「T利用者名簿」**と入力します。
⑪**《完了》**をクリックします。
⑫メッセージを確認し、**《OK》**をクリックします。

問題(4)

①ナビゲーションウィンドウのテーブル**「T書籍台帳」**をダブルクリックします。
②**「分類」**フィールドの列見出しをクリックします。
③**《ホーム》**タブ→**《レコード》**グループの その他 (その他)→**《フィールドの非表示》**をクリックします。

問題(5)

①テーブル**「T書籍台帳」**がデータシートビューで表示されていることを確認します。
②**「購入日」**フィールドの をクリックします。
③**《日付フィルター》**→**《期間内のすべての日付》**→**《4月》**をクリックします。
※7件のレコードが抽出されます。
④**「購入日」**フィールドの をクリックします。
⑤**《購入日のフィルターをクリア》**をクリックします。

問題(6)

①テーブル**「T書籍台帳」**がデータシートビューで表示されていることを確認します。
②**《ホーム》**タブ→**《表示》**グループの (表示)をクリックします。
③**「書籍名」**フィールドの行セレクターをクリックします。
④**《フィールドプロパティ》**の**《標準》**タブを選択します。
⑤**《標題》**プロパティに**「書籍タイトル」**と入力します。

問題(7)

①テーブル**「T書籍台帳」**がデザインビューで表示されていることを確認します。
②**「書籍番号」**フィールドの行セレクターをクリックします。
③**《フィールドプロパティ》**の**《標準》**タブを選択します。
④**《エラーメッセージ》**プロパティの内容を確認します。
⑤**《入力規則》**プロパティに**「Len([書籍番号])=4」**と入力します。
※英数字と記号は、半角で入力します。

⑥クイックアクセスツールバーの［上書き保存アイコン］（上書き保存）をクリックします。
⑦メッセージを確認し、**《はい》**をクリックします。
⑧［×］（'T書籍台帳'を閉じる）をクリックします。

問題(8)

①ナビゲーションウィンドウのテーブル**「T貸出明細」**を右クリックします。
②**《テーブルプロパティ》**をクリックします。
③**《説明》**に**「返却状況」**と入力します。
④**《OK》**をクリックします。

問題(9)

①ナビゲーションウィンドウのテーブル**「T貸出明細」**を右クリックします。
②**《デザインビュー》**をクリックします。
③**「返却済」**フィールドの行セレクターをクリックします。
④**《フィールドプロパティ》**の**《標準》**タブを選択します。
⑤**《既定値》**プロパティに**「No」**と入力します。
※「False」「Off」「0」と入力してもかまいません。
⑥クイックアクセスツールバーの［上書き保存アイコン］（上書き保存）をクリックします。

問題(10)

①テーブル**「T貸出明細」**がデザインビューで表示されていることを確認します。
②**《ホーム》**タブ→**《表示》**グループの［表示アイコン］（表示）をクリックします。
③**「返却日」**フィールドの列見出しをクリックします。
④**《ホーム》**タブ→**《並べ替えとフィルター》**グループの［降順］（降順）をクリックします。
⑤**「書籍番号」**フィールドの列見出しをクリックします。
⑥**《ホーム》**タブ→**《並べ替えとフィルター》**グループの［昇順］（昇順）をクリックします。
⑦クイックアクセスツールバーの［上書き保存アイコン］（上書き保存）をクリックします。
⑧［×］（'T貸出明細'を閉じる）をクリックします。

Answer　確認問題 標準解答

●完成図

クエリ「Q利用者連絡先」

Q利用者連絡先

社員番号	氏名	内線番号	メールアドレス
H8801	榎並 悟	1111-XXX	enami@xx.xx
R0001	山村 美津子	4444-XXX	yamamura@xx.xx
R0104	沢登 孝治	4444-XXX	sawanobori@xx.xx
R0202	川上 恵美子	1111-XXX	kawakami@xx.xx
R0301	遠藤 義文	4444-XXX	endo@xx.xx
R0702	中西 祥子	4444-XXX	nakanishi@xx.xx
R0901	相原 洋司	5555-XXX	aihara@xx.xx
R0908	瀬山 融	5555-XXX	seyama@xx.xx
R1001	広川 さとみ	2222-XXX	hirokawa@xx.xx
R1102	伊藤 まき子	3333-XXX	ito@xx.xx
R1205	中村 雄一	5555-XXX	nakamura@xx.xx
R1303	近山 直之	3333-XXX	chikayama@xx.xx
R1401	藤村 美里	5555-XXX	fujimura@xx.xx
R9901	谷山 信孝	2222-XXX	taniyama@xx.xx
R9905	金山 輝久	5555-XXX	kanayama@xx.xx
*			

クエリ「Q貸出明細情報」

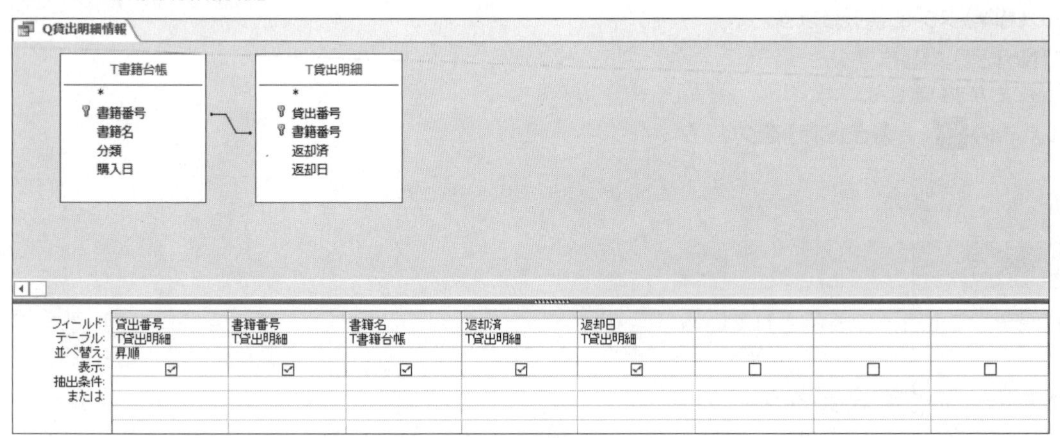

クエリ「Q貸出状況」

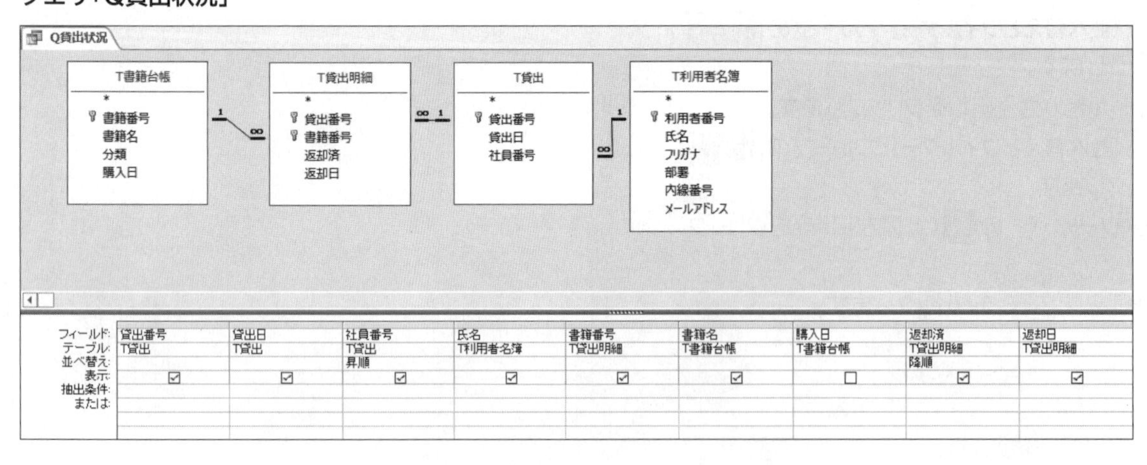

クエリ「Q書籍抽出」

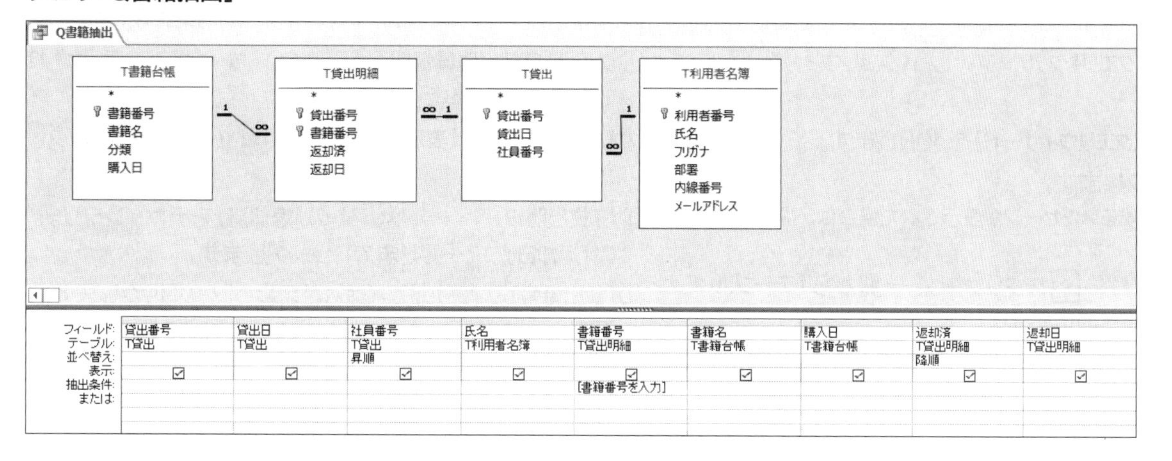

クエリ「Q7月の貸出書籍」

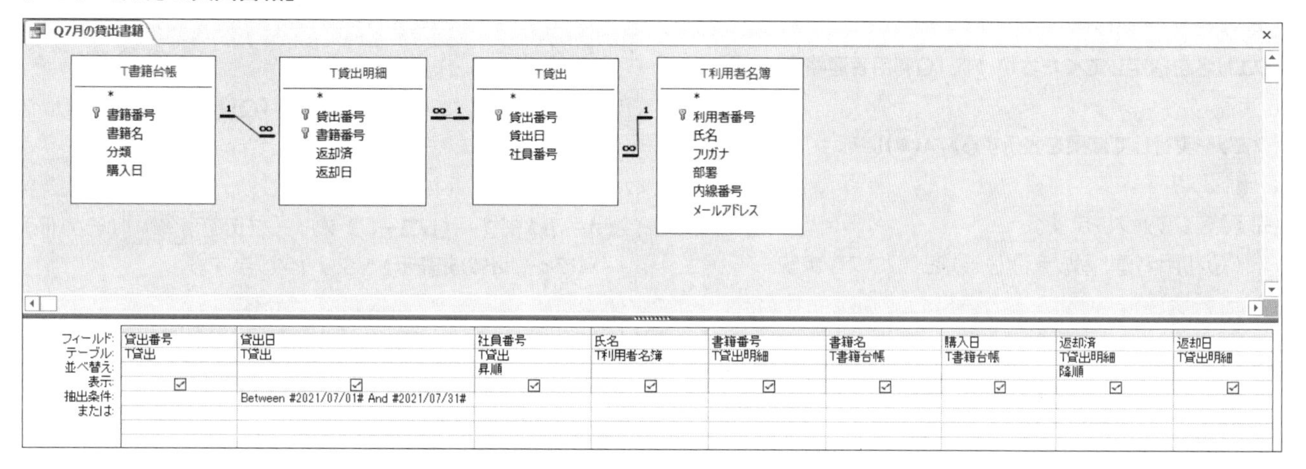

クエリ「Q未返却書籍抽出」

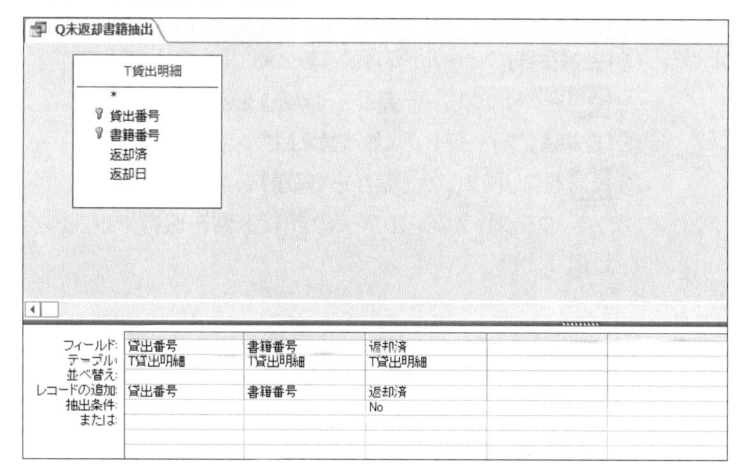

クエリ「Q月別貸出数」

Q月別貸出数

書籍タイトル	合計 貸出番号	1月	2月	3月	4月	5月	6月	7月	8月	9月	10月	11月	12月
1から覚えるAccessマクロ	3							2	1				
1から覚えるExcelマクロ	2							2					
パソコンの基礎知識1	3							2	1				
パソコンの基礎知識2	2							1	1				
まるごとわかろうWord	2							2					
やさしく解説Access	2							2					
やさしく解説Excel	3							2	1				
やさしく解説PowerPoint	2							2					
やさしく解説Word	3							2	1				
簡単！便利！Access裏技集	3							3					
簡単！便利！Excel裏技集	3							2	1				
使おうExcel	3							3					
使おうWord	2							2					

問題(1)

①《作成》タブ→《クエリ》グループの (クエリウィザード)をクリックします。
②一覧から《選択クエリウィザード》を選択します。
③《OK》をクリックします。
※セキュリティに関するメッセージが表示された場合は、《開く》をクリックしておきましょう。
④《テーブル/クエリ》の をクリックし、一覧から「テーブル:T利用者名簿」を選択します。
⑤《選択可能なフィールド》の一覧から「利用者番号」を選択します。
⑥ > をクリックします。
⑦同様に、その他のフィールドを追加します。
⑧《次へ》をクリックします。
⑨《クエリ名を指定してください。》に「Q利用者連絡先」と入力します。
⑩《クエリを実行して結果を表示する》が◉になっていることを確認します。
⑪《完了》をクリックします。
⑫ × ('Q利用者連絡先'を閉じる)をクリックします。

問題(2)

①《作成》タブ→《クエリ》グループの (クエリウィザード)をクリックします。
②一覧から《選択クエリウィザード》を選択します。
③《OK》をクリックします。
④《テーブル/クエリ》の をクリックし、一覧から「テーブル:T貸出明細」を選択します。
⑤《選択可能なフィールド》の一覧から「貸出番号」を選択します。
⑥ > をクリックします。
⑦同様に、「書籍番号」フィールドを追加します。
⑧《テーブル/クエリ》の をクリックし、一覧から「テーブル:T書籍台帳」を選択します。
⑨《選択可能なフィールド》の一覧から「書籍名」を選択します。
⑩ > をクリックします。
⑪同様に、テーブル「T貸出明細」の「返却日」フィールドを追加します。
⑫《次へ》をクリックします。
⑬《クエリ名を指定してください。》に「Q貸出明細情報」と入力します。
⑭《クエリを実行して結果を表示する》が◉になっていることを確認します。
⑮《完了》をクリックします。

問題(3)

①クエリ「Q貸出明細情報」がデータシートビューで表示されていることを確認します。
②《ホーム》タブ→《表示》グループの (表示)をクリックします。
③「T貸出明細」フィールドリストの「返却済」をデザイングリッドの「返却日」フィールドまでドラッグします。
④「貸出番号」フィールドの《並べ替え》セルをクリックします。
⑤ をクリックし、一覧から《昇順》を選択します。
⑥クイックアクセスツールバーの (上書き保存)をクリックします。
⑦ × ('Q貸出明細情報'を閉じる)をクリックします。

問題(4)

①ナビゲーションウィンドウのクエリ「Q貸出状況」をダブルクリックします。
②「購入日」フィールドの列見出しをクリックします。
③《ホーム》タブ→《レコード》グループの その他 (その他)→《フィールドの非表示》をクリックします。

問題(5)

①クエリ「Q貸出状況」がデータシートビューで表示されていることを確認します。
②《ホーム》タブ→《表示》グループの (表示)をクリックします。
③「社員番号」フィールドの《並べ替え》セルをクリックします。
④ をクリックし、一覧から《昇順》を選択します。
⑤「返却済」フィールドの《並べ替え》セルをクリックします。
⑥ をクリックし、一覧から《降順》を選択します。
⑦クイックアクセスツールバーの (上書き保存)をクリックします。

問題(6)

①クエリ「Q貸出状況」がデザインビューで表示されていることを確認します。
②「書籍番号」フィールドの《抽出条件》セルに「[書籍番号を入力]」と入力します。
※「[]」は半角で入力します。
③ F12 を押します。
④《'Q貸出状況'の保存先》に「Q書籍抽出」と入力します。
⑤《OK》をクリックします。
⑥ × ('Q書籍抽出'を閉じる)をクリックします。

問題(7)

①ナビゲーションウィンドウのクエリ**「Q貸出状況」**を右クリックします。

②**《デザインビュー》**をクリックします。

③**「貸出日」**フィールドの**《抽出条件》**セルに**「Between␣2021/7/1␣And␣2021/7/31」**と入力します。

※半角で入力します。␣は半角空白を表します。入力を確定すると「Between␣#2021/07/01#␣And␣#2021/07/31#」と表示されます。

※列幅を調整して条件を確認しましょう。

④ F12 を押します。

⑤**《'Q貸出状況'の保存先》**に**「Q7月の貸出書籍」**と入力します。

⑥**《OK》**をクリックします。

⑦ × ('Q7月の貸出書籍'を閉じる)をクリックします。

問題(8)

①ナビゲーションウィンドウのクエリ**「Q未返却書籍抽出」**を右クリックします。

②**《デザインビュー》**をクリックします。

③**《デザイン》**タブ→**《クエリの種類》**グループの（クエリの種類：追加）をクリックします。

④**《テーブル名》**の ∨ をクリックし、一覧から**「T未返却書籍」**を選択します。

⑤**《OK》**をクリックします。

⑥**「返却済」**フィールドの**《抽出条件》**セルに**「No」**と入力します。

※半角で入力します。「False」「Off」「0」と入力してもかまいません。

⑦クイックアクセスツールバーの（上書き保存）をクリックします。

問題(9)

①クエリ**「Q未返却書籍抽出」**がデザインビューで表示されていることを確認します。

②**《デザイン》**タブ→**《結果》**グループの（実行）をクリックします。

③メッセージを確認し、**《はい》**をクリックします。

※テーブル「T未返却書籍」に8件のレコードが追加されます。

④ × ('Q未返却書籍抽出'を閉じる)をクリックします。

問題(10)

①**《作成》**タブ→**《クエリ》**グループの（クエリウィザード）をクリックします。

②一覧から**《クロス集計クエリウィザード》**を選択します。

③**《OK》**をクリックします。

④**《表示》**の**《クエリ》**を◉にします。

⑤一覧から**「クエリ：Q貸出状況」**を選択します。

⑥**《次へ》**をクリックします。

⑦**《行見出しとして使うフィールドを選択してください。》**の**《選択可能なフィールド》**の一覧から**「書籍名」**を選択します。

⑧ > をクリックします。

⑨**《次へ》**をクリックします。

⑩**《列見出しとして使うフィールドを選択してください。》**の一覧から**「貸出日」**を選択します。

⑪**《次へ》**をクリックします。

⑫**《日付/時刻型のフィールドをグループ化する単位を指定してください。》**の一覧から**《月》**を選択します。

⑬**《次へ》**をクリックします。

⑭**《集計する値があるフィールドと、集計方法を選択してください。》**の**《フィールド》**の一覧から**「貸出番号」**を選択します。

⑮**《集計方法》**の一覧から**《カウント》**を選択します。

⑯**《次へ》**をクリックします。

⑰**《クエリ名を指定してください。》**に**「Q月別貸出数」**と入力します。

⑱**《クエリを実行して結果を表示する》**が◉になっていることを確認します。

⑲**《完了》**をクリックします。

⑳ × ('Q月別貸出数'を閉じる)をクリックします。

Answer 確認問題 標準解答

●完成図

フォーム「F書籍入力」

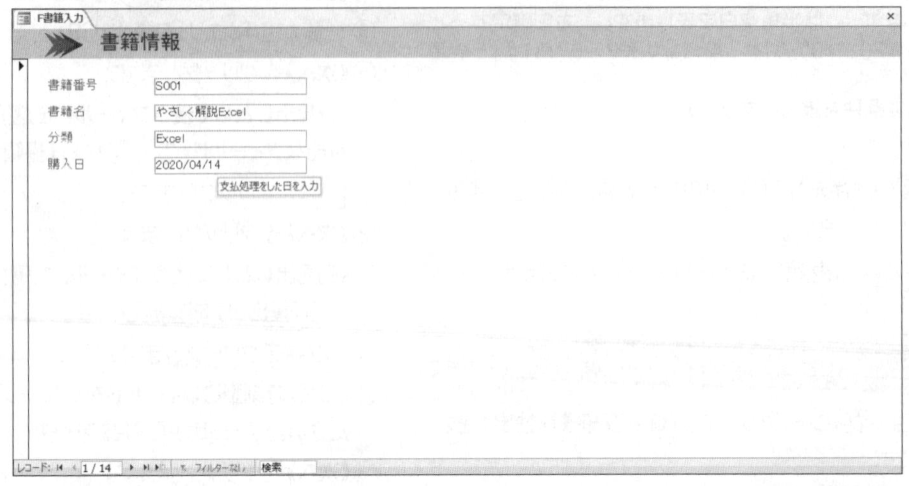

フォーム「F貸出入力」

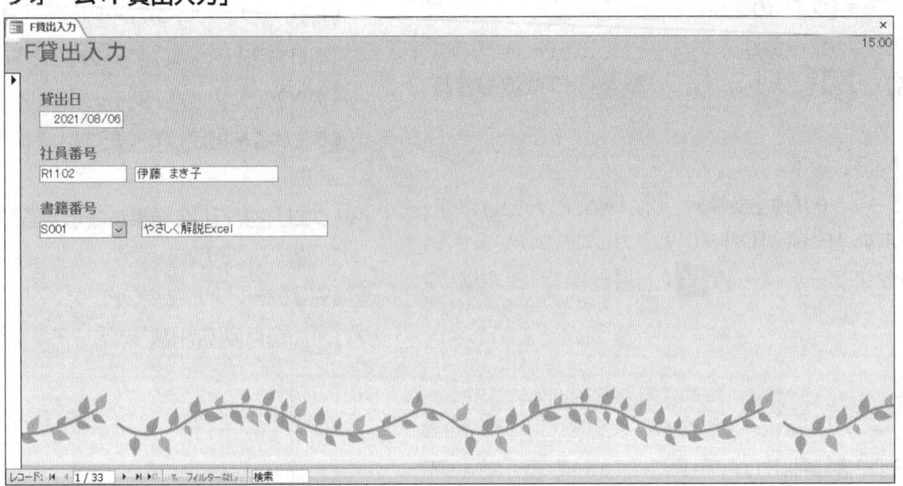

フォーム「F貸出情報」

F貸出情報

貸出日	社員番号	氏名	部署	内線番号	メールアドレス	返却日	返却済
2021/07/01	H8801	榎並 悟	人事部	1111-XXX	enami@xx.xx	2021/07/16	☑
2021/07/01	H8801	榎並 悟	人事部	1111-XXX	enami@xx.xx	2021/07/16	☑
2021/07/09	R9901	谷山 信寿	経理部	2222-XXX	taniyama@xx.xx	2021/07/16	☑
2021/07/12	R1401	藤村 美里	開発部	5555-XXX	fujimura@xx.xx	2021/07/19	☑
2021/07/12	R9905	金山 輝久	開発部	5555-XXX	kanayama@xx.xx	2021/07/20	☑
2021/07/14	R0104	沢登 孝治	営業部	4444-XXX	sawanobori@xx.xx	2021/07/20	☑
2021/07/14	R0104	沢登 孝治	営業部	4444-XXX	sawanobori@xx.xx	2021/07/20	☑
2021/07/14	R0104	沢登 孝治	営業部	4444-XXX	sawanobori@xx.xx	2021/07/20	☑
2021/07/14	R0202	川上 恵美子	人事部	1111-XXX	kawakami@xx.xx	2021/07/19	☑
2021/07/15	R0301	遠藤 義文	営業部	4444-XXX	endo@xx.xx	2021/07/22	☑
2021/07/15	R0301	遠藤 義文	営業部	4444-XXX	endo@xx.xx	2021/07/22	☑
2021/07/15	R0901	相原 洋司	開発部	5555-XXX	aihara@xx.xx	2021/07/22	☑
2021/07/15	R0901	相原 洋司	開発部	5555-XXX	aihara@xx.xx	2021/07/22	☑

レコード: 1 / 33　フィルターなし　検索

問題(1)

①ナビゲーションウィンドウのフォーム**「F書籍入力」**を右クリックします。
②**《レイアウトビュー》**をクリックします。
③**「F書籍入力」**ラベルを選択します。
④**《デザイン》**タブ→**《ツール》**グループの(プロパティシート)をクリックします。
⑤**《プロパティシート》**の**《書式》**タブを選択します。
⑥**《標題》**プロパティに**「書籍情報」**と入力します。
※《プロパティシート》を閉じておきましょう。

問題(2)

①フォーム**「F書籍入力」**がレイアウトビューで表示されていることを確認します。
②**《デザイン》**タブ→**《ツール》**グループの(既存のフィールドの追加)をクリックします。
③**《このビューで利用可能なフィールド》**の一覧から**「購入日」**フィールドを**「分類」**ラベルの下にドラッグします。
※「分類」テキストボックスの下でもかまいません。
※《フィールドリスト》を閉じておきましょう。

問題(3)

①フォーム**「F書籍入力」**がレイアウトビューで表示されていることを確認します。
②**「購入日」**テキストボックスを選択します。
③**《デザイン》**タブ→**《ツール》**グループの(プロパティシート)をクリックします。
④**《プロパティシート》**の**《その他》**タブを選択します。
⑤**《ヒントテキスト》**プロパティに**「支払処理をした日を入力」**と入力します。
※《プロパティシート》を閉じておきましょう。

問題(4)

①フォーム**「F書籍入力」**がレイアウトビューで表示されていることを確認します。
②**《デザイン》**タブ→**《ヘッダー/フッター》**グループの ロゴ (ロゴ)をクリックします。
③フォルダー**「Lesson68」**を開きます。
※《PC》→《ドキュメント》→「MOS-Access 365 2019-Expert(1)」→「Lesson68」を選択します。
④一覧から**「logo」**を選択します。
⑤**《OK》**をクリックします。
⑥クイックアクセスツールバーの(上書き保存)をクリックします。
⑦ × ('F書籍入力'を閉じる)をクリックします。

問題(5)

①ナビゲーションウィンドウのフォーム**「F貸出入力」**をダブルクリックします。
②**「書籍番号」**コンボボックス内をクリックしてカーソルを表示します。
③**《ホーム》**タブ→**《並べ替えとフィルター》**グループの 昇順 (昇順)をクリックします。

問題(6)

①フォーム**「F貸出入力」**がフォームビューで表示されていることを確認します。
②**《ホーム》**タブ→**《表示》**グループの(表示)をクリックします。
③**《デザイン》**タブ→**《ヘッダー/フッター》**グループの 日付と時刻 (日付と時刻)をクリックします。
④**《日付を含める》**を☐にします。
⑤**《時刻を含める》**が☑になっていることを確認します。
⑥**《○○:○○》**を◉にします。
⑦**《OK》**をクリックします。

問題(7)

①フォーム**「F貸出入力」**がレイアウトビューで表示されていることを確認します。
②**《書式》**タブ→**《背景》**グループの(背景のイメージ)→**《参照》**をクリックします。
③フォルダー**「Lesson68」**を開きます。
※《PC》→《ドキュメント》→「MOS-Access 365 2019-Expert(1)」→「Lesson68」を選択します。
④一覧から**「leaf」**を選択します。
⑤**《OK》**をクリックします。

問題(8)

①フォーム**「F貸出入力」**がレイアウトビューで表示されていることを確認します。
②**《ホーム》**タブ→**《表示》**グループの(表示)の 表示 →**《デザインビュー》**をクリックします。
③**《デザイン》**タブ→**《ツール》**グループの(既存のフィールドの追加)をクリックします。
④**《すべてのテーブルを表示する》**をクリックします。
⑤**《リレーションテーブルで利用可能なフィールド》**の**「T書籍台帳」**の ＋ をクリックします。
⑥**「書籍名」**フィールドを**「書籍番号」**コンボボックスの右側にドラッグします。
※《フィールドリスト》を閉じておきましょう。

⑦作成されたラベルを選択します。
⑧ Delete を押します。
⑨**「書籍名」**テキストボックスを選択します。
⑩**《デザイン》**タブ→**《ツール》**グループの（プロパティシート）をクリックします。
⑪**《プロパティシート》**の**《書式》**タブを選択します。
⑫**《幅》**プロパティに**「6」**と入力します。
※入力を確定すると、「6cm」と表示されます。
※《プロパティシート》を閉じておきましょう。

問題(9)

①フォーム**「F貸出入力」**がデザインビューで表示されていることを確認します。
②**《デザイン》**タブ→**《ツール》**グループの（タブオーダー）をクリックします。
③**《セクション》**の一覧から**《詳細》**を選択します。
④**「書籍番号」**の行セレクターをクリックします。
※行セレクターをポイントすると、マウスポインターの形が➡に変わります。
⑤**「書籍番号」**の行を**「氏名」**の下側までドラッグします。
⑥上から**「貸出日」「社員番号」「氏名」「書籍番号」「書籍名」**の順になっていることを確認します。
⑦**《OK》**をクリックします。
⑧クイックアクセスツールバーの（上書き保存）をクリックします。
⑨ × ('F貸出入力'を閉じる）をクリックします。

問題(10)

①ナビゲーションウィンドウのフォーム**「F貸出情報」**を右クリックします。
②**《レイアウトビュー》**をクリックします。
③**「貸出日」**テキストボックスが選択されていることを確認します。
※レイアウト内のコントロールであればどれでもかまいません。
④**《配置》**タブ→**《行と列》**グループの レイアウトの選択 （レイアウトの選択）をクリックします。
⑤**《配置》**タブ→**《位置》**グループの（スペースの調整）→**《普通》**をクリックします。
⑥**《配置》**タブ→**《位置》**グループの（余白の調整）→**《普通》**をクリックします。
⑦クイックアクセスツールバーの（上書き保存）をクリックします。
⑧ × ('F貸出情報'を閉じる）をクリックします。

Answer 確認問題 標準解答

▶ Lesson 79

●完成図

レポート「R書籍台帳」

書籍台帳

書籍番号	書籍名	分類	購入日
S001	やさしく解説Excel	Excel	2020/04/14
S002	まるごとわかろうWord	Word	2020/04/14
S003	1から覚えるExcelマクロ	Excel	2020/04/14
S004	パソコンの基礎知識1	パソコン全般	2020/10/01
S005	1から覚えるAccessマクロ	Access	2020/10/01
S006	使おうWord	Word	2020/10/01
S007	やさしく解説Word	Word	2021/01/08
S008	簡単！便利！Access裏技集	Access	2021/01/08
S009	やさしく解説Access	Access	2021/01/16
S010	使おうExcel	Excel	2021/01/16
S011	簡単！便利！Excel裏技集	Excel	2021/04/05
S012	パソコンの基礎知識2	パソコン全般	2021/04/05
S013	やさしく解説PowerPoint	Po	
S014	Access徹底解説	Ac	

レポート「R未返却一覧」

未返却一覧

貸出日	書籍番号	書籍名	社員番号	氏名
2021/07/20	S009	やさしく解説Access	R0104	沢登　孝治
2021/07/21	S013	やさしく解説PowerPoint	R9901	谷山　信孝
2021/07/21	S006	使おうWord	R9901	谷山　信孝
2021/07/31	S002	まるごとわかろうWord	R0908	瀬山　融
2021/08/06	S012	パソコンの基礎知識2	R1102	伊藤　まき子
2021/08/06	S001	やさしく解説Excel	R1102	伊藤　まき子
2021/08/06	S007	やさしく解説Word	R0702	中西　祥子
2021/08/06	S004	パソコンの基礎知識1	R0702	中西　祥子

レポート「R書籍別貸出」

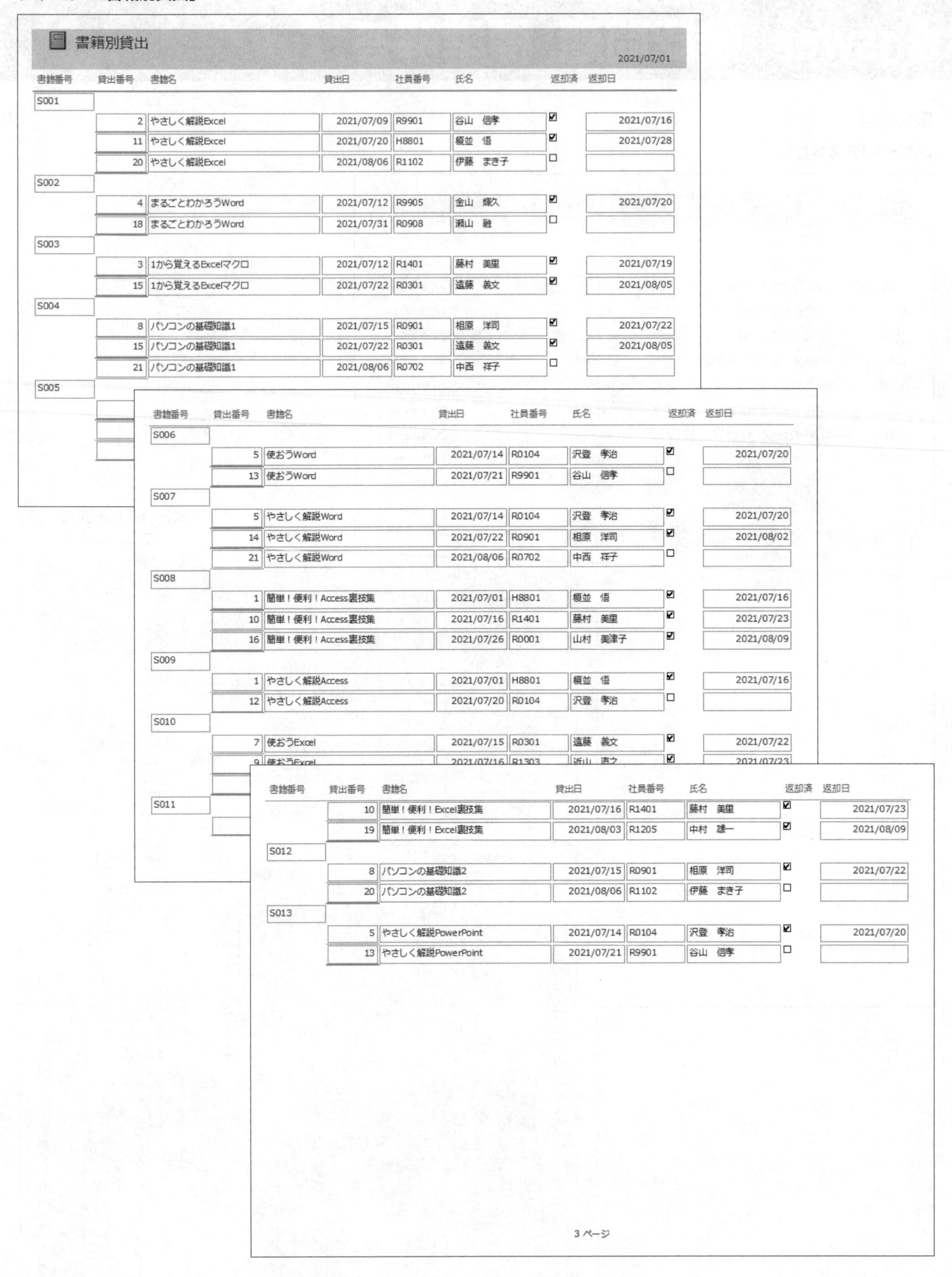

書籍別貸出

2021/07/01

書籍番号	貸出番号	書籍名	貸出日	社員番号	氏名	返却済	返却日
S001							
	2	やさしく解説Excel	2021/07/09	R9901	谷山 信孝	☑	2021/07/16
	11	やさしく解説Excel	2021/07/20	H8801	榎並 悟	☑	2021/07/28
	20	やさしく解説Excel	2021/08/06	R1102	伊藤 まき子	☐	
S002							
	4	まるごとわかろうWord	2021/07/12	R9905	金山 輝久	☑	2021/07/20
	18	まるごとわかろうWord	2021/07/31	R0908	瀬山 融	☐	
S003							
	3	1から覚えるExcelマクロ	2021/07/12	R1401	藤村 美里	☑	2021/07/19
	15	1から覚えるExcelマクロ	2021/07/22	R0301	遠藤 義文	☑	2021/08/05
S004							
	8	パソコンの基礎知識1	2021/07/15	R0901	相原 洋司	☑	2021/07/22
	15	パソコンの基礎知識1	2021/07/22	R0301	遠藤 義文	☑	2021/08/05
	21	パソコンの基礎知識1	2021/08/06	R0702	中西 祥子	☐	
S005							

書籍番号	貸出番号	書籍名	貸出日	社員番号	氏名	返却済	返却日
S006							
	5	使おうWord	2021/07/14	R0104	沢登 孝治	☑	2021/07/20
	13	使おうWord	2021/07/21	R9901	谷山 信孝	☐	
S007							
	5	やさしく解説Word	2021/07/14	R0104	沢登 孝治	☑	2021/07/20
	14	やさしく解説Word	2021/07/22	R0901	相原 洋司	☑	2021/08/02
	21	やさしく解説Word	2021/08/06	R0702	中西 祥子	☐	
S008							
	1	簡単！便利！Access裏技集	2021/07/01	H8801	榎並 悟	☑	2021/07/16
	10	簡単！便利！Access裏技集	2021/07/16	R1401	藤村 美里	☑	2021/07/23
	16	簡単！便利！Access裏技集	2021/07/26	R0001	山村 美津子	☑	2021/08/09
S009							
	1	やさしく解説Access	2021/07/01	H8801	榎並 悟	☑	2021/07/16
	12	やさしく解説Access	2021/07/20	R0104	沢登 孝治	☐	
S010							
	7	使おうExcel	2021/07/15	R0301	遠藤 義文	☑	2021/07/22
	9	使おうExcel	2021/07/16	R1303	近山 直之	☑	2021/07/23
S011							

書籍番号	貸出番号	書籍名	貸出日	社員番号	氏名	返却済	返却日
	10	簡単！便利！Excel裏技集	2021/07/16	R1401	藤村 美里	☑	2021/07/23
	19	簡単！便利！Excel裏技集	2021/08/03	R1205	中村 雄一	☑	2021/08/09
S012							
	8	パソコンの基礎知識2	2021/07/15	R0901	相原 洋司	☑	2021/07/22
	20	パソコンの基礎知識2	2021/08/06	R1102	伊藤 まき子	☐	
S013							
	5	やさしく解説PowerPoint	2021/07/14	R0104	沢登 孝治	☑	2021/07/20
	13	やさしく解説PowerPoint	2021/07/21	R9901	谷山 信孝	☐	

3 ページ

問題(1)

①ナビゲーションウィンドウのレポート「**R書籍台帳**」を右クリックします。
②《**レイアウトビュー**》をクリックします。
③《**デザイン**》タブ→《**コントロール**》グループの Aa (ラベル)をクリックします。
④「**書籍名**」ラベルの右側のセルをクリックします。
⑤「**分類**」と入力します。

問題(2)

①レポート「**R書籍台帳**」がレイアウトビューで表示されていることを確認します。
②「**書籍番号**」ラベルを選択します。
※《ページヘッダー》セクション内のコントロールであれば、どれでもかまいません。
③《**配置**》タブ→《**行と列**》グループの 行の選択 (行の選択)をクリックします。
④《**配置**》タブ→《**位置**》グループの 余白の調整 (余白の調整)→《**なし**》をクリックします。

問題(3)

①レポート「**R書籍台帳**」がレイアウトビューで表示されていることを確認します。
②《**書式**》タブ→《**選択**》グループの (オブジェクト)の ▾ →《**詳細**》をクリックします。
③《**書式**》タブ→《**背景**》グループの 交互の行の色 (交互の行の色)の 交互の行の色 →《**標準の色**》の《**緑2**》をクリックします。
※お使いの環境によっては、《緑2》が選択できない場合があります。その場合は、《書式》タブ→《背景》グループの 交互の行の色 (交互の行の色)の 交互の行の色 →《その他の色》→《ユーザー設定》タブ→赤「230」、緑「237」、青「215」を設定します。
④クイックアクセスツールバーの 🖫 (上書き保存)をクリックします。
⑤ × ('R書籍台帳'を閉じる)をクリックします。

問題(4)

①ナビゲーションウィンドウのレポート「**R書籍別貸出**」を右クリックします。
②《**レイアウトビュー**》をクリックします。
③「**R貸出状況**」ラベルを選択します。
④《**デザイン**》タブ→《**ツール**》グループの プロパティシート (プロパティシート)をクリックします。
⑤《**プロパティシート**》の《**書式**》タブを選択します。
⑥《**標題**》プロパティに「**書籍別貸出**」と入力します。
※《プロパティシート》を閉じておきましょう。

問題(5)

①レポート「**R書籍別貸出**」がレイアウトビューで表示されていることを確認します。
②《**デザイン**》タブ→《**グループ化と集計**》グループの グループ化と並べ替え (グループ化と並べ替え)をクリックします。
③《**グループの追加**》をクリックします。
④一覧から「**書籍番号**」を選択します。
⑤《**並べ替えの追加**》をクリックします。
⑥一覧から「**貸出番号**」を選択します。
⑦《**並べ替えキー**》が「**貸出番号**」の《**昇順**》になっていることを確認します。
※《グループ化ダイアログボックス》を閉じておきましょう。

問題(6)

①レポート「**R書籍別貸出**」がレイアウトビューで表示されていることを確認します。
②《**書式**》タブ→《**選択**》グループの (オブジェクト)の ▾ →《**グループヘッダー0**》をクリックします。
※お使いの環境によっては、数値が異なる場合があります。
③《**書式**》タブ→《**背景**》グループの 交互の行の色 (交互の行の色)の 交互の行の色 →《**色なし**》をクリックします。

問題(7)

①レポート「**R書籍別貸出**」がレイアウトビューで表示されていることを確認します。
②《**デザイン**》タブ→《**ヘッダー/フッター**》グループの 日付と時刻 (日付と時刻)をクリックします。
③《**日付を含める**》が ☑ になっていることを確認します。
④《**○○○○/○○/○○**》を ◉ にします。
⑤《**時刻を含める**》を ☐ にします。
⑥《**OK**》をクリックします。

問題(8)

①レポート「**R書籍別貸出**」がレイアウトビューで表示されていることを確認します。
②《**デザイン**》タブ→《**ヘッダー/フッター**》グループの ページ番号 (ページ番号の追加)をクリックします。
③《**書式**》の《**現在ページ**》を ◉ にします。
④《**位置**》の《**下(フッター)**》を ◉ にします。
⑤《**配置**》が《**中央**》になっていることを確認します。
⑥《**OK**》をクリックします。
⑦クイックアクセスツールバーの 🖫 (上書き保存)をクリックします。
⑧ × ('R書籍別貸出'を閉じる)をクリックします。

問題(9)

①ナビゲーションウィンドウのレポート**「R未返却一覧」**を右クリックします。

②**《レイアウトビュー》**をクリックします。

③**「貸出日」**ラベルを選択します。

※タイトル以外のコントロールであれば、どれでもかまいません。

④**《配置》**タブ→**《行と列》**グループの レイアウトの選択 (レイアウトの選択)をクリックします。

⑤**《配置》**タブ→**《位置》**グループの (スペースの調整)→**《普通》**をクリックします。

問題(10)

①レポート**「R未返却一覧」**がレイアウトビューで表示されていることを確認します。

②**《書式》**タブ→**《背景》**グループの (背景のイメージ)→**《イメージギャラリー》**の**「book」**をクリックします。

※お使いの環境によっては、《イメージギャラリー》に「book」が表示されない場合があります。その場合は、《書式》タブ→《背景》グループの (背景のイメージ)→《参照》→フォルダー「Lesson79」の一覧から「book」を選択→《OK》をクリックします。

※《PC》→《ドキュメント》→「MOS-Access 365 2019-Expert(1)」→「Lesson79」を選択します。

③クイックアクセスツールバーの (上書き保存)をクリックします。

④ × ('R未返却一覧'を閉じる)をクリックします。

MOS Access 365&2019 Expert

模擬試験プログラムの使い方

1　模擬試験プログラムの起動方法

模擬試験プログラムを起動しましょう。

①すべてのアプリを終了します。

※アプリを起動していると、模擬試験プログラムが正しく動作しない場合があります。

②デスクトップを表示します。

③ (スタート)→《**MOS Access 365&2019 Expert**》をクリックします。

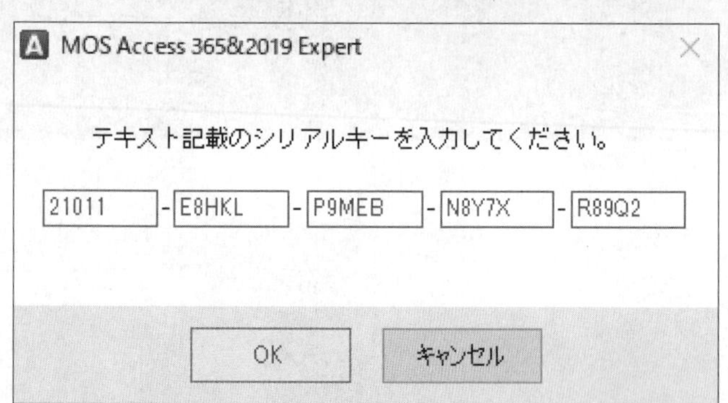

④《**テキスト記載のシリアルキーを入力してください。**》が表示されます。

⑤次のシリアルキーを半角で入力します。

21011-E8HKL-P9MEB-N8Y7X-R89Q2

※シリアルキーは、模擬試験プログラムを初めて起動するときに、1回だけ入力します。

⑥《**OK**》をクリックします。

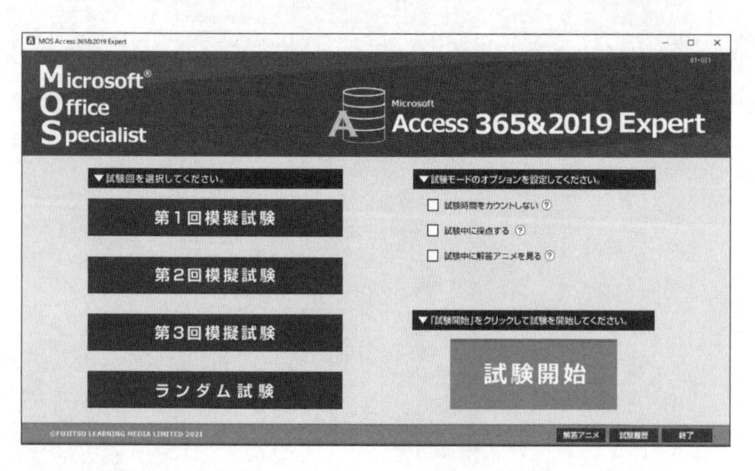

スタートメニューが表示されます。

※シリアルキーを入力する画面やスタートメニューは、表示されるまでに時間がかかる場合があります。

2 模擬試験プログラムの学習方法

模擬試験プログラムを使って、模擬試験を実施する流れを確認しましょう。

❶ スタートメニューで試験回とオプションを選択する

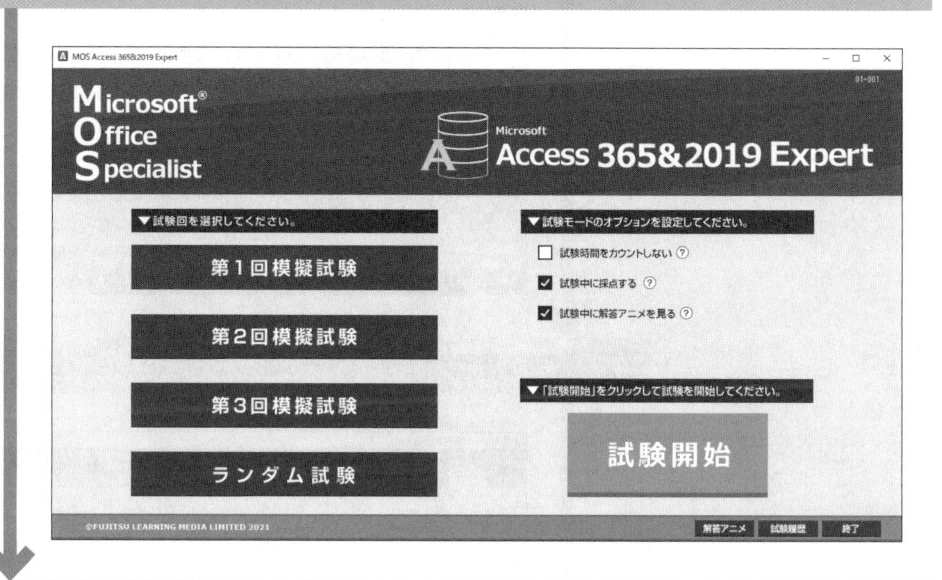

❷ 試験実施画面で問題に解答する

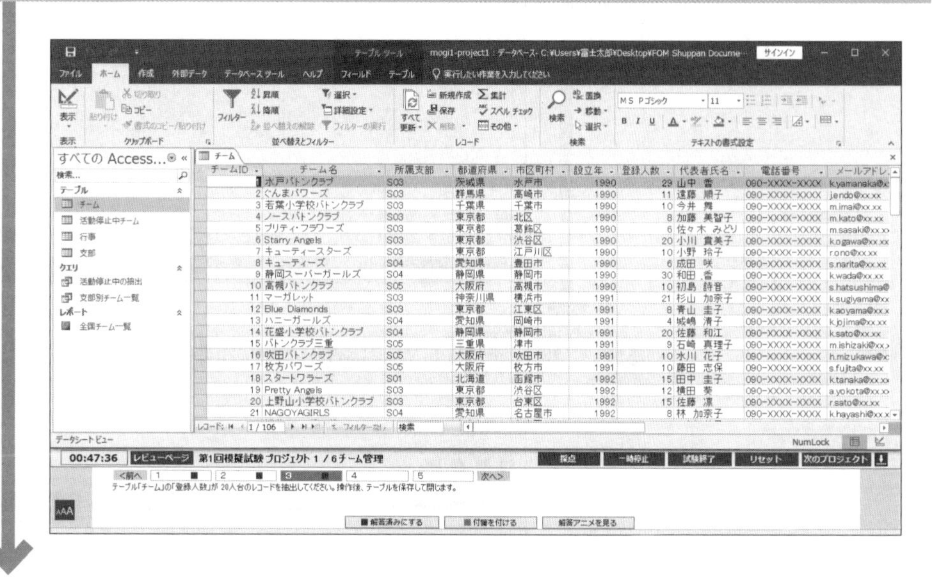

❸ 試験結果画面で採点結果や正答率を確認する

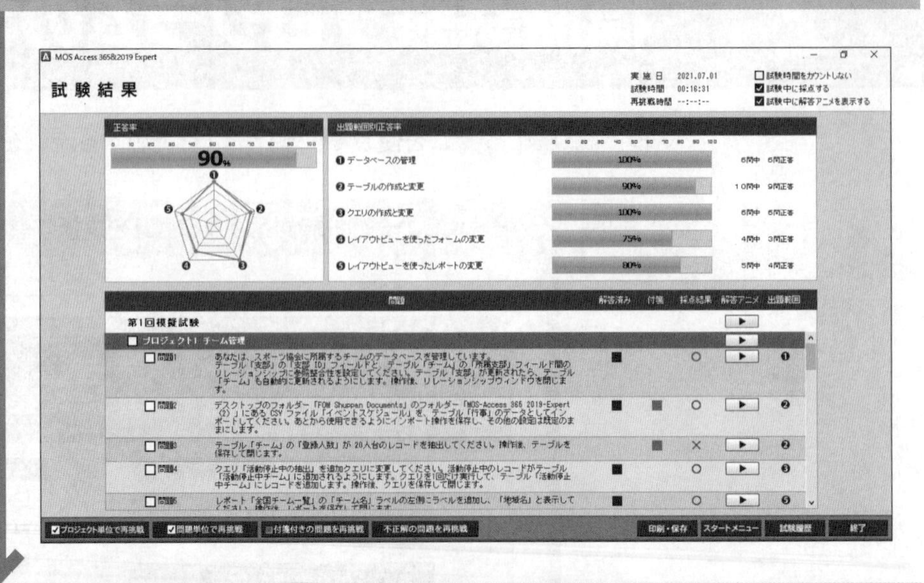

❹ 解答確認画面でアニメーションやナレーションを確認する

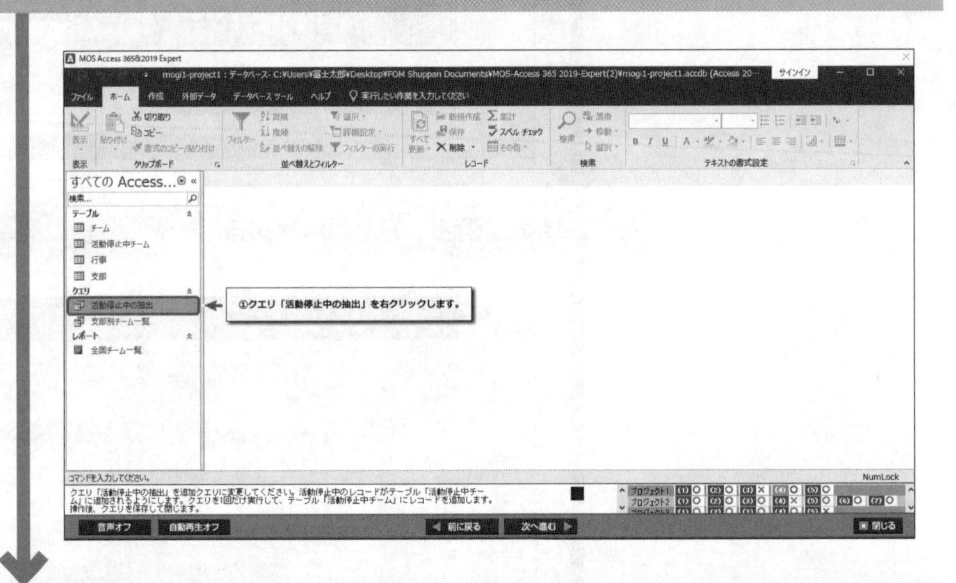

❺ 試験履歴画面で過去の正答率を確認する

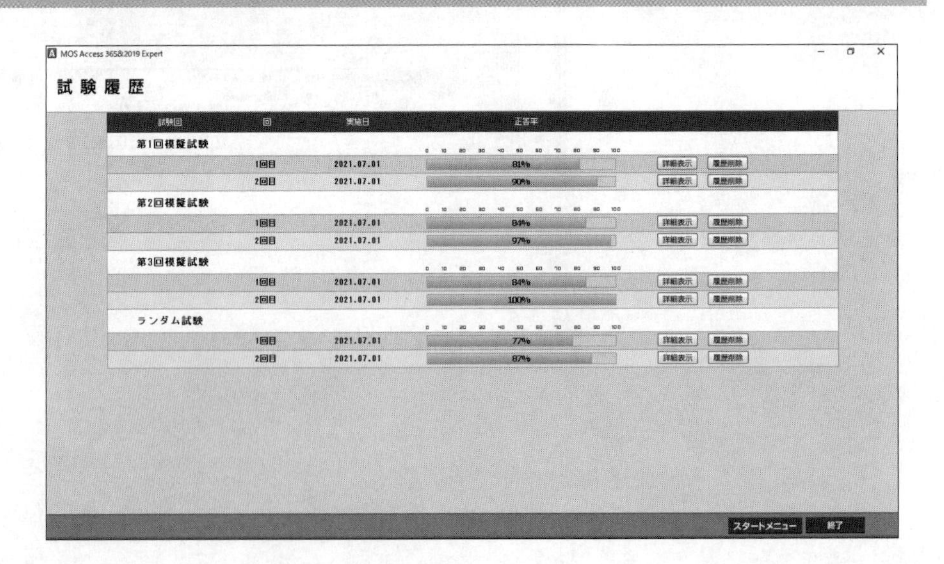

3 模擬試験プログラムの使い方

1 スタートメニュー

模擬試験プログラムを起動すると、スタートメニューが表示されます。
スタートメニューから実施する試験回を選択します。

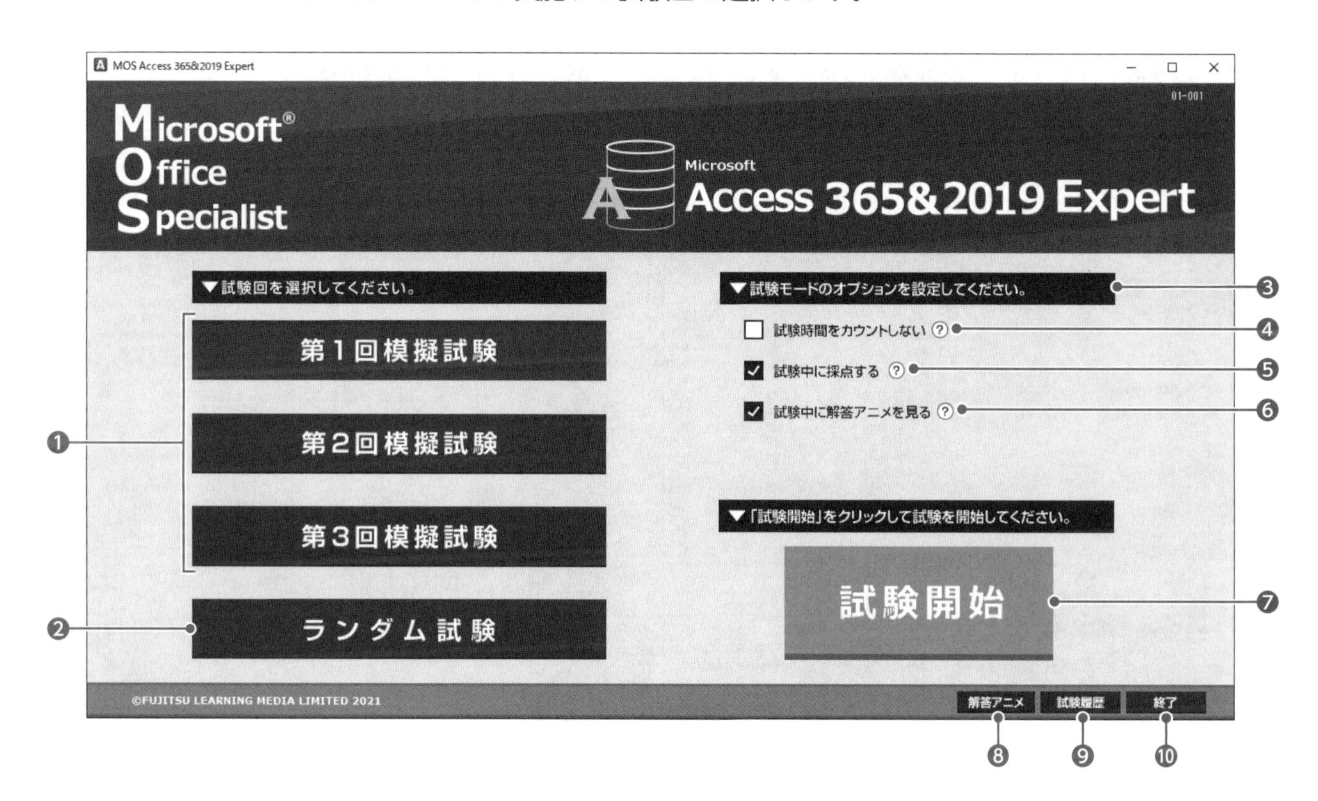

❶模擬試験

3回分の模擬試験から実施する試験を選択します。

❷ランダム試験

3回分の模擬試験のすべての問題の中からランダムに出題されます。

❸試験モードのオプション

試験モードのオプションを設定できます。ⓘをポイントすると、説明が表示されます。

❹試験時間をカウントしない

☑にすると、試験時間をカウントしないで、試験を行うことができます。

❺試験中に採点する

☑にすると、試験中に問題ごとの採点結果を確認できます。

❻試験中に解答アニメを見る

☑にすると、試験中に標準解答のアニメーションとナレーションを確認できます。

❼試験開始

選択した試験回、設定したオプションで試験を開始します。

❽解答アニメ

選択した試験回の解答確認画面を表示します。

❾試験履歴

試験履歴画面を表示します。

❿終了

模擬試験プログラムを終了します。

2 試験実施画面

試験を開始すると、次のような画面が表示されます。

模擬試験プログラムの試験形式について

模擬試験プログラムの試験実施画面や試験形式は、FOM出版が独自に開発したもので、本試験とは異なります。
模擬試験プログラムはアップデートする場合があります。
※本書の最新情報について、P.11に記載されているFOM出版のホームページにアクセスして確認してください。

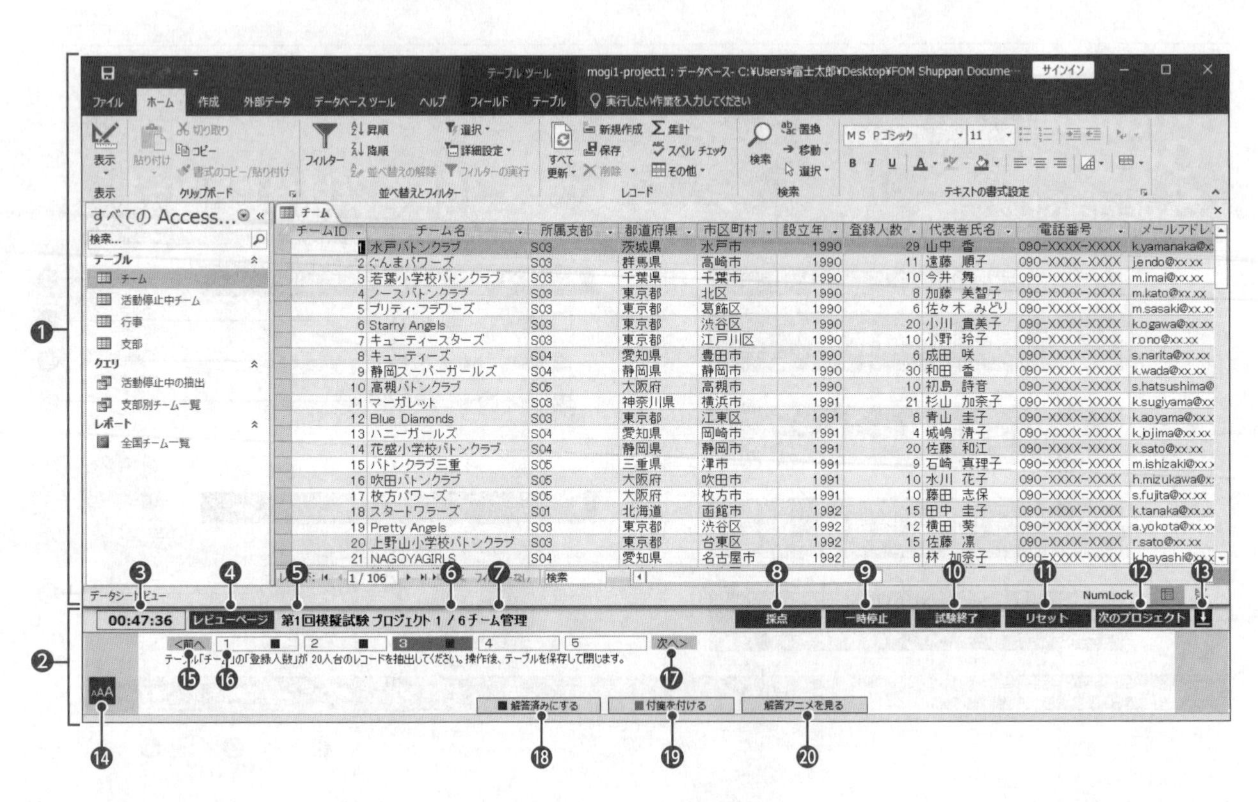

❶Accessウィンドウ

Accessが起動し、ファイルが開かれます。指示に従って、解答の操作を行います。

❷問題ウィンドウ

開かれているファイルの問題が表示されます。問題には、ファイルに対して行う具体的な指示が記述されています。1ファイルにつき、1～7個程度の問題が用意されています。

❸タイマー

試験の残り時間が表示されます。制限時間経過後は、赤字で表示されます。
※スタートメニューで《試験時間をカウントしない》を☑にしている場合、タイマーは表示されません。

❹レビューページ

レビューページを表示します。ボタンは、試験中、常に表示されます。レビューページから、別のプロジェクトの問題に切り替えることができます。
※レビューページについては、P.236を参照してください。

❺試験回

選択している模擬試験の試験回が表示されます。

❻表示中のプロジェクト番号／全体のプロジェクト数

現在、表示されているプロジェクトの番号と全体のプロジェクト数が表示されます。
「プロジェクト」とは、操作を行うファイルのことです。1回分の試験につき、5～10個程度のプロジェクトが用意されています。

❼プロジェクト名

現在、表示されているプロジェクト名が表示されます。
※ディスプレイの拡大率を「100%」より大きくしている場合、プロジェクト名がすべて表示されないことがあります。

❽採点

現在、表示されているプロジェクトの正誤を判定します。試験を終了することなく、採点結果を確認できます。

※スタートメニューで《試験中に採点する》を☑にしている場合、《採点》ボタンが表示されます。

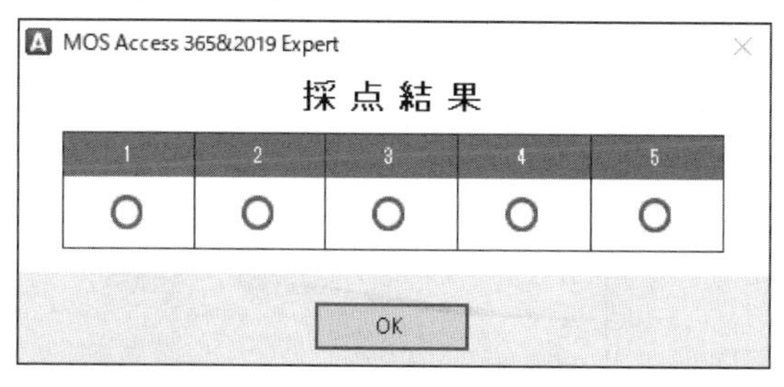

❾一時停止

タイマーが一時的に停止します。

※一時停止すると、一時停止中のダイアログボックスが表示されます。《再開》をクリックすると、一時停止が解除されます。

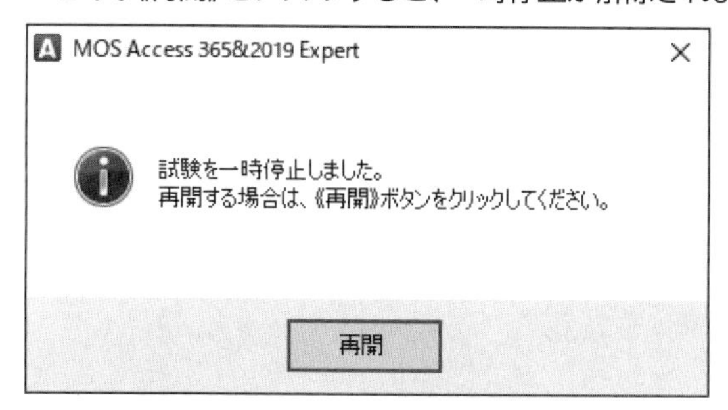

❿試験終了

試験を終了します。

※試験を終了すると、試験終了のダイアログボックスが表示されます。《採点して終了》をクリックすると、試験を採点して終了し、試験結果画面が表示されます。《採点せずに終了》をクリックすると、試験を採点せずに終了し、スタートメニューに戻ります。採点せずに終了した場合は、試験結果は試験履歴に残りません。

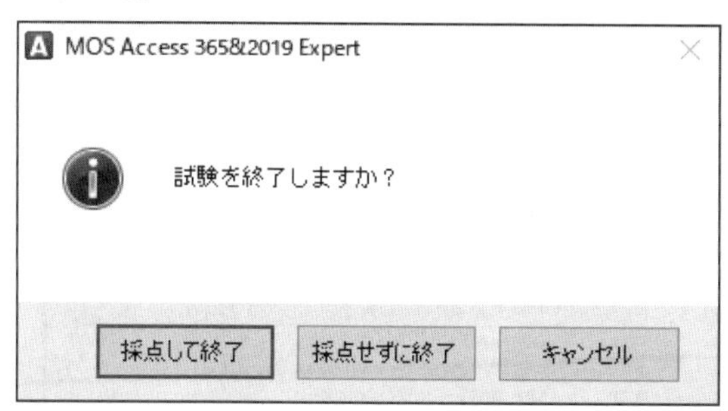

⓫リセット

現在、表示されているプロジェクトに対して行った操作をすべてクリアし、ファイルを初期の状態に戻します。プロジェクトは最初からやり直すことができますが、経過した試験時間を元に戻すことはできません。

⓬次のプロジェクト

次のプロジェクトに進み、新たなファイルと問題文が表示されます。

⓭

問題ウィンドウを折りたたんで、Accessウィンドウを大きく表示します。問題ウィンドウを折りたたむと、から に切り替わります。クリックすると、問題ウィンドウが元のサイズに戻ります。

⓮

問題文の文字サイズを調整するスケールが表示されます。ーや＋をクリックするか、をドラッグすると、文字サイズが変更されます。文字サイズは5段階で調整できます。

※問題文の文字サイズは、Ctrl＋＋またはCtrl＋－でも変更できます。

⓯前へ

プロジェクト内の前の問題に切り替えます。

⓰問題番号

問題番号をクリックして、問題の表示を切り替えます。現在、表示されている問題番号はオレンジ色で表示されます。

⓱次へ

プロジェクト内の次の問題に切り替えます。

⓲解答済みにする

現在、選択している問題を解答済みにします。クリックすると、問題番号の横に濃い灰色のマークが表示されます。解答済みマークの有無は、採点に影響しません。

⓳付箋を付ける

現在、選択されている問題に付箋を付けます。クリックすると、問題番号の横に緑色のマークが表示されます。付箋マークの有無は、採点に影響しません。

⓴解答アニメを見る

現在、選択している問題の標準解答のアニメーションを再生します。

※スタートメニューで《試験中に解答アニメを見る》を☑にしている場合、《解答アニメを見る》ボタンが表示されます。

Point

試験終了

試験時間の50分が経過すると、次のようなメッセージが表示されます。
試験を続けるかどうかを選択します。

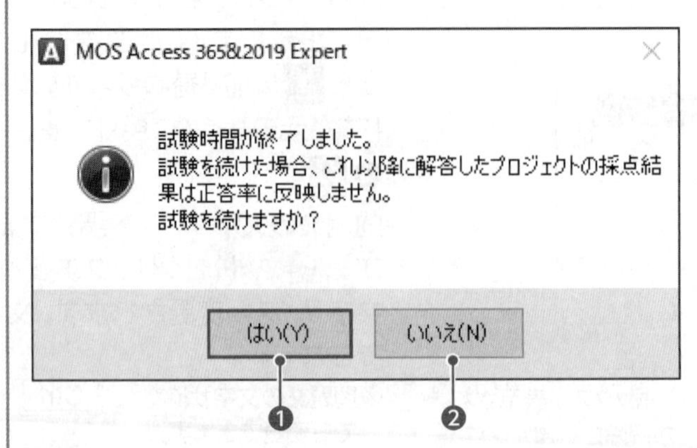

❶はい

試験時間を延長して、解答の操作を続けることができます。ただし、正答率に反映されるのは、時間内に解答したプロジェクトだけです。

❷いいえ

試験を終了します。

※《いいえ》をクリックする前に、開いているダイアログボックスを閉じてください。

Point

問題文の文字列のコピー

文字の入力が必要な問題の場合、問題文の文字に下線が表示されます。下線部分の文字をクリックすると、下線部分の文字列がクリップボードにコピーされるので、Accessウィンドウ内に貼り付けることができます。

問題文の文字列をコピーして解答すると、入力の手間や入力ミスを防ぐことができます。

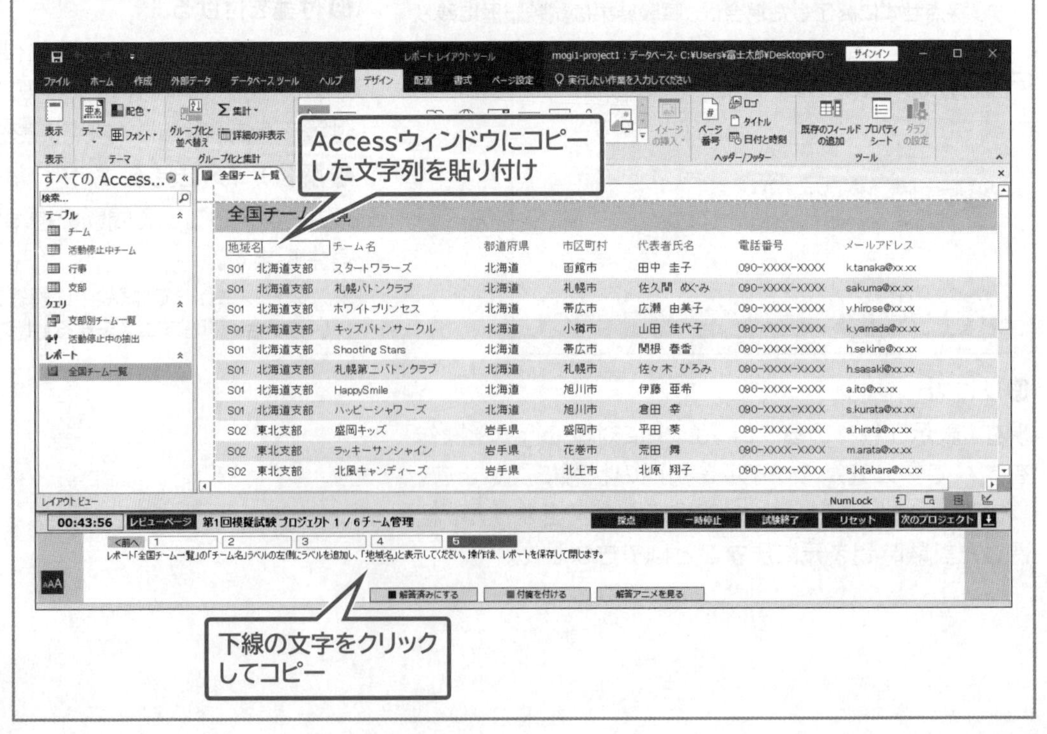

3 レビューページ

試験中に《**レビューページ**》のボタンをクリックすると、レビューページが表示されます。この画面で、付箋や解答済みのマークを一覧で確認できます。また、問題番号をクリックすると試験実施画面が表示され、解答の操作をやり直すこともできます。

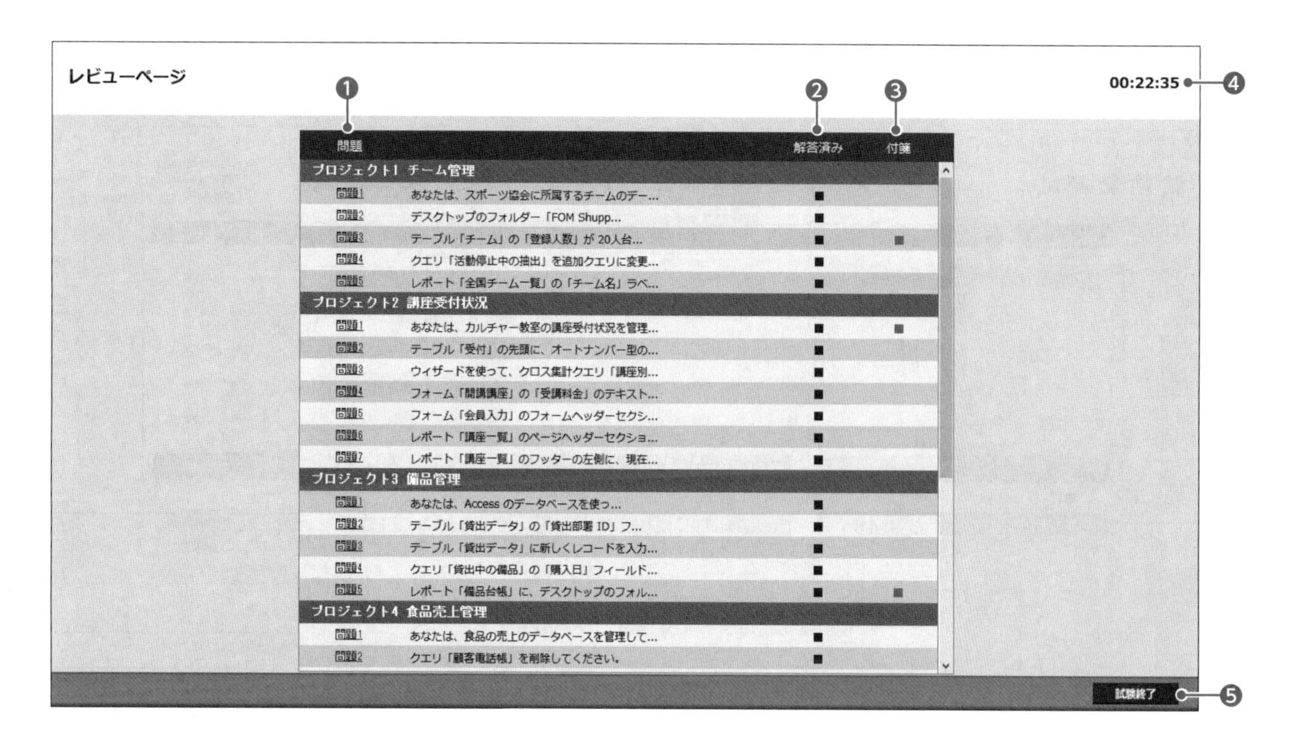

❶問題

プロジェクト番号と問題番号、問題文の先頭の文章が表示されます。
問題番号をクリックすると、その問題の試験実施画面が表示され、解答の操作をやり直すことができます。

❷解答済み

試験中に解答済みにした問題に、濃い灰色のマークが表示されます。

❸付箋

試験中に付箋を付けた問題に、緑色のマークが表示されます。

❹タイマー

試験の残り時間が表示されます。制限時間経過後は、赤字で表示されます。

※スタートメニューで《試験時間をカウントしない》を☑にしている場合、タイマーは表示されません。

❺試験終了

試験を終了します。

※試験を終了すると、試験終了のダイアログボックスが表示されます。《採点して終了》をクリックすると、試験を採点して終了し、試験結果画面が表示されます。《採点せずに終了》をクリックすると、試験を採点せずに終了し、スタートメニューに戻ります。採点せずに終了した場合は、試験結果は試験履歴に残りません。

4 試験結果画面

試験を採点して終了すると、試験結果画面が表示されます。

模擬試験プログラムの採点方法について

模擬試験プログラムの試験結果画面や採点方法は、FOM出版が独自に開発したもので、本試験とは異なります。採点の基準や配点は公開されていません。

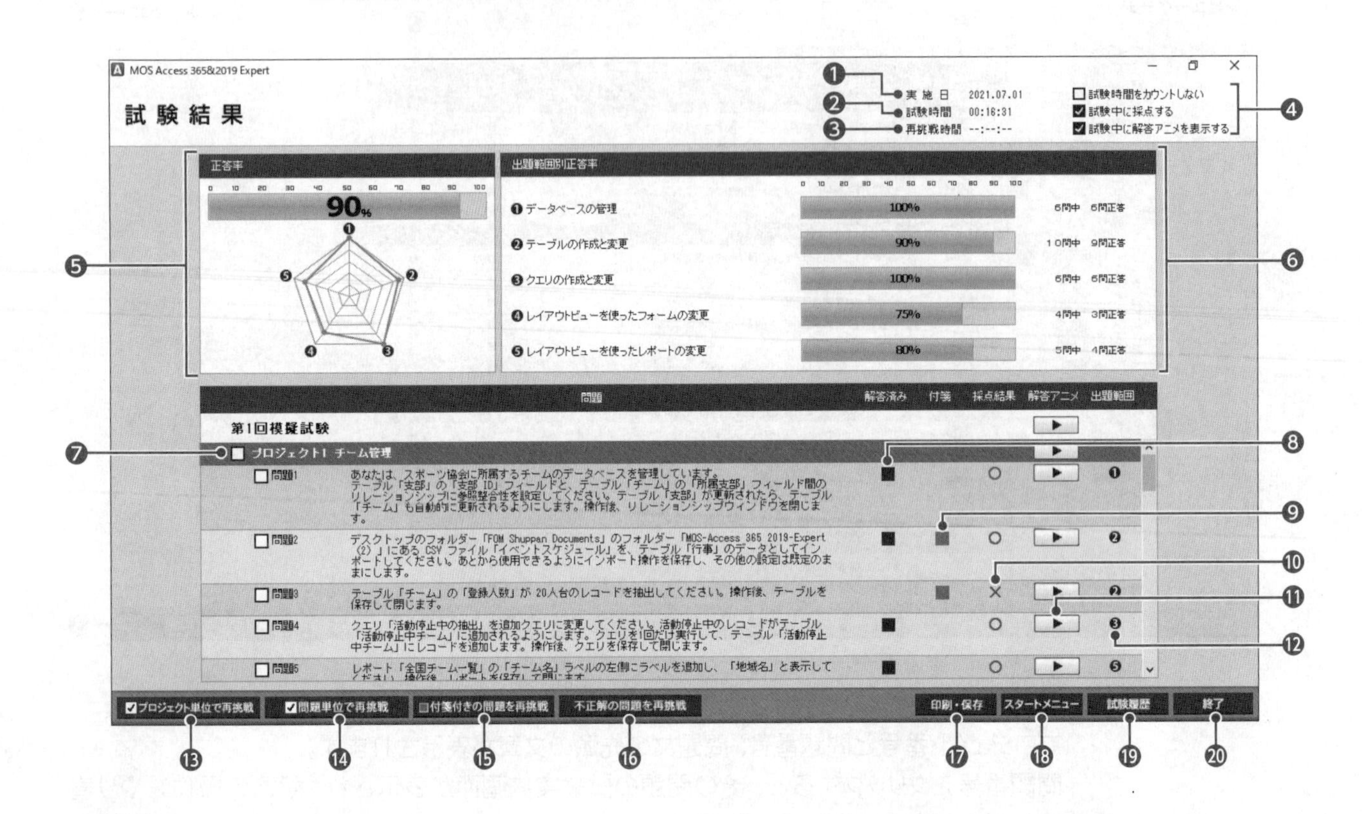

❶実施日

試験を実施した日付が表示されます。

❷試験時間

試験開始から試験終了までに要した時間が表示されます。

❸再挑戦時間

再挑戦に要した時間が表示されます。

❹試験モードのオプション

試験を実施するときに設定した試験モードのオプションが表示されます。

❺正答率

正答率が%で表示されます。

※試験時間を延長して解答した場合、時間内に解答したプロジェクトだけが正答率に反映されます。

❻出題範囲別正答率

出題範囲別の正答率が%で表示されます。

※試験時間を延長して解答した場合、時間内に解答したプロジェクトだけが正答率に反映されます。

❼チェックボックス

クリックすると、☑と☐を切り替えることができます。

※プロジェクト番号の左側にあるチェックボックスをクリックすると、プロジェクト内のすべての問題のチェックボックスをまとめて切り替えることができます。

❽解答済み

試験中に解答済みにした問題に、濃い灰色のマークが表示されます。

❾付箋

試験中に付箋を付けた問題に、緑色のマークが表示されます。

❿採点結果

採点結果が表示されます。

採点は問題ごとに行われ、「○」または「×」で表示されます。

※試験時間を延長して解答した問題や再挑戦で解答した問題は、「○」や「×」が灰色で表示されます。

⓫解答アニメ

［▶］をクリックすると、解答確認画面が表示され、標準解答のアニメーションとナレーションが再生されます。

⓬出題範囲

出題された問題の出題範囲の番号が表示されます。

⓭プロジェクト単位で再挑戦

チェックボックスが☑になっているプロジェクト、またはチェックボックスが☑になっている問題を含むプロジェクトを再挑戦できる画面に切り替わります。

⓮問題単位で再挑戦

チェックボックスが☑になっている問題を再挑戦できる画面に切り替わります。

⓯付箋付きの問題を再挑戦

付箋が付いている問題を再挑戦できる画面に切り替わります。

⓰不正解の問題を再挑戦

《採点結果》が「○」になっていない問題を再挑戦できる画面に切り替わります。

⓱印刷・保存

試験結果レポートを印刷したり、PDFファイルとして保存したりできます。また、試験結果をCSVファイルで保存することもできます。

⓲スタートメニュー

スタートメニューに戻ります。

⓳試験履歴

試験履歴画面に切り替わります。

⓴終了

模擬試験プログラムを終了します。

Point

試験結果レポート

《印刷・保存》ボタンをクリックすると、次のようなダイアログボックスが表示されます。
試験結果レポートやCSVファイルに出力する名前を入力して、印刷するか、PDFファイルとして保存するか、CSVファイルとして保存するかを選択します。
※名前の入力は省略してもかまいません。

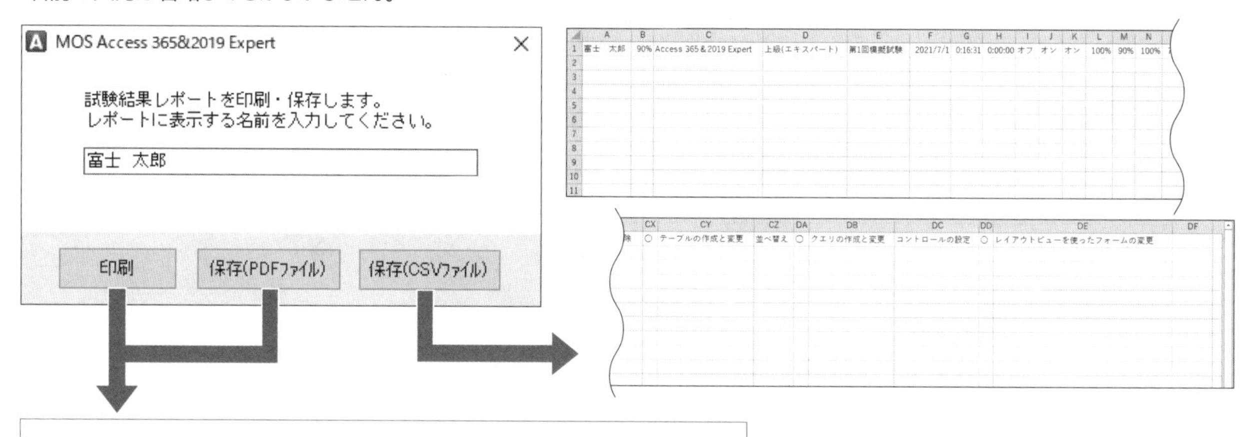

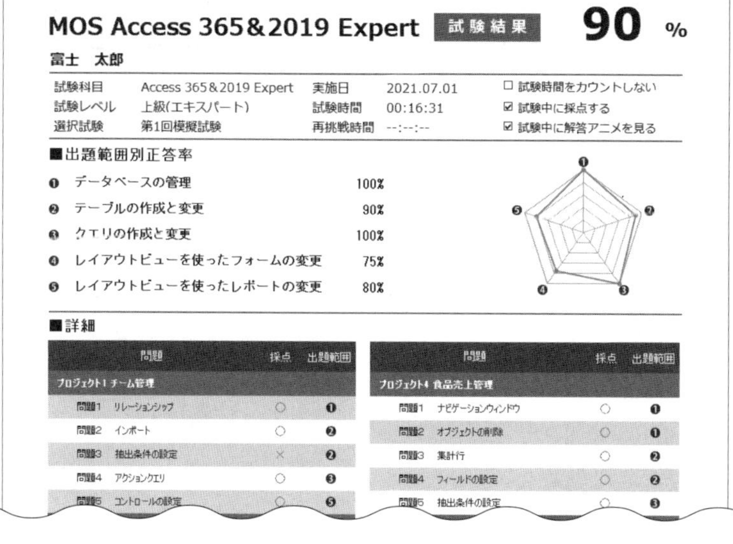

5 再挑戦画面

試験結果画面の**《プロジェクト単位で再挑戦》**、**《問題単位で再挑戦》**、**《付箋付きの問題を再挑戦》**、**《不正解の問題を再挑戦》**の各ボタンをクリックすると、問題に再挑戦できます。
この再挑戦画面では、試験実施前の初期の状態のファイルが表示されます。

1 プロジェクト単位で再挑戦

試験結果画面の**《プロジェクト単位で再挑戦》**のボタンをクリックすると、選択したプロジェクトに含まれるすべての問題に再挑戦できます。

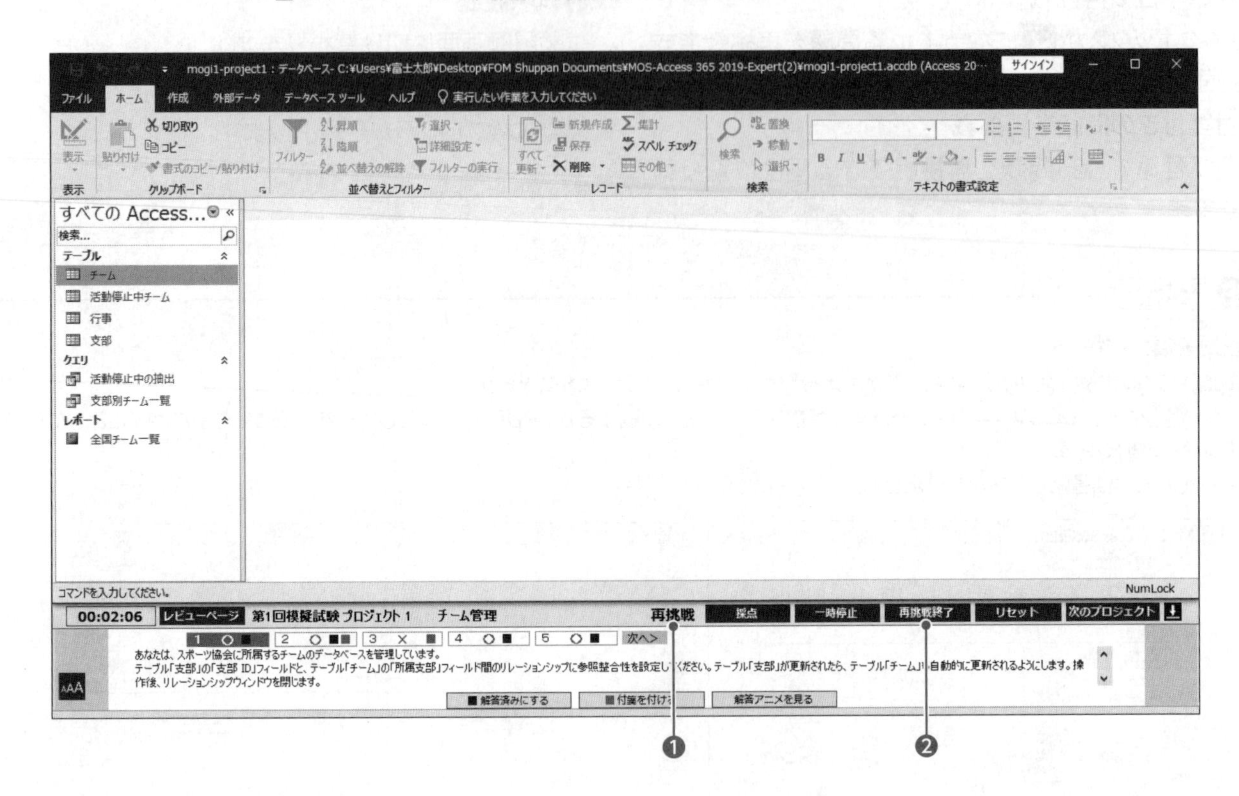

❶再挑戦

再挑戦モードの場合、**「再挑戦」**と表示されます。

❷再挑戦終了

再挑戦を終了します。

※再挑戦を終了すると、再挑戦終了のダイアログボックスが表示されます。《採点して終了》をクリックすると、試験を採点して終了し、試験結果画面に戻ります。《採点せずに終了》をクリックすると、試験を採点せずに終了し、試験結果画面に戻ります。採点せずに終了した場合は、試験結果は試験結果画面に反映されません。

2 問題単位で再挑戦

試験結果画面の**《問題単位で再挑戦》**、**《付箋付きの問題を再挑戦》**、**《不正解の問題を再挑戦》**の各ボタンをクリックすると、選択した問題に再挑戦できます。

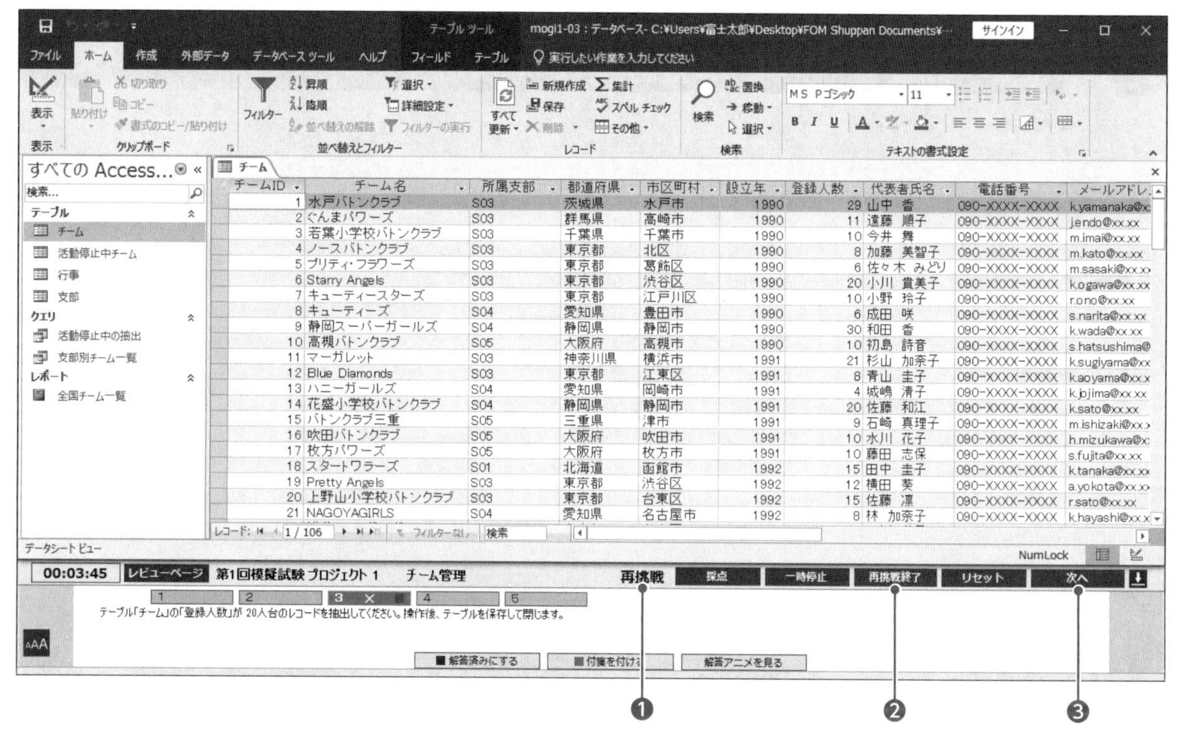

❶再挑戦

再挑戦モードの場合、**「再挑戦」**と表示されます。

❷再挑戦終了

再挑戦を終了します。

※再挑戦を終了すると、再挑戦終了のダイアログボックスが表示されます。《採点して終了》をクリックすると、試験を採点して終了し、試験結果画面に戻ります。《採点せずに終了》をクリックすると、試験を採点せずに終了し、試験結果画面に戻ります。採点せずに終了した場合は、試験結果は試験結果画面に反映されません。

❸次へ

次の問題に切り替えます。

Point

問題単位で再挑戦中のレビューページ

問題単位で再挑戦しているときにレビューページを表示すると、選択した問題以外は灰色で表示されます。

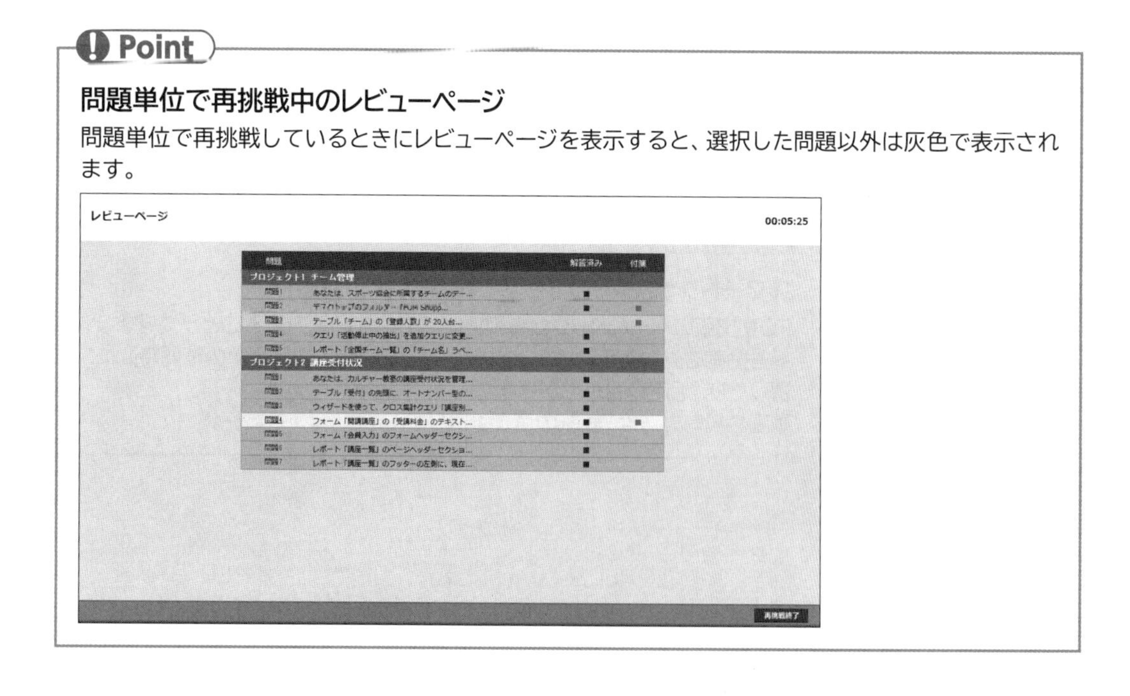

6 解答確認画面

解答確認画面では、標準解答をアニメーションとナレーションで確認できます。

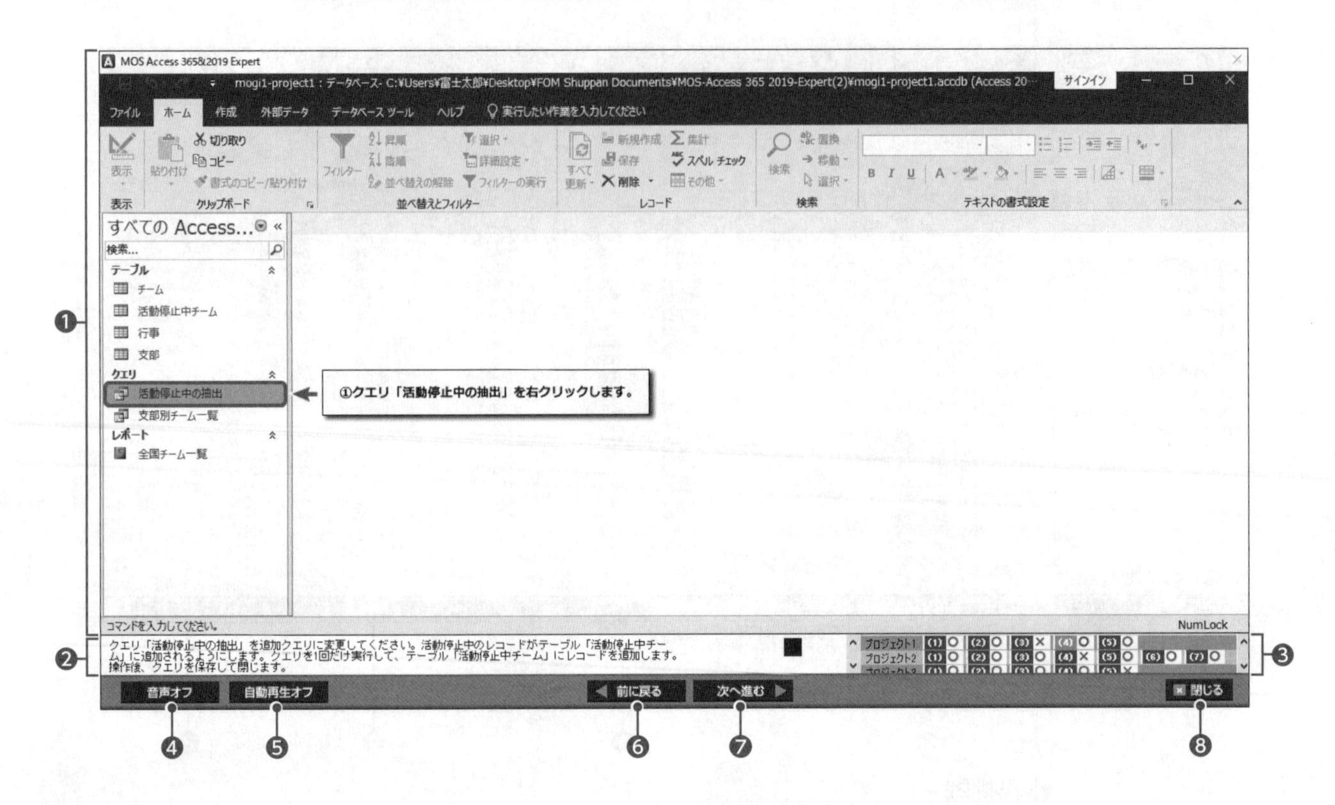

❶アニメーション

この領域にアニメーションが表示されます。

❷問題

再生中のアニメーションの問題が表示されます。

❸問題番号と採点結果

プロジェクトごとに問題番号と採点結果（「○」または「×」）が一覧で表示されます。問題番号をクリックすると、その問題の標準解答がアニメーションで再生されます。再生中の問題番号はオレンジ色で表示されます。

❹音声オフ

音声をオフにして、ナレーションを再生しないようにします。

※クリックするごとに、《音声オフ》と《音声オン》が切り替わります。

❺自動再生オフ

アニメーションの自動再生をオフにして、手動で切り替えるようにします。

※クリックするごとに、《自動再生オフ》と《自動再生オン》が切り替わります。

❻前に戻る

前の操作に戻って、再生します。

※ Back Space や ← で戻ることもできます。

❼次へ進む

次の操作に進んで、再生します。

※ Enter や → で進むこともできます。

❽閉じる

解答確認画面を終了します。

Point

スマートフォンやタブレットで標準解答を見る

FOM出版のホームページから模擬試験の解答動画を見ることができます。スマートフォンやタブレットで解答動画を見ながらパソコンで操作したり、通学・通勤電車の隙間時間にスマートフォンで操作手順を復習したり、活用範囲が広がります。

動画の視聴方法は、表紙の裏を参照してください。

7　試験履歴画面

試験履歴画面では、過去の正答率を確認できます。

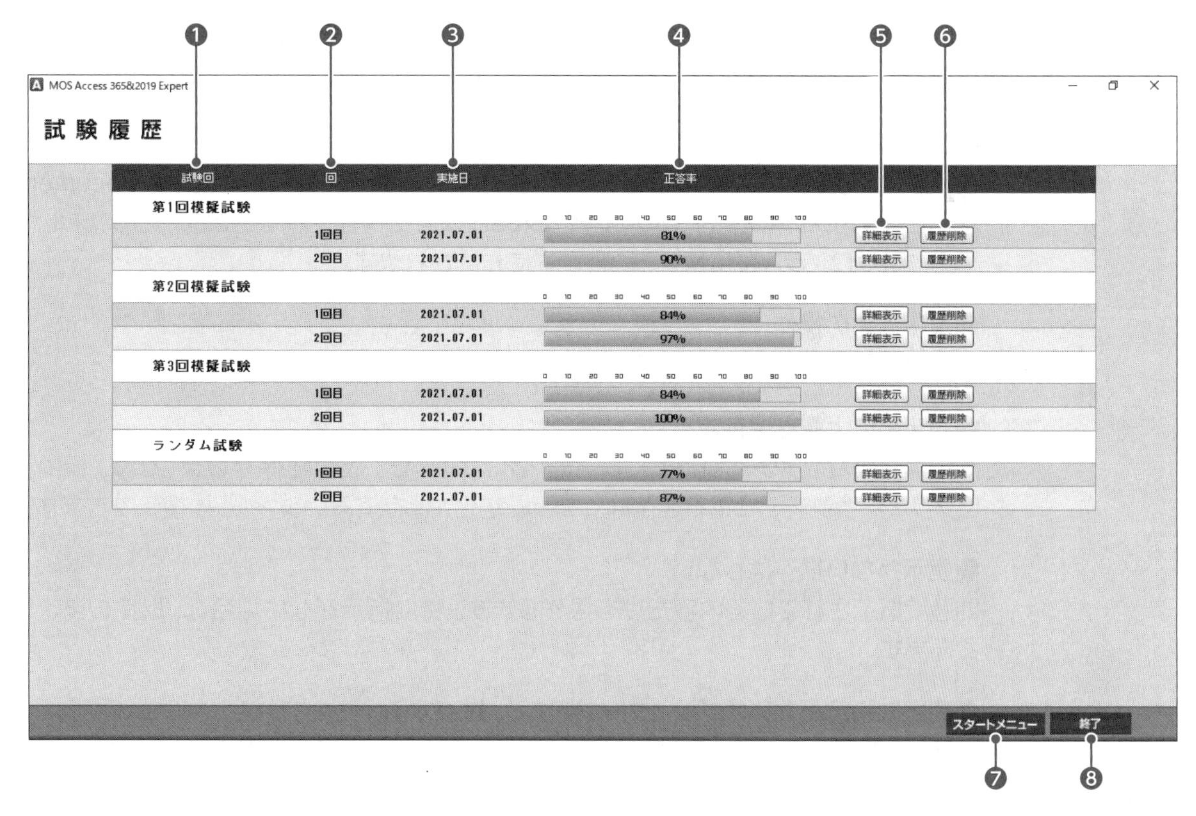

❶試験回

過去に実施した試験回が表示されます。

❷回

試験を実施した回数が表示されます。試験履歴として記録されるのは、最も新しい10回分です。11回以上試験を実施した場合は、古いものから削除されます。

❸実施日

試験を実施した日付が表示されます。

❹正答率

過去に実施した試験の正答率が表示されます。

❺詳細表示

選択した回の試験結果画面に切り替わります。

❻履歴削除

選択した試験履歴を削除します。

❼スタートメニュー

スタートメニューに戻ります。

❽終了

模擬試験プログラムを終了します。

4 模擬試験プログラムの注意事項

模擬試験プログラムを使って学習する場合、次のような点に注意してください。
重要なので、学習の前に必ず読んでください。

●ファイル操作

模擬試験で使用するファイルは、デスクトップのフォルダー「FOM Shuppan Documents」のフォルダー「MOS-Access 365 2019-Expert(2)」に保存されています。このフォルダーは、模擬試験プログラムを起動すると自動的に作成されます。

●文字入力の操作

英数字を入力するときは、半角で入力します。

●こまめに上書き保存する

試験中の停電やフリーズに備えて、ファイルはこまめに上書き保存しましょう。模擬試験プログラムを強制終了せざるをえなくなった場合、保存済みのファイルは復元できます。

●指示がない操作はしない

問題で指示されている内容だけを操作します。特に指示がない場合は、既定のままにしておきます。

●問題に指示がないオブジェクトは閉じて、採点する

試験中に採点する場合、問題に指示がないオブジェクトは閉じてから採点してください。指示がないオブジェクトが開いていると、正しく採点されないことがあります。

●入力中のデータは確定して、採点する

データを入力したら、必ず確定してください。確定せずに採点したり試験を終了したりすると、正しく動作しなくなる可能性があります。

●試験中の採点

問題の内容によっては、試験中に**《採点》**を押したあと、採点結果が表示されるまでに時間がかかる場合があります。採点は試験時間に含まれないため、試験結果が表示されるまで、しばらくお待ちください。

●ダイアログボックスは閉じて、試験を終了する

次の問題に切り替えたり、試験を終了したりする前に、必ずダイアログボックスを閉じてください。

●電源が落ちたら

停電などで、模擬試験中にパソコンの電源が落ちてしまった場合、電源を入れてから、模擬試験プログラムを再起動してください。再起動することによって、試験環境が復元され、途中から試験を再開できる状態になります。

●パソコンが動かなくなったら

模擬試験プログラムがフリーズして動かなくなってしまった場合は強制終了して、パソコンを再起動してください。その後、通常の手順で模擬試験プログラムを起動してください。試験環境が復元され、途中から試験を再開できる状態になります。
※強制終了については、P.286を参照してください。

●試験開始後、Windowsの設定を変更しない

模擬試験プログラムの起動中にWindowsの設定を変更しないでください。設定を変更すると、正しく動作しなくなる可能性があります。

MOS Access 365&2019 Expert

模擬試験

模擬試験プログラムを使わずに学習される方へ
模擬試験プログラムを使わずに学習される場合は、データファイルの場所を自分がセットアップした場所に読み替えてください。

第1回 模擬試験 問題

プロジェクト1

理解度チェック

☑☑☑☑☑ 問題(1) あなたは、スポーツ協会に所属するチームのデータベースを管理しています。
テーブル「支部」の「支部ID」フィールドと、テーブル「チーム」の「所属支部」フィールド間のリレーションシップに参照整合性を設定してください。テーブル「支部」が更新されたら、テーブル「チーム」も自動的に更新されるようにします。操作後、リレーションシップウィンドウを閉じます。

☑☑☑☑☑ 問題(2) デスクトップのフォルダー「FOM Shuppan Documents」のフォルダー「MOS-Access 365 2019-Expert(2)」にあるCSVファイル「イベントスケジュール」を、テーブル「行事」のデータとしてインポートしてください。あとから使用できるようにインポート操作を保存し、その他の設定は既定のままにします。

☑☑☑☑☑ 問題(3) テーブル「チーム」の「登録人数」が20人台のレコードを抽出してください。操作後、テーブルを保存して閉じます。

☑☑☑☑☑ 問題(4) クエリ「活動停止中の抽出」を追加クエリに変更してください。活動停止中のレコードがテーブル「活動停止中チーム」に追加されるようにします。クエリを1回だけ実行して、テーブル「活動停止中チーム」にレコードを追加します。操作後、クエリを保存して閉じます。

☑☑☑☑☑ 問題(5) レポート「全国チーム一覧」の「チーム名」ラベルの左側にラベルを追加し、「地域名」と表示してください。操作後、レポートを保存して閉じます。

プロジェクト2

理解度チェック

☑☑☑☑☑ 問題(1) あなたは、カルチャー教室の講座受付状況を管理しています。
デスクトップのフォルダー「FOM Shuppan Documents」のフォルダー「MOS-Access 365 2019-Expert(2)」にあるテキストファイル「名簿」を、テーブル「講師名簿」としてインポートしてください。データの先頭行をフィールド名として使います。その他の設定は既定のままとします。

☑☑☑☑☑ 問題(2) テーブル「受付」の先頭に、オートナンバー型のフィールド「受付番号」を挿入し、主キーに設定してください。操作後、テーブルを保存して閉じます。

☑☑☑☑☑ 問題(3) ウィザードを使って、クロス集計クエリ「講座別集計」を作成してください。クエリ「講座受付状況」の「講座名」フィールドを行見出し、「氏名」フィールドを列見出しに設定し、「受講料金」の合計を表示します。その他の設定は既定のままとします。クエリを実行して表示し、閉じます。

☑☑☑☑☑ 問題(4) フォーム「開講講座」の「受講料金」のテキストボックスの書式を、通貨にしてください。次に、詳細セクションの交互の行の色を「青、アクセント1、白+基本色80%」(R:218 G:227 B:243)に変更してください。操作後、フォームを保存して閉じます。

☑☑☑☑☑	問題(5)	フォーム「会員入力」のフォームヘッダーセクションに、本日の日付が表示されるように設定してください。日付は「○○○○年○月○日」で表示し、時刻は表示しません。操作後、フォームを保存して閉じます。
☑☑☑☑☑	問題(6)	レポート「講座一覧」のページヘッダーセクションのすべてのラベルを、太字、フォントの色「ゴールド、アクセント4、黒+基本色25%」(R:191　G:144　B:0)に設定してください。操作後、レポートを保存します。
☑☑☑☑☑	問題(7)	レポート「講座一覧」のフッターの左側に、現在のページ番号が表示されるように設定してください。操作後、レポートを保存して閉じます。

プロジェクト3

理解度チェック

☑☑☑☑☑	問題(1)	あなたは、Accessのデータベースを使って、備品の貸出を管理しています。 フォーム「貸出入力」の印刷設定を変更し、上下左右の余白を「7」mm、行間隔を「0.4cm」にしてください。操作後、フォームを閉じます。
☑☑☑☑☑	問題(2)	テーブル「貸出データ」の「貸出部署ID」フィールドが「部署」と表示されるように設定してください。操作後、テーブルを保存します。
☑☑☑☑☑	問題(3)	テーブル「貸出データ」に新しくレコードを入力するときに、「申請書」フィールドがオンで表示されるように設定してください。操作後、テーブルを保存して閉じます。
☑☑☑☑☑	問題(4)	クエリ「貸出中の備品」の「購入日」フィールドを非表示にしてください。操作後、クエリを保存して閉じます。フィールドは削除しないようにします。
☑☑☑☑☑	問題(5)	レポート「備品台帳」に、デスクトップのフォルダー「FOM Shuppan Documents」のフォルダー「MOS-Access 365 2019-Expert(2)」にある「台帳」を背景のイメージとして挿入してください。操作後、レポートを保存して閉じます。

プロジェクト4

理解度チェック

☑☑☑☑☑	問題(1)	あなたは、食品の売上のデータベースを管理しています。 隠しオブジェクトになっているフォーム「顧客マスター登録」を表示して、隠しオブジェクトの設定を解除してください。
☑☑☑☑☑	問題(2)	クエリ「顧客電話帳」を削除してください。
☑☑☑☑☑	問題(3)	テーブル「受注明細」に集計行を表示してください。操作後、テーブルを保存して閉じます。
☑☑☑☑☑	問題(4)	テーブル「顧客マスター」の「フリガナ」フィールドのフィールドサイズを「40」に変更してください。操作後、テーブルを保存して閉じます。
☑☑☑☑☑	問題(5)	クエリ「売上一覧」の数量の合計が「500」以上のレコードだけが表示されるように設定してください。操作後、クエリを実行して表示し、保存して閉じます。

プロジェクト5

理解度チェック

問題(1) あなたは、Accessのデータベースを使って、カウンセリングの予約を管理しています。テーブル「カウンセリング対象者」の「入社区分」フィールドに、「新卒」または「中途採用」しか入力できないように入力規則を設定してください。操作後、テーブルを保存して閉じます。既存のデータが入力規則に従っているかどうかのメッセージが表示された場合は「いいえ」をクリックします。

問題(2) クエリ「予約一覧」を作成してください。テーブル「カウンセリング対象者」の「名前」フィールド、テーブル「産業医」の「名前」フィールド、テーブル「予約」の「予約日」「予約時間」フィールドを順に表示します。その他の設定は既定のままとします。クエリを実行して表示し、閉じます。

問題(3) フォーム「対象者登録フォーム」の詳細セクションのコントロールのスペースを「なし」に設定してください。操作後、フォームを保存して閉じます。

問題(4) レポート「部署別予約一覧」に、並べ替えの設定を追加してください。予約日の早い順に並べ替え、予約日が同じであれば予約時間の早い順に並べ替えます。操作後、レポートを保存して閉じます。

プロジェクト6

理解度チェック

問題(1) あなたは、大学のサークルに所属する部員のデータベースを管理しています。
テーブル「学部マスター」とテーブル「部員マスター」の間のリレーションシップに、参照整合性を設定してください。テーブル「部員マスター」に一致するレコードがなくても、テーブル「学部マスター」のすべてのレコードが表示されるようにします。操作後、リレーションシップウィンドウを閉じます。

問題(2) テーブル「部員マスター」の「旅行」をすべて「合宿」に置換してください。操作後、テーブルを閉じます。

問題(3) テーブル「学部マスター」の「学科名」フィールドを削除してください。操作後、テーブルを保存して閉じます。

問題(4) クエリ「連絡先一覧」を学年の小さい順に並べ替えてください。操作後、クエリを実行して表示し、保存して閉じます。

問題(5) デザインビューを使って、フォーム「部員登録」の「役員」チェックボックスの右側に、「担当内容」テキストボックスを追加してください。作成されたラベルは削除します。操作後、フォームを保存して閉じます。

第1回 模擬試験 標準解答

●プロジェクト1

問題(1)

①《データベースツール》タブ→《リレーションシップ》グループの(リレーションシップ)をクリックします。
②テーブル「支部」とテーブル「チーム」の間の結合線をダブルクリックします。
③《参照整合性》を☑にします。
④《フィールドの連鎖更新》を☑にします。
⑤《OK》をクリックします。
⑥《デザイン》タブ→《リレーションシップ》グループの(閉じる)をクリックします。

問題(2)

①《外部データ》タブ→《インポートとリンク》グループの(新しいデータソース)→《ファイルから》→《テキストファイル》をクリックします。
②《ファイル名》の《参照》をクリックします。
③デスクトップのフォルダー「FOM Shuppan Documents」のフォルダー「MOS-Access 365 2019-Expert(2)」を開きます。
④一覧から「イベントスケジュール」を選択します。
⑤《開く》をクリックします。
⑥《レコードのコピーを次のテーブルに追加する》を◉にします。
⑦▽をクリックし、一覧から「行事」を選択します。
⑧《OK》をクリックします。
※セキュリティに関するメッセージが表示された場合は、《開く》をクリックしておきましょう。
⑨《次へ》をクリックします。
⑩《次へ》をクリックします。
⑪《完了》をクリックします。
⑫《インポート操作の保存》を☑にします。
⑬《インポートの保存》をクリックします。

問題(3)

①ナビゲーションウィンドウのテーブル「チーム」をダブルクリックします。
②「登録人数」フィールドの▾をクリックします。
③《数値フィルター》→《指定の範囲内》をクリックします。
④《最小値》に「20」と入力します。
⑤《最大値》に「29」と入力します。
⑥《OK》をクリックします。
※14件のレコードが抽出されます。
⑦クイックアクセスツールバーの(上書き保存)をクリックします。
⑧×('チーム'を閉じる)をクリックします。

問題(4)

①ナビゲーションウィンドウのクエリ「活動停止中の抽出」を右クリックします。
②《デザインビュー》をクリックします。
③《デザイン》タブ→《クエリの種類》グループの(クエリの種類:追加)をクリックします。
④《テーブル名》の▽をクリックし、一覧から「活動停止中チーム」を選択します。
⑤《OK》をクリックします。
⑥「活動停止」フィールドの《抽出条件》セルに「Yes」と入力します。
※半角で入力します。
⑦《デザイン》タブ→《結果》グループの(実行)をクリックします。
⑧《はい》をクリックします。
※テーブル「活動停止中チーム」に6件のレコードがコピーされます。
⑨クイックアクセスツールバーの(上書き保存)をクリックします。
⑩×('活動停止中の抽出'を閉じる)をクリックします。

問題(5)

①ナビゲーションウィンドウのレポート「全国チーム一覧」を右クリックします。
②《レイアウトビュー》をクリックします。
③《デザイン》タブ→《コントロール》グループの(ラベル)をクリックします。
④「チーム名」ラベルの左側のセルをクリックします。
⑤問題文の文字列「地域名」をクリックしてコピーします。
⑥作成したラベル内をクリックして、カーソルを表示します。
⑦[Ctrl]+[V]を押して文字列を貼り付けます。
※ラベルに直接入力してもかまいません。
⑧クイックアクセスツールバーの(上書き保存)をクリックします。
⑨×('全国チーム一覧'を閉じる)をクリックします。

●プロジェクト2

問題(1)

①《外部データ》タブ→《インポートとリンク》グループの (新しいデータソース)→《ファイルから》→《テキストファイル》をクリックします。
②《ファイル名》の《参照》をクリックします。
③デスクトップのフォルダー「FOM Shuppan Documents」のフォルダー「MOS-Access 365 2019-Expert(2)」を開きます。
④一覧から「名簿」を選択します。
⑤《開く》をクリックします。
⑥《現在のデータベースの新しいテーブルにソースデータをインポートする》を◉にします。
⑦《OK》をクリックします。
※セキュリティに関するメッセージが表示された場合は、《開く》をクリックしておきましょう。
⑧《次へ》をクリックします。
⑨《先頭行をフィールド名として使う》を☑にします。
⑩《次へ》をクリックします。
⑪《次へ》をクリックします。
⑫《次へ》をクリックします。
⑬問題文の文字列「講師名簿」をクリックしてコピーします。
⑭《インポート先のテーブル》の文字列を選択します。
⑮ Ctrl + V を押して文字列を貼り付けます。
※《インポート先のテーブル》に直接入力してもかまいません。
⑯《完了》をクリックします。
⑰《閉じる》をクリックします。

問題(2)

①ナビゲーションウィンドウのテーブル「受付」を右クリックします。
②《デザインビュー》をクリックします。
③「受付日」フィールドの行セレクターをクリックします。
④《デザイン》タブ→《ツール》グループの 行の挿入 (行の挿入)をクリックします。
⑤問題文の文字列「受付番号」をクリックしてコピーします。
⑥1行目の《フィールド名》のセルにカーソルを表示します。
⑦ Ctrl + V を押して文字列を貼り付けます。
※《フィールド名》に直接入力してもかまいません。
⑧ Enter を押します。
⑨ ⌄ をクリックし、一覧から《オートナンバー型》を選択します。
⑩《デザイン》タブ→《ツール》グループの (主キー)をクリックします。
⑪クイックアクセスツールバーの (上書き保存)をクリックします。
⑫ × ('受付'を閉じる)をクリックします。

問題(3)

①《作成》タブ→《クエリ》グループの (クエリウィザード)をクリックします。
②一覧から《クロス集計クエリウィザード》を選択します。
③《OK》をクリックします。
※セキュリティに関するメッセージが表示された場合は、《開く》をクリックしておきましょう。
④《表示》の《クエリ》を◉にします。
⑤一覧から「クエリ:講座受付状況」を選択します。
⑥《次へ》をクリックします。
⑦《行見出しとして使うフィールドを選択してください。》の《選択可能なフィールド》の一覧から「講座名」を選択します。
⑧ > をクリックします。
⑨《次へ》をクリックします。
⑩《列見出しとして使うフィールドを選択してください。》の一覧から「氏名」を選択します。
⑪《次へ》をクリックします。
⑫《集計する値があるフィールドと、集計方法を選択してください。》の《フィールド》の「受講料金」が選択されていることを確認します。
⑬《集計方法》の一覧から《合計》を選択します。
⑭《次へ》をクリックします。
⑮問題文の文字列「講座別集計」をクリックしてコピーします。
⑯《クエリ名を指定してください。》の文字列を選択します。
⑰ Ctrl + V を押して文字列を貼り付けます。
※《クエリ名を指定してください。》に直接入力してもかまいません。
⑱《クエリを実行して結果を表示する》が◉になっていることを確認します。
⑲《完了》をクリックします。
⑳ × ('講座別集計'を閉じる)をクリックします。

問題(4)

①ナビゲーションウィンドウのフォーム「開講講座」を右クリックします。
②《レイアウトビュー》をクリックします。
③「受講料金」テキストボックスを選択します。
④《デザイン》タブ→《ツール》グループの (プロパティシート)をクリックします。
⑤《プロパティシート》の《書式》タブを選択します。
⑥《書式》プロパティをクリックします。
⑦ ⌄ をクリックし、一覧から《通貨》を選択します。
※《プロパティシート》を閉じておきましょう。
⑧《書式》タブ→《選択》グループの 受講料金 (オブジェクト)の ⌄ →《詳細》をクリックします。
⑨《書式》タブ→《背景》グループの (交互の行の色)の 交互の行の色 →《テーマの色》の《青、アクセント1、白+基本色80%》をクリックします。

⑩ クイックアクセスツールバーの［上書き保存］（上書き保存）をクリックします。
⑪ ［×］（'開講講座'を閉じる）をクリックします。

問題(5)

① フォーム**「会員入力」**を右クリックします。
② **《レイアウトビュー》**をクリックします。
③ **《デザイン》**タブ→**《ヘッダー/フッター》**グループの［日付と時刻］（日付と時刻）をクリックします。
④ **《日付を含める》**が［✓］になっていることを確認します。
⑤ **《○○○○年○月○日》**が［◉］になっていることを確認します。
⑥ **《時刻を含める》**を［ ］にします。
⑦ **《OK》**をクリックします。
⑧ クイックアクセスツールバーの［上書き保存］（上書き保存）をクリックします。
⑨ ［×］（'会員入力'を閉じる）をクリックします。

問題(6)

① レポート**「講座一覧」**を右クリックします。
② **《レイアウトビュー》**をクリックします。
③ **「講座コード」**ラベルを選択します。
※ ページヘッダーセクションのラベルであれば、どれでもかまいません。
④ **《配置》**タブ→**《行と列》**グループの［行の選択］（行の選択）をクリックします。
⑤ **《書式》**タブ→**《フォント》**グループの［B］（太字）をクリックします。
⑥ **《書式》**タブ→**《フォント》**グループの［A▾］（フォントの色）の［▾］→**《テーマの色》**の**《ゴールド、アクセント4、黒+基本色25%》**をクリックします。
※ お使いの環境によっては、《ゴールド、アクセント4、黒+基本色25%》が選択できない場合があります。その場合は《書式》タブ→《フォント》グループの［A▾］（フォントの色）の［▾］→《その他の色》→《ユーザー設定》タブ→赤「191」、緑「144」、青「0」を設定します。
⑦ クイックアクセスツールバーの［上書き保存］（上書き保存）をクリックします。

問題(7)

① レポート**「講座一覧」**がレイアウトビューで表示されていることを確認します。
※ 表示されていない場合は、ナビゲーションウィンドウのレポート「講座一覧」を右クリック→《レイアウトビュー》を選択します。
② **《デザイン》**タブ→**《ヘッダー/フッター》**グループの［ページ番号］（ページ番号の追加）をクリックします。
③ **《書式》**の**《現在ページ》**が［◉］になっていることを確認します。
④ **《位置》**の**《下（フッター）》**を［◉］にします。
⑤ **《配置》**の［▾］をクリックし、一覧から**《左》**を選択します。
⑥ **《OK》**をクリックします。
⑦ クイックアクセスツールバーの［上書き保存］（上書き保存）をクリックします。
⑧ ［×］（'講座一覧'を閉じる）をクリックします。

●プロジェクト3

問題(1)

① ナビゲーションウィンドウのフォーム**「貸出入力」**を選択します。
② **《ファイル》**タブを選択します。
③ **《印刷》**→**《印刷プレビュー》**をクリックします。
④ **《印刷プレビュー》**タブ→**《ページレイアウト》**グループの［ページ設定］（ページ設定）をクリックします。
⑤ **《印刷オプション》**タブを選択します。
⑥ 問題文の文字列**「7」**をクリックしてコピーします。
⑦ **《余白》**の**《上》**の文字列を選択します。
⑧ ［Ctrl］+［V］を押して文字列を貼り付けます。
※《余白》の《上》に直接入力してもかまいません。
⑨ 同様に、**《余白》**の**《下》《左》《右》**に文字列を貼り付けます。
⑩ **《レイアウト》**タブを選択します。
⑪ 問題文の文字列**「0.4cm」**をクリックしてコピーします。
⑫ **《行間隔》**の文字列を選択します。
⑬ ［Ctrl］+［V］を押して文字列を貼り付けます。
※《行間隔》に直接入力してもかまいません。
⑭ **《OK》**をクリックします。
⑮ ［×］（'貸出入力'を閉じる）をクリックします。

問題(2)

① ナビゲーションウィンドウのテーブル**「貸出データ」**を右クリックします。
② **《デザインビュー》**をクリックします。
③ **「貸出部署ID」**フィールドの行セレクターをクリックします。
④ **《フィールドプロパティ》**の**《標準》**タブを選択します。
⑤ 問題文の文字列**「部署」**をクリックしてコピーします。
⑥ **《標題》**プロパティにカーソルを表示します。
⑦ ［Ctrl］+［V］を押して文字列を貼り付けます。
※《標題》プロパティに直接入力してもかまいません。
⑧ クイックアクセスツールバーの［上書き保存］（上書き保存）をクリックします。

問題(3)

① テーブル**「貸出データ」**がデザインビューで表示されていることを確認します。
※ 表示されていない場合は、ナビゲーションウィンドウのテーブル「貸出データ」を右クリック→《デザインビュー》を選択します。
② **「申請書」**フィールドの行セレクターをクリックします。
③ **《フィールドプロパティ》**の**《標準》**タブを選択します。

④**《既定値》**プロパティを**「Yes」**に修正します。
※半角で入力します。
⑤クイックアクセスツールバーの［上書き保存］（上書き保存）をクリックします。
⑥［×］（'貸出データ'を閉じる）をクリックします。

問題(4)

①ナビゲーションウィンドウのクエリ**「貸出中の備品」**をダブルクリックします。
②**「購入日」**フィールドの列見出しをクリックします。
③**《ホーム》**タブ→**《レコード》**グループの［その他］（その他）→**《フィールドの非表示》**をクリックします。
④クイックアクセスツールバーの［上書き保存］（上書き保存）をクリックします。
⑤［×］（'貸出中の備品'を閉じる）をクリックします。

問題(5)

①ナビゲーションウィンドウのレポート**「備品台帳」**を右クリックします。
②**《レイアウトビュー》**をクリックします。
③**《書式》**タブ→**《背景》**グループの［背景のイメージ］（背景のイメージ）→**《参照》**をクリックします。
④デスクトップのフォルダー**「FOM Shuppan Documents」**のフォルダー**「MOS-Access 365 2019-Expert(2)」**を開きます。
⑤一覧から**「台帳」**を選択します。
⑥**《OK》**をクリックします。
⑦クイックアクセスツールバーの［上書き保存］（上書き保存）をクリックします。
⑧［×］（'備品台帳'を閉じる）をクリックします。

●プロジェクト4

問題(1)

①ナビゲーションウィンドウを右クリックします。
②**《ナビゲーションオプション》**をクリックします。
③**《表示オプション》**の**《隠しオブジェクトの表示》**を☑にします。
④**《OK》**をクリックします。
⑤ナビゲーションウィンドウのフォーム**「顧客マスター登録」**を右クリックします。
⑥**《プロパティの表示》**をクリックします。
⑦**《隠しオブジェクト》**を☐にします。
⑧**《OK》**をクリックします。

問題(2)

①ナビゲーションウィンドウのクエリ**「顧客電話帳」**を右クリックします。
②**《削除》**をクリックします。
③**《はい》**をクリックします。

問題(3)

①ナビゲーションウィンドウのテーブル**「受注明細」**をダブルクリックします。
②**《ホーム》**タブ→**《レコード》**グループの［Σ集計］（集計）をクリックします。
③クイックアクセスツールバーの［上書き保存］（上書き保存）をクリックします。
④［×］（'受注明細'を閉じる）をクリックします。

問題(4)

①ナビゲーションウィンドウのテーブル**「顧客マスター」**を右クリックします。
②**《デザインビュー》**をクリックします。
③**「フリガナ」**フィールドの行セレクターをクリックします。
④**《フィールドプロパティ》**の**《標準》**タブを選択します。
⑤問題文の文字列**「40」**をクリックしてコピーします。
⑥**《フィールドサイズ》**プロパティの文字列を選択します。
⑦［Ctrl］+［V］を押して文字列を貼り付けます。
※《フィールドサイズ》プロパティに直接入力してもかまいません。
⑧クイックアクセスツールバーの［上書き保存］（上書き保存）をクリックします。
⑨［×］（'顧客マスター'を閉じる）をクリックします。

問題(5)

①ナビゲーションウィンドウのクエリ**「売上一覧」**を右クリックします。
②**《デザインビュー》**をクリックします。
③**「数量の合計: 数量」**フィールドの**《抽出条件》**セルに**「>=500」**と入力します。
※半角で入力します。
④**《デザイン》**タブ→**《結果》**グループの［実行］（実行）をクリックします。
※5件のレコードが抽出されます。
⑤クイックアクセスツールバーの［上書き保存］（上書き保存）をクリックします。
⑥［×］（'売上一覧'を閉じる）をクリックします。

模擬試験プログラムを使わずに学習される方へ
プロジェクト4の操作が終了したら、隠しオブジェクトの表示を非表示に戻しておきましょう。

隠しオブジェクトの非表示

◆ナビゲーションウィンドウを右クリック→《ナビゲーションオプション》→《☐隠しオブジェクトの表示》

●プロジェクト5

問題(1)

①ナビゲーションウィンドウのテーブル「**カウンセリング対象者**」を右クリックします。
②《**デザインビュー**》をクリックします。
③「**入社区分**」フィールドの行セレクターをクリックします。
④《**フィールドプロパティ**》の《**標準**》タブを選択します。
⑤問題文の文字列「**新卒**」をクリックしてコピーします。
⑥《**入力規則**》プロパティにカーソルを表示します。
⑦[Ctrl]+[V]を押して文字列を貼り付けます。
※《入力規則》プロパティに直接入力してもかまいません。
⑧続けて、「**␣Or␣**」と入力します。
※半角で入力します。␣は半角空白を表します。
⑨問題文の文字列「**中途採用**」をクリックしてコピーします。
⑩《**入力規則**》プロパティの「**新卒␣Or␣**」の後ろにカーソルを表示します。
⑪[Ctrl]+[V]を押して文字列を貼り付けます。
※《入力規則》プロパティに直接入力してもかまいません。
※入力を確定すると"新卒" Or "中途採用"と表示されます。
⑫クイックアクセスツールバーの[保存](上書き保存)をクリックします。
⑬《**いいえ**》をクリックします。
⑭[×]('カウンセリング対象者'を閉じる)をクリックします。

問題(2)

①《**作成**》タブ→《**クエリ**》グループの[クエリウィザード](クエリウィザード)をクリックします。
②一覧から《**選択クエリウィザード**》を選択します。
③《**OK**》をクリックします。
※セキュリティに関するメッセージが表示された場合は、《開く》をクリックしておきましょう。
④《**テーブル/クエリ**》の[v]をクリックし、一覧から「**テーブル:カウンセリング対象者**」を選択します。
⑤《**選択可能なフィールド**》の一覧から「**名前**」を選択します。
⑥[>]をクリックします。
⑦《**テーブル/クエリ**》の[v]をクリックし、一覧から「**テーブル:産業医**」を選択します。
⑧《**選択可能なフィールド**》の一覧から「**名前**」を選択します。
⑨[>]をクリックします。
⑩《**テーブル/クエリ**》の[v]をクリックし、一覧から「**テーブル:予約**」を選択します。
⑪《**選択可能なフィールド**》の一覧から「**予約日**」を選択します。
⑫[>]をクリックします。
⑬同様に、「**予約時間**」を追加します。
⑭《**次へ**》をクリックします。
⑮《**次へ**》をクリックします。
⑯問題文の文字列「**予約一覧**」をクリックしてコピーします。
⑰《**クエリ名を指定してください。**》の文字列を選択します。
⑱[Ctrl]+[V]を押して文字列を貼り付けます。
※《クエリ名を指定してください。》に直接入力してもかまいません。
⑲《**クエリを実行して結果を表示する**》が◉になっていることを確認します。
⑳《**完了**》をクリックします。
㉑[×]('予約一覧'を閉じる)をクリックします。

問題(3)

①ナビゲーションウィンドウのフォーム「**対象者登録フォーム**」を右クリックします。
②《**レイアウトビュー**》をクリックします。
③「**社員番号**」ラベルを選択します。
※詳細セクション内のコントロールであれば、どれでもかまいません。
④《**配置**》タブ→《**行と列**》グループの[レイアウトの選択](レイアウトの選択)をクリックします。
⑤《**配置**》タブ→《**位置**》グループの[スペースの調整](スペースの調整)→《**なし**》をクリックします。
⑥クイックアクセスツールバーの[保存](上書き保存)をクリックします。
⑦[×]('対象者登録フォーム'を閉じる)をクリックします。

問題(4)

①ナビゲーションウィンドウのレポート「**部署別予約一覧**」を右クリックします。
②《**レイアウトビュー**》をクリックします。
③《**デザイン**》タブ→《**グループ化と集計**》グループの[グループ化と並べ替え](グループ化と並べ替え)をクリックします。
④《**並べ替えの追加**》をクリックします。
⑤一覧から「**予約日**」を選択します。
⑥《**並べ替えキー**》の「**予約日**」が《**昇順**》になっていることを確認します。
⑦《**並べ替えの追加**》をクリックします。
⑧一覧から「**予約時間**」を選択します。
⑨《**並べ替えキー**》の「**予約時間**」が《**昇順**》になっていることを確認します。
※《グループ化ダイアログボックス》を閉じておきましょう。
⑩クイックアクセスツールバーの[保存](上書き保存)をクリックします。
⑪[×]('部署別予約一覧'を閉じる)をクリックします。

●プロジェクト6

問題(1)

①《**データベースツール**》タブ→《**リレーションシップ**》グループの[リレーションシップ](リレーションシップ)をクリックします。
②テーブル「**学部マスター**」とテーブル「**部員マスター**」の間の結合線をダブルクリックします。

③《**参照整合性**》を☑にします。
④《**結合の種類**》をクリックします。
⑤《**2:'学部マスター'の全レコードと'部員マスター'の同じ結合フィールドのレコードだけを含める。**》を◉にします。
⑥《**OK**》をクリックします。
⑦《**OK**》をクリックします。
⑧《**デザイン**》タブ→《**リレーションシップ**》グループの［閉じる］(閉じる)をクリックします。

問題(2)

①ナビゲーションウィンドウのテーブル「**部員マスター**」をダブルクリックします。
②《**ホーム**》タブ→《**検索**》グループの［置換］(置換)をクリックします。
③《**置換**》タブが選択されていることを確認します。
④問題文の文字列「**旅行**」をクリックしてコピーします。
⑤《**検索する文字列**》の文字列を選択します。
⑥［Ctrl］+［V］を押して文字列を貼り付けます。
※《検索する文字列》に直接入力してもかまいません。
⑦同様に、《**置換後の文字列**》に「**合宿**」を貼り付けます。
※《置換後の文字列》に直接入力してもかまいません。
⑧《**探す場所**》の［∨］をクリックし、一覧から《**現在のドキュメント**》を選択します。
⑨《**すべて置換**》をクリックします。
⑩《**はい**》をクリックします。
⑪［×］(閉じる)をクリックします。
⑫［×］('部員マスター'を閉じる)をクリックします。

問題(3)

①ナビゲーションウィンドウのテーブル「**学部マスター**」を右クリックします。
②《**デザインビュー**》をクリックします。
③「**学科名**」フィールドの行セレクターをクリックします。
④《**デザイン**》タブ→《**ツール**》グループの［行の削除］(行の削除)をクリックします。
⑤《**はい**》をクリックします。
⑥クイックアクセスツールバーの［保存］(上書き保存)をクリックします。
⑦［×］('学部マスター'を閉じる)をクリックします。

問題(4)

①ナビゲーションウィンドウのクエリ「**連絡先一覧**」を右クリックします。
②《**デザインビュー**》をクリックします。
③「**学年**」フィールドの《**並べ替え**》セルをクリックします。
④［∨］をクリックし、一覧から《**昇順**》を選択します。
⑤《**デザイン**》タブ→《**結果**》グループの［実行］(実行)をクリックします。
⑥クイックアクセスツールバーの［保存］(上書き保存)をクリックします。
⑦［×］('連絡先一覧'を閉じる)をクリックします。

問題(5)

①ナビゲーションウィンドウのフォーム「**部員登録**」を右クリックします。
②《**デザインビュー**》をクリックします。
③《**デザイン**》タブ→《**ツール**》グループの［既存のフィールドの追加］(既存のフィールドの追加)をクリックします。
④「**担当内容**」を「**役員**」チェックボックスの右側にドラッグします。
※《フィールドリスト》を閉じておきましょう。
⑤「**担当内容**」ラベルを選択します。
⑥［Delete］を押します。
⑦クイックアクセスツールバーの［保存］(上書き保存)をクリックします。
⑧［×］('部員登録'を閉じる)をクリックします。

第2回　模擬試験　問題

プロジェクト1

理解度チェック

問題(1)　あなたは、ワインの売上のデータベースを管理しています。
テーブル「種類」の「種類コード」フィールドと、テーブル「商品」の「種類番号」フィールドで結合する一対多のリレーションシップを作成してください。操作後、リレーションシップウィンドウを保存して閉じます。

問題(2)　テーブル「商品」に集計行を追加し、「販売単価」フィールドの平均を表示してください。操作後、テーブルを保存して閉じます。

問題(3)　テーブル「顧客」にフィルターを適用し、「生年月日」フィールドが8月、「DM希望」フィールドがオンのレコードを抽出してください。生年月日は入力されているすべての年が抽出されるようにします。また、フィルターが既存のレコードだけでなく、今後入力する新規のレコードにも適用されるように設定します。操作後、テーブルを保存して閉じます。

問題(4)　ウィザードを使って、クロス集計クエリを作成してください。テーブル「受注」の「顧客コード」フィールドを行見出し、「受注日」フィールドを列見出しに設定し、月ごとの「本数」の合計を表示します。その他の設定は既定のままとします。クエリを実行して表示し、閉じます。

問題(5)　フォーム「顧客入力」のフォームフッターにある「トミタ」と表示されているラベルを「富田ぶどう園」に変更し、フォントサイズを14ポイントに設定してください。操作後、フォームを保存して閉じます。

問題(6)　レポート「顧客名簿」の「顧客名」ラベルを「お客様名」と表示してください。操作後、レポートを保存して閉じます。

問題(7)　レポート「顧客別受注」の詳細セクションにある「顧客コード」のテキストボックスの背景の色を「アクア3」(R:164　G:213　B:226)に変更してください。操作後、レポートを保存して閉じます。

プロジェクト2

理解度チェック

問題(1)　あなたは、Accessのデータベースで、フリーマーケット出店者の申込状況を管理しています。
デスクトップのフォルダー「FOM Shuppan Documents」のフォルダー「MOS-Access 365 2019-Expert (2)」にあるExcelブック「イベント詳細」を、新しいテーブルとしてインポートしてください。主キーは「イベントID」フィールドに設定します。あとから使用できるようにインポート操作を保存し、その他の設定は既定のままとします。

理解度チェック	問題	内容
☑☑☑☑☑	問題(2)	テーブル「会場リスト」の「会場ID」フィールドを、オートナンバー型に変更してください。操作後、テーブルを保存して閉じます。
☑☑☑☑☑	問題(3)	テーブル「出店者」の「郵便番号」フィールドに定型入力を設定してください。数字3桁と数字4桁の間に「-」、代替文字「_」が表示され、定型入力中の文字がテーブルに保存されるようにします。操作後、テーブルを保存して閉じます。
☑☑☑☑☑	問題(4)	クエリ「申込一覧」に「都道府県名を入力」というパラメーターが表示されるようにしてください。「郵便番号」フィールドと「住所2」フィールドの間に、「住所1」フィールドを追加して設定します。操作後、クエリを保存して閉じます。
☑☑☑☑☑	問題(5)	レポート「入金確認」のページヘッダーセクションのすべてのラベルの余白を「広い」に設定してください。次に、イベントIDヘッダーセクションの交互の行の色を削除してください。操作後、レポートを保存して閉じます。

プロジェクト3

理解度チェック	問題	内容
☑☑☑☑☑	問題(1)	あなたは、飲料メーカーの売上のデータベースを管理しています。 テーブル「商品」の「商品コード」フィールドに主キーを設定してください。操作後、テーブルを保存します。
☑☑☑☑☑	問題(2)	テーブル「商品」の「価格」フィールドを通貨型に変更し、「卸価格」と表示されるように設定してください。操作後、テーブルを保存します。
☑☑☑☑☑	問題(3)	テーブル「商品」の「備考」フィールドのフィールドサイズを「60」に設定してください。操作後、テーブルを保存して閉じます。
☑☑☑☑☑	問題(4)	テーブル「売上」を「数量」フィールドの降順に並べ替えてください。操作後、テーブルを保存して閉じます。
☑☑☑☑☑	問題(5)	テーブル「顧客」に、「顧客住所録」という説明を追加してください。

プロジェクト4

理解度チェック	問題	内容
☑☑☑☑☑	問題(1)	あなたは、Accessのデータベースで、アルバイトスタッフの出退勤を管理しています。 テーブル「出退勤」に「勤務時間」という名前を付けて、デスクトップのフォルダー「FOM Shuppan Documents」のフォルダー「MOS-Access 365 2019-Expert (2)」にExcelブックとして保存してください。書式とレイアウトは保持し、その他の設定は既定のままとします。
☑☑☑☑☑	問題(2)	デスクトップのフォルダー「FOM Shuppan Documents」のフォルダー「MOS-Access 365 2019-Expert (2)」にあるExcelブック「リスト」にリンクする、テーブル「事業所」を作成してください。データの先頭行をフィールド名として使い、その他の設定は既定のままとします。

☑☑☑☑☑	問題(3)	クエリ「勤務状況」の「業務名」フィールドを表示してください。操作後、クエリを保存して閉じます。
☑☑☑☑☑	問題(4)	フォーム「勤怠入力」の「氏名」の下側に「業務名」を追加してください。操作後、フォームを保存して閉じます。
☑☑☑☑☑	問題(5)	フォーム「アルバイト名簿入力」の「業務ID」コンボボックスの幅を「2cm」にしてください。次に、コンボボックスに「一覧から選択してください」と表示されるヒントテキストを設定してください。操作後、フォームを保存して閉じます。

プロジェクト5

理解度チェック

☑☑☑☑☑	問題(1)	あなたは、クリーニング店の注文を管理しています。 テーブル「料金マスター」の「特急料金」フィールドを非表示にしてください。操作後、テーブルを保存して閉じます。
☑☑☑☑☑	問題(2)	テーブル「受付データ」の「数量」フィールドに設定されているエラーメッセージを確認してください。次に、エラーメッセージと一致するように「数量」フィールドに入力規則を設定してください。操作後、テーブルを保存して閉じます。既存のデータが入力規則に従っているかどうかのメッセージが表示された場合は「いいえ」をクリックします。
☑☑☑☑☑	問題(3)	クエリ「仕上がり予定一覧」を作成してください。テーブル「受付データ」の「仕上がり日」「配送希望」フィールド、テーブル「顧客マスター」の「顧客名」「住所1」「住所2」フィールドを順に表示します。仕上がり日の昇順に並べ替え、2021年10月10日から2021年10月20日までのデータが表示されるように、クエリのデザインを編集します。操作後、クエリを実行して表示し、保存して閉じます。
☑☑☑☑☑	問題(4)	レポート「顧客別受付」を「顧客名」フィールドでグループ化し、「仕上がり日」フィールドの古い順に並べ替えてください。操作後、レポートを保存して閉じます。

プロジェクト6

理解度チェック

☑☑☑☑☑	問題(1)	あなたは、マラソン大会のタイムをデータベースで管理しています。 レポート「マラソン大会一覧」を削除してください。
☑☑☑☑☑	問題(2)	クエリ「参加記録」が「メンバーID」フィールドの昇順、さらに「メンバーID」ごとに「記録」が速い順で表示されるように設定してください。操作後、クエリを保存します。
☑☑☑☑☑	問題(3)	クエリ「参加記録」の「開催日」フィールドの書式を「日付(M)」に変更してください。操作後、クエリを実行し、保存して閉じます。
☑☑☑☑☑	問題(4)	フォーム「記録入力」を「大会ID」フィールドの昇順に並べ替えてください。「詳細設定」のボタンは使用しないでください。操作後、フォームを閉じます。
☑☑☑☑☑	問題(5)	レポート「マラソン参加記録」の「記録」フィールドのラベルの左側に新しくラベルを追加し、「順位」と表示してください。操作後、レポートを保存して閉じます。

第2回 模擬試験 標準解答

●プロジェクト1

問題(1)

①《データベースツール》タブ→《リレーションシップ》グループの（リレーションシップ）をクリックします。
②《デザイン》タブ→《リレーションシップ》グループの（テーブルの表示）をクリックします。
※お使いの環境によっては、《テーブルの表示》が《テーブルの追加》と表示される場合があります。
③《テーブル》タブを選択します。
④一覧から「種類」を選択します。
⑤《追加》をクリックします。
※お使いの環境によっては、《追加》が《選択したテーブルを追加》と表示される場合があります。
⑥《閉じる》をクリックします。
⑦テーブル「種類」の「種類コード」フィールドを、テーブル「商品」の「種類番号」フィールドへドラッグします。
※ドラッグ元のフィールドとドラッグ先のフィールドは逆でもかまいません。
⑧《リレーションシップの種類》が「一対多」になっていることを確認します。
⑨《作成》をクリックします。
⑩クイックアクセスツールバーの（上書き保存）をクリックします。
⑪《デザイン》タブ→《リレーションシップ》グループの（閉じる）をクリックします。

問題(2)

①ナビゲーションウィンドウのテーブル「商品」をダブルクリックします。
②《ホーム》タブ→《レコード》グループの Σ集計（集計）をクリックします。
③「販売単価」フィールドの《集計》セルをクリックします。
④をクリックし、一覧から《平均》を選択します。
⑤クイックアクセスツールバーの（上書き保存）をクリックします。
⑥ ×（'商品'を閉じる）をクリックします。

問題(3)

①ナビゲーションウィンドウのテーブル「顧客」をダブルクリックします。
②「生年月日」フィールドのをクリックします。
③《日付フィルター》→《期間内のすべての日付》→《8月》をクリックします。
④「DM希望」フィールドのをクリックします。
⑤「No」を□にします。
※「Yes」が☑になります。
⑥《OK》をクリックします。
※2件のレコードが表示されます。
⑦《ホーム》タブ→《表示》グループの（表示）をクリックします。
⑧《デザイン》タブ→《表示/非表示》グループの（プロパティシート）をクリックします。
⑨《読み込み時にフィルターを適用》プロパティをクリックします。
⑩をクリックし、一覧から《はい》を選択します。
※《プロパティシート》を閉じておきましょう。
⑪クイックアクセスツールバーの（上書き保存）をクリックします。
⑫ ×（'顧客'を閉じる）をクリックします。

問題(4)

①《作成》タブ→《クエリ》グループの（クエリウィザード）をクリックします。
②一覧から《クロス集計クエリウィザード》を選択します。
③《OK》をクリックします。
※セキュリティに関するメッセージが表示された場合は、《開く》をクリックしておきましょう。
④《表示》の《テーブル》を◉にします。
⑤一覧から「テーブル：受注」を選択します。
⑥《次へ》をクリックします。
⑦《行見出しとして使うフィールドを選択してください。》の《選択可能なフィールド》の一覧から「顧客コード」を選択します。
⑧ > をクリックします。
⑨《次へ》をクリックします。
⑩《列見出しとして使うフィールドを選択してください。》の一覧から「受注日」を選択します。
⑪《次へ》をクリックします。
⑫《日付/時刻型のフィールドをグループ化する単位を指定してください。》の一覧から《月》を選択します。
⑬《次へ》をクリックします。
⑭《集計する値があるフィールドと、集計方法を選択してください。》の《フィールド》の一覧から「本数」を選択します。
⑮《集計方法》の一覧から《合計》を選択します。
⑯《次へ》をクリックします。
⑰《クエリを実行して結果を表示する》が◉になっていることを確認します。
⑱《完了》をクリックします。
⑲ ×（'受注のクロス集計'を閉じる）をクリックします。

問題(5)

①ナビゲーションウィンドウのフォーム**「顧客入力」**を右クリックします。
②**《レイアウトビュー》**をクリックします。
③**「トミタ」**と表示されているラベルを選択します。
④**《デザイン》**タブ→**《ツール》**グループの(プロパティシート)をクリックします。
⑤**《プロパティシート》**の**《書式》**タブを選択します。
⑥問題文の文字列**「富田ぶどう園」**をクリックしてコピーします。
⑦**《標題》**プロパティの文字列を選択します。
⑧Ctrl+Vを押して文字列を貼り付けます。
※《標題》プロパティに直接入力してもかまいません。
⑨**《フォントサイズ》**プロパティをクリックします。
⑩をクリックし、一覧から**《14》**を選択します。
※《プロパティシート》を閉じておきましょう。
⑪クイックアクセスツールバーの(上書き保存)をクリックします。
⑫('顧客入力'を閉じる)をクリックします。

問題(6)

①ナビゲーションウィンドウのレポート**「顧客名簿」**を右クリックします。
②**《レイアウトビュー》**をクリックします。
③**「顧客名」**ラベルを選択します。
④**《デザイン》**タブ→**《ツール》**グループの(プロパティシート)をクリックします。
⑤**《プロパティシート》**の**《書式》**タブを選択します。
⑥問題文の文字列**「お客様名」**をクリックしてコピーします。
⑦**《標題》**プロパティの文字列を選択します。
⑧Ctrl+Vを押して文字列を貼り付けます。
※《標題》プロパティに直接入力してもかまいません。
※《プロパティシート》を閉じておきましょう。
⑨クイックアクセスツールバーの(上書き保存)をクリックします。
⑩('顧客名簿'を閉じる)をクリックします。

問題(7)

①ナビゲーションウィンドウのレポート**「顧客別受注」**を右クリックします。
②**《レイアウトビュー》**をクリックします。
③**「顧客コード」**テキストボックスを選択します。
④**《書式》**タブ→**《フォント》**グループの(背景色)の→**《標準の色》**の**《アクア3》**をクリックします。
※お使いの環境によっては、《アクア3》が選択できない場合があります。その場合は《書式》タブ→《フォント》グループの(背景色)の→《その他の色》→《ユーザー設定》タブ→赤「164」、緑「213」、青「226」を設定します。
⑤クイックアクセスツールバーの(上書き保存)をクリックします。
⑥('顧客別受注'を閉じる)をクリックします。

●プロジェクト2

問題(1)

①**《外部データ》**タブ→**《インポートとリンク》**グループの(新しいデータソース)→**《ファイルから》**→**《Excel》**をクリックします。
②**《ファイル名》**の**《参照》**をクリックします。
③デスクトップのフォルダー**「FOM Shuppan Documents」**のフォルダー**「MOS-Access 365 2019-Expert(2)」**を開きます。
④一覧から**「イベント詳細」**を選択します。
⑤**《開く》**をクリックします。
⑥**《現在のデータベースの新しいテーブルにソースデータをインポートする》**を◉にします。
⑦**《OK》**をクリックします。
※セキュリティに関するメッセージが表示された場合は、《開く》をクリックしておきましょう。
⑧**《次へ》**をクリックします。
⑨**《次へ》**をクリックします。
⑩**《次のフィールドに主キーを設定する》**を◉にします。
⑪をクリックし、一覧から**「イベントID」**を選択します。
⑫**《次へ》**をクリックします。
⑬**《完了》**をクリックします。
⑭**《インポート操作の保存》**を✔にします。
⑮**《インポートの保存》**をクリックします。

問題(2)

①ナビゲーションウィンドウのテーブル**「会場リスト」**を右クリックします。
②**《デザインビュー》**をクリックします。
③**「会場ID」**フィールドの**《データ型》**のセルをクリックします。
④をクリックし、一覧から**《オートナンバー型》**を選択します。
⑤クイックアクセスツールバーの(上書き保存)をクリックします。
⑥('会場リスト'を閉じる)をクリックします。

問題(3)

①ナビゲーションウィンドウのテーブル**「出店者」**を右クリックします。
②**《デザインビュー》**をクリックします。
③**「郵便番号」**フィールドの行セレクターをクリックします。
④**《フィールドプロパティ》**の**《標準》**タブを選択します。
⑤**《定型入力》**プロパティをクリックします。

⑥ [...] をクリックします。
※セキュリティに関するメッセージが表示された場合は、《開く》をクリックしておきましょう。
⑦《**定型入力名**》の一覧から《**郵便番号**》を選択します。
⑧《**次へ**》をクリックします。
⑨《**定型入力**》が「**000¥-0000**」になっていることを確認します。
⑩《**代替文字**》が「_」になっていることを確認します。
⑪《**次へ**》をクリックします。
⑫《**定型入力中の文字を含めて保存する**》を(●)にします。
⑬《**次へ**》をクリックします。
⑭《**完了**》をクリックします。
⑮クイックアクセスツールバーの(上書き保存)をクリックします。
⑯ [×] ('出店者'を閉じる)をクリックします。

問題(4)

①ナビゲーションウィンドウのクエリ「**申込一覧**」を右クリックします。
②《**デザインビュー**》をクリックします。
③「**出店者**」フィールドリストの「**住所1**」を、デザイングリッドの「**住所2**」フィールドへドラッグします。
④問題文の文字列「**都道府県名を入力**」をクリックしてコピーします。
⑤「**住所1**」フィールドの《**抽出条件**》セルに「[」を入力します。
※記号は半角で入力します。
⑥ [Ctrl] + [V] を押して文字列を貼り付けます。
※《抽出条件》セルに直接入力してもかまいません。
⑦続けて、「]」を入力します。
※記号は半角で入力します。
⑧クイックアクセスツールバーの(上書き保存)をクリックします。
⑨ [×] ('申込一覧'を閉じる)をクリックします。

問題(5)

①ナビゲーションウィンドウのレポート「**入金確認**」を右クリックします。
②《**レイアウトビュー**》をクリックします。
③「**イベントID**」ラベルを選択します。
※ページヘッダーセクションのラベルであればどれでもかまいません。
④《**配置**》タブ→《**行と列**》グループの [行の選択] (行の選択)をクリックします。
⑤《**配置**》タブ→《**位置**》グループの(余白の調整)→《**広い**》をクリックします。
⑥《**書式**》タブ→《**選択**》グループの(オブジェクト)の [▾] →《**イベントIDヘッダー**》をクリックします。
⑦《**書式**》タブ→《**背景**》グループの(交互の行の色)の [交互の行の色▾] →《**色なし**》をクリックします。
⑧クイックアクセスツールバーの(上書き保存)をクリックします。
⑨ [×] ('入金確認'を閉じる)をクリックします。

●プロジェクト3

問題(1)

①ナビゲーションウィンドウのテーブル「**商品**」を右クリックします。
②《**デザインビュー**》をクリックします。
③「**商品コード**」フィールドの行セレクターをクリックします。
④《**デザイン**》タブ→《**ツール**》グループの(主キー)をクリックします。
⑤クイックアクセスツールバーの(上書き保存)をクリックします。

問題(2)

①テーブル「**商品**」がデザインビューで表示されていることを確認します。
※表示されていない場合は、ナビゲーションウィンドウのテーブル「商品」を右クリック→《デザインビュー》を選択します。
②「**価格**」フィールドの《**データ型**》のセルをクリックします。
③ [∨] をクリックし、一覧から《**通貨型**》を選択します。
④《**フィールドプロパティ**》の《**標準**》タブを選択します。
⑤問題文の文字列「**卸価格**」をクリックしてコピーします。
⑥《**標題**》プロパティにカーソルを表示します。
⑦ [Ctrl] + [V] を押して文字列を貼り付けます。
※《標題》プロパティに直接入力してもかまいません。
⑧クイックアクセスツールバーの(上書き保存)をクリックします。

問題(3)

①テーブル「**商品**」がデザインビューで表示されていることを確認します。
※表示されていない場合は、ナビゲーションウィンドウのテーブル「商品」を右クリック→《デザインビュー》を選択します。
②「**備考**」フィールドの行セレクターをクリックします。
③《**フィールドプロパティ**》の《**標準**》タブを選択します。
④問題文の文字列「**60**」をクリックしてコピーします。
⑤《**フィールドサイズ**》プロパティの文字列を選択します。
⑥ [Ctrl] + [V] を押して文字列を貼り付けます。
※《フィールドサイズ》プロパティに直接入力してもかまいません。
⑦クイックアクセスツールバーの(上書き保存)をクリックします。
⑧《**はい**》をクリックします。
⑨ [×] ('商品'を閉じる)をクリックします。

問題(4)

①ナビゲーションウィンドウのテーブル「**売上**」をダブルクリックします。
②「**数量**」フィールドの列見出しをクリックします。
③《**ホーム**》タブ→《**並べ替えとフィルター**》グループの[降順](降順)をクリックします。
④クイックアクセスツールバーの[上書き保存](上書き保存)をクリックします。
⑤[×]('売上'を閉じる)をクリックします。

問題(5)

①ナビゲーションウィンドウのテーブル「**顧客**」を右クリックします。
②《**テーブルプロパティ**》をクリックします。
③問題文の文字列「**顧客住所録**」をクリックしてコピーします。
④《**説明**》にカーソルを表示します。
⑤[Ctrl]+[V]を押して文字列を貼り付けます。
※《説明》に直接入力してもかまいません。
⑥《**OK**》をクリックします。

●プロジェクト4

問題(1)

①ナビゲーションウィンドウのテーブル「**出退勤**」を選択します。
②《**外部データ**》タブ→《**エクスポート**》グループの[Excel](Excelスプレッドシートにエクスポート)をクリックします。
③《**ファイル名**》の《**参照**》をクリックします。
④デスクトップのフォルダー「**FOM Shuppan Documents**」のフォルダー「**MOS-Access 365 2019-Expert(2)**」を開きます。
⑤問題文の文字列「**勤務時間**」をクリックしてコピーします。
⑥《**ファイル名**》の文字列を選択します。
⑦[Ctrl]+[V]を押して文字列を貼り付けます。
※《ファイル名》に直接入力してもかまいません。
⑧《**保存**》をクリックします。
⑨《**書式設定とレイアウトを保持したままデータをエクスポートする**》を[✔]にします。
⑩《**OK**》をクリックします。
⑪《**閉じる**》をクリックします。

問題(2)

①《**外部データ**》タブ→《**インポートとリンク**》グループの[新しいデータソース](新しいデータソース)→《**ファイルから**》→《**Excel**》をクリックします。
②《**ファイル名**》の《**参照**》をクリックします。
③デスクトップのフォルダー「**FOM Shuppan Documents**」のフォルダー「**MOS-Access 365 2019-Expert(2)**」を開きます。
④一覧から「**リスト**」を選択します。
⑤《**開く**》をクリックします。
⑥《**リンクテーブルを作成してソースデータにリンクする**》を(●)にします。
⑦《**OK**》をクリックします。
※セキュリティに関するメッセージが表示された場合は、《開く》をクリックしておきましょう。
⑧《**先頭行をフィールド名として使う**》を[✔]にします。
⑨《**次へ**》をクリックします。
⑩問題文の文字列「**事業所**」をクリックしてコピーします。
⑪《**リンクしているテーブル名**》の文字列を選択します。
⑫[Ctrl]+[V]を押して文字列を貼り付けます。
※《リンクしているテーブル名》に直接入力してもかまいません。
⑬《**完了**》をクリックします。
⑭《**OK**》をクリックします。

問題(3)

①ナビゲーションウィンドウのクエリ「**勤務状況**」をダブルクリックします。
②《**ホーム**》タブ→《**レコード**》グループの[その他](その他)→《**フィールドの再表示**》をクリックします。
③「**業務名**」を[✔]にします。
④《**閉じる**》をクリックします。
⑤クイックアクセスツールバーの[上書き保存](上書き保存)をクリックします。
⑥[×]('勤務状況'を閉じる)をクリックします。

問題(4)

①ナビゲーションウィンドウのフォーム「**勤怠入力**」を右クリックします。
②《**レイアウトビュー**》をクリックします。
③《**デザイン**》タブ→《**ツール**》グループの[既存のフィールドの追加](既存のフィールドの追加)をクリックします。
④《**フィールドリスト**》の《**すべてのテーブルを表示する**》をクリックします。
⑤テーブル「**業務**」の「**業務名**」を、「**氏名**」ラベルの下側にドラッグします。
※「氏名」テキストボックスの下側でもかまいません。
※《フィールドリスト》を閉じておきましょう。
⑥クイックアクセスツールバーの[上書き保存](上書き保存)をクリックします。
⑦[×]('勤怠入力'を閉じる)をクリックします。

問題(5)

① ナビゲーションウィンドウのフォーム**「アルバイト名簿入力」**を右クリックします。
② **《レイアウトビュー》**をクリックします。
③ **「業務ID」**コンボボックスを選択します。
④ **《デザイン》**タブ→**《ツール》**グループの (プロパティシート) をクリックします。
⑤ **《プロパティシート》**の**《書式》**タブを選択します。
⑥ 問題文の文字列**「2cm」**をクリックしてコピーします。
⑦ **《幅》**プロパティの文字列を選択します。
⑧ [Ctrl]+[V]を押して文字列を貼り付けます。
※《幅》プロパティに直接入力してもかまいません。
⑨ **《プロパティシート》**の**《その他》**タブを選択します。
⑩ 問題文の文字列**「一覧から選択してください」**をクリックしてコピーします。
⑪ **《ヒントテキスト》**プロパティにカーソルを表示します。
⑫ [Ctrl]+[V]を押して文字列を貼り付けます。
※《ヒントテキスト》プロパティに直接入力してもかまいません。
※《プロパティシート》を閉じておきましょう。
⑬ クイックアクセスツールバーの (上書き保存) をクリックします。
⑭ × ('アルバイト名簿入力'を閉じる) をクリックします。

●プロジェクト5

問題(1)

① ナビゲーションウィンドウのテーブル**「料金マスター」**をダブルクリックします。
② **「特急料金」**フィールドの列見出しをクリックします。
③ **《ホーム》**タブ→**《レコード》**グループの その他 (その他) →**《フィールドの非表示》**をクリックします。
④ クイックアクセスツールバーの (上書き保存) をクリックします。
⑤ × ('料金マスター'を閉じる) をクリックします。

問題(2)

① ナビゲーションウィンドウのテーブル**「受付データ」**を右クリックします。
② **《デザインビュー》**をクリックします。
③ **「数量」**フィールドの行セレクターをクリックします。
④ **《フィールドプロパティ》**の**《標準》**タブを選択します。
⑤ **《エラーメッセージ》**プロパティの内容を確認します。
⑥ **《入力規則》**プロパティに**「<=10」**と入力します。
※半角で入力します。
⑦ クイックアクセスツールバーの (上書き保存) をクリックします。
⑧ **《いいえ》**をクリックします。
⑨ × ('受付データ'を閉じる) をクリックします。

問題(3)

① **《作成》**タブ→**《クエリ》**グループの (クエリウィザード) をクリックします。
② 一覧から**《選択クエリウィザード》**を選択します。
③ **《OK》**をクリックします。
※セキュリティに関するメッセージが表示された場合は、《開く》をクリックしておきましょう。
④ **《テーブル/クエリ》**の をクリックし、一覧から**「テーブル：受付データ」**を選択します。
⑤ **《選択可能なフィールド》**の一覧から**「仕上がり日」**を選択します。
⑥ [>] をクリックします。
⑦ 同様に、**「配送希望」**を追加します。
⑧ **《テーブル/クエリ》**の をクリックし、一覧から**「テーブル：顧客マスター」**を選択します。
⑨ **《選択可能なフィールド》**の一覧から**「顧客名」**を選択します。
⑩ [>] をクリックします。
⑪ 同様に、**「住所1」「住所2」**を追加します。
⑫ **《次へ》**をクリックします。
⑬ **《次へ》**をクリックします。
⑭ 問題文の文字列**「仕上がり予定一覧」**をクリックしてコピーします。
⑮ **《クエリ名を指定してください。》**の文字列を選択します。
⑯ [Ctrl]+[V]を押して文字列を貼り付けます。
※《クエリ名を指定してください。》に直接入力してもかまいません。
⑰ **《クエリのデザインを編集する》**を(●)にします。
⑱ **《完了》**をクリックします。
⑲ **「仕上がり日」**フィールドの**《並べ替え》**セルをクリックします。
⑳ をクリックし、一覧から**《昇順》**を選択します。
㉑ **「仕上がり日」**フィールドの**《抽出条件》**セルに**「Between␣2021/10/10␣And␣2021/10/20」**と入力します。
※半角で入力します。␣は半角空白を表します。入力を確定すると、「Between #2021/10/10# And #2021/10/20#」と表示されます。
※列幅を調整して条件を確認しましょう。
㉒ **《デザイン》**タブ→**《結果》**グループの (実行) をクリックします。
㉓ クイックアクセスツールバーの (上書き保存) をクリックします。
㉔ × ('仕上がり予定一覧'を閉じる) をクリックします。

問題(4)

① ナビゲーションウィンドウのレポート**「顧客別受付」**を右クリックします。
② **《レイアウトビュー》**をクリックします。
③ **《デザイン》**タブ→**《グループ化と集計》**グループの (グループ化と並べ替え) をクリックします。
④ **《グループの追加》**をクリックします。
⑤ 一覧から**「顧客名」**を選択します。

⑥《**並べ替えの追加**》をクリックします。
⑦一覧から「**仕上がり日**」を選択します。
⑧《**並べ替えキー**》の「**仕上がり日**」が《**昇順**》になっていることを確認します。
※《グループ化ダイアログボックス》を閉じておきましょう。
⑨クイックアクセスツールバーの（上書き保存）をクリックします。
⑩（'顧客別受付'を閉じる）をクリックします。

●プロジェクト6

問題(1)

①ナビゲーションウィンドウのレポート「**マラソン大会一覧**」を右クリックします。
②《**削除**》をクリックします。
③《**はい**》をクリックします。

問題(2)

①ナビゲーションウィンドウのクエリ「**参加記録**」を右クリックします。
②《**デザインビュー**》をクリックします。
③「**メンバーID**」フィールドの《**並べ替え**》セルをクリックします。
④をクリックし、一覧から《**昇順**》を選択します。
⑤「**記録**」フィールドの《**並べ替え**》セルをクリックします。
⑥をクリックし、一覧から《**昇順**》を選択します。
⑦クイックアクセスツールバーの（上書き保存）をクリックします。

問題(3)

①クエリ「**参加記録**」がデザインビューで表示されていることを確認します。
※表示されていない場合は、ナビゲーションウィンドウのクエリ「参加記録」を右クリック→《デザインビュー》を選択します。
②「**開催日**」フィールドのフィールドセレクターをクリックします。
③《**デザイン**》タブ→《**表示/非表示**》グループの プロパティシート（プロパティシート）をクリックします。
④《**プロパティシート**》の《**標準**》タブを選択します。
⑤《**書式**》プロパティをクリックします。
⑥をクリックし、一覧から《**日付(M)**》を選択します。
※《プロパティシート》を閉じておきましょう。
⑦《**デザイン**》タブ→《**結果**》グループの（実行）をクリックします。
⑧クイックアクセスツールバーの（上書き保存）をクリックします。
⑨（'参加記録'を閉じる）をクリックします。

問題(4)

①ナビゲーションウィンドウのフォーム「**記録入力**」をダブルクリックします。
②「**大会ID**」コンボボックス内をクリックしてカーソルを表示します。
③《**ホーム**》タブ→《**並べ替えとフィルター**》グループの 昇順（昇順）をクリックします。
④（'記録入力'を閉じる）をクリックします。

問題(5)

①ナビゲーションウィンドウのレポート「**マラソン参加記録**」を右クリックします。
②《**レイアウトビュー**》をクリックします。
③《**デザイン**》タブ→《**コントロール**》グループの（ラベル）をクリックします。
④「**記録**」ラベルの左側のセルをクリックします。
⑤問題文の文字列「**順位**」をクリックしてコピーします。
⑥作成したラベル内をクリックして、カーソルを表示します。
⑦ Ctrl ＋ V を押して文字列を貼り付けます。
※ラベルに直接入力してもかまいません。
⑧クイックアクセスツールバーの（上書き保存）をクリックします。
⑨（'マラソン参加記録'を閉じる）をクリックします。

第3回 模擬試験 問題

プロジェクト1

理解度チェック		
☑☑☑☑☑	問題（1）	あなたは、旅行コースの申込状況のデータベースを管理しています。 テーブル「オプショナルツアー」の「宿泊先番号」フィールドに、主キーを設定してください。操作後、テーブルを保存して閉じます。
☑☑☑☑☑	問題（2）	テーブル「申込受付台帳」に、「夏期受付分」という説明を追加してください。
☑☑☑☑☑	問題（3）	テーブル「申込受付台帳」の「出発日」フィールドが、本日の日付の3日後以降またはNull値しか入力できないように入力規則を設定してください。操作後、テーブルを保存して閉じます。既存のデータが入力規則に従っているかどうかのメッセージが表示された場合は「いいえ」をクリックします。
☑☑☑☑☑	問題（4）	レポート「申込状況」の用紙サイズをA4、印刷の向きを横に設定してください。操作後、レポートを閉じます。

プロジェクト2

理解度チェック		
☑☑☑☑☑	問題（1）	あなたは、Accessのデータベースを使って、模擬試験の試験結果を管理しています。デスクトップのフォルダー「FOM Shuppan Documents」のフォルダー「MOS-Access 365 2019-Expert（2）」にあるデータベース「会場一覧」のテーブル「模試会場」をインポートしてください。その他の設定は既定のままとします。
☑☑☑☑☑	問題（2）	テーブル「試験種別」の最後に、短いテキスト型のフィールド「文理区分」を挿入し、フィールドサイズを「2」に設定してください。操作後、テーブルを保存して閉じます。
☑☑☑☑☑	問題（3）	クエリ「試験結果（英語）」を「試験名」フィールドの昇順に並べ替え、試験名が同じ場合は「点数」フィールドの降順になるように並べ替えてください。操作後、クエリを実行して表示し、保存して閉じます。
☑☑☑☑☑	問題（4）	フォーム「生徒入力」に、イメージギャラリーの「back」を背景のイメージとして挿入してください。操作後、フォームを保存して閉じます。
☑☑☑☑☑	問題（5）	レポート「試験結果一覧」のレポートヘッダーにある「試験結果一覧」と表示されているラベルを「個人成績」に変更し、コントロールの塗りつぶしの色を「濃い青1」（R：223　G：229　B：237）に設定してください。操作後、レポートを保存して閉じます。

プロジェクト3

理解度チェック

問題(1) あなたは、データベースを使ってドラッグストアの商品の売上を管理しています。
テーブル「受注データ」とテーブル「顧客マスター」の間のリレーションシップに、参照整合性を設定してください。操作後、レイアウトを保存して、リレーションシップウィンドウを閉じます。

問題(2) テーブル「商品マスター」の「商品名」フィールドに含まれる「ソックス」をすべて「靴下」に置換してください。

問題(3) テーブル「商品マスター」の「販売価格」フィールドに、必ずデータが入力されるように設定してください。次に、新しくレコードを入力するときに、「社販掛け率」フィールドに「0.65」と表示されるように設定してください。操作後、テーブルを保存して閉じます。既存のデータが入力規則に従っているかどうかのメッセージが表示された場合は「いいえ」をクリックします。

問題(4) クエリ「顧客別購入商品」を作成してください。クエリ「商品別受注一覧」の「顧客名」「商品名」「数量」フィールドを順に表示します。その他の設定は既定のままとします。クエリを実行して表示し、閉じます。

問題(5) クエリ「販売中止」を更新クエリに変更してください。テーブル「商品マスター」の商品名に「ごぼう茶」が含まれるレコードの「販売中止」フィールドをオンにします。操作後、クエリを実行し、保存して閉じます。

問題(6) フォーム「受注入力」の「数量」テキストボックスの高さを、その他のテキストボックスの高さと同じになるように変更し、余白を「なし」に設定してください。操作後、フォームを保存して閉じます。

問題(7) 印刷プレビューを使って、レポート「商品一覧」のデータが「2」列、左から右へ印刷されるように設定してください。操作後、レポートを閉じます。

プロジェクト4

理解度チェック

問題(1) あなたは、Accessのデータベースを使って、剣道用品の売上を管理しています。
テーブル「得意先一覧」をテキストファイルとしてデスクトップのフォルダー「FOM Shuppan Documents」のフォルダー「MOS-Access 365 2019-Expert (2)」に保存してください。書式とレイアウトは保持し、その他の設定は既定のままとします。

問題(2) テーブル「分類」の「分類ID」フィールドと、テーブル「商品一覧」の「分類ID」フィールドで結合する一対多のリレーションシップを作成してください。テーブル「分類」に一致するレコードがなくても、テーブル「商品一覧」のすべてのレコードが表示されるようにします。操作後、リレーションシップウィンドウを閉じます。

問題(3) デスクトップのフォルダー「FOM Shuppan Documents」のフォルダー「MOS-Access 365 2019-Expert (2)」にあるExcelブック「売上明細」を、テーブル「売上データ」のデータとしてインポートしてください。その他の設定は既定のままとします。

☑☑☑☑☑ 問題(4)　テーブル「商品一覧」を「単価」フィールドの降順で並べ替えてください。次に、「備考」フィールドを非表示にしてください。操作後、テーブルを保存して閉じます。

☑☑☑☑☑ 問題(5)　クエリ「得意先電話番号」の「TEL」フィールドの右側に、「担当者名」フィールドを追加してください。操作後、クエリを実行して表示し、保存して閉じます。

プロジェクト5

理解度チェック

☑☑☑☑☑ 問題(1)　あなたは、Accessのデータベースを使って、スポーツクラブの会員の管理をしています。
テーブル「利用履歴」の「区分ID」フィールドが「A」または「B」のレコードを抽出してください。操作後、テーブルを保存して閉じます。

☑☑☑☑☑ 問題(2)　クエリ「利用記録」の「利用時間」フィールドの小数点以下の表示桁数が、2桁で表示されるように設定してください。操作後、クエリを保存します。

☑☑☑☑☑ 問題(3)　クエリ「利用記録」に「利用年月日を入力してください」というパラメーターが表示されるようにしてください。利用年月日の日付を入力するようにします。操作後、クエリを保存して閉じます。

☑☑☑☑☑ 問題(4)　デザインビューを使って、フォーム「利用区分」のカーソルの移動順序を変更してください。詳細セクションのコントロールの上から順に移動するようにします。操作後、フォームを保存して閉じます。

☑☑☑☑☑ 問題(5)　レポート「会員別利用履歴」を「会員ID」フィールドでグループ化し、さらに「名前」フィールドでグループ化してください。その他の設定は既定のままとします。操作後、レポートを保存して閉じます。

プロジェクト6

理解度チェック

☑☑☑☑☑ 問題(1)　あなたは、カルチャースクールで講座の受付情報や入金情報を管理しています。
テーブル「講師」を非表示に設定してください。

☑☑☑☑☑ 問題(2)　テーブル「会員」の「入会年月日」フィールドに定型入力を設定してください。「西暦日付(年号4桁)」、入力箇所には「_」が代替文字として表示されるようにします。次に、「備考」フィールドのデータ型を「長いテキスト」に変更してください。操作後、テーブルを保存して閉じます。

☑☑☑☑☑ 問題(3)　クエリ「振込確認」にフィルターを設定して「リラックスヨガ」のレコードだけを表示してください。操作後、クエリを保存して閉じます。

☑☑☑☑☑ 問題(4)　フォーム「受付入力」に、デスクトップのフォルダー「FOM Shuppan Documents」のフォルダー「MOS-Access 365 2019-Expert(2)」の画像「logo」をロゴとして挿入してください。操作後、フォームを保存して閉じます。

☑☑☑☑☑ 問題(5)　レポート「コース別受付詳細」のレポートヘッダーに、現在の日付と時刻が表示されるように設定してください。日付は「○○○○/○○/○○」、時刻は、12時間形式の時刻と午前(または午後)を表示します。操作後、レポートを保存して閉じます。

第3回 模擬試験 標準解答

●プロジェクト1

問題(1)

①ナビゲーションウィンドウのテーブル**「オプショナルツアー」**を右クリックします。
②**《デザインビュー》**をクリックします。
③**「宿泊先番号」**フィールドの行セレクターをクリックします。
④**《デザイン》**タブ→**《ツール》**グループの(主キー)をクリックします。
⑤クイックアクセスツールバーの(上書き保存)をクリックします。
⑥×('オプショナルツアー'を閉じる)をクリックします。

問題(2)

①ナビゲーションウィンドウのテーブル**「申込受付台帳」**を右クリックします。
②**《テーブルプロパティ》**をクリックします。
③問題文の文字列**「夏期受付分」**をクリックしてコピーします。
④**《説明》**にカーソルを表示します。
⑤Ctrl+Vを押して文字列を貼り付けます。
⑥**《OK》**をクリックします。

問題(3)

①ナビゲーションウィンドウのテーブル**「申込受付台帳」**を右クリックします。
②**《デザインビュー》**をクリックします。
③**「出発日」**フィールドの行セレクターをクリックします。
④**《フィールドプロパティ》**の**《標準》**タブを選択します。
⑤**《入力規則》**プロパティに**「>=Date()+3␣Or␣Is␣Null」**と入力します。
※半角で入力します。␣は半角空白を表します。
⑥クイックアクセスツールバーの(上書き保存)をクリックします。
⑦**《いいえ》**をクリックします。
⑧×('申込受付台帳'を閉じる)をクリックします。

問題(4)

①ナビゲーションウィンドウのレポート**「申込状況」**を右クリックします。
②**《印刷プレビュー》**をクリックします。
③**《印刷プレビュー》**タブ→**《ページサイズ》**グループの(ページサイズの選択)→**《A4》**をクリックします。
④**《印刷プレビュー》**タブ→**《ページレイアウト》**グループの(横)をクリックします。
⑤×('申込状況'を閉じる)をクリックします。

●プロジェクト2

問題(1)

①**《外部データ》**タブ→**《インポートとリンク》**グループの(新しいデータソース)→**《データベースから》**→**《Access》**をクリックします。
②**《ファイル名》**の**《参照》**をクリックします。
③デスクトップのフォルダー**「FOM Shuppan Documents」**のフォルダー**「MOS-Access 365 2019-Expert(2)」**を開きます。
④一覧から**「会場一覧」**を選択します。
⑤**《開く》**をクリックします。
⑥**《現在のデータベースにテーブル、クエリ、フォーム、レポート、マクロ、モジュールをインポートする》**を◉にします。
⑦**《OK》**をクリックします。
⑧**《テーブル》**タブを選択します。
⑨一覧から**「模試会場」**を選択します。
⑩**《OK》**をクリックします。
⑪**《閉じる》**をクリックします。

問題(2)

①ナビゲーションウィンドウのテーブル**「試験種別」**を右クリックします。
②**《デザインビュー》**をクリックします。
③問題文の文字列**「文理区分」**をクリックしてコピーします。
④4行目の**《フィールド名》**のセルにカーソルを表示します。
⑤Ctrl+Vを押して文字列を貼り付けます。
※《フィールド名》のセルに直接入力してもかまいません。
⑥Enterを押します。
⑦⌵をクリックし、一覧から**《短いテキスト》**を選択します。
⑧**《フィールドプロパティ》**の**《標準》**タブを選択します。
⑨問題文の文字列**「2」**をクリックしてコピーします。
⑩**《フィールドサイズ》**プロパティの文字列を選択します。
⑪Ctrl+Vを押して文字列を貼り付けます。
※《フィールドサイズ》プロパティに直接入力してもかまいません。
⑫クイックアクセスツールバーの(上書き保存)をクリックします。
⑬×('試験種別'を閉じる)をクリックします。

問題(3)

①ナビゲーションウィンドウのクエリ「**試験結果(英語)**」を右クリックします。
②《**デザインビュー**》をクリックします。
③「**試験名**」フィールドの《**並べ替え**》セルをクリックします。
④ ⌄ をクリックし、一覧から《**昇順**》を選択します。
⑤「**点数**」フィールドの《**並べ替え**》セルをクリックします。
⑥ ⌄ をクリックし、一覧から《**降順**》を選択します。
⑦《**デザイン**》タブ→《**結果**》グループの (実行)をクリックします。
⑧クイックアクセスツールバーの (上書き保存)をクリックします。
⑨ × ('試験結果(英語)'を閉じる)をクリックします。

問題(4)

①ナビゲーションウィンドウのフォーム「**生徒入力**」を右クリックします。
②《**レイアウトビュー**》をクリックします。
③《**書式**》タブ→《**背景**》グループの (背景のイメージ)→《**イメージギャラリー**》の「**back**」をクリックします。
④クイックアクセスツールバーの (上書き保存)をクリックします。
⑤ × ('生徒入力'を閉じる)をクリックします。

問題(5)

①レポート「**試験結果一覧**」を右クリックします。
②《**レイアウトビュー**》をクリックします。
③「**試験結果一覧**」と表示されているラベルを選択します。
④《**デザイン**》タブ→《**ツール**》グループの (プロパティシート)をクリックします。
⑤《**プロパティシート**》の《**書式**》タブを選択します。
⑥問題文の文字列「**個人成績**」をクリックしてコピーします。
⑦《**標題**》プロパティの文字列を選択します。
⑧ Ctrl + V を押して文字列を貼り付けます。
⑨《**背景色**》プロパティをクリックします。
⑩ ... をクリックし、一覧から《**標準の色**》の《**濃い青1**》を選択します。
※お使いの環境によっては、《濃い青1》が選択できない場合があります。その場合は《背景色》プロパティの ... →《その他の色》→《ユーザー設定》タブ→赤「223」、緑「229」、青「237」を設定します。
※プロパティシートを閉じておきましょう。
⑪クイックアクセスツールバーの (上書き保存)をクリックします。
⑫ × ('試験結果一覧'を閉じる)をクリックします。

●プロジェクト3

問題(1)

①《**データベースツール**》タブ→《**リレーションシップ**》グループの (リレーションシップ)をクリックします。
②《**デザイン**》タブ→《**リレーションシップ**》グループの すべてのリレーションシップ (すべてのリレーションシップの表示)をクリックします。
③テーブル「**受注データ**」とテーブル「**顧客マスター**」の間の結合線をダブルクリックします。
④《**参照整合性**》を ✔ にします。
⑤《**OK**》をクリックします。
⑥クイックアクセスツールバーの (上書き保存)をクリックします。
⑦《**デザイン**》タブ→《**リレーションシップ**》グループの (閉じる)をクリックします。

問題(2)

①ナビゲーションウィンドウのテーブル「**商品マスター**」をダブルクリックします。
②「**商品名**」フィールドの列見出しをクリックします。
③《**ホーム**》タブ→《**検索**》グループの 置換 (置換)をクリックします。
④《**置換**》タブが選択されていることを確認します。
⑤問題文の文字列「**ソックス**」をクリックしてコピーします。
⑥《**検索する文字列**》の文字列を選択します。
⑦ Ctrl + V を押して文字列を貼り付けます。
※《検索する文字列》に直接入力してもかまいません。
⑧同様に、《**置換後の文字列**》に「**靴下**」を貼り付けます。
※《置換後の文字列》に直接入力してもかまいません。
⑨《**探す場所**》の ⌄ をクリックし、一覧から《**現在のフィールド**》を選択します。
⑩《**検索条件**》の ⌄ をクリックし、一覧から《**フィールドの一部分**》を選択します。
⑪《**すべて置換**》をクリックします。
⑫《**はい**》をクリックします。
⑬ × (閉じる)をクリックします。

問題(3)

①テーブル「**商品マスター**」がデータシートビューで表示されていることを確認します。
※表示されていない場合は、ナビゲーションウィンドウのテーブル「商品マスター」をダブルクリックします。
②《**ホーム**》タブ→《**表示**》グループの (表示)をクリックします。
③「**販売価格**」フィールドの行セレクターをクリックします。
④《**フィールドプロパティ**》の《**標準**》タブを選択します。
⑤《**値要求**》プロパティをクリックします。

⑥ [⌄] をクリックし、一覧から**《はい》**を選択します。
⑦ **「社販掛け率」**フィールドの行セレクターをクリックします。
⑧ **《フィールドプロパティ》**の**《標準》**タブを選択します。
⑨ **《既定値》**プロパティに**「=0.65」**と入力します。
※半角で入力します。
⑩ クイックアクセスツールバーの [保存]（上書き保存）をクリックします。
⑪ **《いいえ》**をクリックします。
⑫ [×]（'商品マスター'を閉じる）をクリックします。

問題(4)

① **《作成》**タブ→**《クエリ》**グループの [クエリウィザード]（クエリウィザード）をクリックします。
② 一覧から**《選択クエリウィザード》**を選択します。
③ **《OK》**をクリックします。
※セキュリティに関するメッセージが表示された場合は、《開く》をクリックしておきましょう。
④ **《テーブル/クエリ》**の [⌄] をクリックし、一覧から**「クエリ：商品別受注一覧」**を選択します。
⑤ **《選択可能なフィールド》**の一覧から**「顧客名」**を選択します。
⑥ [>] をクリックします。
⑦ 同様に、**「商品名」「数量」**を追加します。
⑧ **《次へ》**をクリックします。
⑨ **《次へ》**をクリックします。
⑩ 問題文の文字列**「顧客別購入商品」**をクリックしてコピーします。
⑪ **《クエリ名を指定してください。》**の文字列を選択します。
⑫ [Ctrl]+[V]を押して文字列を貼り付けます。
※《クエリ名を指定してください。》に直接入力してもかまいません。
⑬ **《クエリを実行して結果を表示する》**が◉になっていることを確認します。
⑭ **《完了》**をクリックします。
⑮ [×]（'顧客別購入商品'を閉じる）をクリックします。

問題(5)

① ナビゲーションウィンドウのクエリ**「販売中止」**を右クリックします。
② **《デザインビュー》**をクリックします。
③ **《デザイン》**タブ→**《クエリの種類》**グループの [更新]（クエリの種類：更新）をクリックします。
④ **「商品名」**フィールドの**《抽出条件》**セルに**「*ごぼう茶*」**と入力します。
※記号は半角で入力します。入力を確定すると「Like "*ごぼう茶*"」と表示されます。
⑤ **「販売中止」**フィールドの**《レコードの更新》**セルに**「Yes」**と入力します。
※半角で入力します。

⑥ **《デザイン》**タブ→**《結果》**グループの [実行]（実行）をクリックします。
⑦ **《はい》**をクリックします。
※2件のレコードが更新されます。
⑧ クイックアクセスツールバーの [保存]（上書き保存）をクリックします。
⑨ [×]（'販売中止'を閉じる）をクリックします。

問題(6)

① ナビゲーションウィンドウのフォーム**「受注入力」**を右クリックします。
② **《レイアウトビュー》**をクリックします。
③ **「受注CD」**テキストボックスを選択します。
※「数量」テキストボックス以外であれば、どのテキストボックスでもかまいません。
④ **《デザイン》**タブ→**《ツール》**グループの [プロパティシート]（プロパティシート）をクリックします。
⑤ **《プロパティシート》**の**《書式》**タブを選択します。
⑥ **《高さ》**プロパティの文字列を選択します。
⑦ [Ctrl]+[C]を押して文字列をコピーします。
⑧ **「数量」**テキストボックスを選択します。
⑨ **《高さ》**プロパティの文字列を選択します。
⑩ [Ctrl]+[V]を押して文字列を貼り付けます。
※《高さ》プロパティに直接入力してもかまいません。
※《プロパティシート》を閉じておきましょう。
⑪ **《配置》**タブ→**《位置》**グループの [余白の調整]（余白の調整）→**《なし》**をクリックします。
⑫ クイックアクセスツールバーの [保存]（上書き保存）をクリックします。
⑬ [×]（'受注入力'を閉じる）をクリックします。

問題(7)

① ナビゲーションウィンドウのレポート**「商品一覧」**を右クリックします。
② **《印刷プレビュー》**をクリックします。
③ **《印刷プレビュー》**タブ→**《ページレイアウト》**グループの [列]（列）をクリックします。
④ **《レイアウト》**タブを選択します。
⑤ 問題文の文字列**「2」**をクリックしてコピーします。
⑥ **《行列設定》**の**《列数》**の文字列を選択します。
⑦ [Ctrl]+[V]を押して文字列を貼り付けます。
※《列数》に直接入力してもかまいません。
⑧ **《印刷方向》**の**《左から右へ》**を◉にします。
⑨ **《OK》**をクリックします。
⑩ [×]（'商品一覧'を閉じる）をクリックします。

●プロジェクト4

問題(1)

①ナビゲーションウィンドウのテーブル「**得意先一覧**」を選択します。
②《**外部データ**》タブ→《**エクスポート**》グループの（テキストファイルにエクスポート）をクリックします。
③《**ファイル名**》の《**参照**》をクリックします。
④デスクトップのフォルダー「**FOM Shuppan Documents**」のフォルダー「**MOS-Access 365 2019-Expert(2)**」を開きます。
⑤《**保存**》をクリックします。
⑥《**書式設定とレイアウトを保持したままデータをエクスポートする**》を☑にします。
⑦《**OK**》をクリックします。
⑧《**OK**》をクリックします。
⑨《**閉じる**》をクリックします。

問題(2)

①《**データベースツール**》タブ→《**リレーションシップ**》グループの（リレーションシップ）をクリックします。
②テーブル「**分類**」の「**分類ID**」フィールドを、テーブル「**商品一覧**」の「**分類ID**」フィールドへドラッグします。
※ドラッグ元のフィールドとドラッグ先のフィールドは逆でもかまいません。
③《**リレーションシップの種類**》が「**一対多**」になっていることを確認します。
④《**結合の種類**》をクリックします。
⑤《**3：'商品一覧'の全レコードと'分類'の同じ結合フィールドのレコードだけを含める。**》を◉にします。
⑥《**OK**》をクリックします。
⑦《**作成**》をクリックします。
⑧《**デザイン**》タブ→《**リレーションシップ**》グループの（閉じる）をクリックします。

問題(3)

①《**外部データ**》タブ→《**インポートとリンク**》グループの（新しいデータソース）→《**ファイルから**》→《**Excel**》をクリックします。
②《**ファイル名**》の《**参照**》をクリックします。
③デスクトップのフォルダー「**FOM Shuppan Documents**」のフォルダー「**MOS-Access 365 2019-Expert(2)**」を開きます。
④一覧から「**売上明細**」を選択します。
⑤《**開く**》をクリックします。
⑥《**レコードのコピーを次のテーブルに追加する**》を◉にします。
⑦をクリックし、一覧から「**売上データ**」を選択します。
⑧《**OK**》をクリックします。
※セキュリティに関するメッセージが表示された場合は、《**開く**》をクリックしておきましょう。
⑨《**次へ**》をクリックします。
⑩《**完了**》をクリックします。
⑪《**閉じる**》をクリックします。

問題(4)

①ナビゲーションウィンドウのテーブル「**商品一覧**」をダブルクリックします。
②「**単価**」フィールドの列見出しをクリックします。
③《**ホーム**》タブ→《**並べ替えとフィルター**》グループの降順（降順）をクリックします。
④「**備考**」フィールドの列見出しをクリックします。
⑤《**ホーム**》タブ→《**レコード**》グループのその他（その他）→《**フィールドの非表示**》をクリックします。
⑥クイックアクセスツールバーの（上書き保存）をクリックします。
⑦×（'商品一覧'を閉じる）をクリックします。

問題(5)

①ナビゲーションウィンドウのクエリ「**得意先電話番号**」を右クリックします。
②《**デザインビュー**》をクリックします。
③「**担当者**」フィールドリストの「**担当者名**」をダブルクリックします。
④《**デザイン**》タブ→《**結果**》グループの（実行）をクリックします。
⑤クイックアクセスツールバーの（上書き保存）をクリックします。
⑥×（'得意先電話番号'を閉じる）をクリックします。

●プロジェクト5

問題(1)

①ナビゲーションウィンドウのテーブル「**利用履歴**」をダブルクリックします。
②「**区分ID**」フィールドのをクリックします。
③《**(すべて選択)**》を☐にします。
④「**A**」と「**B**」を☑にします。
⑤《**OK**》をクリックします。
※27件のレコードが抽出されます。
⑥クイックアクセスツールバーの（上書き保存）をクリックします。
⑦×（'利用履歴'を閉じる）をクリックします。

問題(2)

①ナビゲーションウィンドウのクエリ「**利用記録**」を右クリックします。
②《**デザインビュー**》をクリックします。
③「**利用時間**」フィールドのフィールドセレクターをクリックします。
④《**デザイン**》タブ→《**表示/非表示**》グループの[プロパティシート](プロパティシート)をクリックします。
⑤《**プロパティシート**》の《**標準**》タブを選択します。
⑥《**小数点以下表示桁数**》プロパティをクリックします。
⑦[∨]をクリックし、一覧から《**2**》を選択します。
※《プロパティシート》を閉じておきましょう。
⑧クイックアクセスツールバーの[保存](上書き保存)をクリックします。

問題(3)

①クエリ「**利用記録**」がデザインビューで表示されていることを確認します。
※表示されていない場合は、ナビゲーションウィンドウのクエリ「利用記録」を右クリック→《デザインビュー》を選択します。
②問題文の文字列「**利用年月日を入力してください**」をクリックしてコピーします。
③「**利用年月日**」フィールドの《**抽出条件**》セルに「**[**」を入力します。
※記号は半角で入力します。
④[Ctrl]+[V]を押して文字列を貼り付けます。
※《抽出条件》セルに直接入力してもかまいません。
⑤続けて、「**]**」を入力します。
※記号は半角で入力します。
※列幅を調整して、条件を確認しましょう。
⑥クイックアクセスツールバーの[保存](上書き保存)をクリックします。
⑦[×]('利用記録'を閉じる)をクリックします。

問題(4)

①ナビゲーションウィンドウのフォーム「**利用区分**」を右クリックします。
②《**デザインビュー**》をクリックします。
③《**デザイン**》タブ→《**ツール**》グループの[タブオーダー](タブオーダー)をクリックします。
④《**セクション**》の一覧から《**詳細**》を選択します。
⑤《**タブオーダーの設定**》の「**区分ID**」の行セレクターをクリックします。
⑥「**区分ID**」の行を「**区分**」の上側にドラッグします。
⑦《**OK**》をクリックします。
⑧クイックアクセスツールバーの[保存](上書き保存)をクリックします。
⑨[×]('利用区分'を閉じる)をクリックします。

問題(5)

①ナビゲーションウィンドウのレポート「**会員別利用履歴**」を右クリックします。
②《**レイアウトビュー**》をクリックします。
③《**デザイン**》タブ→《**グループ化と集計**》グループの[グループ化と並べ替え](グループ化と並べ替え)をクリックします。
④《**グループの追加**》をクリックします。
⑤一覧から「**会員ID**」を選択します。
⑥《**グループの追加**》をクリックします。
⑦一覧から「**名前**」を選択します。
※《グループ化ダイアログボックス》を閉じておきましょう。
⑧クイックアクセスツールバーの[保存](上書き保存)をクリックします。
⑨[×]('会員別利用履歴'を閉じる)をクリックします。

●プロジェクト6

問題(1)

①ナビゲーションウィンドウのテーブル「**講師**」を右クリックします。
②《**テーブルプロパティ**》をクリックします。
③《**隠しオブジェクト**》を[✓]にします。
④《**OK**》をクリックします。

問題(2)

①ナビゲーションウィンドウのテーブル「**会員**」を右クリックします。
②《**デザインビュー**》をクリックします。
③「**入会年月日**」フィールドの行セレクターをクリックします。
④《**フィールドプロパティ**》の《**標準**》タブを選択します。
⑤《**定型入力**》プロパティをクリックします。
⑥[...]をクリックします。
※セキュリティに関するメッセージが表示された場合は、《開く》をクリックしておきましょう。
⑦《**定型入力名**》の一覧から《**西暦日付(年号4桁)**》を選択します。
⑧《**次へ**》をクリックします。
⑨《**定型入力**》が「**9999¥年99¥月99¥日**」になっていることを確認します。
⑩《**代替文字**》が「**_**」になっていることを確認します。
⑪《**次へ**》をクリックします。
⑫《**完了**》をクリックします。
⑬「**備考**」フィールドの《**データ型**》のセルをクリックします。
⑭[∨]をクリックし、一覧から《**長いテキスト**》を選択します。
⑮クイックアクセスツールバーの[保存](上書き保存)をクリックします。
⑯[×]('会員'を閉じる)をクリックします。

問題(3)

①ナビゲーションウィンドウのクエリ**「振込確認」**をダブルクリックします。
②**「コース名」**フィールドの[▼]をクリックします。
③**《(すべて選択)》**を[ ]にします。
④**《リラックスヨガ》**を[✓]にします。
⑤**《OK》**をクリックします。
※4件のレコードが抽出されます。
⑥クイックアクセスツールバーの[保存](上書き保存)をクリックします。
⑦[×]('振込確認'を閉じる)をクリックします。

問題(4)

①ナビゲーションウィンドウのフォーム**「受付入力」**を右クリックします。
②**《レイアウトビュー》**をクリックします。
③**《デザイン》**タブ→**《ヘッダー/フッター》**グループの[ロゴ](ロゴ)をクリックします。
④デスクトップのフォルダー**「FOM Shuppan Documents」**のフォルダー**「MOS-Access 365 2019-Expert(2)」**を開きます。
⑤一覧から**「logo」**を選択します。
⑥**《OK》**をクリックします。
⑦クイックアクセスツールバーの[保存](上書き保存)をクリックします。
⑧[×]('受付入力'を閉じる)をクリックします。

問題(5)

①ナビゲーションウィンドウのレポート**「コース別受付詳細」**を右クリックします。
②**《レイアウトビュー》**をクリックします。
③**《デザイン》**タブ→**《ヘッダー/フッター》**グループの[日付と時刻](日付と時刻)をクリックします。
④**《日付を含める》**が[✓]になっていることを確認します。
⑤「○○○○/○○/○○」を(●)にします。
⑥**《時刻を含める》**が[✓]になっていることを確認します。
⑦**《○:○○ 午前》**(または**《○:○○ 午後》**)を(●)にします。
⑧**《OK》**をクリックします。
⑨クイックアクセスツールバーの[保存](上書き保存)をクリックします。
⑩[×]('コース別受付詳細'を閉じる)をクリックします。

MOS Access
365&2019 Expert

MOS 365&2019
攻略ポイント

1 MOS 365&2019の試験形式

Accessの機能や操作方法をマスターするだけでなく、試験そのものについても理解を深めておきましょう。

1 マルチプロジェクト形式とは

MOS 365&2019は、**「マルチプロジェクト形式」**という試験形式で実施されます。
このマルチプロジェクト形式を図解で表現すると、次のようになります。

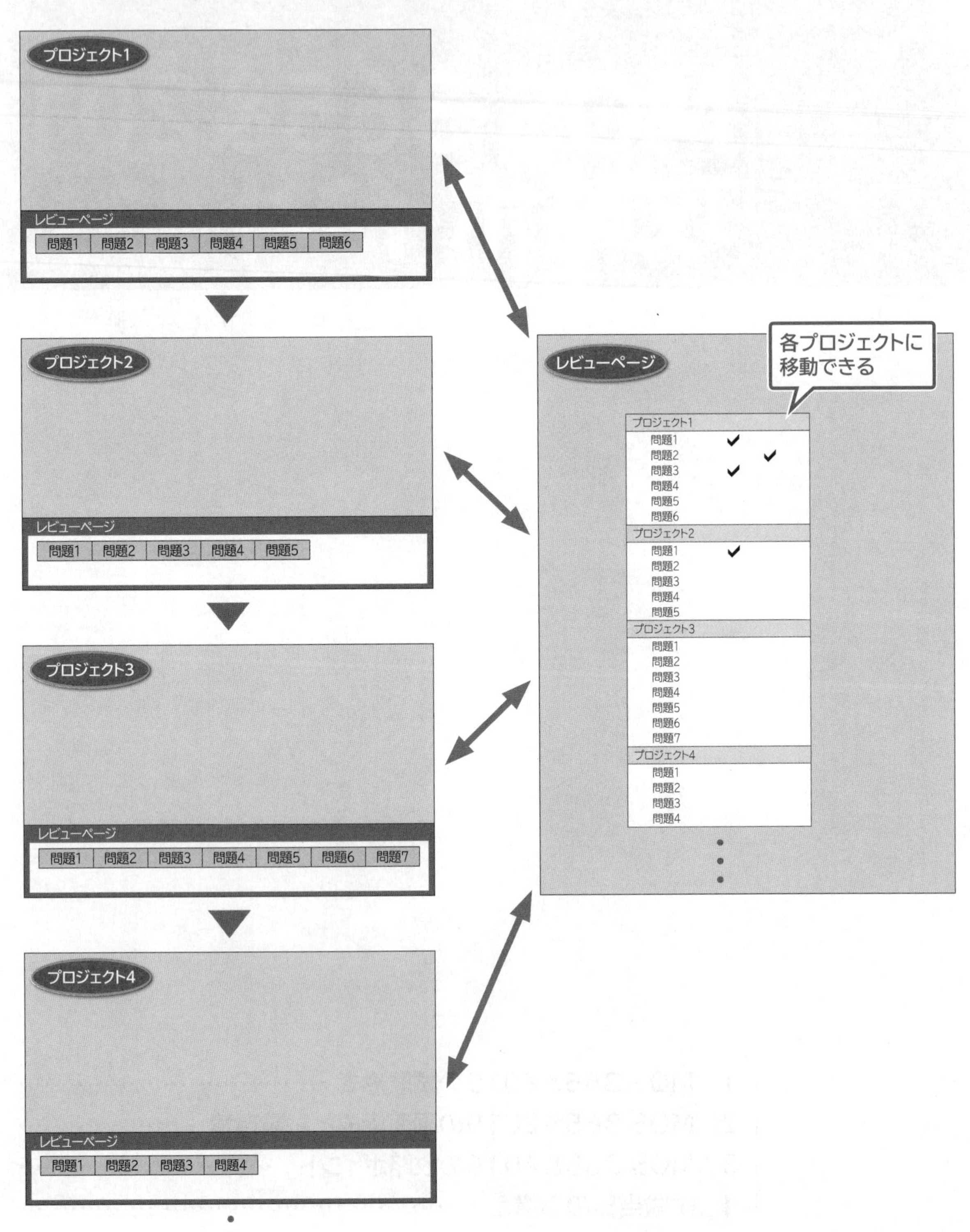

■プロジェクト

「マルチプロジェクト」の**「マルチ」**は“複数”という意味で、**「プロジェクト」**は“操作すべきファイル”を指しています。マルチプロジェクトは、言い換えると、“操作すべき複数のファイル”となります。

複数のファイルを操作して、すべて完成させていく試験、それがMOS 365&2019の試験形式です。

1回の試験で出題されるプロジェクト数、つまりファイル数は、5～10個程度です。各プロジェクトはそれぞれ独立しており、1つ目のプロジェクトで行った操作が、2つ目以降のプロジェクトに影響することはありません。

また、1つのプロジェクトには、1～7個程度の問題（タスク）が用意されています。問題には、ファイルに対してどのような操作を行うのか、具体的な指示が記述されています。

■レビューページ

すべてのプロジェクトから、**「レビューページ」**と呼ばれるプロジェクトの一覧に移動できます。レビューページから、未解答の問題や見直したい問題に戻ることができます。

2 MOS 365&2019の画面構成と試験環境

本試験の画面構成や試験環境について、あらかじめ不安や疑問を解消しておきましょう。

1 本試験の画面構成を確認しよう

MOS 365&2019の試験画面については、模擬試験プログラムと異なる部分をあらかじめ確認しましょう。
本試験は、次のような画面で行われます。

（株式会社オデッセイコミュニケーションズ提供）

❶アプリケーションウィンドウ

本試験では、アプリケーションウィンドウのサイズ変更や移動が可能です。
※模擬試験プログラムでは、サイズ変更や移動ができません。

❷試験パネル

本試験では、試験パネルのサイズ変更や移動が可能です。
※模擬試験プログラムでは、サイズ変更や移動ができません。

❸⚙

試験パネルの文字のサイズの変更や、電卓を表示できます。
※文字のサイズは、キーボードからも変更できます。
※模擬試験プログラムでは電卓を表示できません。

❹レビューページ

レビューページに移動できます。

※レビューページに移動する前に確認のメッセージが表示されます。

❺次のプロジェクト

次のプロジェクトに移動できます。

※次のプロジェクトに移動する前に確認のメッセージが表示されます。

❻

試験パネルを最小化します。

❼

アプリケーションウィンドウや試験パネルをサイズ変更したり移動したりした場合に、ウィンドウの配置を元に戻します。

※模擬試験プログラムには、この機能がありません。

❽解答済みにする

解答済みの問題にマークを付けることができます。レビューページで、マークの有無を確認できます。

❾あとで見直す

わからない問題や解答に自信がない問題に、マークを付けることができます。レビューページで、マークの有無を確認できるので、見直す際の目印になります。

※模擬試験プログラムでは、「付箋を付ける」がこの機能に相当します。

❿試験後にコメントする

コメントを残したい問題に、マークを付けることができます。試験中に気になる問題があれば、マークを付けておき、試験後にその問題に対するコメントを入力できます。試験主幹元のMicrosoftにコメントが配信されます。

※模擬試験プログラムには、この機能がありません。

本試験の画面について

本試験の画面は、試験システムの変更などで、予告なく変更される可能性があります。本試験を開始すると、問題が出題される前に試験に関する注意事項(チュートリアル)が表示されます。注意事項には、試験画面の操作方法や諸注意などが記載されているので、よく読んで不明な点があれば試験会場の試験官に確認しましょう。本試験の最新情報については、MOS公式サイト(https://mos.odyssey-com.co.jp/)をご確認ください。

2 本試験の実施環境を確認しよう

普段使い慣れている自分のパソコン環境と、試験のパソコン環境がどれくらい違うのか、あらかじめ確認しておきましょう。

●コンピューター

本試験では、原則的にデスクトップ型のパソコンが使われます。ノートブック型のパソコンは使われないので、普段ノートブック型を使っている人は注意が必要です。デスクトップ型とノートブック型では、矢印キーや[Delete]など一部のキーの配列が異なるので、慣れていないと使いにくいと感じるかもしれません。普段から本試験と同じ型のキーボードで練習するとよいでしょう。

●キーボード

本試験では、**「109型」**または**「106型」**のキーボードが使われます。自分のキーボードと比べて確認しておきましょう。

109型キーボード

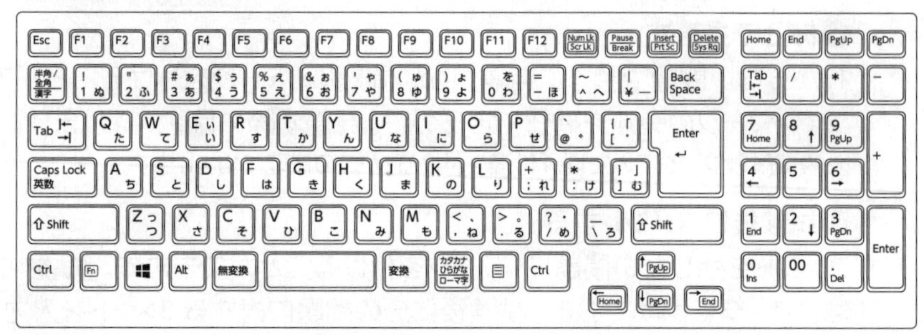

※「106型キーボード」には、[Windows]と[アプリケーション]のキーがありません。

●ディスプレイ

本試験では、17インチ以上のディスプレイ、**「1280×1024ピクセル」**以上の画面解像度が使われます。
画面解像度によって、ボタンの形状やサイズ、位置が異なる場合があります。
自分のパソコンと試験会場のパソコンの画面解像度が異なっても対処できるように、ボタンの大体の配置を覚えておくようにしましょう。

●日本語入力システム

本試験の日本語入力システムは、**「Microsoft IME」**が使われます。Windowsには、Microsoft IMEが標準で搭載されているため、多くの人が意識せずにMicrosoft IMEを使い、その入力方法に慣れているはずです。しかし、ATOKなどその他の日本語入力システムを使っている人は、入力方法が異なるので注意が必要です。普段から本試験と同じ日本語入力システムで練習するとよいでしょう。

3　MOS 365&2019の攻略ポイント

本試験に取り組む際に、どうすれば効果的に解答できるのか、どうすればうっかりミスをなくすことができるのかなど、気を付けたいポイントを確認しましょう。

1　全体のプロジェクト数と問題数を確認しよう

試験が始まったら、まず、全体のプロジェクト数と問題数を確認しましょう。
出題されるプロジェクト数は5～10個程度で、試験パターンによって変わります。また、レビューページを表示すると、プロジェクト内の問題数も確認できます。

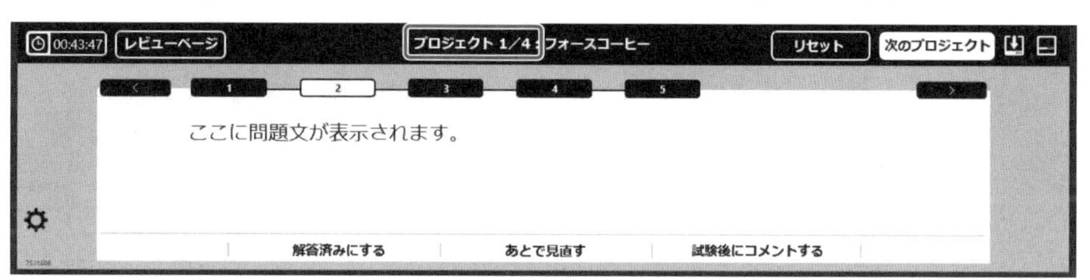

2　時間配分を考えよう

全体のプロジェクト数を確認したら、適切な時間配分を考えましょう。
タイマーにときどき目をやり、進み具合と残り時間を確認しながら進めましょう。

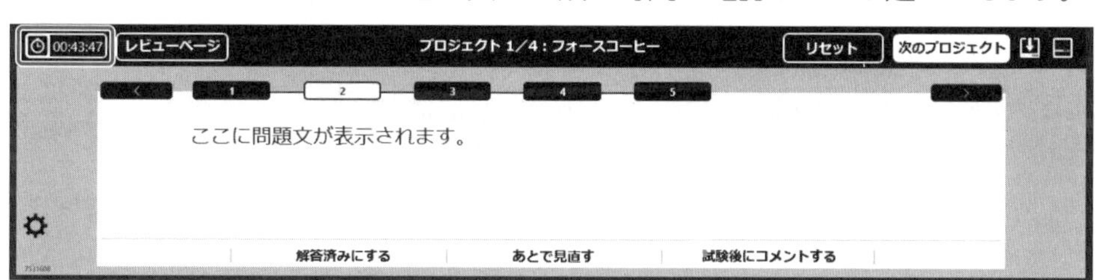

終盤の問題で焦らないために、40分前後ですべての問題に解答できるようにトレーニングしておくとよいでしょう。残った時間を見直しに充てるようにすると、気持ちが楽になります。

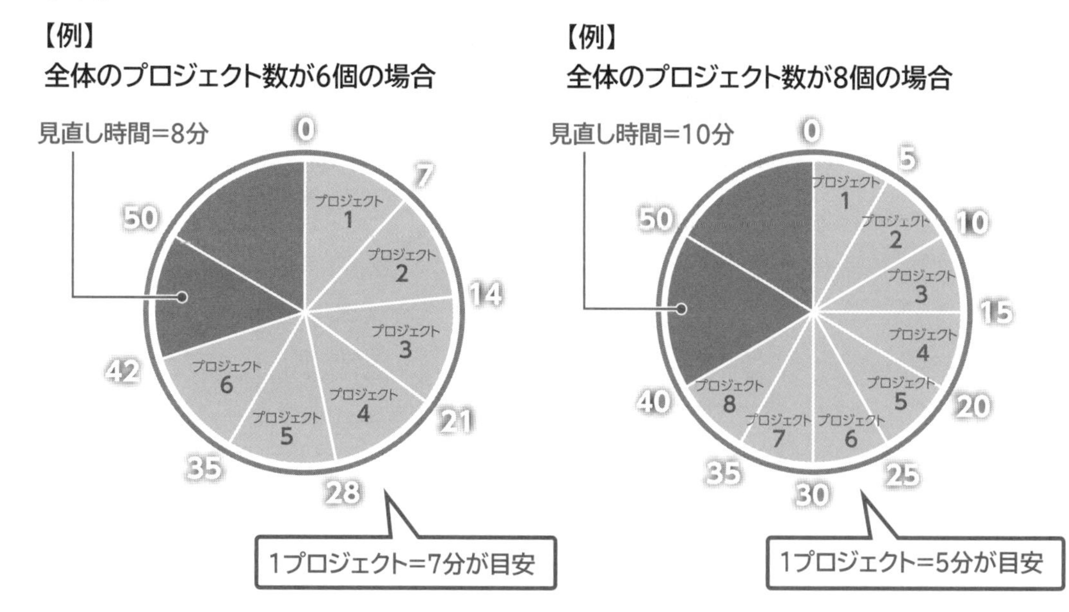

3 問題文をよく読もう

問題文をよく読み、指示されている操作だけを行います。
操作に精通していると過信している人は、問題文をよく読まずに先走ったり、指示されている以上の操作までしてしまったり、という過ちをおかしがちです。指示されていない余分な操作をしてはいけません。
また、コマンド名が明示されていない問題も出題されます。問題文をしっかり読んでどのコマンドを使うのか判断しましょう。
問題文の一部には下線の付いた文字列があります。この文字列はコピーすることができるので、入力が必要な問題では、積極的に利用するとよいでしょう。文字の入力ミスを防ぐことができるので、効率よく解答することができます。

4 プロジェクト間の行き来に注意しよう

問題ウィンドウには《**レビューページ**》のボタンがあり、クリックするとレビューページに移動できます。
例えば、「**プロジェクト1**」から「**プロジェクト2**」に移動した後に、「**プロジェクト1**」での操作ミスに気付いたときなどレビューページを使って「**プロジェクト1**」に戻り、操作をやり直すことが可能です。レビューページから前のプロジェクトに戻った場合、自分の解答済みのファイルが保持されています。

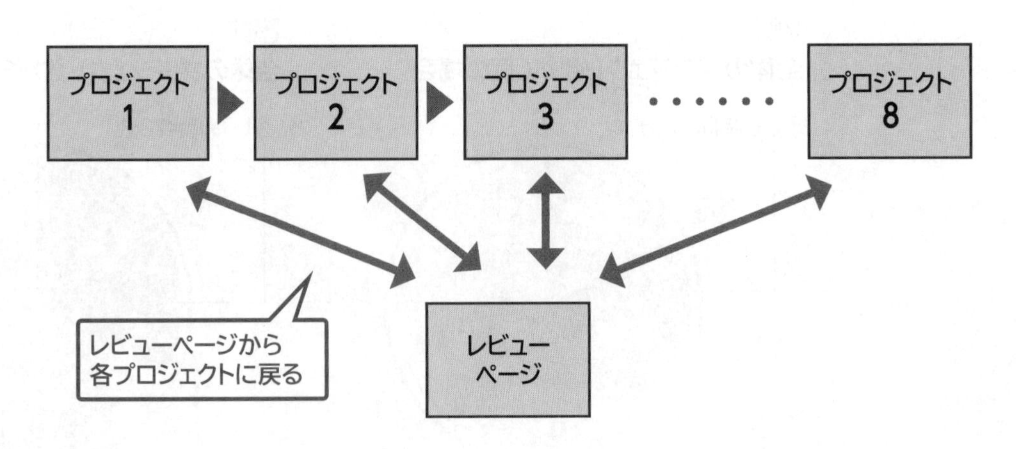

5 わかる問題から解答しよう

試験の最後にも、レビューページが表示されます。レビューページから各プロジェクトに戻ることができるので、わからない問題にはあとから取り組むようにしましょう。前半でわからない問題に時間をかけ過ぎると、後半で時間不足に陥ってしまいます。時間がなくなると、焦ってしまい、冷静に考えれば解ける問題にも対処できなくなります。わかる問題を一通り解いて確実に得点を積み上げましょう。
解答できなかった問題には**《あとで見直す》**のマークを付けておき、見直す際の目印にしましょう。

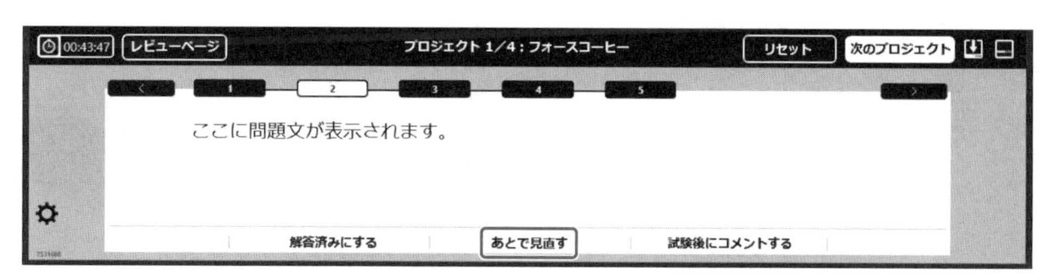

6 リセットに注意しよう

《リセット》をクリックすると、現在表示されているプロジェクトのファイルが初期状態に戻ります。プロジェクトに対して行ったすべての操作がクリアされるので、注意しましょう。
例えば、問題1と問題2を解答し、問題3で操作ミスをしてリセットすると、問題1や問題2の結果もクリアされます。問題1や問題2の結果を残しておきたい場合には、リセットしてはいけません。
直前の操作を取り消したい場合には、Accessの（元に戻す）を使うとよいでしょう。ただし、元に戻らない機能もあるので、頼りすぎるのは禁物です。

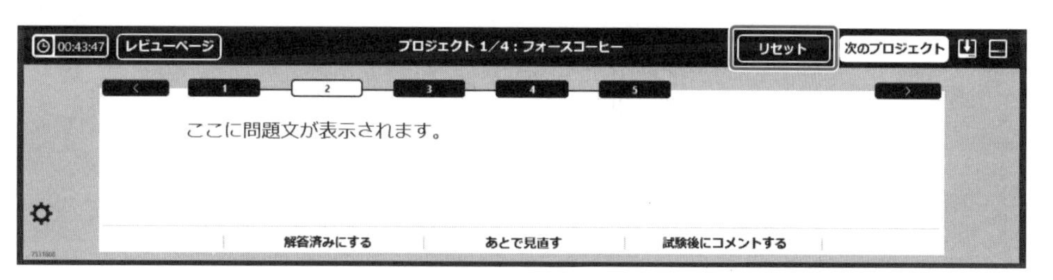

7 ビューを使い分けよう

フォームやレポートを編集する問題の場合、レイアウトビューで操作するのか、デザインビューで操作するのかによって、結果が異なる場合があります。
問題文にビューの指示がある場合は、指示のあるビューを使って操作します。
ビューの指示がない場合は、操作しやすい方のビューを使うとよいでしょう。
どのようなときにどのビューを使うとよいか、使い分けできるようになっておきましょう。

4 試験当日の心構え

本試験で緊張したり焦ったりして、本来の実力が発揮できなかった、という話がときどき聞かれます。本試験ではシーンと静まり返った会場に、キーボードをたたく音だけが響き渡り、思った以上に緊張したり焦ったりするものです。ここでは、試験当日に落ち着いて試験に臨むための心構えを解説します。

1 自分のペースで解答しよう

試験会場にはほかの受験者もいますが、他人は気にせず自分のペースで解答しましょう。
受験者の中にはキー入力がとても速い人、早々に試験を終えて退出する人など様々な人がいますが、他人のスピードで焦ることはありません。30分で試験を終了しても、50分で試験を終了しても採点結果に差はありません。自分のペースを大切にして、試験時間50分を上手に使いましょう。

2 試験日に合わせて体調を整えよう

試験日の体調には、くれぐれも注意しましょう。体の調子が悪くて受験できなかったり、体調不良のまま受験しなければならなかったりすると、それまでの努力が水の泡になってしまいます。試験を受け直すとしても、費用が再度発生してしまいます。試験に向けて無理をせず、計画的に学習を進めましょう。また、前日には十分な睡眠を取り、当日は食事も十分に摂りましょう。

3 早めに試験会場に行こう

事前に試験会場までの行き方や所要時間は調べておき、試験当日に焦ることのないようにしましょう。
受付時間を過ぎると入室禁止になるので、ギリギリの行動はよくありません。早めに試験会場に行って、受付の待合室でテキストを復習するくらいの時間的な余裕をみて行動しましょう。

MOS Access 365&2019 Expert

困ったときには

困ったときには

最新のQ&A情報について
最新のQ＆A情報については、FOM出版のホームページから「QAサポート」→「よくあるご質問」をご確認ください。
※FOM出版のホームページへのアクセスについては、P.11を参照してください。

Q&A 模擬試験プログラムのアップデート

1 本試験の画面が変更された場合やWindowsがアップデートされた場合などに、模擬試験プログラムの内容は変更されますか？

模擬試験プログラムはアップデートする可能性があります。最新情報については、FOM出版のホームページをご確認ください。
※FOM出版のホームページへのアクセスについては、P.11を参照してください。

Q&A 模擬試験プログラム起動時のメッセージと対処方法

2 模擬試験を開始しようとすると、メッセージが表示され、模擬試験プログラムが起動しません。どうしたらいいですか？

各メッセージと対処方法は次のとおりです。

メッセージ	対処方法
Accessが起動している場合、模擬試験を起動できません。 Accessを終了してから模擬試験プログラムを起動してください。	模擬試験プログラムを終了して、Accessを終了してください。 Accessが起動している場合、模擬試験プログラムを起動できません。
Adobe Readerが起動している場合、模擬試験を起動できません。 Adobe Readerを終了してから模擬試験プログラムを起動してください。	模擬試験プログラムを終了して、Adobe Readerを終了してください。Adobe Readerが起動している場合、模擬試験プログラムを起動できません。
Excelが起動している場合、模擬試験を起動できません。 Excelを終了してから模擬試験プログラムを起動してください。	模擬試験プログラムを終了して、Excelを終了してください。Excelが起動している場合、模擬試験プログラムを起動できません。
OneDriveと同期していると、模擬試験プログラムが正常に動作しない可能性があります。 OneDriveの同期を一時停止してから模擬試験プログラムを起動してください。	デスクトップとOneDriveが同期している状態で、模擬試験プログラムを起動しようとすると、このメッセージが表示されます。 OneDriveの同期を一時停止してから模擬試験プログラムを起動してください。 ※OneDriveとの同期を停止する方法については、Q＆A20を参照してください。
PowerPointが起動している場合、模擬試験を起動できません。 PowerPointを終了してから模擬試験プログラムを起動してください。	模擬試験プログラムを終了して、PowerPointを終了してください。 PowerPointが起動している場合、模擬試験プログラムを起動できません。

メッセージ	対処方法
Wordが起動している場合、模擬試験を起動できません。 Wordを終了してから模擬試験プログラムを起動してください。	模擬試験プログラムを終了して、Wordを終了してください。 Wordが起動している場合、模擬試験プログラムを起動できません。
XPSビューアーが起動している場合、模擬試験を起動できません。 XPSビューアーを終了してから模擬試験プログラムを起動してください。	模擬試験プログラムを終了して、XPSビューアーを終了してください。 XPSビューアーが起動している場合、模擬試験プログラムを起動できません。
ディスプレイの解像度が動作保障環境（1280×768px）より小さいためプログラムを起動できません。 ディスプレイの解像度を変更してから模擬試験プログラムを起動してください。	模擬試験プログラムを終了して、画面の解像度を「1280×768ピクセル」以上に設定してください。 ※画面の解像度を変更する方法については、Q&A15を参照してください。
テキスト記載のシリアルキーを入力してください。	模擬試験プログラムを初めて起動する場合に、このメッセージが表示されます。2回目以降に起動する際には表示されません。 ※模擬試験プログラムの起動については、P.229を参照してください。
パソコンにAccess 2019またはMicrosoft 365がインストールされていないため、模擬試験を開始できません。プログラムを一旦終了して、Access 2019またはMicrosoft 365をパソコンにインストールしてください。	模擬試験プログラムを終了して、Access 2019／Microsoft 365をインストールしてください。 模擬試験を行うためには、Access 2019／Microsoft 365がパソコンにインストールされている必要があります。Access 2013などのほかのバージョンのAccessでは模擬試験を行うことはできません。 また、Office 2019／Microsoft 365のライセンス認証を済ませておく必要があります。 ※Access 2019／Microsoft 365がインストールされていないパソコンでも模擬試験プログラムの標準解答のアニメーションとナレーションは確認できます。
他のアプリケーションソフトが起動しています。 模擬試験プログラムを起動できますが、正常に動作しない可能性があります。 このまま処理を続けますか？	任意のアプリケーションが起動している状態で、模擬試験プログラムを起動しようとすると、このメッセージが表示されます。また、セキュリティソフトなどの監視プログラムが常に動作している状態でも、このメッセージが表示されることがあります。 《はい》をクリックすると、アプリケーション起動中でも模擬試験プログラムを起動できます。ただし、その場合には模擬試験プログラムが正しく動作しない可能性がありますので、ご注意ください。 《いいえ》をクリックして、アプリケーションをすべて終了してから、模擬試験プログラムを起動することを推奨します。
保持していたシリアルキーが異なります。再入力してください。	初めて模擬試験プログラムを起動したときと、現在のネットワーク環境が異なる場合に表示される可能性があります。シリアルキーを再入力してください。 ※再入力しても起動しない場合は、シリアルキーを削除してください。シリアルキーの削除については、Q&A13を参照してください。
模擬試験プログラムは、すでに起動しています。模擬試験プログラムが起動していないか、または別のユーザーがサインインして模擬試験プログラムを起動していないかを確認してください。	すでに模擬試験プログラムを起動している場合に、このメッセージが表示されます。模擬試験プログラムが起動していないか、または別のユーザーがサインインして模擬試験プログラムを起動していないかを確認してください。1台のパソコンで同時に複数の模擬試験プログラムを起動することはできません。

※メッセージは五十音順に記載しています。

3

模擬試験中にダイアログボックスを表示すると、問題ウィンドウのボタンや問題文が隠れて見えなくなります。どうしたらいいですか？

画面の解像度によって、問題ウィンドウのボタンや問題文が見えなくなる場合があります。ダイアログボックスのサイズや位置を変更して調整してください。

4

模擬試験中にダイアログボックスを表示すると、ダイアログボックス内のボタンや、クエリデザインのデザイングリッドが隠れて操作できなくなります。どうしたらいいですか？

画面の解像度やテキストのサイズによって、ダイアログボックス内のボタンやデザイングリッドなどが見えなくなる場合があります。問題ウィンドウやリボンを折りたたんだり、テキストの文字サイズを100%にしたりして調整してください。

※問題ウィンドウの折りたたみ方法については、P.234を参照してください。
※テキストのサイズを100%に変更する方法については、Q&A16を参照してください。

5

模擬試験の解答確認画面で音声が聞こえません。どうしたらいいですか？

次の内容を確認してください。

●音声ボタンがオフになっていませんか？
解答確認画面の表示が**《音声オン》**になっている場合は、クリックして**《音声オフ》**にします。

●音量がミュートになっていませんか？
タスクバーの音量を確認し、ミュートになっていないか確認します。

●スピーカーまたはヘッドホンが正しく接続されていますか？
音声を聞くには、スピーカーまたはヘッドホンが必要です。接続や電源を確認します。

6

標準解答どおりに操作しても正解にならない箇所があります。なぜですか？

模擬試験プログラムの動作確認は、2021年6月現在のAccess 2019（16.0.10372.20060）またはMicrosoft 365（16.0.14026.20202）に基づいて行っています。自動アップデートによってAccess 2019／Microsoft 365の機能が更新された場合には、模擬試験プログラムの採点が正しく行われない可能性があります。あらかじめご了承ください。

Officeのビルド番号は、次の手順で確認します。

① Accessを起動し、データベースを表示します。
②《ファイル》タブを選択します。
③《アカウント》をクリックします。
④《Accessのバージョン情報》をクリックします。
⑤ 1行目の「Microsoft Access MSO」の後ろに続くカッコ内の数字を確認します。

※本書の最新情報については、P.11に記載されているFOM出版のホームページにアクセスして確認してください。

7 模擬試験中に画面が動かなくなりました。どうしたらいいですか？

模擬試験プログラムとAccessを次の手順で強制終了します。

① Ctrl + Alt + Delete を押します。
②《タスクマネージャー》をクリックします。
③《詳細》をクリックします。
④ 一覧から《MOS Access 365&2019 Expert》を選択します。
⑤《タスクの終了》をクリックします。
⑥ 一覧から《Microsoft Access》を選択します。
⑦《タスクの終了》をクリックします。

強制終了後、模擬試験プログラムを再起動すると、次のようなメッセージが表示されます。**《復元して起動》**をクリックすると、ファイルを最後に上書き保存したときの状態から試験を再開できます。また、試験の残り時間は、強制終了した時点からカウントが再開されます。

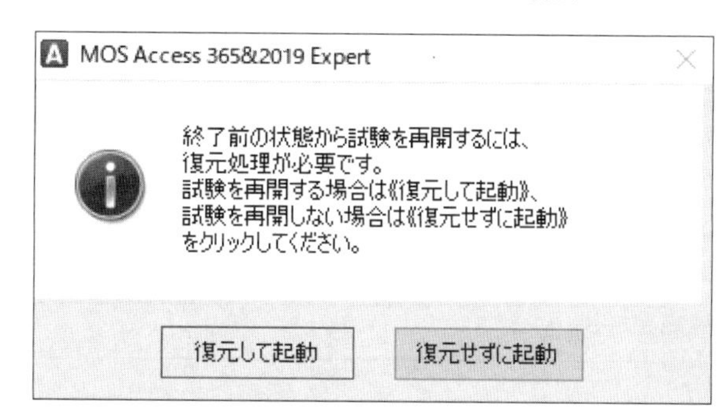

8 模擬試験中に、セキュリティに関するメッセージが表示されました。どうしたらいいですか？

ウィザードを起動するときに、セキュリティに関する次のようなメッセージが表示される場合があります。ウィザードを起動しても安全なので、**《開く》**をクリックしてください。

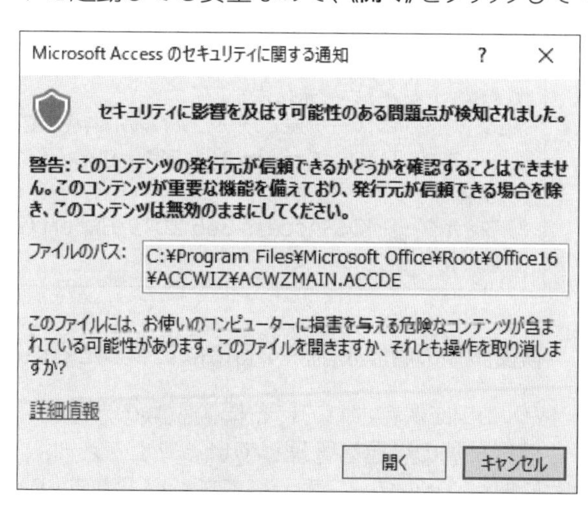

9 模擬試験プログラムを強制終了したら、デスクトップにフォルダー「FOM Shuppan Documents」が作成されていました。このフォルダーは何ですか？

模擬試験プログラムを起動すると、デスクトップに**「FOM Shuppan Documents」**というフォルダーが作成されます。模擬試験実行中は、そのフォルダーにファイルを保存したり、そのフォルダーからファイルを挿入したりします。模擬試験プログラムを終了すると、自動的にそのフォルダーも削除されますが、終了時にトラブルがあった場合や強制終了した場合などに、フォルダーを削除する処理が行われないことがあります。
このような場合は、模擬試験プログラムを一旦起動してから再度終了してください。

Q&A 模擬試験プログラムのアンインストール

10 模擬試験プログラムをアンインストールするには、どうしたらいいですか？

模擬試験プログラムは、次の手順でアンインストールします。

① (スタート)をクリックします。
② (設定)をクリックします。
③《アプリ》をクリックします。
④ 左側の一覧から《アプリと機能》を選択します。
⑤ 一覧から《MOS Access 365&2019 Expert》を選択します。
⑥《アンインストール》をクリックします。
⑦ メッセージに従って操作します。

模擬試験プログラムをインストールすると、プログラム以外に次のファイルも作成されます。
これらのファイルは模擬試験プログラムをアンインストールしても削除されないため、手動で削除します。

その他のファイル	参照Q&A
「出題範囲1」から「出題範囲5」までの各Lessonで使用するデータファイル	11
模擬試験のデータファイル	11
模擬試験の履歴	12
シリアルキー	13

Q&A ファイルの削除

11 「出題範囲1」から「出題範囲5」の各Lessonで使用したファイルと、模擬試験のデータファイルを削除するにはどうしたらいいですか？

次の手順で削除します。

① タスクバーの (エクスプローラー)をクリックします。
②《ドキュメント》を表示します。
※CD-ROMのインストール時にデータファイルの保存先を変更した場合は、その場所を表示します。
③ フォルダー「MOS-Access 365 2019-Expert(1)」を右クリックします。
④《削除》をクリックします。
⑤ フォルダー「MOS-Access 365 2019-Expert(2)」を右クリックします。
⑥《削除》をクリックします。

12 模擬試験の履歴を削除するにはどうしたらいいですか？

パソコンに保存されている模擬試験の履歴は、次の手順で削除します。
模擬試験の履歴を管理しているフォルダーは、隠しフォルダーになっています。削除する前に隠しフォルダーを表示しておく必要があります。

① タスクバーの (エクスプローラー)をクリックします。
②《表示》タブ→《表示/非表示》グループの《隠しファイル》を☑にします。
③《PC》をクリックします。
④《ローカルディスク(C:)》をダブルクリックします。
⑤《ユーザー》をダブルクリックします。
⑥ ユーザー名のフォルダーをダブルクリックします。
⑦《AppData》をダブルクリックします。
⑧《Roaming》をダブルクリックします。
⑨《FOM Shuppan History》をダブルクリックします。
⑩ フォルダー「MOS-Access365&2019 Expert」を右クリックします。
⑪《削除》をクリックします。

※フォルダーを削除したあと、隠しフォルダーの表示を元の設定に戻しておきましょう。

13 模擬試験プログラムのシリアルキーを削除するにはどうしたらいいですか？

パソコンに保存されている模擬試験プログラムのシリアルキーは、次の手順で削除します。
模擬試験プログラムのシリアルキーを管理しているファイルは、隠しファイルになっています。削除する前に隠しファイルを表示しておく必要があります。

① タスクバーの（エクスプローラー）をクリックします。
②《表示》タブ→《表示/非表示》グループの《隠しファイル》を☑にします。
③《PC》をクリックします。
④《ローカルディスク（C:）》をダブルクリックします。
⑤《ProgramData》をダブルクリックします。
⑥《FOM Shuppan Auth》をダブルクリックします。
⑦ フォルダー「MOS-Access365&2019 Expert」を右クリックします。
⑧《削除》をクリックします。

※ファイルを削除したあと、隠しファイルの表示を元の設定に戻しておきましょう。

Q&A パソコンの環境について

14 Office 2019／Microsoft 365を使っていますが、本書に記載されている操作手順のとおりに操作できない箇所や画面の表示が異なる箇所があります。なぜですか？

Office 2019やMicrosoft 365は自動アップデートによって、定期的に不具合が修正され、機能が向上する仕様となっています。そのため、アップデート後に、コマンドの名称が変更されたり、リボンに新しいボタンが追加されたりといった現象が発生する可能性があります。
本書に記載されている操作方法や模擬試験プログラムの動作確認は、2021年5月現在のAccess 2019（16.0.10372.20060）またはMicrosoft 365（16.0.14026.20202）に基づいて行っています。自動アップデートによってAccessの機能が更新された場合には、本書の記載のとおりにならない、模擬試験プログラムの採点が正しく行われないなどの不整合が生じる可能性があります。あらかじめご了承ください。
※Officeのビルド番号の確認については、Q&A6を参照してください。

15 画面の解像度はどうやって変更したらいいですか？

画面の解像度は、次の手順で変更します。

① デスクトップを右クリックします。
②《ディスプレイ設定》をクリックします。
③ 左側の一覧から《ディスプレイ》を選択します。
④《ディスプレイの解像度》の⌵をクリックし、一覧から選択します。

16 テキストのサイズを100%にするには、どうやって変更したらいいですか？

テキストのサイズは、次の手順で変更します。

① デスクトップを右クリックします。
②《ディスプレイ設定》をクリックします。
③ 左側の一覧から《ディスプレイ》を選択します。
④《テキスト、アプリ、その他の項目のサイズを変更する》の⌵をクリックし、一覧から《100%》を選択します。

17

パソコンにプリンターが接続されていません。このテキストを使って学習するのに何か支障がありますか？

パソコンにプリンターが物理的に接続されていなくてもかまいませんが、Windows上でプリンターが設定されている必要があります。
※プリンターの設定については、P.10を参照してください。

18

パソコンにインストールされているOfficeが2019／Microsoft 365ではありません。
他のバージョンのOfficeでも学習できますか？

他のバージョンのOfficeでは学習することはできません。
※模擬試験プログラムの標準解答のアニメーションとナレーションは確認できます。

19

パソコンに複数のバージョンのOfficeがインストールされています。模擬試験プログラムを使って学習するのに何か支障がありますか？

複数のバージョンのOfficeが同じパソコンにインストールされている環境では、模擬試験プログラムが正しく動作しない場合があります。Office 2019／Microsft 365以外のOfficeをアンインストールしてOffice 2019／Microsoft 365だけの環境にして模擬試験プログラムをご利用ください。

20

OneDriveの同期を一時停止するにはどうしたらいいですか？

OneDriveの同期を一時停止するには、次の手順で操作します。

① タスクバーの (OneDrive) をクリックします。
②《ヘルプと設定》→《同期の一時停止》をクリックします。
③ 一覧から停止する時間を選択します。

MOS Access 365&2019 Expert

索引

Index 索引

け

こ

さ

し

す

せ

そ

た

ち

つ

て

と

な

に

は

ひ

ふ

へ

ほ

み

よ

ら

り

る

れ

ろ

わ

■CD-ROM使用許諾契約について

本書に添付されているCD-ROMをパソコンにセットアップする際、契約内容に関する次の画面が表示されます。お客様が同意される場合のみ本CD-ROMを使用することができます。よくお読みいただき、ご了承のうえ、お使いください。

使用許諾契約

この使用許諾契約（以下「本契約」とします）は、株式会社富士通ラーニングメディア（以下「弊社」とします）とお客様との本製品の使用権許諾です。本契約の条項に同意されない場合、お客様は、本製品をご使用になることはできません。

1.（定義）
「本製品」とは、このCD-ROMに記憶されたコンピューター・プログラムおよび問題等のデータのすべてを含みます。

2.（使用許諾）
お客様は、本製品を同時に一台のコンピューター上でご使用になれます。

3.（著作権）
本製品の著作権は弊社及びその他著作権者に帰属し、著作権法その他の法律により保護されています。お客様は、本契約に定める以外の方法で本製品を使用することはできません。

4.（禁止事項）
本製品について、次の事項を禁止します。
①本製品の全部または一部を、第三者に譲渡、貸与および再使用許諾すること。
②本製品に表示されている著作権その他権利者の表示を削除したり、変更を加えたりすること。
③プログラムを改造またはリバースエンジニアリングすること。
④本製品を日本の輸出規制の対象である国に輸出すること。

5.（契約の解除および損害賠償）
お客様が本契約のいずれかの条項に違反したときは、弊社は本製品の使用の終了と、相当額の損害賠償額を請求させていただきます。

6.（限定補償および免責）
弊社のお客様に対する補償と責任は、次に記載する内容に限らせていただきます。
①本製品の格納されたCD-ROMの使用開始時に不具合があった場合は、使用開始後30日以内に弊社までご連絡ください。新しいCD-ROMと交換いたします。
②本製品に関する責任は上記①に限られるものとします。弊社及びその販売店や代理店並びに本製品に係わった者は、お客様が期待する成果を得るための本製品の導入、使用、及び使用結果より生じた直接的、間接的な損害から免れるものとします。

よくわかるマスター
Microsoft® Office Specialist
Access 365&2019 Expert
対策テキスト&問題集
(FPT2101)

2021年7月27日　初版発行
2024年3月31日　初版第7刷発行

著作／制作：株式会社富士通ラーニングメディア

発行者：青山　昌裕

発行所：FOM(エフオーエム)出版（株式会社富士通ラーニングメディア）
〒212-0014 神奈川県川崎市幸区大宮町1番地5 JR川崎タワー
https://www.fom.fujitsu.com/goods/

印刷／製本：株式会社サンヨー

表紙デザインシステム：株式会社アイロン・ママ